智慧水务建设与运营全过程探索及实践

深圳市光明区环境水务有限公司　编著

1

智慧水务概述与 IT 技术

中国建筑工业出版社

图书在版编目(CIP)数据

智慧水务概述与 IT 技术 / 深圳市光明区环境水务有

限公司编著. -- 北京：中国建筑工业出版社，2025.5.

(智慧水务建设与运营全过程探索及实践). -- ISBN 978-

7-112-30929-0

Ⅰ. TU991.31

中国国家版本馆 CIP 数据核字第 20254YH665 号

责任编辑：王美玲　于　莉
文字编辑：李鹏达
责任校对：党　蕾

智慧水务建设与运营全过程探索及实践
智慧水务概述与 IT 技术
深圳市光明区环境水务有限公司　编著

*

中国建筑工业出版社出版、发行（北京海淀三里河路 9 号）
各地新华书店、建筑书店经销
北京红光制版公司制版
北京君升印刷有限公司印刷

*

开本：787 毫米×1092 毫米　1/16　印张：28¾　字数：591 千字
2025 年 5 月第一版　2025 年 5 月第一次印刷
定价：**125.00** 元（全五册）
ISBN 978-7-112-30929-0
(44619)

本书编写委员会
《智慧水务建设与运营全过程探索及实践》

主　　编：李宝伟

副 主 编：李　婷

编写成员：（按章节顺序排名）

第1册（第1章）李　旭　张炜博

　　　　（第2章）王　欢　李　婷

第2册（第3章）肖　帆　王文会　吴　浩

　　　　（第4章）廖思帆　朱信超　肖浩涛

第3册（第5章）顾婷坤　姜　浩　吕　勇

　　　　（第6章）潘铁津　郭　姣　张素琼

第4册（第7章）单卫军　范　典　李羽顾

　　　　（第8章）解　斌　曹玉梅　邱雅旭

第5册（第9章）郭　琴　赵　旺　彭　影

　　　　（第10章）罗　伟　戴剑明　符明月

审　　稿：杜　红　李绍峰　王　丹　金俊伟　汪义强
　　　　　戴少艾

前　言

近年来，国内水务的发展历经了自动化、信息化阶段，正逐步向数字化、智能化方向发展。国家、地方、行业各个层面陆续出台一系列政策，在顶层愿景、目标和发展战略层面，为水务行业数字化转型提供了明确的方向指引和强有力的支撑，营造了良好的发展空间。随着数字中国建设的兴起，物联网、大数据、5G、人工智能等数字技术蓬勃发展，不少供水企业将数字技术运用到智慧水务建设中，不断构建水务数字化运营场景，改变传统以人工为主的运营模式，加速推动智慧水务发展新格局。尽管水务企业在智慧水务发展方面取得了长足的进步，如生产更加精益、管理越发高效、服务趋向便捷、决策逐渐智能，但仍面临着行业创新发展、转型方向、业务与信息融合、长效发展保障等诸多挑战。

在数字经济与生态文明深度融合的时代背景下，深圳市光明区环境水务有限公司以"打造全球水务创新管理新典范"为使命，通过战略性数字化转型重塑传统水务行业格局。作为中国供水排水领域改革的先行者，该公司以"一网统管"为核心理念，构建了覆盖供水、排水、水厂、管网、河湖库的全要素智慧水务体系，成功实现从"传统运营"向"互联网＋环境水务"现代化企业的跨越式发展。通过智慧水务系统和管控平台建设、组织架构调整、薪酬优化，实现环境水务设施"一网统管"，即"线上通力配合，线下高效协同处置"，以组织架构构建智慧平台，提供"一中心一平台"运营支撑，实现"供水排水一体化、厂网河湖库一体化、涉水事务一体化"，于2023年实现数字化转型，完成全业务人在线、物在线、服务在线。其"供水业务管理系统项目"获得2018年地理信息科技进步奖，"智慧水厂建设项目""光明区智慧水务一阶段项目""智慧水质净化厂建设项目"先后入选2022、2023年度住房城乡建设部智慧水务典型案例。2024年获得DAMA China国际数据管理协会-中国分会数据治理最佳实践奖、广东省政务服务和数据管理局2024年"数据要素x"大赛广东分赛城市治理赛道优秀奖。

本书围绕国家相关数字化转型要求，结合水务行业实际发展需求和数字化发展水平，针对智慧水务全过程建设与运营理论多、实战体系化经验少的现状，总结了涉水事务一体化企业多年来在运营管理创新模式和供水排水全业务一体化智慧运营的长期投入和实践成效，以期为国内外水务行业相关技术人员、运营管理人员、职业技能院校提供借鉴参考。

本书包括5册，分别为：智慧水务概述与IT技术、智慧供水排水厂站建设与运营、智慧供水排水管网运营、智慧供水排水一体化调度、智慧供水排水水质监测与营销服务。

针对智慧水务建设与运营全过程，从智慧水务发展趋势切入，总结相关智慧水务要求和 IT 技术；从厂站网建设与运营出发，系统阐述供水排水市政设施数字化从无到有、从有到用、从用到好用的实战经验；以水质水量的高效监督管理与保障服务为初心，详细阐述数字化在水质监测与管理、供水排水一体化调度、供水排水营销与服务等方面典型应用案例与成效。全书各篇章从技术方案、实施路径等方面提供了详细的方法论，同时分享了各个场景下的典型应用案例，以期为国内外同行提供借鉴参考。

本书由深圳市光明区环境水务有限公司组织编写，深圳市水务（集团）有限公司、深圳职业技术大学参与编写。

本书的编写工作得到了陈铁成、贾志超、李辉文、唐树强、钟豪、黄捷、陶剑、谷俊鹏、黄梦妮、谢端、于宏静、龙昊宇、吴浩然、姜世博、郑军朝的支持和指导，在此谨表示衷心感谢！

由于本书内容主要来自涉水事务企业一体化智慧运营与数字化转型的实地总结，部分技术和应用仍有待于完善和丰富，加之编者水平有限，不足之处，敬请读者批评指正。

编者
2025 年 4 月于深圳

目　录

第 **1** 章

智慧水务概述

1.1 智慧水务发展

1.1.1 智慧水务定义与相关概念

1. 智慧水务定义

智慧水务是通过新一代信息技术与水务业务的深度融合，充分挖掘数据价值和逻辑关系，实现水务业务系统的控制智能化、数据资源化、管理精准化、决策智慧化，保障水务设施安全运行，使水务业务运营更高效、管理更科学和服务更优质。近年来，在"数字中国""智慧城市"等建设大背景下，随着人工智能、5G 技术、大数据、物联网、云计算、区块链等新一代信息技术的不断发展，智慧水务正向着智能化全面发展。

2. 智慧水务相关概念

（1）数字化转型

数字化转型的定义在业界存在多种解读。其中华为技术有限公司指出数字化转型是通过新一代数字技术的深入运用，构建一个全感知、全链接、全场景、全智能的数字世界，进而优化再造物理世界的业务，对传统管理模式、业务模式、商业模式进行创新和重塑，实现业务成功。IBM 指出数字化转型是指在市场需求和技术的推动下，采用数字优先的客户、业务合作伙伴和员工体验。团体标准《数字化转型 参考架构》T/AI-ITRE 10001—2020 将数字化转型阐释为深化应用新一代信息技术，激发数据要素创新驱动潜能，建设提升信息时代生存和发展能力，加速业务优化与重构，创造、传递并获取新价值，实现转型升级和创新发展的过程。强调数字化转型是信息技术引发的系统性变革。数字化转型的根本任务是价值体系优化、创新和重构，核心路径是新型能力建设，关键驱动要素是数据。

（2）数字经济

数字经济是继农业经济、工业经济之后的主要经济形态，是以数据资源为关键要素，以现代信息网络为主要载体，以信息通信技术融合应用、全要素数字化转型为重要推动力，促进公平与效率更加统一的新经济形态。数字经济发展速度之快、辐射范围之广、影响程度之深前所未有，正推动生产方式、生活方式和治理方式深刻变革，成为重组全球要素资源、重塑全球经济结构、改变全球竞争格局的关键力量。

（3）智慧城市

智慧城市的概念起源于欧洲，2008 年 IBM 正式提出"智慧地球"概念，提出将新一代信息技术应用到各行各业中，用于地球的可持续发展，开启了智慧城市建设的序幕。2014 年，为规范和推动智慧城市的健康发展，发展改革委、工业和信息化部等部委印发《关于促进智慧城市健康发展的指导意见》，并提出智慧城市是运用物联网、云计算、大数据、空间地理信息集成等新一代信息技术，促进城市规划、建设、管理和服务智慧化的新理念和新模式。由此可以看出，智慧城市是新一代信息技术充分运用到城市各行各业中的创新的城市信息化高级形态，它利用各种信息技术或创新概念，将城市的系统和服务打通，以提升资源运用的效率，优化城市管理和服务，以及改善市民生活质量。

（4）自动化、信息化、数字化与智慧化

自动化（Automation）：指机器设备、系统或过程（生产、管理过程）在无人或少人的状况下，按照人的要求，经过自动检测、信息处理、分析判断、操纵控制，实现预期目标的过程。

信息化（Informatization）：指基于业务的流程梳理、数据标准化，通过信息技术手段加以固化，实现业务流程执行的高效性和一致性。其特点是记录关键节点的事件数据。

数字化（Digitalization）：是指将许多复杂多变的信息转变为可以度量的数字、数据，再以这些数字、数据建立起适当的数字化模型，把它们转变为一系列二进制代码，引入计算机内部，进行统一处理的过程。数字化能够将传统信息化和自动化系统有效集成在一起，实现数据流动与共享，提高决策的科学性、准确性和高效性。其特点是成熟的数据感知能力、数据采集能力、数据计算能力和数据分析能力。

智慧化（smartization）：指基于新一代信息通信技术与人工智能、大数据技术的深度融合，实现系统的自感知、自学习、自决策、自执行和自适应的功能，是信息化、智能化建设的最新阶段，以深度学习、边缘计算等前沿技术的融入为特征。

1.1.2　智慧水务发展历程

1. 国外智慧水务发展历程

国外水务信息化起步较早，经历了长时间的从经验模式到自控模式转变的探索与发展过程。国际上智慧水务的概念始于 2009 年 5 月，由一个名为"水创新联盟"的私人组织创建的基金会——"智慧水务倡议"率先提出。在智慧水务的初始发展阶段，其引领者主要由 IBM、日立等大型信息化企业及水务公司组成。智能水务是美国 IBM"智慧地球"概念的重要组成部分，其特点是自动化、交互性、智能化。IBM 的智慧水资源管理覆盖多个领域，通过数据与系统集成、智能分析和协同处理，实现水资源管理的智能化转型，包括水资源监测保护、流域水资源运营管理、智慧大坝管理、区域智慧水资源调配管理、水务公司综合运营管理、智慧产销差管理、智慧管网风险管理、城市洪水分析预测与应急、城市污水管理等。借助监测终端和监控系统，水资源管理部门就可以对供水厂、污水处理厂、管网系统等进行水量和水质的实时控制；利用物联网、云计算、大数据以及可穿戴设备等创新技术，对供水排水基础设施进行智能化管理和维护。如在窨井盖上安装了传感器装置，用来监测管廊内的水位并准确地监测积水的早期迹象，从而提前做好预防措施，防止积水情况出现。日本智慧水务发展水平也居世界先列。日立公司为日本水务领域的主要企业之一，其"智能水系统"就是在常规的水处理和管理技术上，借助"信息控制融合系统"，对各种水处理设施的运行数据进行一元化管理，改进城市整体水循环效率。

2. 国内智慧水务发展历程

国内水务的发展历经了自动化、信息化阶段，正逐步向数字化、智能化方向发展。国内智慧水务发展水平与国际水平相比还相对落后。20 世纪 70 年代，自动化技术逐渐应用到供水及污水处理中，但发展较为缓慢。直到 20 世纪 90 年代，随着水务市场化改革的推进，供水排水企业管理水平的需求大幅提升，自动化、信息化才开始在水务行业得到普遍重视。近年来，随着数字中国建设的兴起，以及物联网、大数据、5G、人工智能等数字技术的发展，智慧水务取得了长足的发展，不少供水企业将数字技术运用到智慧水务建设中，加速推动智慧水务发展。如深圳市水务（集团）有限公司（以下简称深圳水务集团）将信息技术与业务融合，驱动业务流程、运营模式创新、构建深水云脑，实现了自来水直饮供水全流程数字化管控，打造了少人值守智慧水厂，构建了深圳河流域厂网河全要素数字化治河模式。北控水务集团有限公司（以下简称北控水务集团）通过建立"全业务一体化"的 BECloudTM 智慧云平台，实现各个项目运营管理的"云化"部署和推广，有效加强了对各个项目的统一管控和标准化管理，提升了运营能力，同时也让智慧水务云平台成为对外推广"北控"运营模式的有力工具。重庆水务集团股份有限公司打造智慧水务大数据中心，并在智能客服、智能调度、决策辅助和故障诊断等多个场景中展开了应用。

1.1.3　智慧水务发展面临机遇与挑战

1. 发展机遇

（1）政策激励，指引智慧水务发展方向

近年来，国家、地方、行业各个层面出台系列政策，为水务行业数字化转型提供了强有力的支撑，营造了良好的发展空间。一是国家政策在顶层愿景、目标和发展战略层面为水务数字化转型提供了明确的方向指引。党的十九大明确要加快推进信息化，建设"数字中国""智慧社会"。国务院国资委办公厅在《关于加快推进国有企业数字化转型工作的通知》中要求"推动新一代信息技术与制造业深度融合，打造数字经济新优势，促进国有企业数字化、网络化、智能化发展"。二是地方政策有力支持水务数字化转型路径与实践。各地政府相继出台"数字政府""智慧城市""智慧国企""智慧水务"等领域的具体措施，加快产业数字化。三是水务行业专项政策加快提升水务企业数字化能力。2021年中国城镇供水排水协会发布《城镇水务2035年行业发展规划纲要》，提出智慧水务发展目标和任务，以及实施路径与方法。

（2）市场驱动，激发智慧水务建设活力

从水务行业发展趋势看，智慧水务市场蕴含巨大发展潜力。一是智慧水务市场规模持续扩大，根据中项网公布的智慧水务相关建设项目测算，中国智慧水务市场规模从2018年的26.24亿元增长至2020年的124.8亿元，行业高速发展与市场规模快速扩张为智慧水务提供巨大发展空间。二是与智慧相关的企业规模不断增长。2014年至2022年间，相关企业的注册数量从1450家爆发式增长至13540家。三是智慧水务应用场景发展迅猛，以智慧水表为例，其市场规模自2014年的1580万只持续增长至2021年的3194万只，市场潜力正进一步激发。

（3）技术赋能，助力智慧水务加速发展

智慧水务借助云计算、大数据、人工智能和5G为代表的新一代ICT技术，不断构建水务数字化运营场景，改变传统以人工为主运营模式。一是实时感知，将各处的传感器和智能设备连接，实时监测水文、水质等信息。二是全面整合，实现各异构系统的完全链接与融合，利用云计算进行大量信息的分析和保存，实现信息共享。三是智慧应用，充分利用物联网、云计算、数据仓库、智能决策支持等先进技术，支撑洪涝预警、科学调度、客户服务等各类业务应用，使设施、流程以及运行管理更智能化。四是协同运作，通过统一的水务综合信息管理平台，实现区域供水排水系统统一调度、协同运作，实现资源优化配置、系统高效运行。由此，跨越式提高水务管理水平，提升产品和服务质量，全面快速地提高服务品质、供水保障、水体治理、城市防涝、低碳发展、降本增效等水务业务数字化运营成效。

2. 面临挑战

尽管水务企业在智慧水务发展方面取得了长足的进步，如生产更加精益、管理愈发高效、服务趋向便捷、决策逐渐智能，但仍面临着行业创新发展、转型方向、业务与信息融合、长效发展保障等诸多挑战。

（1）行业创新发展挑战

智慧水务带来了水务行业的变革，但也带来了运营模式创新、认知创新、技术创新等方面的挑战。传统供水排水运营模式重构难度较大，业务与数字化流程尚未形成合力，数字化转型倒逼业务架构重构，水务行业运营模式创新提升任重道远。在认知层面，数字化转型将破除业务壁垒和机构壁垒，带来全流程、全链条和全业态的水务数字化发展统一的认知挑战。在技术层面，先进的管理理念、给排水工艺技术与新一代信息化技术的融合度不足，未形成多元化、多维度技术支撑体系，技术创新已迫在眉睫。

（2）水务数字化转型方向的挑战

水务数字化逐步朝着全面感知、智能控制、数据驱动和智慧决策的方向发展。全面感知需要行业内不断扩大厂站和管网动态感知范围，提升供水排水全流程和水环境监管智能感知能力。智能控制发展离不开厂站设备和工艺自动化水平的提升。数据驱动的实现则需要行业不断加大对数据收集、管理、应用的投入和力度，逐步形成用数据分析、用数据诊断、用数据决策的数据生态。智慧决策是水务数字化发展的高级阶段，需不断探索数据、模型以及 AI 算法等在运行调度、节能降耗、应急处置等方面的深度应用。

（3）业务与信息融合的挑战

当前，水务行业信息技术应用尚不深入、业务与信息管理模式不够成熟、复合型人才缺乏都会阻碍业务与信息技术的深度融合，导致业务与信息难以形成合力。

（4）长效发展保障的挑战

数字化转型是系统性工程，水务数字化转型不可能一蹴而就，传统行业对数字化转型艰巨性、长期性和系统性的认识亟需深化。在转型过程中，会面临人才、资金、机制、组织、生态链等各方面的挑战。人才与资金的匮乏，使数字化转型工作难以为继；没有合理的机制保证，转型工作的有效推进会受到阻碍；组织保障更是资源协调与配合能否达到最优解的核心；生态链的发展则是企业内部资源与外部资源打通链接、产业链上下游协同、水务行业可持续健康发展的重要保障。

1.1.4　智慧水务发展价值与意义

（1）助力智慧城市建设，提高城市核心竞争力

智慧水务是智慧城市建设的重要组成部分，智慧城市是未来城市竞争力的最高标志之一。通过智慧水务建设，一方面可以提升城市信息化水平，提升服务水平，提高市民办事效率，从而改善城市营商环境，促进招商引资；另一方面智慧水务有助于筑牢城市供水排水安全防线，打造优质的可直饮自来水，建设韧性的城市排水防涝体系，营造和谐的水清岸绿的宜居环境，引领传统水务行业数字化转型，赋能城市水务治理能力精细化、智慧化升级。

（2）降低水务企业运营成本，树立企业良好形象

智慧水务建设有助于水务企业在规划建设、运营管理、技术研发等多个环节的创新突破。它能够促使水务企业由过去的碎片式、粗放式、封闭式发展逐渐转向规模化、精细化、生态化发展，同时可以极大地降低企业的运营成本，提高企业的管理效率，从而提升企业的竞争力，有助于树立良好的企业形象。

（3）促进行业产业结构优化升级，推动行业良性发展

智慧水务建设促进水务行业由过去的"高能耗""粗放式"向"低碳""绿色"和"可持续"方向转变，水务业务范畴也逐步向产业链的上中下游延伸，有助于构建智慧水务生态圈，推动产业链上下游企业间的数据贯通、资源共享和业务协同，推动水务行业数字化转型。同时，智慧水务作为水务行业热点领域，吸引了各行各业具有技术优势的外部企业进入水务行业，带来了理念、技术、资金和人才优势，也进一步推动了水务产业的升级。

1.2 智慧水务政策引领

1.2.1 国家政策

1. "十四五" 规划和 2035 年远景目标纲要

中华人民共和国国民经济和社会发展第十四个五年规划和 2035 年远景目标纲要（即"十四五"规划和 2035 年远景目标纲要）作为指导今后 5 年与 15 年国民经济社会发展的纲领性文件，明确了"十四五"时期经济社会发展的指导思想、主要目标、重点任务和重大举措，对智慧水务的顶层设计、技术发展、资金导向具有重大指导作用：

（1）提出要治理城乡生活环境，推进城镇污水管网全覆盖，基本消除城市黑臭水体。"十四五"期间，我国将重点推进排污管网提质增效，预计新建排污管网需投资 4500 亿元以上，老旧管网改造需投资 3000 亿元以上，雨污合流改造需投资 1500 亿元以上，若考虑建成后的管网运维费用，则"十四五"期间排污管网领域将释放 1 万亿元市场规模。同时，"十四五"期间我国将大力推进污水资源化利用，预计全国再生水生产能力将达到 1.5 亿 m^3/d，与当前的生产能力相比将新增 1.1 亿 m^3/d，总投资需 1000 亿元左右，届时将给智慧水务行业带来充足的现金流。

（2）提出要分级分类推进新型智慧城市建设，将物联网感知设施、通信系统等纳入公共基础设施统一规划建设中，推进市政公用设施、建筑等领域的物联网应用和智能化改造。

（3）提出要构建智慧水利水务体系，以流域为单元提升水情测报和智能调度能力。智慧水务作为智慧城市的重要组成部分，将逐步融合于智慧城市发展体系，其在智慧城市建设中的重要性将逐步提升，并由传统的水务管理模式逐步向智能化、精细化模式转变。

（4）提出要推进农村水源保护和供水保障工程建设。随着未来 3～5 年农村饮用水建设带来水务行业新的建设需求，预计"十四五"期间农村饮用水改造的市场规模在千

亿级别。智慧水务在催生供水系统信息化的同时，必然带来产品的升级，与供水系统智慧水务对应的智慧水厂设备、二次供水设备市场可能迎来爆发式增长。

2. 新基建

"新基建"是与传统的"铁公基"相对应，结合新一轮科技革命和产业变革特征，面向国家战略需求，为经济社会的创新、协调、绿色、开放、共享发展提供底层支撑的具有乘数效应的战略性、网络型基础设施。"新基建"包括5G基建、特高压、城际高速铁路和城市轨道交通、新能源汽车充电桩、大数据中心、人工智能、工业互联网七大领域。与"传统基建"相比，"新基建"更突出支撑产业升级和鼓励先行先试，更突出政府对全环节的软治理，更突出区域生产要素整合和协调发展。"新基建"的实施有利于支撑"两个强国"建设，助力数字经济发展，加速构建智慧社会。

2020年4月，党中央、国务院联合发布《关于构建更加完善的要素市场化配置体制机制的意见》，进一步提升了大数据地位，将数据要素提升到与土地、劳动力、资本、技术等传统要素同等的地位，并提出加快培育数据要素市场，推进政府数据开放共享，提升社会数据资源价值，加强数据资源整合和安全保护，这对于推动企业大数据建设，盘活数据资源价值，助力企业数字化转型具有重大意义。

3. "双碳"目标

2020年9月，我国提出"双碳"目标，即争取于2030年前达到峰值，2060年前实现碳中和目标。水务企业作为二氧化碳排放大户，"双碳"目标的提出对于推动传统水务行业由粗犷式管理向精细化、智能化、数字化管理转型具有重大意义，旨在促进水务行业的可持续发展，提升管理效率，降低碳排放，实现绿色发展目标。碳中和目标给智慧水务技术发展指明新方向：一是开源，通过引进再生能源提高系统工艺生产、供水管理、排水处理能源使用效率。二是节流，优化现有水务行业涉及水处理和输配方面的能源消耗。加快智慧水务建设，可有效推动水务行业基础数据治理。结合大数据、物联网等技术计算每个生产流程、供水管理、末端处理等水务各个环节的碳排放、能源消耗数值，并在此基础上开发新型的节能减碳生产、运营和水处理工艺及流程，为"双碳"目标实现提供有力保障。

1.2.2 地方政策

2011~2022年，我国多地在"十四五"规划、推动城乡建设、数字政府建设、推进水利建设等相关政策法规中指出，要加快智慧水务建设部署，推进传统水务设施智能化升级，相关政策集中在以下两个方面：

1. 加快水务新型基础设施布局

2022年4月，中共广东省委、广东省人民政府发布《关于推进水利高质量发展的意见》，要求加快推进智慧水利建设。推进水利工程智慧化建设、改造与优化升级。构建数字孪生流域，开展智慧化模拟，支撑精准化决策，建设有预报预警预案功能的智慧水利体系。2021 年 2 月，重庆市人民政府印发《重庆市国民经济和社会发展第十四个五年规划和二〇三五年远景目标纲要》，提出将打造水质在线检测系统，水质综合合格率保持在 90%以上。2021 年 6 月，新疆维吾尔自治区第十三届人民代表大会第四次会议通过《新疆维吾尔自治区国民经济和社会发展第十四个五年规划和2035 年远景目标纲要》，规定将加快城市新型基础设施布局，推进智慧城市建设，实现政务服务"一网通办"、城市运行"一网统管"，同时还提出要构建现代水利支撑体系，加强农村水利基础设施建设。

2. 加强末端污染综合治理

2022 年 9 月，北京市人民政府发布《关于进一步加强水生态保护修复工作的意见》，规定强化合流制管网降雨遗留污染治理工程体系和排水智慧管理体系建设，全面提升溢流污染控制水平；大力推进"智慧水务建设"，提升水生态空间监管水平。2021 年 2 月，青海省人民政府发布《青海省国民经济和社会发展第十四个五年规划和二〇三五年远景目标纲要》，提出将加强智慧河湖建设，加强城镇企业黑臭水体整治，推进工业园区污水全部达标排放，实现水源水、出厂水、管网水、末梢水全过程管理。

1.2.3　行业政策

在"十四五"规划指导作用下，智慧水务相关行业利好政策持续推出，为智慧水务市场建设发展不断加码。

1.《水污染防治行动计划》

《水污染防治行动计划》（以下简称"水十条"）规定，到 2020 年，全国水环境质量得到阶段性改善，污染严重水体较大幅度减少，饮用水安全保障水平持续提升，地下水超采得到严格控制，地下水污染加剧趋势得到初步遏制，近岸海域环境质量稳中趋好，京津冀、长三角、珠三角等区域水生态环境状况有所好转。到 2030 年，力争全国水环境质量总体改善，水生态系统功能初步恢复。到 21 世纪中叶，生态环境质量全面改善，生态系统实现良性循环。

伴随着"水十条"等利好政策的落地，智慧水务已经成为传统水务转型升级的重要方向，智慧水务的发展也受到越来越多的关注。

2.《城镇供水价格管理办法》和《城镇供水定价成本监审办法》

2021 年 8 月，国家发展改革委和住房城乡建设部联合发布《城镇供水价格管理办法》和《城镇供水定价成本监审办法》，并于 2021 年 10 月 1 日实施。《城镇供水价格管理办法》明确了城镇供水价格的定价原则、方法、定价调价程序，以及水价分类、计价方式，规范了供水企业服务收费行为等。《城镇供水定价成本监审办法》明确了城镇供水定价成本构成和核定方法。以上两个"办法"旨在解决当下城镇供水的定价和调价难题，促进供水企业降本增效。此次修订规定根据核定供水量决定供水价格，从而提升城镇供水价格监管的科学化、精细化、规范化水平，促进行业高质量发展。

两个"办法"的出台，标志着水务行业信息化建设有望迎来加速期。一方面，新"办法"将相关信息化投资计入准许成本，通过价格引导提高企业降本增效的动力，如供水企业通过信息化建设有效降低管网漏损率、提升生产管理效率等；另一方面，水价上调进程开启，水价上涨将为水务行业智能化改造提供资金来源。

3. 其余行业政策整理

除上述智慧水务行业相关政策外，我国近两年陆续发布的其他行业相关政策，也积极推动着智慧水务落地。相关政策见表1-1。

2021~2022 年智慧水务行业政策整理 表 1-1

发布时间	发布部门	政策名称	重点内容
2021 年 1 月	国务院	《关于清理规范城镇供水供电供气供暖行业收费促进行业高质量发展意见的通知》	取消供水企业及其所属或委托的安装工程公司在用水报装工程验收接入环节向用户收取接水费、增容费、报装费等类似名目开户费用，以及开关闸费、竣工核验费、竣工导线测量费、管线探测费、勾头费、水钻工程费、碰头费、出图费等类似名目工程费用
2021 年 6 月	国家发展改革委、住房和城乡建设部	《"十四五"城镇污水处理及资源化利用发展规划》	到 2025 年，基本消除城市建成区生活污水直排口和收集处理设施空白区，全国城市生活污水集中收集率力争达到 70% 以上；城市和县城污水处理能力基本满足经济社会发展需要，县城污水处理率达到 95% 以上；水环境敏感地区污水处理基本达到一级 A 排放标准全国地级及以上缺水城市再生水利用率达到 25% 以上，京津冀地区达到 35% 以上，黄河流域中下游地级及以上缺水城市力争达到 30%；城市污泥无害化处置率达到 90% 以上
2021 年 8 月	水利部等 9 部门	《关于做好农村供水保障工作的指导意见》	各地要按照"统一规划、持续提升，突出管理、完善机制，政府主导、两手发力，广泛参与、社会监督"的工作原则，完善农村供水设施。到 2025 年，全国农村自来水普及率达到 88%，农村供水工程布局将更加优化，运行管理体制机制将不断完善，工程运行管护水平将不断提升，水质达标率不断提高。到 2035 年，我国将基本实现农村供水现代化

发布时间	发布部门	政策名称	重点内容
2021 年 10 月	国家发改委、水利部、住房和城乡建设部、工业和信息化部、农业农村部	《"十四五"节水型社会建设规划》	以现有污水处理厂为基础，坚持集中与分布相结合，合理布局建设污水资源化利用设施。鼓励结合组团式城市发展，建设分布式污水处理再生利用设施。鼓励以政府购买服务方式推动公共生态环境领域污水资源化利用与沿海地区海水淡化规模化利用
2021 年 11 月	中共中央，国务院	《黄河流域生态保护和高质量发展规划纲要》	沿黄河工业园区全部建成污水集中处理设施并稳定达标排放，严控工业废水未经处理或未有效处理直接排入城镇污水处理系统，严厉打击向河湖、沙漠、湿地等偷排、直排行为。在有条件的城镇污水处理厂排污口下游建设人工湿地等生态设施，在上游高海拔地区采取适用的污水、污泥处理工艺和模式，因地制宜实施污水、河泥资源化利用
2021 年 12 月	国家发展改革委、水利部、住房城乡建设部、工业和信息化部、农业农村部	《关于印发黄河流域水资源节约集约利用实施方案的通知》	以现有污水处理厂为基础，合理布局污水再生利用设施，推广再生水用于工业生产、市政杂用和生态补水等。鼓励结合组团式城市发展，建设分布式污水处理及再生利用设施。示范推广资源能源标杆再生水厂，减少污水处理能源消耗和碳排放
2022 年 1 月	国务院	《"十四五"节能减排综合工作方案》	到 2025 年，新增和改造污水收集管网 8 万 km，新增污水处理能力 2000 万 m³/d，城市污泥无害化处置率达到 90%。建立农村生活污水处理设施运维费用地方各级财政投入分担机制。建立健全城镇污水处理费征收标准动态调整机制，具备条件的东部地区、中西部城市近郊区探索建立受益农户污水处理付费机制
2022 年 1 月	国家发展改革委办公厅、住房和城乡建设部办公厅	《关于组织开展公共供水管网漏损治理试点建设的通知》	一是实施供水管网改造工程。结合城市更新、老旧小区改造和二次供水设施改造等，对超过使用年限、材质落后或受损失修的供水管网进行更新改造。二是实施供水管网分区计量工程。依据《城镇供水管网分区计量管理工作指南》，按需选择供水管网分区计量实施路线，开展工程建设。实施"一户一表"改造。完善市政、绿化、消防、环卫等用水计量体系。三是实施供水管网压力调控工程。统筹布局建设供水管网区域集中调蓄加压设施，提高调控水平。四是实施供水管网智能化建设工程。推动供水企业在完成供水管网信息化基础上，实施智能化改造，建立基于物联网的供水智能化管理平台。五是完善供水管网管理制度。建立从规划、投资、建设到运行、管理、养护的一体化机制，完善供水管网漏损管控长效机制。推动供水企业将供水管网地理信息系统、营收、表务、调度管理与漏损控制等数据互通、平台共享

发布时间	发布部门	政策名称	重点内容
2022 年 1 月	住房和城乡建设部办公厅、国家发展改革委办公厅	《关于加强公共供水管网漏损控制的通知》	到 2025 年，城市和县城供水管网设施进一步完善，管网压力调控水平进一步提高，激励机制和建设改造、运行维护管理机制进一步健全，供水管网漏损控制水平进一步提升，长效机制基本形成
2022 年 2 月	国家发展改革委、生态环境部、住房城乡建设部、国家卫生健康委	《关于加快推进城镇环境基础设施建设的指导意见》	2025 年城镇环境基础设施建设主要目标：新增污水处理能力 2000 万 m³/d，新增和改造污水收集管网 8 万 km，新建、改建和扩建再生水生产能力不少于 1500 万 m³/d，县城污水处理率达到 95% 以上，地级及以上缺水城市污水资源化利用率超过 25%
2022 年 3 月	水利部	《关于印发 2022 年水利乡村振兴工作要点的通知》	协调配合有关部门加快推进千人供水工程水源保护区或保护范围的"划、立、治"工作。督促地方加快千人以上供水工程配备净化消毒设施设备，并规范运行。督促地方水利部门健全县级水质检测中心巡检和千吨万人水厂日检制度，扩大水质检测覆盖面，不断提高农村水质保障水平
2022 年 6 月	国务院	《关于印发城市燃气管道等老化更新改造实施方案（2022—2025 年）的通知》	同步推进城市供水、排水、供热等其他管道和设施普查，建立和完善城市市政基础设施综合管理信息平台，充实城市燃气管道等基础信息数据，完善平台信息动态更新机制，实时更新信息底图

1.2.4　智慧水务市场分析

1. 智慧水务市场研究

伴随信息技术和物联网技术对水务管理进行改造和升级，以实现资源配置优化、运营效率提升、服务品质提高、管理水平提升等目的，智慧水务市场正在迎来高速发展的阶段，预计未来几年内市场规模将进一步扩大。随着城市化和工业化的推进，水资源短缺和水环境恶化问题日益突出，智慧水务在水资源管理、水环境保护、水质监测、水资源节约等方面具有重要的作用。而我国智慧水务行业的发展尚处于探索阶段，目前行业的集中度非常低，但行业保持稳定增长势头，未来行业增长空间巨大。

根据相关行业报告（图 1-1），2020～2023 年我国智慧水务软件平台的行业市场增长空间将超过 125 亿元，2026 年市场规模将达 370 亿元，增速超过 7%。

除此之外，智慧水务软件平台带来了设备升级市场，包括智慧水务平台＋水厂设备＋管网改造设备（智能水表、水质监测器、二次供水设备等），整个行业空间预计超过 3000 亿元。

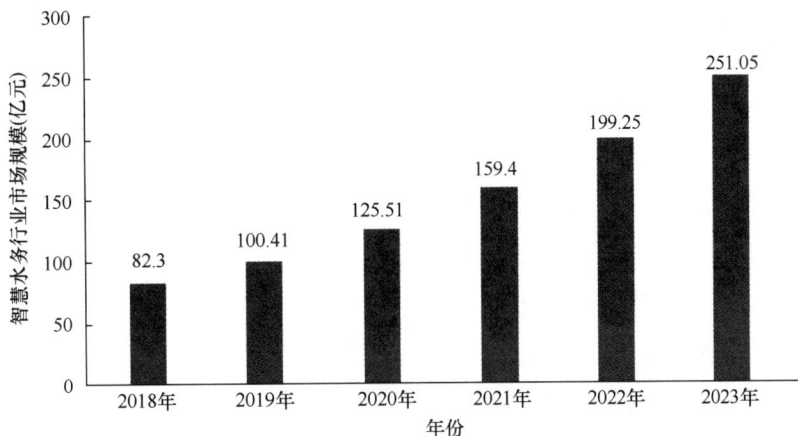

图 1-1 2018~2023 年中国智慧水务行业市场规模

2. 智慧水务行业产业链

从产业链来看，智慧水务行业按照上游、中游、下游产业链主要分为硬件设备、软件服务、系统集成三个部分；其中硬件设备主要包括智能水表、阀门、水泵等；软件服务主要是自动化方案服务、智能技术服务；系统集成则主要有智慧水务生产管理、智慧水务运维管理等，提供物联网、智能传感、云计算、大数据、地理信息系统（GIS）、建筑信息管理（BIM）、人工智能等技术服务，并为最终用户提供智慧水务应用服务。

3. 智慧水务行业相关企业

从企业数量分析，截至 2020 年年末，我国现有智慧水务企业约 840 家，其中包含制造业相关企业 413 家，信息传输、软件及信息技术服务业相关企业 222 家。

从企业位置分析，智慧水务行业的区域性较为明显，并与经济发展高度相关。目前，华东地区是我国智慧水务行业最大的市场，市场规模占比为 33％；第二是华南地区，占比 14.55％；第三是华中地区，占比 12.45％。

1.3 智慧水务技术概述

智慧水务的常用技术包括物联网、云计算、5G 技术、大数据、人工智能、AR/VR、数字孪生技术等。这里对智慧水务的常用技术进行简单介绍。

1.3.1 物联网

物联网（Internet of Things，IoT）即"万物相连的互联网"，是互联网基础上延伸和扩展的网络，将各种信息传感设备与网络结合起来而形成的一个巨大网络，实现任何时间、任何地点，人、机、物的互联互通。

近年来，物联网发展迅猛，市场规模快速增长。据统计，2019 年，全球物联网总连接数达到 120 亿，全球物联网收入高达 3430 亿美元；到 2025 年，预计全球物联网连接总数将增长到 246 亿，全球物联网收入将增长至 1.1 万亿美元。2019 年，中国物联网连接数达到 36.3 亿，2019 年我国物联网市场规模约在 1.76 万亿元；到 2025 年，预计我国物联网连接数将达到 80.1 亿。

物联网作为新基建的重要组成部分，是智慧城市和大数据的重要底座，是数字经济的基础，其市场规模还在持续增长。物联网技术在水务领域广泛应用，为水务行业的数字化转型升级提供了核心推动作用，物联网在水务行业的典型应用场景包括：

（1）通过将智能水表代替原有传统的机械水表，对居民用水数据进行远程实时采集，不仅降低人工抄表的成本，而且可以对用水预测、管网漏损检测提供重要的数据支撑。

（2）通过对供水管网的压力、流量监测，对供水管网的实时运行进行感知，进而辅助支撑全网供水智能优化调度。

（3）通过对污水处理厂的进出水流量和水质监测，污水处理厂工艺工况监测，支撑污水处理厂工艺优化调度，提升污水处理厂运行效率，保障污水处理厂出水水质。

基于物联网的数字孪生构建，是物联网技术的最新发展趋势。未来，物联网技术将广泛用于智慧水务行业，主要包括两方面内容：

一是"空间"上的孪生。以智慧水务中的智能水表为例，在实际应用开发中，由于每个小区、楼宇、家庭是离散的空间实体，需要对小区、楼宇、家庭的设备之间的关系进行标注关联，可以将物联网数据放置于一个上下层级的关系中理解，将感知数据与物理世界的空间实体做层次关联再去做数据分析，就可以将对一个设备数据的实时感知转换为对一个家庭、一个小区的实时感知。

二是"时间"上的孪生。物联网数据具备显著的时序特征，针对物联网大量时序数据进行洞察是提升物联网数据价值密度的重要趋势。如通过神经网络、机器学习、多元回归、线性回归等大数据分析算法，对大量智慧水务物联网时序数据进行分析，智能识别物联网数据异常趋势，并结合历史数据，对未来变化进行预测分析。例如通过对排水管网水位数据突变的分析，发现管网堵塞等事件，通过对历史排水管网液位数据进行机器学习，对液位趋势进行预测，及时发现管网溢流事件。此外，同时对多维感知数据进行时序分析洞察也是重要手段，比如通过不同系统（管网与河道、降雨与管网）相关性分析，不同系统（排水管网上下游点位）非相关性分析，来判断管网异常问题与病害，目前也已逐步在行业中得到应用。

1.3.2　云计算

云计算是由硬件资源、部署平台和相应的服务等方便使用的虚拟资源构成的一个巨大资源池。根据不同的负载，所有用户所需的资源都在资源池中进行实时动态的调配。云计算是"云+端"的计算，将计算资源分散分布，将巨大的数据计算处理程序分解成无数个小程序。通过这项技术，可以在很短的时间内完成对数以万计的数据的处理，从而提供强大的网络服务。云计算具备服务可租用、服务性能强、性价比较高等特点。

我国云计算大致经历了三个阶段：一是准备阶段（2006～2010年），此阶段云服务理念逐步形成，IT企业、电信运营商、互联网企业纷纷推出云服务，各行各业开始接受云服务理念。二是稳步成长阶段（2011～2013年），云计算市场规模逐步增长，企业和用户对云计算的认知和采用度逐步提高，不少企业开始将业务向云环境迁移。三是高速发展阶段（2014年至今），此时云计算正从新业态转变为常规业态，并且与传统行业深度融合发展，加快互联网、金融、政务、交通、水务等各领域的应用落地进程。

近些年来，云计算在智慧水务领域取得了长足的发展。北控水务集团通过建立"全业务一体化"的BECloudTM智慧云平台，实现各个项目运营管理的"云化"部署和推广，有效加强了北控水务集团对各个项目的统一管控和标准化管理，提升了运营能力，同时也让智慧水务云平台成为对外推广"北控"运营模式的有力工具。深圳水务集团深水云脑一方面通过云计算中心建设，形成信息系统中枢，提供弹性计算、存储、网络资源等基础IT支撑，满足集团急剧增长的数据存储、使用和交换需求，另一方面针对敏态业务快速响应需求，逐步开展核心应用上云，并将过往零散的系统架构沉淀为统一可对外输出的技术能力。

1.3.3　大数据

大数据是指需要新处理模式才能具有更强的决策力、洞察发现力和流程优化能力来适应海量、高增长率和多样化的信息资产（Gartner定义）。大数据具有"5V"特征，分别是Volume（体量大）、Variety（多样性）、Velocity（变化快）、Veracity（准确性）、Value（价值大）。Volume指采集、存储和计算的量都非常大；Variety指数据类型的多样性；Velocity指数据增长的速度，数据访问的速度变化快；Value指合理运用大数据，以低成本创造高价值；Value指通过大数据分析，真实地还原和预测事物的本来面目，这五大特征也是大数据未来发展的趋势。

我国大数据发展历程大致分为以下几个阶段：2014年3月是中国大数据政策元年，大数据首次写入政府工作报告，开始成为社会的研究热点，大数据发展进入预热阶段。

2015 年，国务院印发《促进大数据发展的行动纲要》，国家层面开始进行大数据顶层设计，大数据发展进入起步阶段。"十三五"期间，政府发布《中华人民共和国国民经济和社会发展第十三个五年规划纲要》，提出"实施国家大数据战略"，正式将大数据上升到国家战略的高度，推动大数据发展进入落地阶段。近年来，大数据的政策层出不穷，其中党的十九大报告中提出推动大数据与实体经济深度融合。《关于构建更加完善的要素市场化配置体制机制的意见》中数据被正式列为新型生产要素，正式开启了大数据发展新篇章，推动我国从数据大国迈向数据强国。

大数据是智慧水务建设的重要组成部分，通过统一数据管理，对海量信息及时进行分析与处理，以更加精准、动态的方式对水源地、供水、用水节水、排污的各个环节进行全流程管理，为企业提供智能高效的水务管理，为用户提供优质人性的水务服务，为城市水务管理者提供决策支撑，创新水务运营、管理、服务模式，助推智慧城市健康有序发展。

1.3.4 人工智能

人工智能（Artificial Intelligence，AI），是研究、开发用于模拟、延伸和扩展人的智能的理论、方法、技术及应用系统的一门新的技术科学。人工智能首次提出是在1956 年达特茅斯会议上，至今已发展 60 多年。其概念比较宽泛，通常是指通过对人的意识和思维过程的模拟，利用机器学习和数据分析方法，赋予机器类人的能力。人工智能关键技术包括自然语言处理、计算机视觉、虚拟现实（VR）/增强现实（AR），机器学习，知识图谱，语音技术等。

人工智能具有自学习、推理、判断和自适应能力，它是"新基建"的一个重要领域，在智慧水务的建设中具有核心作用。人工智能在水务上的应用较为广泛，如利用人工智能技术取代重复性劳动，典型的应用场景包括智能语音客服、机器人巡检、文字机器人等；利用人工智能技术推进人机协作，典型应用场景包括客服机器人、设备维修、水质检测等；利用人工智能辅助智能决策，典型应用场景包括内涝识别、水质预警、精准投药等。未来人工智能技术逐步与水务企业基础设施和运营服务融合，加速智慧水务发展。

1.3.5 水务模型

管网在线模型的建设主要包括以下几个方面：

（1）离线建模。离线建模主要依托 GIS、SCADA 数据和营业数据。第一，对现有GIS 拓扑数据进行梳理，排查异常、错、漏问题，同时排查阀门开闭状态信息；第二，对监测点位信息进行核对，对数据历史规律进行分析；第三，收集整理营业数据，定位用户坐标，合理分配水量；第四，构建离线端水力模型并对模型进行校核。

（2）在线数据对接。完成离线建模后，需将离线模型部署到线上，并将在线监测数据作为边界条件对接到模型中，使模型在线化更新和运行。监测数据作为在线模型运行的重要支撑，其数据质量的好坏直接影响模型的稳定性与准确性，但实际中经常会出现缺失、异常波动、数值恒定等问题，因此需要通过算法对以上数据问题进行处理，确保监测数据相对准确和合理。

（3）在线校核。模型校验分为两个部分，离线校核和在线校核。离线校核分析确定基础数据及相应的边界条件，在线校核主要对未知、模糊数据进行优化调试。如通过区域计量确定区域总水量，通过用户信息确定每个节点水量，此时仍存在一部分未计量水量，可以通过在线校核对该部分未知水量进行合理分配（图1-2）。

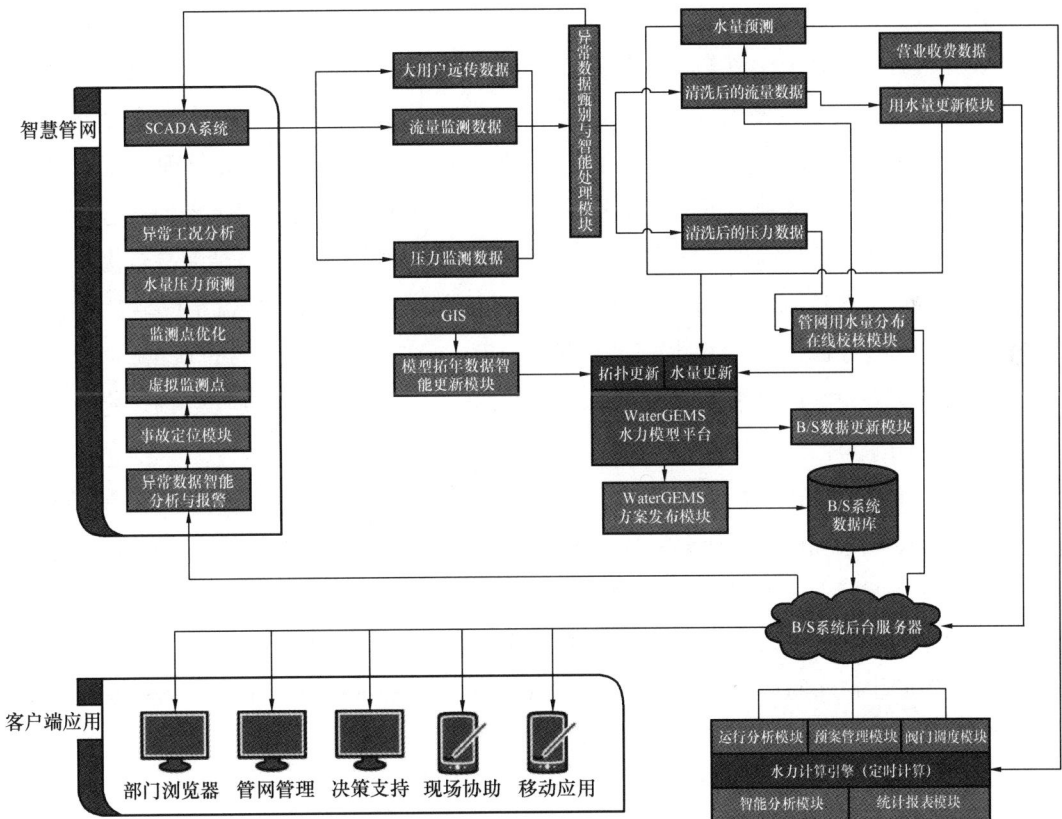

图1-2 供水管网在线模型技术路线图

应用场景包括：

停水关阀应用：爆管抢修、停水检修等事件的处置过程中，供水管网在线模型融入

OA 系统停水审批流程，对停水工作进行智慧化和流程化管控，提高工作效率，提升服务水平。

水厂减产停产应用：借助在线模型，基于在线监测数据，预演供水厂停产减产时的调度操作，评估停产减产后对其他供水厂的负荷影响、用户压力影响，为供水厂停产减产调度方案的决策提供科学依据。

跨区域调水应用：城市中因区域位置不同、区域内供水厂供水能力不同，以及供水厂减产停产，经常需要进行跨区域调水，因此，应用在线模型模拟跨区供水调度，能够评估新建管道工程能否满足用水量缺口，分析其能否满足最低用水压力，为工程方案评价，以及工程建成后的调度操作提供技术指导。

1.3.6　数字孪生技术

数字孪生（Digital Twin）是以数字化方式创建物理实体的虚拟实体，借助历史数据、实时数据以及算法模型等，用于模拟、验证、预测、控制物理实体全生命周期过程的技术方法。数字孪生城市（Digital Twin Cities）通过对物理世界的人、物、事件等所有要素数字化，在网络空间再造一个与之对应的"虚拟世界"，形成物理维度上的实体世界和信息维度上的数字世界同生共存、虚实交融的格局，将物理世界的动态，通过传感器精准、实时地反馈到数字世界。城市数字孪生底座由城市信息模型平台构建。城市信息模型（City Information Modeling）与城市数字孪生概念类似，是以建筑信息模型（BIM）、地理信息系统（GIS）、物联网（IoT）等技术为基础，整合城市地上地下、室内室外、历史现状、未来的多维度和多尺度信息模型数据和城市感知数据，构建起三维数字空间的城市信息有机综合体。

数字孪生技术在智慧水务中应用广泛，逐渐从封闭空间水务小场景，向城市空间水务大场景转变，实现厂站网河湖海数字孪生联动应用。数字孪生水务大场景主要包括原水和供水排水调度、城市防洪排涝、河湖治理、爆管应急处理、厂站网综合联动的时空动态感知、回溯和推演的"虚实共生"。数字孪生水务小场景主要包括供水厂、水质净化厂和泵站的生产实时运营场景，如工艺模拟仿真、设备实时状态展示、远程巡检、人员实时定位、事件管理和安全管理。小场景同时包含智慧小区的供水排水数字孪生应用，如二次供水泵房实时监测、小区供水排水管网动态模拟、智能水表数据动态展示等。同时，数字孪生还能为智慧水务提供员工培训、设备安装指导、应急处置等能力。

1.4　智慧水务项目管理实践

1.4.1　智慧水务项目管理

智慧水务建设过程往往包括软件平台和硬件设施建设，但在项目管理方面两者具有共通之处。一个完整的智慧水务建设周期的项目管理一般包括启动、规划、执行、监控和结束 5 个阶段。

1. 启动阶段

启动阶段项目管理过程是整个项目的基础，主要工作包括：

（1）确定项目目标和项目范围：通过对项目需求的分析和研究，明确项目的目标和成果；通过对项目范围的分析和研究，明确项目建设内容的边界。

（2）发布相关基准及项目章程：通过发布项目章程定义整个智慧水务项目的交付验收标准，同时也意味着项目的正式启动。一般项目需要项目发起人（传统水务甲方企业）或者是项目之外相应层级的领导签发，并在项目启动会上宣读。

（3）确定项目内外干系人：通过会议访谈、问卷调查、痛点观察、数据分析等手段，挖掘整个项目中利益因项目的实施或完成而受到积极或消极影响的个人或组织，如主管单位（传统水务甲方企业）、用户客户、项目使用者（业务人员）等。明确干系人可以减少因需求导致的后续交付混乱的风险。

启动阶段的成功完成对整个项目的成功至关重要，需要充分考虑项目的各种因素，确保项目计划的可行性和合理性。

2. 规划阶段

规划阶段是项目成功的关键阶段，项目负责人需要进行如下工作：

（1）制定项目进度计划：根据 MECE 原则进行工作分解结构（Work Breakdown Structure，WBS），包括①制定主进度图，确定各个里程碑；②对 WBS 工作任务进行进度规划，形成二级进度图；③细化二级进度计划，形成指导各工作小组的更具体的活动进度安排；④结合使用甘特图或其他工具来制定项目进度计划，结合项目计划确定每个活动的开始时间和结束时间。

（2）制定项目成本计划：确定每项活动的成本，并为项目的总成本建立预算。

（3）制定项目质量计划：确定项目的质量标准，并制定相应的质量控制程序。

（4）制定项目人力资源计划：确定项目的人力需求，并确定如何满足这些需求。

总之，规划阶段主要是针对规划内容进行详细的计划，为项目的成功奠定基础。

3. 执行阶段

执行阶段目的是将项目计划转化为实际的项目活动。在执行阶段中，项目负责人需要组织项目团队，协调项目活动，管理项目进度，控制项目质量，管理项目资源等。具体来说，执行阶段需要做如下工作：

（1）组织项目团队：组建项目团队，规范团队成员的权限、职责、沟通等。

（2）落实团队分工：由于项目资源有限，项目管理团队要保证物色到的人力资源符合项目要求，保证项目人员分工分配到位，责任落地。

（3）协调项目活动：协调项目团队成员之间的关系，确保项目活动能顺利进行。结合项目进度计划控制项目进度，根据项目进度调整项目计划。

4. 监控阶段

监控阶段的目的是对执行计划进行纠偏，根据项目规划对项目进度、成本、质量、资源、风险、沟通等方面进行监控和控制，以确保项目的顺利实施和成功完成。此外，控制阶段也是项目经理对项目进行调整和重新计划的重要时机，具体工作包括：

（1）落实项目会议：项目负责人应定期或不定期召开协调会、联络会、双周会、评审会等，推动项目各方按照预定计划实施推进工作内容。

（2）防止项目进度延误：项目负责人应实时监控项目资源和进度状况，对计划进行动态调整。

（3）进行项目风险管理：结合项目规划识别启动、计划、实施、收尾不同阶段的风险事件，进行风险影响级别判定，制定并落实预防、减轻、接受、转移责任等风险应对策略。

5. 交付阶段

智慧水务项目管理的结束阶段是对整个项目进行交付、总结、深化，包括以下几个部分：

（1）完成项目活动：结束项目所有活动，确保项目所有活动都已经完成。包括①项目的终验、投产、试运行；②后续的培训、服务以及运维开展；③项目前期遗留问题处理；④用户、客户满意度调查等。

（2）结项文件处理：整理项目所有文件（测试报告、竣工报告等），并归档保存。

（3）项目总结：对项目进行总结，提取项目经验教训，持续改进组织能力。具体内容包括：①进行项目后评价，评估交付基准偏差程度，项目实施过程度量以及收集相关经验教训；②建立项目最佳实践，形成交付项目工作模板、积累良好的实践应对措施和技巧、总结敏捷有效的作业步骤；③组织项目进程，基于项目成果进行流程优化、流程固化、成果推广以及持续改进工作。

（4）项目结束报告：撰写项目结束报告，向项目相关方提交。

结束阶段是项目管理的重要部分，它是项目的终结环节，项目经理需要对项目进行总结和评估，并完成项目结束报告。

1.4.2 智慧水务实践案例

1. 深圳水务集团综合调度信息平台

（1）项目背景

随着深圳市民对优质饮用水、治水提质、优质服务的需求日益增长，深圳水务集团基于"优饮、优排、优服"的原则与应用需求，打造综合调度信息平台，对接各业务系统，接入各类数据，同时结合供水排水水力模型进行分析，促成系统数据互联互通，实现资源共享。

（2）总体目标

通过综合调度信息平台的建设（图1-3），打通"制水—供水—用水—排水"为一体的业务环节，及时掌握各供水厂、加压泵站、供水排水管网、二次供水设施、污水提升泵站、污水处理厂等的运行状况，运用物联网、云计算、大数据、移动应用等新一代信息技术，实现数据采集、数据分析、综合调度、科学决策四个维度的一体化城市级调度管理，方便企业决策者、管理者和执行人员借助平台水利模型与应用子系统为业务赋能，全面提升集团对于突发状况下的事件应急、事件联动、事件处理的决策、管理和执行反应能力。

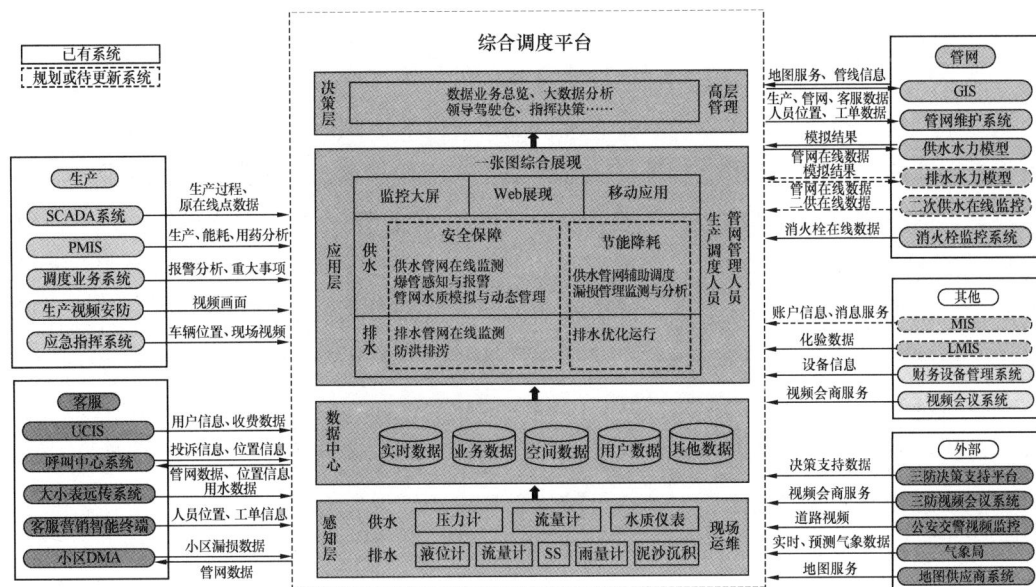

图1-3 综合调度信息平台系统框架

（3）应用场景

应用场景包括日常供水排水生产调度、应急事件指挥、全流程供水水质风险控制、防洪排涝，以及河湾流域全要素治理。

（4）应用成效

一是全流程智能感知，实现原水-供水厂-管网-二次供水-用户受水点数据监测与报警。

二是全要素风险管控，实现从源头到龙头HACCP体系的风险数字化管控；以及智能辅助分析，即运用供水在线模型辅助预测、分析、诊断、处置爆管、水质事件。

三是以综合调度信息平台为支撑、推进厂网河全要素一体化治理管控模式，形成多类型、多地点、多时间、多维度的多源数据采集、处理与应用。

四是以综合调度信息平台作核心，发挥应急指挥效用，锻造信息化引领的统筹指挥能力，打造以深圳水务集团调度中心统筹为主、以分中心配合处置为辅的一体化指挥体系，在台风防御等紧急事件中发挥重要作用。

2. 深圳水务集团的外勤业务管理系统

（1）项目背景

随着城市的高速发展，城市供水排水运行安全保障的重要性也越发突出。水务业务处理中有大量外勤作业，如管网巡检、现场维修、应急抢修、阀门管理、管网修漏、清疏、防涝排涝等，需要一体化管理系统加强现场作业管理，优化人员、车辆调配，提升到场及时率、处理及时率，落实水务智能化建设的着力点。

（2）建设目标

外业综合管理平台主要应用于深圳水务集团的外勤作业工单管理，覆盖区域包括盐田区、罗湖区、福田区、南山区、布沙片区以及龙岗区，囊括现有的各类外勤业务，实现外业工作的一体化、流程化管理。业务类型包括巡查业务、工地业务、维修业务、清疏业务、阀门业务、消防业务、泵检业务、防洪排涝业务、客户管理业务、监测点业务、设备管理业务、探漏业务、全要素业务、水质采样业务等。平台功能包含工单的计划制定、创建、审核、派发、处理等流程管理，工单的智能调度、监控、绩效管理，移动端工单管理，工单统计分析等。

针对过往外勤业务管理比较分散，难以实现集中管理的问题，深圳水务集团计划建立外业综合管理平台，结合智能移动应用，实现外业的全流程管理，推动集团外业管控方式的变革和业务流程的优化，提升集团的水务运营管理能力。

（3）应用场景

一体化的外业综合管理平台以加速信息交互、优化业务流程、优化人力资源配置、提高工作效率、提升管理水平等方法，解决现有系统存在的覆盖范围不足、监管不到位、管理复杂等问题。具体体现在：

1) 解决业务统一管理问题：一体化外业综合管理平台能够整合所有外业工单，简化管理的复杂性，提升效率，解决不同类型的外勤业务数据分散、难以统一管理的缺点。

2) 解决过程监控问题：一体化外业综合管理平台可以查询外业人员的巡查轨迹、上报记录和工单完成情况，实现过程管控，有助于资源的优化配置。

3) 解决流程规范和效率问题：外勤业务种类多，单位组织架构不相同，业务模式或存在差异，业务流程也会随着机构改革而调整，需要一个流程可灵活配置的工单管理平台。外业平台可以根据不同的业务种类、业务模式、业务流程和组织架构灵活配置工单管理流程，有助于提升工单配置效率。

4) 解决外包监管问题：企业部分业务是外包给第三方进行处理的，却缺乏有效的手段进行信息及时共享以及业务有效监管。例如，探漏工作一般委托给第三方探漏队伍，探漏结果无法及时跟踪，导致漏点没有及时修复，造成经济损失。一体化外业综合管理平台可以及时反馈外包团队的工作进展，对第三方进行有效的工作监管，提高沟通效率，降低因监管不及时导致的经济损失风险。

（4）应用成效

外业综合管理平台通过网格化的管理理念，实现基于 GIS 一张图的外业工单、人员、车辆信息综合管理，给企业运营管理带来以下收益：

1) 经济效益

提高外业工作的接单时效性和有效率。通过信息化工具，使现场情况反馈、班组审查、客服回访后的回馈更加及时。平台上线使用后，接单时效性、有效接单率、反馈及时性、工单分发合理性等方面都有较大改善，到场及时率从上线之初的约 50% 提高至99%，完成及时率则由原先的 93% 提高至 98%，提高了工作效率，可以充分利用现有人力承接新增业务的工单任务。

2) 节约人力

通过技术创新带动业务创新，实现了基于地理位置、表单业务内容、组织关系等多种类型的派单模式，推广智能派单、抢单、工单外包等模式，实现外业人员、车辆的最优化调配，促进工作量的均衡分配。平台上线运行以来，工单平均参与人员优化了 10%。

3) 品牌效益

通过加快工单的流转效率和反馈速度，外勤人员接单后的到场及时率和完成及时率均提高，使客户满意度提高，进一步提升集团企业形象，优化营商环境。

3. 深圳水务集团线上用户服务综合平台

（1）项目背景

2018 年年底，深圳水务集团结合智慧水务规划对优饮、优排、优服的要求，致力

23

于提升水务运营系统管理的数字化、智能化、规范化水平，将"智慧水务"融入整个生产、管理和服务流程。为实现上述目标，集团着手建设线上用户服务综合平台。

（2）总体目标

线上用户服务综合平台的总体目标是解决其当前所面临的问题：渠道建设不完善且功能比较单一，大量业务仍需线下办理；各个渠道无法统一管理，业务流程不一致；原有一些线上办理业务流程较为繁琐，影响客户体验。

结合集团的业务发展需求，对以往传统的水务服务模式进行数字化转型，实现服务创新，充分满足用户的互联网＋服务需求，为客户提供高效、优质、便捷的服务，优化客户体验，提高客户满意度，提升企业的客户服务水平，树立专业可靠的品牌形象。

（3）应用场景

通过线上用户服务综合平台项目的建设，全面提升线上渠道服务的能力，使之能够全面承载深圳水务集团对外供水排水业务。用户可通过多种线上服务渠道了解深圳水务集团的最新动态，足不出户办理各项业务，并且重构对用户的服务模式，提升用户的服务体验及用户满意度。该项目主要解决以下几类问题：

1）用户体验

① 自助服务可实现的功能较少，很多业务仍需要到营业网点办理。

② 部分线上办理业务提供资料多、流程比较繁琐，缺少提示指引，客户不会使用。

③ 各渠道服务不互通，不同渠道同一问题被反复询问核对。

④ 服务过程不可追踪。

2）服务运营

① 现有线上服务渠道不能有效分流线下用户，营业网点和呼叫中心服务压力大。

② 业务流程设计不合理，个别线上办理的业务，需后台运营人员手工填单。

③ 各线上服务渠道无统一的管理后台，无法及时、统一地发布信息。

④ 不能及时获取客户的反馈。

3）内部管理

① 无法满足业务发展需要，高层抄表到户导致业务量大幅增加，现有服务体系无法支撑抄表到户后激增的服务需求。

② 营业网点和呼叫中心等线下渠道运营成本高。

③ 受业务流程、法律风险等因素制约，导致许多线上业务无法有效开展。

④ 无法为管理层提供客户服务决策依据。

（4）应用成效

项目取得的具体成效包括以下三点：

1）通过整合各类服务渠道、重构服务流程，提升了客户体验及客户满意度。

2）全渠道业务数据集中处理，集约化管理，提升了运营效率。

3）业务逐步由线下转为线上，优化了运营模式，实现了高比例的业务分流效果，降低了企业成本。

1.5 未来发展与展望

1.5.1 智慧水务与智慧城市互促互融

（1）智慧城市与智慧水务

智慧水务是智慧城市的重要组成部分。推进智慧水务建设，可以推进城市水务"源水、供水、排水、污水、应急"全过程量化监控管理和全过程管控，实现城市全域感知、全网协同和全场景智慧，让城市"能感知、会思考、可进化、有温度"，推进城市水务治理的数字化、精细化、智能化管理，从而让智慧水务建设有效融入城市发展体系，为智慧城市建设提供有效支撑。

（2）城市大脑与水务大脑

城市大脑是智慧城市发展到一定阶段的产物，是实现城市治理现代化的重要手段，是进一步提升城市应急处理能力的必要保障，是提高人民群众对城市服务满意度的重要途径。水务大脑是水务企业智慧水务建设发展到一定阶段，具备企业运营指挥中枢作用的载体，是企业实现智慧生产、智慧运营、智慧服务的重要途径。

"水务大脑"与"城市大脑"既一脉相承，又各有不同。一方面"水务大脑"与"城市大脑"一样，都具备全域感知的特点，技术与业务融合推动管理变革，数据与业务协同支撑场景落地，具有自我学习、自我进化的优点，需要多方协同建设，表现出"类生命体"特征（如两者以城市或企业为载体，以"物联感知"作为"城市/企业神经"、以"流动数据"作为"城市/企业血液"、以"基底模型"作为"城市/企业骨架"、以"智慧应用"作为"城市/企业行为"、以"规范标准"作为"城市/企业基因"）。同时，"水务大脑"作为水务行业领域的大脑，与"城市大脑"互联互通，以数据共享为纽带、以业务协同为核心、以技术支撑为保障，互相协同，在城市水务治理、政务服务、应急协同指挥等领域发挥作用。另一方面两者各有侧重，"城市大脑"侧重于城市治理、应急管理、公共交通、水电气等领域的城市综合治理体系和治理能力现代化；而"水务大脑"以水务领域为主要应用方向，深入挖掘水务行业发展问题，对水务的生产、运营、服务、管控等领域开展更深入、细致的专项应用。

1.5.2　智慧水务标准促进水务资源共享

在智慧水务建设中，一方面各地区水务行业发展不均衡，认识不统一，智慧水务缺乏统一的建设指导，容易造成智慧水务建设各自为政，偏离既定目标，效果大打折扣；另一方面由于没有统一的规范与标准，智慧水务建设比较混乱，如硬件接口、数据类型、通信协议、性能要求等无标准可循，各企业使用不同的开发建设厂商，系统建成后信息无法互联互通，"信息孤岛"问题突出。造成以上问题的一个重要原因就是水务标准体系的缺失。目前信息化领域国家标准总数已经超过 2000 项，但水务数字化的相关标准仍旧欠缺，标准体系亟待建立。为解决智慧水务标准缺失、滞后、交叉重复等问题，系统梳理、全面布局、迭代进化各层级、各板块标准，指导智慧水务合规、有序建设是未来重要的工作内容。各地水务管理单位、水务企业、高校以及水务开发建设厂商等相关单位应积极参与到智慧水务标准体系建设中，打造兼具先进性与适用性的数字水务标准体系，引领智慧水务建设全面规范化发展。

1.5.3　智慧水务技术与业务融合 （IT＋OT） 促进传统水务的升级

城镇水务涵盖原水、供水、排水、水环境等多个环节，每个环节都与人民生活、城市安全和生态文明息息相关。但城市水系统仍然脆弱，面对饮用水水源污染、管网爆管停水、龙头黄水、城区积水内涝、河道返黑等问题，传统水务工艺、设备和技术的瓶颈有待突破。因此，水务行业以智慧水务为抓手，将供水排水业务管理场景与新 ICT 技术、人工智能等技术相结合，突破传统厂站网运管模式的桎梏。智慧水务以流程驱动贯通产供销服业务链条，以数据智能算法模型替代人工经验运管，以云底座＋微服务平台化架构支撑水务企业"一网统管"扁平化管理，进而全面提升供水排水运营效率、质量与韧性。例如：通过构建全时空智能监测预警应急指挥中枢，提升供水排水一张图智能预测、预警、预案和预演能力。通过智慧水厂/水质净化厂的全流程智能体真正实现厂站无人安全高效值守。通过全媒体智能线上服务平台，助推水务传统服务方式的互联网转型。

1.5.4　智慧水务促进企业变革管理

智慧水务目的是通过"云计算、大数据、物联网、移动通信、人工智能"等新型信息技术与传统业务深度融合，以数据、算力、算法为核心，构建可自我学习、自我管理、自我提高的水务数字孪生智慧体，支撑水务行业的高品质运营和创新发展。为实现上述目标，智慧水务建设除了推动传统水务企业信息化技术的革新，还同时推动水务企业内部数字化转型，从数字化顶层规划、组织领导、人才队伍、管理机制、资金保障等方面进行变革，加快数字化治理体系构建。

1. 促进组织管理革新

（1）强化企业数字化转型"一把手"负责机制

组织领导是企业数字化转型成败的关键因素。智慧水务建设要求传统水务企业加强组织领导，完善组织体系，明确推进主体，强化传统水务企业数字化转型"一把手"负责机制，推进企业建立数字化转型领导工作小组，统揽企业数字化转型工作，落实数字化转型路线图及关键工作，协调解决转型过程中的重大问题。

（2）强化企业数字化意识

智慧水务建设将深化企业对于数字化转型艰巨性、长期性和系统性的认识，强化数据驱动、集成创新、合作共赢的数字化转型理念，提高员工对数字化转型的认同感，激发基层活力，营造"乐于、勇于、善于"数字化转型的氛围。

2. 加快数字化人才队伍建设

（1）打造数字化人才队伍

人才保障是企业数字化转型的核心动能。在岗位设计过程中，智慧水务建设将推动企业充分考虑相关数字化能力要求，充分发挥数字化形态下的组织效能及个人价值。在人员招募时，对数字化人才给予充分重视，通过与高校和相关机构的合作，创造条件吸引数字化人才，着力打造优秀数字化人才队伍，补充数字化型关键人才，如各类架构师、产品经理、项目群经理。

（2）培育数字化思维

智慧水务建设将推动企业着重培育人才队伍的宏观战略思维、市场化思维、专业化能力和创新能力。强化传统水务企业员工按照市场规律办事，讲求投入产出比，看重发展质量和效益的思路。同时，培育客户思维，从客户需求和痛点出发，思考产品与服务持续优化，定期对员工进行数字化培训，鼓励各部门交流学习。

3. 加快机制保障构建

（1）建立数字化激励机制

智慧水务建设将推动企业建立市场化约束激励机制，推行有针对性的、多样化的激励手段；打造复合型人才培养激励体系，充分考虑公司的价值创造与员工的内生动力，发挥最优激励效果，激发传统水务企业的创新活力。

（2）建立数字化考核模式

智慧水务建设将推动企业建立灵活多元化、灵活性和全面性的考核模式，通过数字化手段真实动态反映员工的表现与贡献；基于数字化技术手段，通过动态互动反馈平台，实时通过多元反馈提升员工主体性，线上收集员工绩效表现。

（3）构建共创共享机制

智慧水务建设将推动企业构建信息化部门与业务部门的共创共享机制，通过开展头脑风暴共创会的模式，共同为传统水务企业数字化建设需求、难题和困境建言献策，强化数字化与业务深度融合。

参考文献

[1] 中国城镇供水排水协会 . 城镇水务 2035 年行业发展规划纲要［M］. 北京：中国建筑工业出版社，2021.

[2] 谢丽芳，邵煜，马琦，等 . 国内外智慧水务信息化建设与发展［J］. 给水排水，2018，54(11)：135-139.

[3] 张金松，李旭，张炜博，等 . 智慧水务视角下水务数字化转型的挑战与实践［J］. 给水排水，2021，57(6)：1-8.

[4] 刘新锋 . 智慧水务典型案例集(2021)［M］. 北京：中国建筑工业出版社，2022.

[5] 王爱杰，许冬件，钱志敏，等 . 我国智慧水务发展现状及趋势［J］. 环境工程，2023，41(9)：46-53.

第 2 章

智慧水务
IT 技术

2.1 智慧水务关键技术

2.1.1 智慧水务数据处理及安全技术

1. 云计算

（1）概念

云计算（Cloud Computing）是一种基于互联网的计算方式，是分布式计算（Distributed Computing）、并行计算（Parallel Computing）和网格计算（Grid Computing）的发展，通过互联网利用集群计算向公众提供服务，能够实现软件、网络、服务器等资源的融合，提供按需供应、大容量、安全的网络存储和计算处理服务，提高资源易获性和利用率。

（2）原理

云计算通过网络"云"将庞大的数据处理程序分解成无数个小程序，然后通过由多个服务器组成的系统对这些小程序进行处理和分析，得出结果并返回给用户。简单来说，云计算就是解决任务分配，合并计算结果。因此，云计算也被称为"网格计算"。通过云计算技术，人们可以在短时间（几秒钟）内处理数万条数据，从而实现强大的网络服务。

（3）应用案例

上海三高计算机中心股份有限公司开发的"三高水务云"平台，部署在阿里云端，能够实现水表度数识别、云呼叫、云抄表、云网厅和智慧营业厅等云上服务。该平台已为多个城市企业提供智慧水务的网络服务，例如上海城投水务（集团）有限公司的客户服务平台和生产运维平台、江门市融浩水业股份有限公司的供排一体化信息化规划平台、桂林市自来水有限公司的客户服务平台和网格化综合数据展示平台等。

2. 大数据

（1）概念

大数据（Big Data）是指难以在较短时间内用传统 IT 技术和软硬件工具对其进行感知、获取、管理、处理和服务的数据集合，具有价值高、体量大、速度快、种类多等特点。

（2）来源

随着人类活动的进一步发展，数据规模急剧膨胀，金融、汽车、零售、餐饮、电信、能源、政务、医疗、水务、体育、娱乐等各行业累积的数据量越来越大，数据类型也越来越多、越复杂，已经超越了传统数据管理系统和处理模式的能力范围，于是"大数据"的概念应运而生。

在水务行业应用大数据技术具有管理可视化、异常可识别、问题可诊断、未来可预测、学习可调节、深度可挖掘等优势。

（3）应用案例

南京市鼓楼区在实现全域消除劣Ⅴ类水体后，初步建成了以"3＋4"为基础构架的鼓楼智慧水务大数据管控平台。"3"即三个一："一张图"知全局，建成汇集水务基础设施的空间信息一张图，叠加城市地图数据，总览城市水务设施全局；"一张网"感全局，建成全面感知"海、陆、空"一体的智能感知网络体系，掌握水务基础信息及水情、雨情、工情等；"一平台"控全局，智慧水务平台紧扣水务管理实际业务需求，实现信息化、智能化的水务运营监管。"4"即四项功能：一是智能感知功能，全面掌握液位、水质、流量等基本情况；二是预警预报功能，及时捕捉异常水情，及时报警，提高处置效率；三是强化管理功能，能适时提取数据、视频；四是远程控制功能，实现远程启闭、智能控制。

3. 人工智能

（1）概念

人工智能（Artificial Intelligence，AI），又称智能模拟，是一个知识信息处理系统，使计算机和机器能够模拟人类智能和解决问题。人工智能技术是研究和开发用于模拟、延伸和扩展人的智能的理论、方法、技术及应用系统的一门新的技术科学。人工智能技术作为计算机科学的一个分支，旨在探究智能的本质，并生产出一种新的能以人类智能相似的方式做出反应的智能机器。

（2）原理

计算机通过传感器或手动输入的方式收集有关情况的真实信息，将这些信息与储存的信息进行比较，以确定输入信息的含义。基于上述原理，计算机根据收集到的信息计算出各种可能的行动，然后预测哪种行动效果最好。但是，计算机只能解决程序允许的问题，而不具备一般意义上的分析能力。人工智能的工作原理主要分为两种，基于规则的人工智能和基于学习的人工智能。

基于规则的人工智能：通过指定规则来实现智能功能，如编程、逻辑推理。优点是可以快速实现，缺点是人工智能的规则是固定的，难以适应变化。

基于学习的人工智能：基于大数据的分析和学习，实现智能功能，如机器学习、神经网络。优点是能适应变化，缺点是需要大量的数据和时间来训练，实现速度慢。

（3）应用案例

佛山市顺德区供水有限公司应用人工智能技术开发了一套供水质量预测系统，可以根据各种因素对供水进行监测和预测，及时发现质量问题，提高供水质量。该智慧水务系统能够实现 24h 远程监控供水厂各项情况，如生产调度、设备状况、供水管网运行与压力、电子水表、分区流量计等供水数据，设施设备运行情况等一目了然。此外，还将营业收费系统、工单系统、客服系统等数据整合在一起，使供水的每一个环节均实现可视化。

4. 区块链

（1）概念

区块链（Blockchain）是借由密码学与共识机制等技术建立与存储庞大交易资料链的点对点网络系统，由一个又一个区块组成链条，每一个区块中保存了一定的信息，它们按照各自产生的时间顺序连接成链条。换言之，区块链等同于去中心化的、分布式的、区块化存储的数据库，是存储全部账户余额及交易流水的总账本，每个节点有完整的账本数据，账本数据记录了全部的历史交易数据，交易数据存储在区块上，每个区块包含前一区块 ID 及 HASH，形成链。

（2）原理

如果把区块链看成一个状态机，每一个事务都是一次改变状态的尝试，每一个共识产生的区块就是参与者确认区块内所有事务引起的状态改变的结果。

交易：导致账簿状态发生变化的操作，如增加一条记录。

区块：记录一段时间内的交易和状态结果，是对当前账簿状态的一种共识。

链：由区块按照发生的顺序串联而成，是整个状态变化的日志记录。

（3）应用案例

中国区块链公司中盾云安开发的"新疆智慧水务区块链平台"，运用了"智慧水务＋区块链＋物联网"模式，推动水务企业取水、供水、水质监测、配水、结算等关键过程信息实时上链存证，可提供智能供水、安全监测、多方高效协同、可信交易、资产安全上链以及链上监管等应用服务。区块链技术还可以支持给定流域内水权的点对点交易，给予用户足够的或愿意与该地区的其他用户共享超额资源的权利，让水务公司外部与其他水务公司的相关方都可以对生态圈进行数字输入，为水务管理提供了一种新的信息获取和实时管理办法。

2.1.2　智慧水务联网技术

1. 物联网

（1）概念

物联网（Internet of Things，IoT）是一种计算设备、机械、数字机器相互关系的系统，具备通用唯一识别码（UUID），并具有通过网络传输数据的能力，无需人与人或是人与设备的交互，让所有能够被独立寻址的普通物理对象实现互联互通的网络，是新一代信息技术的重要组成部分。

（2）原理

物联网通过各种信息传感设备和技术，如传感器、全球定位系统、射频识别技术、激光扫描器、气体感应器、红外感应器等，实时采集所有需要监控、连接、互动的物体或过程，并采集其声、光、热、电、力学、化学、生物、位置等各种参数信息，使物体与互联网结合形成一个巨大网络。物联网技术在智慧水务应用中的技术原理如下：

1）无线传感器网络

物联网技术的核心内容是无线传感器网络，在智慧水务基础建设过程中，通过"点、线、面、网"的设计原则进行地区传感器节点布置，全面覆盖水务系统。智慧水务中心平台通过无线传感器网络进行数据收集以及指令发送，无线传感器网络构成智慧水务系统的基本骨架。

2）3S 技术

3S 技术分别是指遥感技术（RS）、全球定位系统技术（GPS）以及地理信息系统（GIS）。智慧水务通过 3S 技术结合而成的空间、传感器、卫星导航以及现代通信技术的有机整体，实现对各种空间信息、环境信息、水利信息进行科学有效地处理。

3）无线射频识别技术

无线射频识别技术能够通过无线射频的方式对记录媒体进行读取与撰写，从而实现对智慧水务系统中各个目标节点的数据读取与交换。此外，无线射频识别技术与无线传感器网络有机结合，能够充分保证数据信息的可靠性，使得智慧水务系统可以完成预测降水、保持水土、检测水质水量等工作。

（3）应用案例

六安市自来水公司利用物联网技术推行智能消火栓建设工作，实现了数据的实时上传和智能管理。该智能消火栓装有智能收发装置，取水时，需先在卡槽内插入 IC 卡将智能收发装置唤醒，再打开取水口与消火栓阀门，从插卡到取水，整个规范流程的操作时间不到 1min。信息管理平台能随时查看消火栓的状态，管理员可自行设置时间段对所有消火栓的用水量进行管控，也可对每辆环卫车的取水量进行监测，加大了对消火栓的取水管理力度与成效。

2. 移动互联网

（1）概念

移动互联网（Mobile Internet）指基于手机等无线终端的万维网服务，用户用手机等无线终端，通过速率较高的移动网络接入互联网，可以在移动状态下使用互联网的网络资源。就技术层面而言，移动互联网是指以宽带 IP 为技术核心，可以同时提供语音、数据、多媒体等业务的开放式基础电信网络。就应用终端而言，用户使用手机、笔记本电脑、平板电脑、智能本等移动终端，通过移动网络获取移动通信网络服务和互联网服务。

（2）5G 技术

第五代移动通信技术（5th-Generation Communication Technology，5G）是最新一代蜂窝移动通信技术。5G 技术的突破点是资源利用率在 4G 的基础上提高 10 倍以上，系统吞吐量提高约 25 倍，使未来无线移动通信的频率资源扩展 4 倍左右。5G 能够实现更高数据速率、更少延迟、更低能耗、更高系统容量和更大规模设备连接。

（3）应用案例

深圳水务集团作为国内领先的环境水务综合服务商，利用移动互联网技术赋能水务服务。采用线上服务平台优化用户体验，将客户服务由传统线下人工模式向互联网服务转型，提供多种线上业务办理渠道及自助服务终端设备渠道，并采用集约化管理，统一满足客户供水排水服务需求，提升服务效率的同时增加服务过程透明度。用户可以通过微信公众号接收水费预通知并实现一键缴费，以及获取最新突发事件、辟谣、预警等通知。此外，线上服务平台在盐田区率先实现了水质信息公开，市民在盐田辖区可通过微信小程序"深水情"和 LED 大屏，随时查看水质信息。

2.1.3　智慧水务可视化技术

1. 虚拟仿真 （AR/VR）

（1）概念

增强现实（Augmented Reality，AR），是一种实时计算摄像头图像的位置和角度，并添加相应图像和视频、3D 模型的技术。这项技术的目标是将模拟世界与现实世界融为一体，并进行互动，使用户从感官效果上确信虚拟环境是其周围真实环境的组成部分。

虚拟现实（Virtual Reality，VR），是一个计算机模拟系统，可以利用三维图形技术、多媒体技术、仿真技术、显示技术、伺服技术等多种技术创建并让用户体验虚拟世界。VR 利用计算机生成仿真环境，通过多源信息融合技术构建交互式三维动态视景，并实现实体行为模拟系统，使用户沉浸其中，产生身临其境的感觉。

（2）原理

1）AR 的实现原理

AR 从技术手段和表现形式上可以明确分为两类，一类是 Vision based AR，即基于计算机视觉的 AR；另一类是 LBS based AR，即基于地理信息的 AR。

基于计算机视觉的 AR 利用计算机视觉建立现实世界与屏幕之间的映射关系，使用户想要绘制的图形或 3D 模型能够像附着在真实物体上一样显示在屏幕上。基于计算机视觉的 AR 本质上就是在真实场景中找到一个附着平面，把这个三维场景中的平面映射到二维屏幕上，然后在这个平面上画出想要显示的图形。

基于地理信息的 AR 通过 GPS 获取用户的地理位置，进而获取物体的 POI 信息（如餐厅、银行、学校等），这些信息来自一些数据源（如 wiki、google 等）；然后通过移动设备的电子罗盘和加速度传感器获取用户手持设备的方向和倾角，通过这些信息建立真实场景中目标物体的平面参考（相当于标记），再进行坐标变换显示和标记。

2）VR 的实现原理

VR 是多种技术的综合，包括实时三维计算机图形技术，广角（广视野）立体显示技术，对观察者头部、眼、手跟踪技术，以及触觉/力反馈、立体声、网络传输、语音输入输出等技术。

双目立体视觉在 VR 系统中起着非常重要的作用。用户眼睛看到的不同图像是分别产生的，并显示在不同的监视器上。一些系统使用单个显示器，但用户戴上特殊眼镜后，一只眼睛只能看到奇数编号的图像，另一只眼睛只能看到偶数编号的图像，奇数、偶数帧之间的差异，即视差，产生了立体感。

（3）应用案例

ALVA Systems 计算机技术供应商针对水务行业开发了一系列 AR 技术应用，为供水厂运营管理创造价值，主要应用服务如下：

1）AR 智能巡检

ALVA AR 智能巡检应用利用 AR 技术，帮助工作人员快速排查故障设备，提高巡检效率，降低故障损失。依托 ALVA AR 智能巡检应用，能够化"人找设备"为"设备找人"，通过虚拟路标指引和可视化的设备参数及状态信息，故障排查人员能够迅速找到故障设备，并根据设备信息进行解决方案的输出，有效降低长时间停机带来的损失和风险。

2）AR 专家经验捕获复用

ALVA AR 专家经验捕获复用平台能够帮助企业记录复杂的操作流程，实现知识经验的数字化和复用，直接应用于技能培训、操作指导等场景中，"沉浸式"培训与考核让人员培训工作事半功倍。

3）AR 远程专家指导

现场人员可以通过手机、平板以及 AR 眼镜等移动设备，呼叫远程技术专家进行指导，有效解决复杂的故障难题，提高问题解决效率的同时降低投入成本。

2. 数字孪生

（1）概念

数字孪生技术（Digital Twin）是指在物联网实时和历史反馈信息的支持下，通过物理信息建模，创建物理世界的等效虚拟体，并基于计算机手段对物理实体进行实时监控和动态仿真分析，实现物理实体的精确分析和决策的技术手段。数字孪生技术有多种技术支持，包括认知和控制辅助、建模支持、数据管理、数字孪生连接等。

（2）原理

数字孪生是一种虚拟模型，旨在准确反映物理对象。研究对象配备了与重要功能领域相关的各种传感器，这些传感器产生有关物理对象不同性能方面的数据，然后将这些数据转发到处理系统并应用于数字副本。虚拟模型可以将此类数据用于运行模拟，研究性能问题并带来可能的改进。上述过程是为了产生有价值的见解，然后应用回原始物理对象。

（3）应用案例

上海首家数字孪生水厂系统在南市水厂正式上线，该供水厂有着 119 年的历史。该数字孪生水厂系统依托黄浦供水示范区建设，对南市水厂的构筑物、生产设备、管路系统进行了超精细三维数字化复原，构建了一个和现实供水厂一样的数字工厂，并对接生产业务数据、水质监测数据、物联感知数据等多维实时动态数据，使数字工厂的设备情况、生产情况、水质情况与现实供水厂完全同步。而数字孪生工厂则将这些数据通过完整的应用逻辑链串起来，不仅可以对整个生产过程进行仿真、评估和优化，还能对一些突发事件进行场景模拟，分析发生原因，找到解决方案。

2.1.4　智慧水务应用技术

1. 遥感技术 RS

（1）概念

遥感技术（Remote Sensing，RS）是指非接触、远距离的探测技术。一般是指利用传感器/遥感器对物体的电磁波辐射、反射特性进行探测，然后根据其特性分析物体的性质、特性和状态的理论、方法和应用科学技术。

（2）原理

遥感探测使用波段范围从紫外、可见光、红外到微波的光谱作为电磁辐射源，发出的光也是电磁波。阳光从太空到达地球表面时必须穿过地球大气层，大气对太阳光的吸收和散射程度随着太阳光的波长而变化。通常，太阳光穿过大气时透过率较高的光谱段称为大气窗口。大气窗口的光谱波段主要包括紫外、可见光和近红外波段。当太阳光从太空穿过大气层照射到地球表面时，地面上的物体会反射和吸收由太阳光组成的电磁波。由于每个物体的物理化学特性和入射光的波长不同，物体对入射光的反射率也不同。各种物体对入射光的反射规律称为物体的反射光谱。遥感探测的基本原理就是将遥感仪器接收到的目标物体的电磁波信息与物体的反射光谱进行对比，从而对地面上的物体进行识别和分类。

（3）应用案例

"航天监测"是航天海鹰卫星运营事业部重点打造的面向自然资源、城市、生态环保、安全应急等监测监管应用的 SaaS 平台。在水务行业，"航天监测"能够对水环境要素进行动态监测，综合各监测结果对生态环境做出综合评估，为水体污染治理提供监管评估的新手段。该平台通过分析长时间序列的光学卫星遥感影像，以水体中不同物质的反射率为依据构建水质反演模型，结合水质监测站点的业务监测数据，实现水体污染监测，能够全面、及时地掌握水体水质和污染情况，为水环境监管评估提供决策依据。

2. 地理信息系统（GIS）

（1）概念

地理信息系统（Geographic Information System，GIS）是由信息科学、计算机科学、现代地理学、测绘遥感、环境科学和管理科学整合而成的一门新兴学科，其核心是计算机科学，基础技术是数据库，地图可视化和空间分析技术。

（2）原理

1）输入：在初始阶段，大多数 GIS 的地理数据来源于纸质地图，通过数字化和扫描的方式输入 GIS 数据。目前，GIS 数据输入正越来越多地借助非地图形式，例如遥感技术。相比地图数据，遥感数据更易于输入至 GIS 中。

2）存储：GIS 中的数据可以分为两类，栅格数据和矢量数据。GIS 的数据存储有其独特性，即 GIS 大多采用分层技术，即根据地图的某些特征，将其分为若干层（如道路层、景点层、公共设施层等），而整个地图就是所有图层叠加的结果。

3）地理数据的操作和分析：GIS 被广泛应用的重要原因之一是地理数据的分析功能，即空间分析，通过 GIS 提供的空间数据分析功能，用户可以从已知的地理数据中得出隐含的重要结论，这在很多应用领域（比如抢险救灾的业务位置）中都是非常重要的。

4）输出：GIS 的输出是以文本、图形、多媒体、虚拟现实等形式输出用户查询或数据分析的结果，是 GIS 问题解决的最后一个过程。

（3）应用案例

2019 年 8 月，珠海水务环境控股集团有限公司供水公司新版的供水管网系统（GIS）正式上线运行。新系统采用网页版绘图，界面简洁，使用方便，无需再像以往一样要求安装客户端，提高了绘图效率；系统通过外业采集软件，可在现场实现地理信息的快速采集和上传，大幅提升测图速度；同时，该系统增设爆管流程系统，将之前爆管维修过程中递送纸质签证、人工统计爆管维修数据等业务内容进行信息化处理，节省线下签证时间，数据存储更加安全可控和便于维护。此外，新系统还通过详细的外勤工单系统，建立了抢修、维修业务流程体系。

3. 全球定位系统（GPS）

（1）概念

全球定位系统（Global Positioning System，GPS），是由美国 20 世纪 70 年代研制

的新一代卫星导航和定位系统，耗资 200 亿美元，于 1994 年全面建成。GPS 采用导航卫星进行测时和测距，从海、陆、空进行全方位实时三维导航与定位，是当今世界上最实用、应用最广泛的全球精密导航、指挥和调度系统。

（2）原理

GPS 采用了高轨测距体制，以观测站至 GPS 卫星之间的距离为基本观测量。为了获得距离观测量，GPS 可以采用两种方法：伪距测量和载波相位测量。其中伪距测量定位速度最快，而载波相位观测量定位精度最高。GPS 的定位方式分为单点定位和相对定位。单点定位就是根据一台接收机的观测数据来确定接收机位置的方式，它只能采用伪距观测量。相对定位是根据两台以上接收机的观测数据来确定观测点之间的相对位置的方法，它既可以采用伪距观测量也可采用相位观测量。

（3）应用案例

山东省东阿县自来水公司引进 GPS 管线探测技术，对城区所属的供水管网数据信息进行采集，完成了 70km 供水管网的数据采集工作。数据采集完成后，依靠信息技术、互联网等建立管网数据库，能够实现对管线、设备的可视化、规范化和网络化管理；还能解决供水管线运行状态监测，及时有效地获取网络运行数据；并及时、迅速地发现、解决设备故障和缺陷，科学地安排维修、检修及生产运行管理工作。采用 GPS 探测技术，还可以实现供水厂人员定位、区域智能监督以及物品定位，助力实现供水管网信息化综合管理。

4. 建筑信息模型（BIM）

（1）概念

建筑信息模型（Building Information Modeling，BIM）是近年来建筑领域的一个新技术，是指通过数字信息模拟来模拟建筑物的真实信息。BIM 技术的设计软件主要包括以下三种技术思路：一是在三维空间中建立单一的数字建筑信息模型，将建筑的所有参数信息以统一数据库的形式存储，实现建筑信息的即时更新和共享；二是在设计数据之间建立实际关联，同一个 BIM 所生成的所有图纸都是相互关联的，所有数字构件实体都可以实现智能交互，任何修改将会实时同步反映在其他实体中；三是，BIM 不仅支持平面、纵向、横截面等传统二维图纸的表达，还支持轴测图、透视图等三维图纸的表达，甚至动画显示。

（2）原理

BIM 技术的基本原理主要包括两个方面：一是建模过程，即 BIM 本身是一个"过程"，其功能是通过建立数字化信息模型，利用和共享工程数据信息，提高工程项目和配套设施的设计、施工和运营水平。二是模型结果，BIM 还是一个呈现数据的载体模型。它不仅具有三维模型的内容，还包含了可以从模型中自动生成二维图形等分析数据和数据表的结果。这种模型载体最大的特点是物理特性和功能特性的结合。物理特性主要指模型构件的几何特征，又称三维几何信息；功能特性是指与项目本身相关的所有信息，如模型中房间的面积、原料的供应商等。综上，BIM 技术的本质是最大限度地整合过程和结果。

（3）应用案例

1）设计阶段的应用

主要包括厂站参数化建模、通风采光分析、噪声分析、碰撞分析、校对审图出图、设计与施工协调、优化设计等。

2）施工阶段的应用

主要包括洞口预留，成本进度模拟，施工模拟，快速评估变更引起的成本变化，通过工厂制造提升质量管理，预制、预加工跟踪管理，施工现场远程验收和管理等各种施工场景模拟。

3）运维阶段的应用

主要包括三维可视化展示、数字孪生水厂、三维数字沙盘、项目管理应用集成、三维防汛洪水演进可视化等应用，对工艺、设备、运行监测、巡检、养护、视频等信息叠加展示。此外，BIM 技术可以实现虚拟和实体融合分析，集成进度管理、合同管理、图档管理、质量安全管理等功能，提供准确的工程信息结合远程验收系统辅助验收。

2.2 智慧水务物联系统及建管

2.2.1　智慧水务物联系统

1. 概念

水已经成为城市发展的"紧箍咒"，如何做好水供应及管理工作是当下城市管理者需要解决的主要问题。智慧水务被视为解决城市水问题的一剂良药。2015 年，住房城乡建设部办公厅、科学技术部办公厅联合发布了《关于公布国家智慧城市 2014 年度试点名单的通知》，明确了智慧水务的重要性，将其列为"智慧城市"的专项建设内容之一。自此，智慧水务建设开始在全国范围内推进，各地的水务管理部门开始尝试建立自己的智慧水务应用系统。

智慧水务总体框架如图 2-1 所示，通过物联网技术设备自动采集供水量、用水量、水压、流量等水务数据，利用有线或无线数据传输技术实时将这些数据传输给信息平台，然后在大数据等信息技术的协作下，完成海量数据的分析、决策及可视化，从而实现城市水务信息化的全面提升。

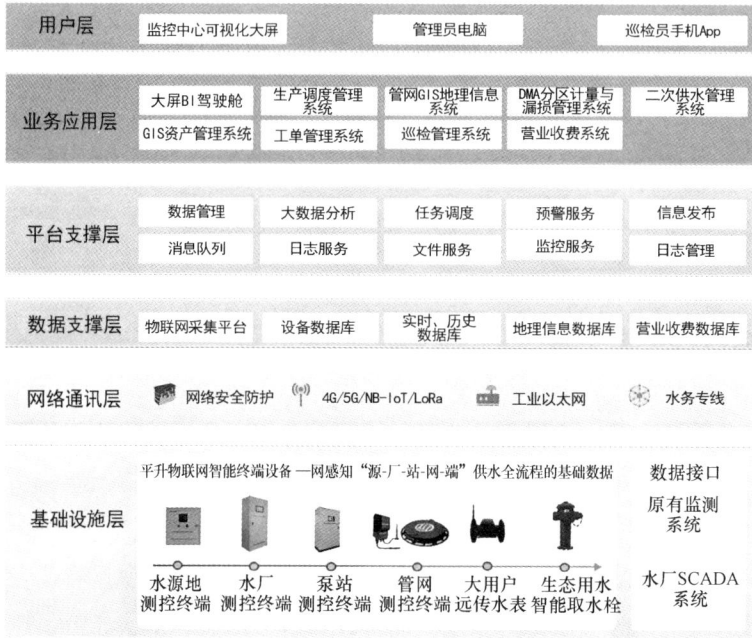

图 2-1　智慧水务总体框架

　　其中，智慧水务物联系统是将传感器感应到的数据通过有线或无线网络传输回应用系统，实时监测城市各种水务的运行状态，并将不同水务管理部门与供水排水设施有机整合在一起的系统。该系统是一个基于物联网的综合信息管理平台，利用数学仿真建模构成的智慧化管理系统，功能涵盖供水监测、防旱防涝、污水处理、数据收集、自动分析决策、水务智慧运营等，子系统集成 GIS 定位、视频监测、数据分析处理、SCADA 系统、自动化管理服务系统等，如图 2-2 所示。

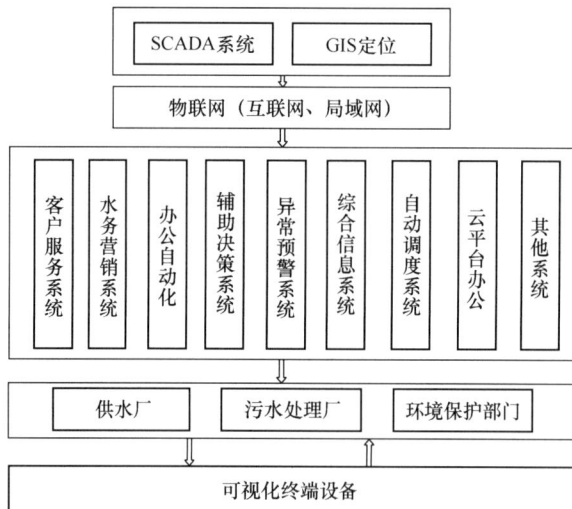

图 2-2　智慧水务物联网结构

　　基于物联网层级的智慧水务体系可以划分为 4 个部分：服务层、网络层、平台层和感知层，如图 2-3 所示。智慧水务物联系统主要实现了：（1）数据接入，实现用户与管理人员对共享数据的同步应用和远程控制；（2）数据传输、存储与处理，对采集到的繁杂数据进行传输、存储后，依据专业需求进行分析，筛选有用数据；（3）消息推送，系统还可将提取数据以消息形式实时推送到不同终端设备；（4）设施监控，对超出临界值的数据以预警方式显示，跨平台发送到各个管理部门，支持多级预警；（5）信息共享，将一个城市的所有水务工作接入到一个平台中，消除各部门"数据孤岛"化现象，各管理部门之间可形成统一决策，提高水资源的各种利用率，实现全天候无人值守的水处理。

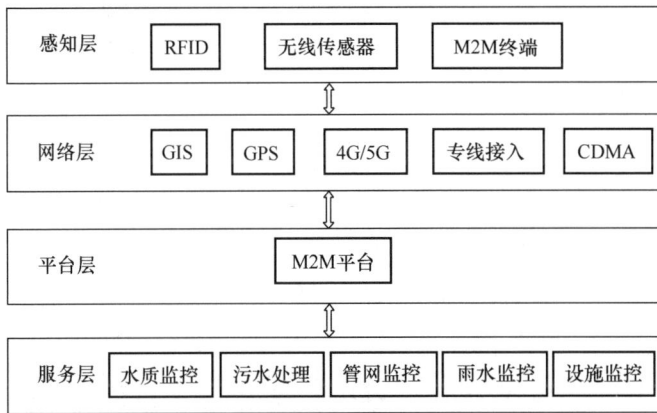

图 2-3　基于物联网层级的智慧水务体系

2. 建设目标

　　为了实现供水、排水、防汛、抗旱等多方面水务信息的全面共享、智能管理和科学决策，进而为市民、企业和政府在内的各方提供更好的服务，智慧水务物联系统建设应达到以下目标：

　　（1）感知自动化。通过遍布于管理区域的各种涉水传感设备，尤其是水库、河道、供水厂、供水管网、泵站、污水处理厂、排污管网等关键区域的传感器和智能设备组成的水务物联网，实现对区域内水循环过程的自动测量和监控。

　　（2）互联全面化。智慧水务不是只针对供水、排水或者调水中某个业务领域的管理，而是涉水事务的全面管理。因此，智慧水务系统要综合运用各种网络、通信、计算机技术，将过去分布于各个部门的"信息孤岛"打通，实现水务信息之间的无缝对接，确保水务管理的高效与精准。

　　（3）控制远程化。水务管理中的一项重要工作就是控制各种各样的水务设备，如水源泵站、闸站等。对于智慧水务而言，远程控制是其必备的要素之一，因此智慧水务系统要利用计算机网络技术将需要手动控制的设备联网，并利用自动控制技术对这些设备进行改造升级。

（4）管理智能化。智慧水务与传统水务管理模式的一个重要区别就在于智慧水务系统运用了大量的信息技术。在信息技术的辅助下，水务管理的智能化水平得到大幅提升，大大减少了对人的依赖。

（5）决策科学化。智慧水务系统中收集了大量的水务数据，并综合运用数据挖掘、知识发现、专家系统等功能为水务管理决策部门建立了科学的决策模型，这些决策模型能够协助水务管理者开展决策工作，有效提升水务管理决策的科学化水平。

（6）服务便捷化。智慧水务系统在设计时要统一构建智慧水务门户平台，使公众能够利用新一代的信息技术随时随地查询需要的水务信息，办理需要的业务，反映用水过程中遇到的各种问题，从而使用户服务的便捷性大幅提升。

除了上述核心目标之外，智慧水务系统设计还要综合考虑开放、精细、动态、个性、创新等目标要求。

3. 关键技术

智慧水务物联系统离不开各项信息技术的综合应用，具有体系庞杂、涉及信息技术众多等特点。为了明确智慧水务中各种关键技术的应用方法，本节以智慧水务信息技术层级逻辑（图 2-4）为基础，按照由底层到上层的顺序逐一简要分析。

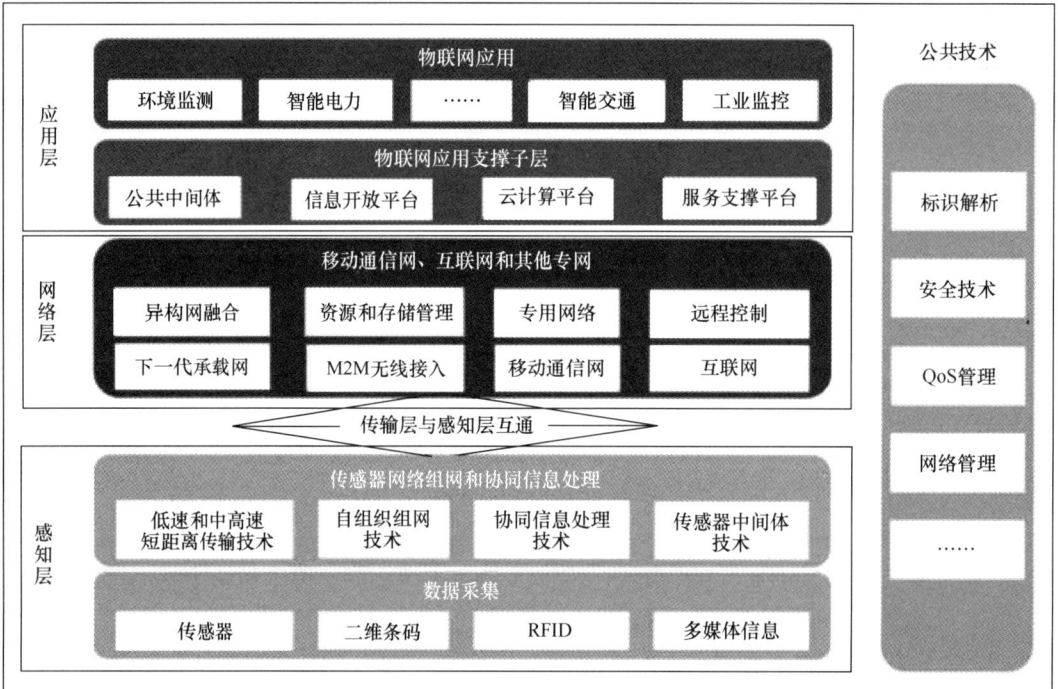

图 2-4　智慧水务中的信息技术层级逻辑

（1）数据感知层。由于水务设施分布分散且常采用地下通道或地埋方式布置，导致设施状态信息获取困难。窄带物联网（Narrow Band Internet of Things，NB-IoT）技术的面世为水务设施状态的感知提供了可能。将 NB-IoT 技术与水务状态传感器相结合即可实现净水、供水、污水处理等设施的实时状态信息的获取，解决了水务数据收集的难题。

（2）数据传输层。由于智能感知设备分布在城市的各个角落，当这些设备采集到水务设施状态数据之后，需要通过远程数据传输技术将其汇聚到水务数据中心。目前常用的大数据量远距离数据传输技术包括无线传输技术 GPRS、GSM 等，以及有线传输技术，如光线、同轴电缆等。

（3）数据处理层。目前，常用的大数据存储技术有基于大规模并行处理的数据库集群技术、基于 Hadoop 的分布式数据库技术，以及大数据一体机技术等。计算平台采用服务器虚拟架构以及云计算技术，实现"水务云"解决方案，提高服务器整合效率。

（4）业务逻辑层。业务逻辑层是实现智慧水务的核心技术层，由于需要根据用户的需求来实现各种功能服务，因此业务逻辑层涉及的技术非常广泛，包括用于挖掘价值、发现规律的数据挖掘技术、机器学习技术、神经网络技术、智能优化技术等，还有用于提高运算性能的分布式计算技术、云计算技术等。

（5）平台应用层。平台应用层直接面向客户，并通过业务逻辑层为不同类型客户提供个性化的功能与服务。这一层中应用到的技术主要有用户界面设计技术以及应用界面编程技术，如 HTML、DIV、CSS 以及 JavaScript 等。

综上所述，智慧水务物联系统的关键技术涉及多个领域，并以水务数据为基础使用数据挖掘、机器学习以及智能优化等多种技术来实现水务管理功能。

2.2.2　智慧水务物联系统建管

智慧水务物联系统是基于物联网和人工智能技术，由前端实时监测系统、移动网络、NB-IoT 传输以及后端信息化管理平台组成，对城市污水管道、雨水管道、供水管道、河道水质等进行实时监测、隐患分析、预测预警，其整体架构如图 2-5 所示。

《中华人民共和国国民经济和社会发展第十四个五年规划和 2035 年远景目标纲要》中明确提出要充分发挥海量数据和丰富应用场景优势，促进数字技术与实体经济深度融合，赋能传统产业转型升级，催生新产业、新业态新模式，壮大经济发展新引擎。开展智慧水务物联系统建设管理工作，有利于实现城市水务系统的控制智能化、数据资源化、管理精确化和决策智慧化。

1. 总体架构

如图 2-6 所示，智慧水务物联系统总体架构主要包括智慧监测、智慧管理以及智慧服务三大体系。通过智慧监测中的相关采集设备，例如传感器、水质检测设备、压力表、视频设备等，实时获取监测对象的相关参数，如定位信息、视频信息、监测数据

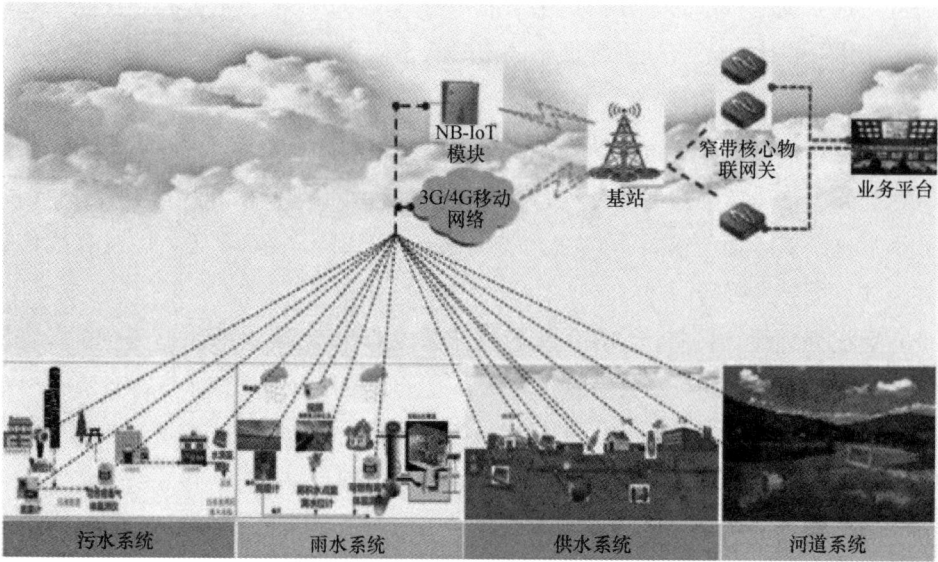

图 2-5　智慧水务物联系统应用对象

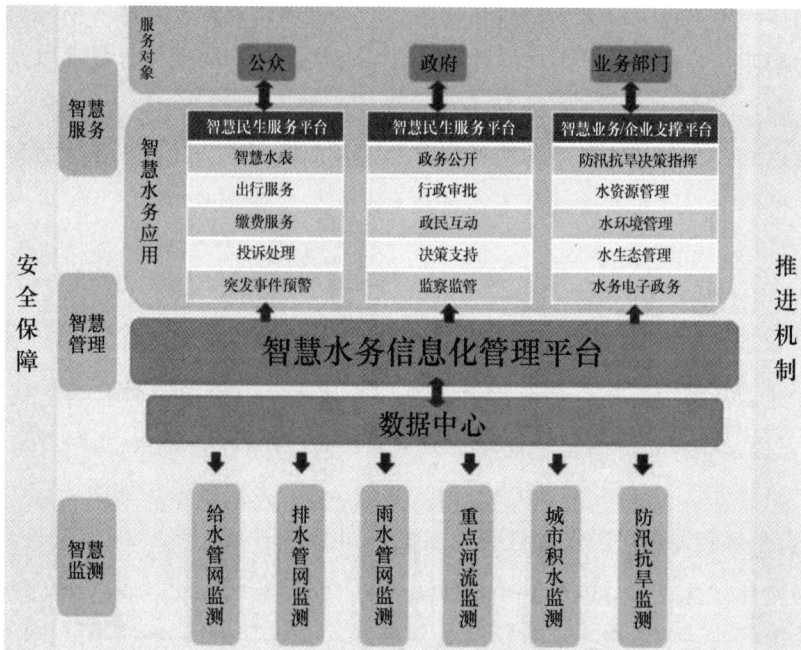

图 2-6　智慧水务物联系统总体架构

等。通过无线网络或者其他传输方式，将管网运行数据、水质水量等参数传递到数据中心以及信息化管理平台。结合城市地理地形图等城市信息大数据库，经过分析模拟，为城市水环境管理提供决策信息，实现水环境的智慧管理。最后，通过接口对接相关政务平台，提供便民服务，方便政府部门、业务部门对水环境和水业务开展管理服务工作，进一步促进智慧水务物联系统在实践中的应用。

2. 部署架构

智慧水务物联系统部署架构如图 2-7 所示，前端监测传感器采集的数据通过互联网实时接入监测中心的网络安全系统，经中心内部局域网将数据存入数据库，并由智慧水务信息化管理平台对数据进行分析，形成报警、预测预警等信息发布给用户并作为管理者的决策依据。同时，管网办、应急部门、交通部门、各类管线权属单位可通过专线实现信息共享和数据互通。

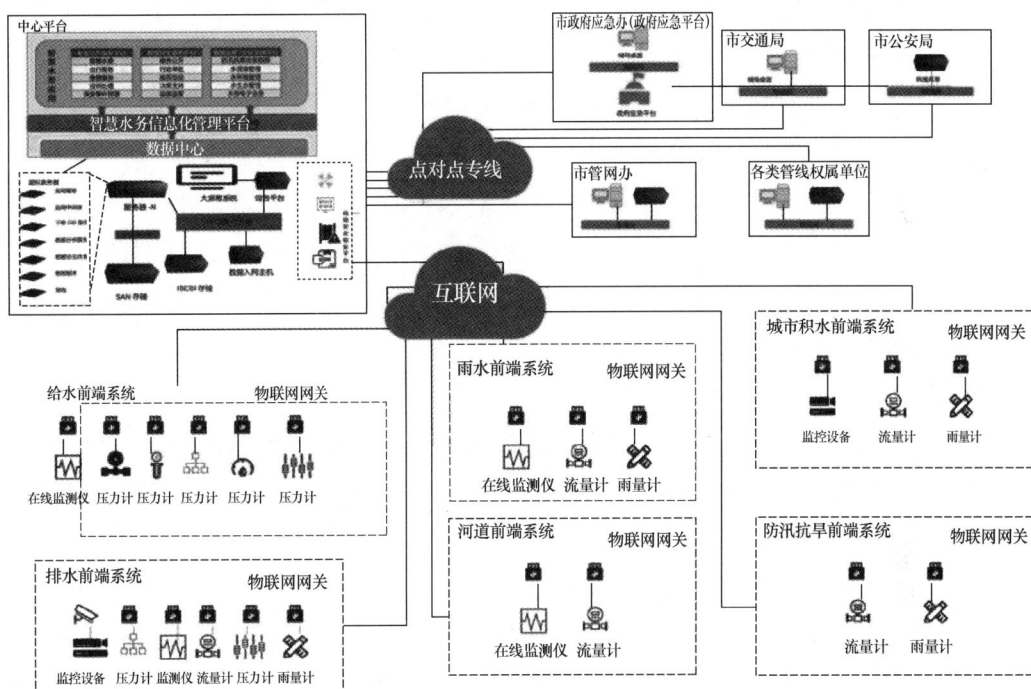

图 2-7　智慧水务物联系统部署架构

3. 建设内容

智慧水务物联系统具体建设内容主要包括：

（1）给水管网监测系统：给水管网监测系统为了保证科学供水，依靠计算机及传感技术，以智能化和一体化为设计目标，实现对给水管道的远程自动监测，并且能够自动传输到智慧水务信息化管理平台以及各分管部门。通过给水管网监测系统可以及时发现管网的故障漏损、管道破裂以及水质污染等问题，降低管网水量的漏损率，提高供水的可靠性及安全性。

（2）排水管网监测：城市污水的排放是造成水资源污染的重要原因，管道溢流、企业商户乱接管道是造成水资源污染的重要因素。利用现代科学技术对排水管网进行实时监测，对城市管网进行科学改建，及时发现管网的淤积、堵塞现象，提供管网运行的预警信息，实现城市水环境有效治理。

（3）雨水管网监测：雨水是造成城市内涝的主要源头，而城市内涝主要是由于城市排水管网沟渠排水能力不足。通过雨水管网的实时监测，对管网的水量监测分析比较，结合水文地形地貌等信息，为管理者科学改造管网提供可靠依据。同时雨水管网监测系统可以及时自动预警，为应急防汛工作提供科学依据，降低城市内涝频率。

（4）重点河流监测：重点河流监测系统主要针对城市内的主要河流进行水质、水量以及水情等数据的监测，实时掌握河流水环境健康状况，对于治理黑臭水体，构建城市宜居环境，打造生态城市十分重要。

（5）城市积水实时监测：通过重点区域传感器实时采集城市积水信息，结合雨水地表径流量、地面渗透参数以及城市地理大数据进行分析模拟，对可能发生内涝的区域进行提示。

（6）防汛抗旱监测：利用监测设备对城市水文环境进行实时监测，监测内容包括降水量、地表径流量、水位高度等参数，然后结合城市地形地貌、渗透系数等数据进行分析模拟，预测汛情或者干旱情况；也可通过水位监测设备对洪水水位进行直接监测，及时发布防汛抗旱信息。

4. 案例分析

本节以北京市、深圳市关于智慧水务物联系统建设相关的背景政策与建设成果为例，具体分析智慧水务物联系统建设、管理的各个环节，并为新时代发展背景下智慧水务系统建设管理提供一定参考。

（1）北京市智慧水务物联系统建设管理

北京水务局依据"三定"方案（即定机构，定编制，定职能）统筹推进水资源管理、水旱灾害防御、水生态环境监管等工作内容，全过程需经历"网上"（各部门自建系统，各自管理）、"云上"（业务系统上云，聚而不通，交换无序）、"数上"（数据共享，全链打通、深度协同）和"智上"（促进精治共治，推动全域场景应用）四个阶段。总体规划建设分为智慧水务 1.0、智慧水务 2.0 和智慧水务智慧化三个阶段。

智慧水务 1.0 阶段截至 2023 年，该阶段要补齐行业短板，实现"取供用排"业务协同、行业一体统筹、三端服务融入智慧城市，突出物联网感知建设，"取供用排"水资源社会循环监测计量体系基本实现全覆盖。智慧水务 2.0 阶段截至 2025 年，该阶段实现水务重点领域装备智能化突破，孪生水务基本成型。智慧水务智慧化阶段截至 2035 年，该阶段要实现核心业务智慧化，水资源调度、城市供水、城市污水收集处理智慧化水平大幅提高，水治理体系和治理能力更加完善。北京智慧水务建设思路如图 2-8 所示。

北京市智慧水务建设内容主要包括：

1）补齐水务行业监测短板

保障水务监测计量感知全面、及时、精准，做到机井水量数据汇聚、非居民用户户

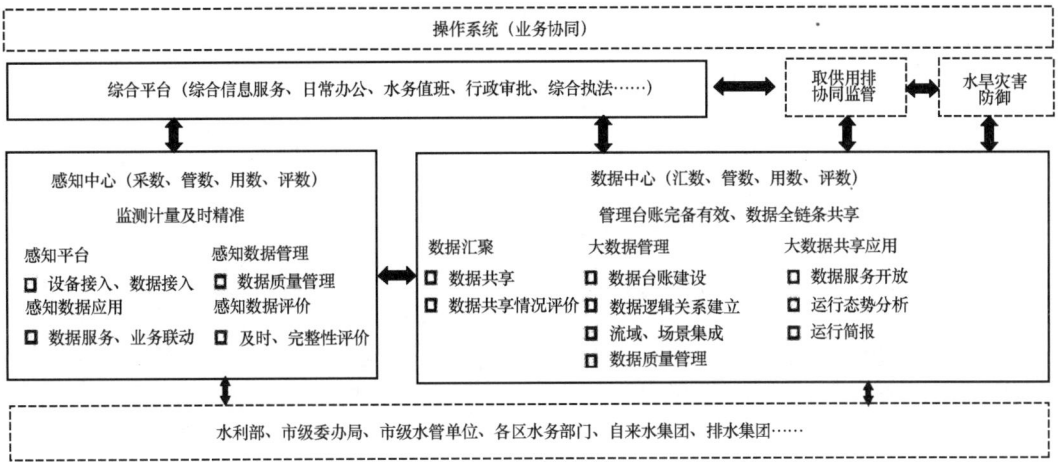

图 2-8 北京市智慧水务建设思路

表关系梳理、规模取水户取水量数据汇聚。补齐水文监测短板，整合完善全市 1195 个雨量监测站，同时统筹与气象数据的关系，为洪水、内涝、山洪防治及"四预"工作（即预警、预报、预演、预案）做好支撑。补齐供水计量短板，做好各区管辖范围内 65 座城镇公共供水厂、102 座乡镇集中供水厂、3274 座村级供水站及 6910 个区管自建设施的计量及数据汇聚工作。

2) 夯实并提升智慧水务基础支撑能力

构建水务物联感知统一平台、水务大数据中心及水务识别码体系，同步推进规范台账数据汇聚整合（图 2-9、图 2-10）。建设水务一张图，推进时空大数据一体化，整合

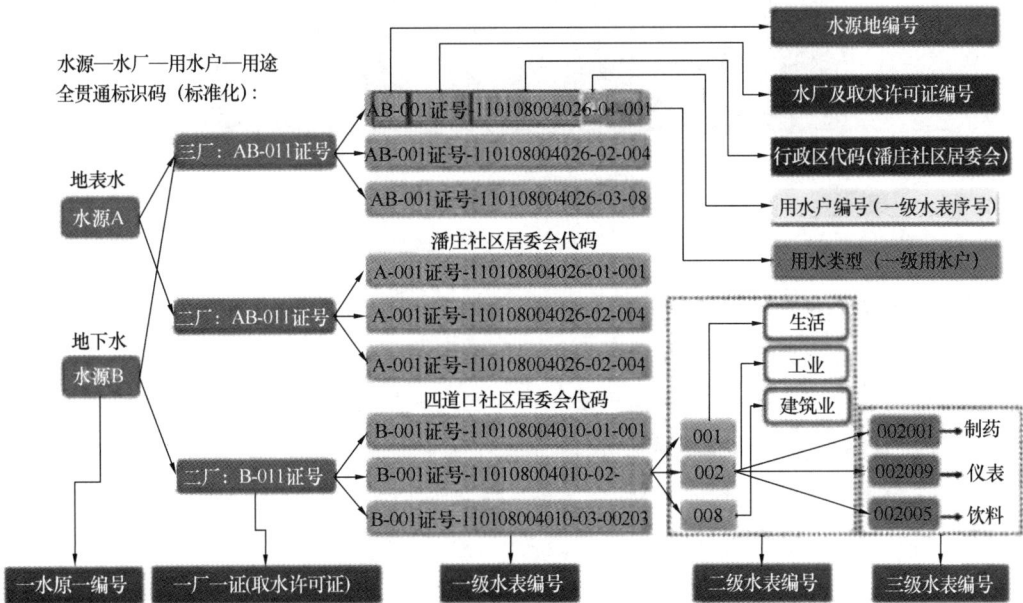

图 2-9 水务识别码规范设施和对象

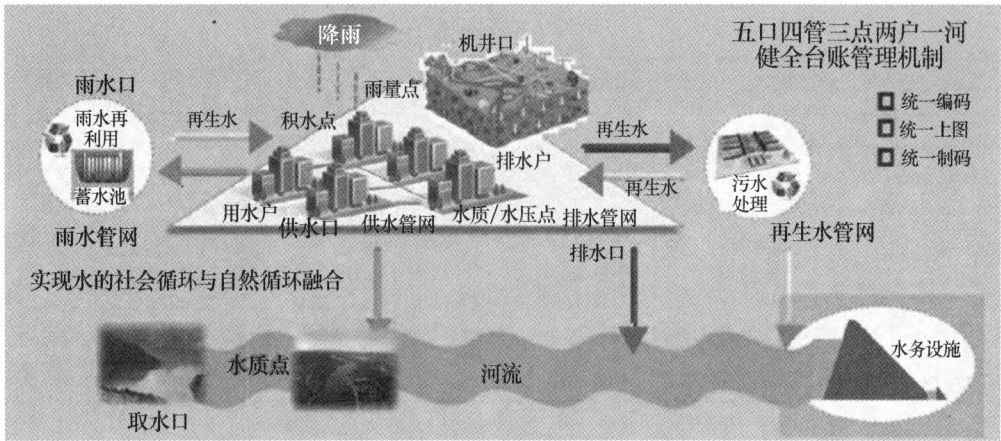

图 2-10 台账管理实现水的社会循环与自然循环融合

更新以全国水利普查为核心的空间数据，共享城市规划、空间网格等数据，融合形成贯通市、区、街乡、社区（村）、地块的五级水务网格，面向公共服务，利用互联网地图资源完善水务空间服务能力（图 2-11）。

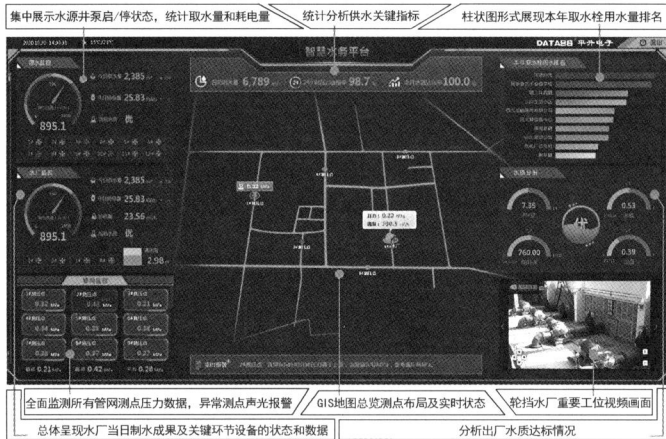

图 2-11 水务一张图实现动态管控

3）再造业务流程、重构水务核心应用场景

实现水务行业一体统筹、统建共用、业务协同、三端受益。在系统梳理业务流、数据流等核心要素的前提下，推进流程重构，以底座为基础，按照大统筹、大平台，服务行业、服务三端、整合提升的原则进行建设。

4）构筑智慧水务标准与安全保障体系

水资源"取供用排"社会水循环链条协同监管：围绕"取供用排"社会循环链条，开发"取供用排"水账协同管理和"取供用排"全过程监管模块，使取水、供水、用水、排水与水生态管理环节协同，实现"取供用排"全过程效率效益分析、生产生活用水峰值管控和空间地块漏管失管分析等功能。

目前，北京市智慧水务的建设发展已取得阶段性成果，建立了统一的数据管理和共享体系，建成了以水务综合数据库为主的数据管理体系，初步实现了信息化支持覆盖水务业务。北京市智慧水务的建设成果如下：

① 水资源管理方面：

北京市智慧水务建成了地表水文站 102 个、地下水水位监测站 1166 个、水质监测站 574 个、水库及闸坝流量监测站 88 个；实现了全市 80% 许可水量在线计量，80% 市级水资源调度水量在线计量；建成了水资源管理业务系统 5 个。在供用水管理方面，全市已建城镇公共供水厂 68 座、乡镇集中供水厂 106 座以及村庄供水站 3305 处，北京市自来水集团有限责任公司供水厂进水在线计量率为 78.7%，出水在线计量率为 100%，重点区域漏水实时监控建设 1426 处 DMA，数据主要掌握在企业内部。

② 水生态环境修复保护方面：

通过智慧水务建设，北京市水质基本实现了自动监测，水质自动监测率为 84%，1014 座单村、联村农村污水处理设施水量实现自动监测率达 96%；并已初步实现 70 个污水管网干线关键节点、86 个管网排河口流量的实时监测。建成了地表水质监测站 256 处，水环境自动监测站 200 处，水生态监测站 66 处，水生态环境管理相关的信息系统 9 个，但仍存在水环境质量、水生态变化、排水管网流量实时监测和监控能力不足，合流制溢流污染及水环境突发事件预警和应对能力不足等有待提升的地方。

（2）深圳市智慧水务物联系统建设管理

深圳市作为我国的改革先锋和创新之都，正在努力打造国家新型智慧城市的新标杆。近年来，深圳市水务局积极推进信息化建设，通过规划建设公共信息化平台以及推动工程配套的信息化项目建设，在水务信息化基础设施、业务应用系统、保障环境等方面取得了快速发展，为深圳水务工作信息化从"数字水务"向"智慧水务"转变打下了良好的基础。

根据深圳市智慧水务的总体目标，结合目前最新的信息技术，并兼顾未来的技术发展，深圳市智慧水务总体架构的初步设计如图 2-12 所示。总体架构包括智能感知、基础设施、水务大数据（含模型服务）、智慧应用（含应用支撑和展示层）和门户共 5 个层次，以及标准规范和信息安全两大体系。

根据深圳市智慧水务总体目标，结合深圳水务工作实际情况，智慧水务按"1＋3＋N"总体框架进行建设，即 1 个水务大数据中心、3 类业务、N 个应用系统，具体建设内容包括：

1）水务基础平台

水务基础平台包括公共基础设施及服务平台、水务大数据中心和公共应用系统。公共基础设施及服务平台，包括智慧水务管控中心、融合通信指挥平台、水务应急处置平台、水务管控移动平台、骨干传输网络工程、无线网络工程、公用信息安全系统及其他

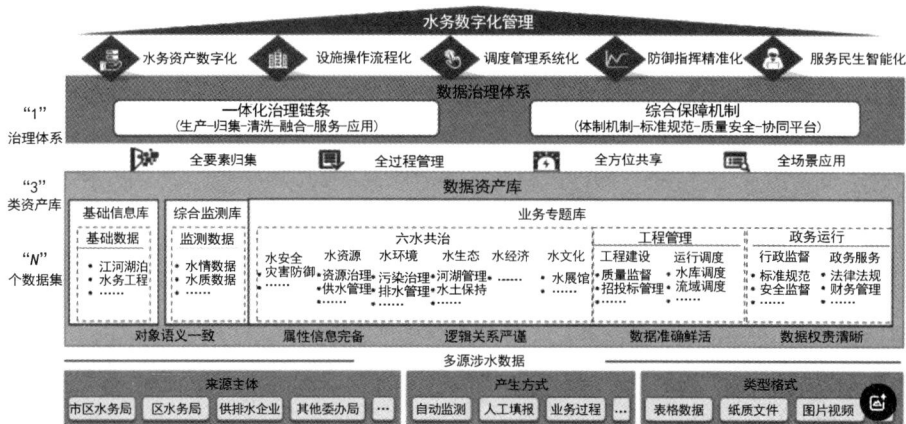

图 2-12 深圳市智慧水务总体架构

基础设施。水务大数据中心，包括水务业务综合数据库、数据共享与交换系统、数据管理系统、水务地理信息系统、应用支撑平台、系统管理与监控、水务大数据分析平台、智慧水务统一调度系统、智慧水务统一调度系统。公共应用系统，包括水务协同办公系统、公共服务系统、应用门户、公众服务门户。

2）专题业务

包括三防指挥系统、防洪治涝管理系统、水资源和供水管理系统、节约用水管理系统、排水管理系统、水生态环境管理系统、水土保持管理系统、河长制管理系统、海绵城市管理系统、建设及安全监管管理系统、水文水质监测管理系统、水务工程建设及质量监督管理系统。

3）政务服务

包括人力资源管理系统、规划计划管理系统、法规和行政许可管理系统、水务技术管理系统、水政执法管理系统、财务管理系统、水务工程造价管理系统。

4）工程管理

包括河道管理系统、水库管理系统、引水工程管理系统。

2.3 智慧水务人工智能算法及模型

2.3.1 智慧水务人工智能算法

人工智能算法起步于20世纪50年代，经过不断发展，其种类已经非常丰富。人工智能算法依据算法结构可分类为迭代、递归、贪心算法、动态策划、分治策略等；依据应用可分类为回归算法、分类算法、模式识别算法等。对于人工智能算法的深入了解，能够对水务相关数据进行有效预测和深入分析，有助于智慧水务行业的高质量发展（图 2-13）。

目前在智慧水务领域中常用到的人工智能相关算法包括 Python 算法、决策树、人工神经网络、支持向量机、聚类等。

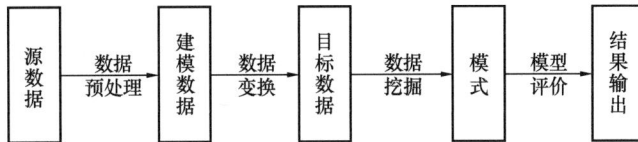

图 2-13　基于人工智能技术的水务相关数据预测流程图

1. Python 算法

（1）概念

Python 是一门简单而又强大的编程语言，其诸多特点使它可以作为人工智能领域的脚本语言，这些特点包括以下几方面。

1）简单且易学。相对于其他高度结构化的编程语言（如 C++、Visual Basic 等），Python 更容易掌握，其语法简单，编程者将有更多的时间来解决实际问题，而不需要在学习 Python 语言上耗费过多精力。

2）免费且开源。Python 是一款免费并且开源的软件，用户可以自由分发该软件的副本，能够查看和修改源代码，或者将其中一部分代码用在其他免费的程序里。

3）跨平台。Python 支持包括 Windows、Mac、Linux 在内的各种平台，不同平台上的 Python 程序可以互相兼容，使得 Python 的用户量较大。

4）解释性。许多程序语言需要依赖于编译器将程序源文件转换成计算机可以理解的二进制代码，而 Python 本身是一种解释性语言，无需编译。

5）面向对象。Python 是一门面向对象的编程语言，由一系列相互作用的对象构建起来，作为人工智能的脚本语言是一个不错的选择。

（2）数据类型与数据结构

Python 支持多种数据类型，包括字符串、数字、列表、元组、字典等。Python 也支持多种数据结构（数据结构是指相互之间存在某种关系的数据元素的集合，例如将元素按某种方式编号），Python 中最基本的数据结构是序列，序列中的每个元素都有一个索引值。字符串、列表、元组都是序列，字符串、数字和数组是不可变的数据类型，不能单独修改数据元素的值；而列表和字典是可变的数据类型，可以对它们的数据元素进行修改。

（3）常用库

1）时间库。在 Python 中，与时间处理相关的模块有 time、datetime 以及 calendar。学会计算时间，对程序的调优非常重要，可以在程序中使用时间戳来具体判断程序中哪一块耗时最多，从而找到程序调优的重心处。

2）科学计算库。NumPy（Numerical Python 的缩写）是一个开源的 Python 科学计算库。NumPy 包含很多实用的数学函数，涵盖了线性代数运算、傅里叶变换和随机数生成等功能。

3）可视化绘图库。Matplotlib 是一个非常有用的 Python 绘图库，和 NumPy 库结合得很好，但本身是一个单独的开源项目。

2. 决策树

（1）概念

决策树（Decision Tree，DT）是和朴素贝叶斯一样的经典且使用广泛的分类算法，在机器学习中，决策树是一个预测（决策）模型，它所代表的是对象属性与对象值之间的一种映射关系。决策树是在已知各种情况发生概率的基础上，通过构成决策树来求取净现值的期望值大于或等于零的概率，评价项目风险，判断其可行性的决策分析方法，是直观运用概率分析的一种图解法。

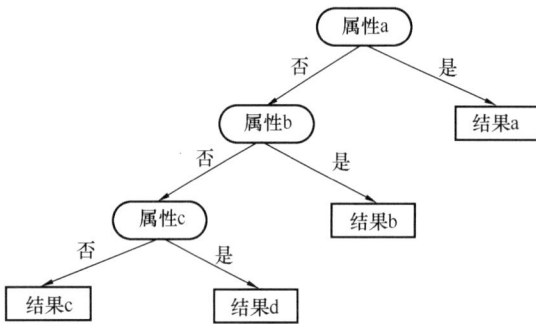

图 2-14　决策树模型

（2）构成要素

1）决策结点：用方块结点（□）表示，是对几种可能方案的选择，即最后选择的最佳方案。如果决策属于多级决策，则决策树的中间可以有多个决策点，以决策树根部的决策点为最终决策方案（图 2-14）。

2）方案枝：由结点引出若干条细支，每条细支代表一个方案，称为方案枝。

3）状态结点：用圆形结点（○）表示，代表备选方案的经济效果（期望值），通过各状态节点的经济效果的对比，按照一定的决策标准选出最佳方案。

4）概率枝：由状态节点引出的分支称为概率枝，概率枝的数目表示可能出现的自然状态数目。每个分枝上要注明该状态的内容和其出现的概率。

5）结果结点：用三角结点（△）表示，将每个方案在各种自然状态下取得的收益值或损失值标注于结果节点的右端。

（3）应用案例

针对供水厂水处理过程中臭氧浓度在线监测短板，江苏某供水厂在臭氧氧化工艺中，通过对供水厂近 3 年的原水水质数据和水中余臭氧浓度进行分析，选择出对水中余臭氧浓度影响较大的其他水质参数，采用数据驱动的形式，基于随机森林算法构建了水中余臭氧浓度预测模型，提出了一种水中余臭氧浓度连续监测方案，从而可以获得连续的反馈信号。

3. 人工神经网络

（1）概念

人工神经网络（Artificial Neural Networks，ANN）可以处理大型复杂的机器学习任务。其处理非线性化和自学习的优点，使其非常适用于水质监测预测系统、需水量预测等场景。人工神经网络主要包括单层传感器、卷积神经网络、BP 神经网络等。

（2）原理

神经网络本质上是一组带有权值的边和节点组成的相互连接的层，称为神经元。人工神经网络的构建结构与人类神经系统类似，人类神经系统具有规模大、结构复杂、功能多的特点，其最基本的结构单元是神经元。人工神经系统的功能实际上是通过大量神经元的大规模互连的并行运算来实现的。对于单个人工神经网络模型来说，可以描述为给定 n 个输入变量：x_1，x_2，……，x_n 以及相对应的权值变量 w_1，w_2，……，w_n，一个传递函数 $f(\cdot)$，激发阈值变量是"θ"，输出变量表示为 y，单个人工神经网络模型如图 2-15 所示。

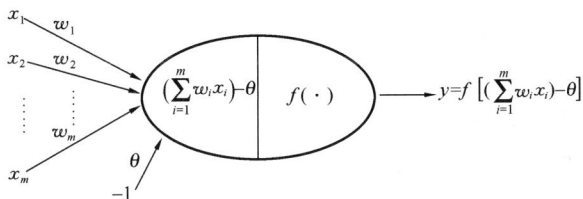

图 2-15　单个人工神经网络模型

式（2-1）和式（2-2）分别描述的是人工神经元的输入与输出联系：

$$y = f(U) \tag{2-1}$$

$$U = \sum_{i=1}^{n} w_i x_i - \theta \tag{2-2}$$

函数 $y = f(U)$ 称为特性函数（也称为传递、激活、转移函数），也就是神经元的数学模型。特性函数通常包括阈值类型、S 类型和分段线性类型，如图 2-16 所示。如果根据某种拓扑连接多个神经元，则形成了神经网络。

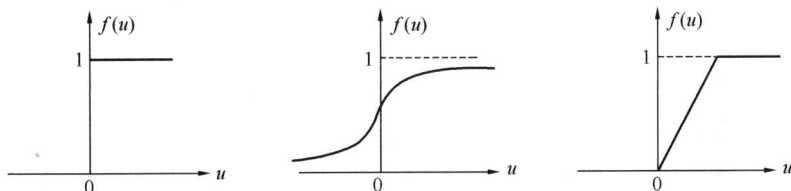

图 2-16　特性函数（从左至右依次为阈值类型、S 类型、分段线性类型）

（3）应用案例

为解决供水厂运行过程中粗犷式、经验式投加氯消毒剂的问题，杨存满等人建立基于 PSO-BP 神经网络的供水厂智能消毒预测模型。选取流量、矾耗、水质参数作为预测模型的输入参数，利用粒子群算法优化神经网络权值和阈值，使得模型评价指标平均绝对百分比误差（MAPE）、均方根误差（RMSE）都低于传统 BP 神经网络模型，其中 RMSE 值下降 207kg，MAPE 值下降 1.80%，相对标准偏差（RSD）下降 2.4%，有效提高了模型预测的准确性和稳定性，并有助于在实际应用过程中降低供水厂氯消毒剂药耗，平均可节约生产成本约 1756 元/d（表 2-1）。

PSO-BP 与 BP 模型预测效果对比 表 2-1

项目	实际值	PSO-BP 预测值	BP 预测值
RMSE（kg）	—	551	758
MAPE	—	3.26	5.06
平均值（kg）	5103	5134	5065
相对标准偏差（%）	17.5	17.4	19.8

4. 支持向量机

（1）概念

支持向量机（Support Vector Machine，SVM）是一种用于分类问题的监督算法，也称为最大边缘区分类器，属于一般化线性分类器。线性分类器的特点是，它们可以同时将经验误差最小化和集合边缘区最大化。支持向量机分类资料点的方法主要是构建一个或多个高维，甚至是无限维的超平面即分类界面。好的分类边界距离最近的训练资料点越远越好，这样可以减低分类器的泛化误差。支持向量机的目标就是找出间隔最大的超平面来作为分类边界，其中的间隔是指分类边界与最近的训练资料点之间的距离。在智慧水务中，需水量预测的研究是最具代表性的利用支持向量机的场景。

（2）算法

支持向量机的求解问题最终将转化为一个带约束的二次规划（Quadratic Programming，QP）问题，当训练样本较少时，可以利用传统的牛顿法、共轭梯度法、内点法等进行求解。然而，当训练样本数目较大时，传统算法的复杂度会急剧增加，且会占用大量的内存资源。因此，为了减小算法的复杂度，提升算法的效率，不少专家和学者提出了许多解决大规模训练样本的支持向量机训练算法，主要包括以下四种：

1）分块算法

分块算法的理论依据是支持向量机的最优解只与支持向量有关，而与非支持向量无关。该算法的步骤如下：

① 将原始优化问题分解为一系列规模较小的 QP 子集，随机选择一个 QP 子集，利用其中的训练样本进行训练，剔除其中的非支持向量，保留支持向量。

② 将提取出的支持向量加入另一个 QP 子集中，并对新的 QP 子集进行求解，同时提取出其中的支持向量。

③ 逐步求解，直至所有的 QP 子集计算完毕。

2）Osuna 算法

Osuna 算法最先是由 Osuna 等人提出的，其基本思路是将训练样本划分为工作样本集 B 和非工作样本集 N，迭代过程中保持工作样本集 B 的规模固定。在求解时，先计算工作样本集 B 的 QP 问题，然后采取一些替换策略，用非工作样本集 N 中的样本替换工作样本集 B 中的一些样本，同时保证工作集 B 的规模不变，并重新进行求解。如此循环，直到满足一定的终止条件。

3）序列最小优化算法

与分块算法和 Osuna 算法相同，序列最小优化算的基本思想也是把一个大规模的 QP 问题分解为一系列小规模的 QP 子集优化问题。SMO 算法可以看作 Osuna 算法的一个特例，其最优解可以直接采用解析方法获得，而无须采用反复迭代的数值解法，这在很大程度上提高了算法的求解速度。

4）增量学习算法

上述 3 种训练算法的实现均是离线完成的，如果训练样本是在线实时采集的，则需要用到增量学习算法。增量学习算法是将训练样本逐个加入，训练时只对于新加入的训练样本有关的部分结果进行修改和调整，而保持其他部分的结果不变。

（3）应用案例

一些学者使用支持向量机进行需水量预测的研究，并且取得了良好的泛化能力和预测结果。例如，国外学者分别使用 ANN、随机森林、多元自适应样条回归、投影寻踪回归和 SVM 等方法预测西班牙东南部某城市的管网需水量，最终 SVM 取得最佳结果。SVM 克服了神经网络的诸多缺点，具有良好的泛化能力，但同时具有无法训练大规模样本的缺点，在后续研究中要进行突破。

5. 聚类

（1）概念

聚类分析（Cluster Analysis，CA）是机器学习算法中与数据分类算法同样重要的算法，属于无监督的机器学习方法。聚类和分类不同的是，它不需要通过语料库训练，更不需要早期的人工标注类型，本身具备较高的灵活性和极高的自动化处理能力。

（2）计算方式

数据聚类算法可以划分为结构性和分散性两种算法类型，是算法实现的不同方式。按照计算方式分类，则可拆分为自上而下和自下而上两种计算方式。

1）自上而下的分析方法。首先把所有样本视为一个聚类，然后不断从这个大的聚类中分离出更多小聚类，直到不能再继续分离为止。

2）自下而上的分析方法。将局部样本自成一聚类，然后通过两两之间不断合并，最终形成几个大的聚类。

聚类算法包括 K-means 算法、均值漂移聚类、DBSCAN 算法、层次聚类算法等。

（3）应用案例

基于 K-means 算法，利用压力灵敏度矩阵可对供水管网进行聚类划分，将管网分成若干个漏损区域，而后针对暗漏设计假设性实验，通过对不同分区漏损节点暴露射流器系数逐渐增大的噪声，提取压力流量数据并训练随机森林，得出暗漏识别区域（图 2-17）。

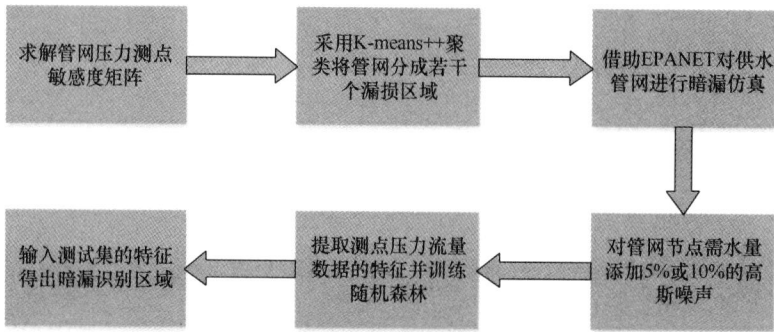

图 2-17　基于人工智能的供水管网暗漏识别过程

2.3.2　智慧水务相关基础模型及软件

1. 水模型

1954 年，美国农业部开发了针对小流域水文过程的 SCS 模型（Soil Conservation Service，SCS），用于模拟小型集水区下垫面变化对降雨径流量的影响，其显著特点是模型结构简单和所需输入参数少。随着遥感与地理信息系统技术平台的发展，SCS 模型正越来越多地应用在大、中尺度的流域径流计算中。

1971 年，美国国家环境保护局开发了暴雨洪水管理模型（Storm Water Management Model，SWMM），SWMM 模型是一种分布式的水文模型，也是一种动态的降水-径流模拟模型，主要应用于模拟城市单一降水事件或超长历时降雨事件下的水量和水质变化。

1986 年，丹麦水力研究所开发了 MIKE 系列模型，涵盖地下水模型、流域模型、管网模型、河网模型等，具体包括 MIKE SHE、MKIE BASIN、MIKE URBAN、MIKE 11、MIKE 21、MIKE 3 等。MIKE 系列软件涵盖面广、功能强大、应用广泛，可用于水文循环、水资源分配、流域管理等各个领域的研究。

1998 年，为了应对城市内涝灾害，英国 Wallingford 软件公司开发了 Info Works

城市综合流域排水模型，实现了城市排水管网与河道水系模型的整合。

2001 年，为了实现对降雨径流水质更加准确、高效的模拟，澳大利亚开发了城市降雨水质概念模型（Model of Urban Stormwater Improvement Conceptualisation，MU-SIC），该模型能够高精度地模拟降雨径流污染物的迁移过程。

同时，国内外研究人员将计算机技术应用于供水管网水力模型的构建，逐步开发了各种建模软件，如 Water GEMS、EPANET 等软件，这些软件在供水管网的现状评估和改造过程中得到了广泛的应用。

纵观国内外水模型的研究，不仅研究范围逐渐扩大，模型计算的精度也逐渐提高，此外，还将可视化技术和 VR 虚拟现实技术与水质模型相结合，从而实现模拟结果的实时可视交互、反馈，达到人机和谐同步。下面将对目前应用较为广泛的模型软件进行介绍。

2. SWMM

SWMM 即暴雨洪水管理模型，是由美国国家环境保护局资助研发的基于水力学的动态城市降雨-径流模拟模型，可以对城区径流的单一或者连续降雨事件的水质、水量进行模拟。SWMM5 的主要的应用场景有：城市排水系统的设计与规划、蓄水设施的防洪能力与水质保护能力分析、河网洪涝分析、合流制排水系统的控制措施制定、污水系统入渗入流分析、非点源污染影响分析、海绵城市、LID、BMP 的分析与设计等。

SWMM 模型的计算过程如图 2-18 所示。模型整体可分为四个部分：外部输入数据、地表产汇流、地下管网汇流与水质处理。SWMM 的运算思路是在降雨的条件下，根据管网系统分布、下垫面条件等将研究区域划分为若干个子汇水区，基于不同子汇水区的地表特征，对每个子汇水区进行产流计算，地表径流经过坡面汇流过程汇集到管网系统或者河道中，计算管网系统、河道汇流至出水口的数据。

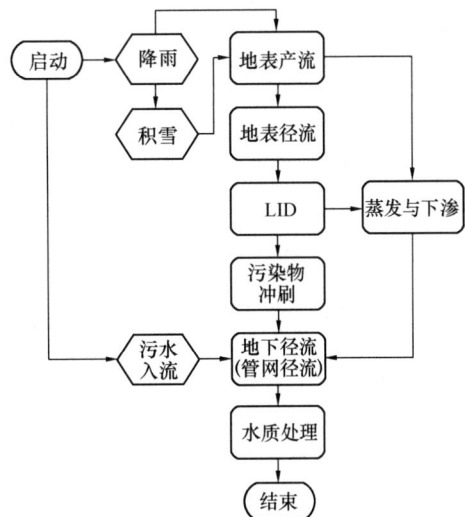

图 2-18　SWMM 计算核心框架

SWMM 包括运算模块、辅助模块和执行模块三大部分，模型的基本功能是由以上三个模块实现。与其他水文模型相比，SWMM 具有开源、计算理论成熟、应用实践广泛、可视化界面友好以及可操作性便捷等优点。目前，SWMM 在全球范围内的工程实践与科学研究中被广泛应用。

3. EPANET

EPANET 是由美国国家环境保护局供水与水资源开发部开发的开源管网水力模拟软件，可以根据管网的属性计算出延时阶段的水池水位高度、节点压力、管道水流等工况信息。EPANET 还提供可供程序员使用的函数库，易于进行二次开发，市面上大部分的商用水力模型构建软件，例如 Water GEMS 等，其底层实现都使用了 EPANET 的核心代码（图 2-19）。

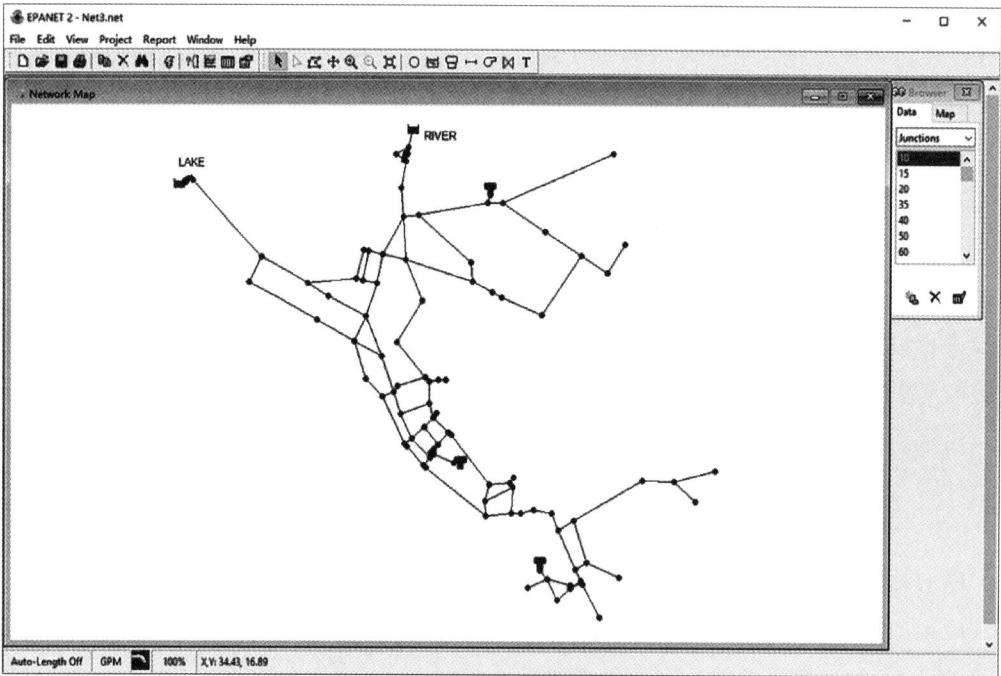

图 2-19　EPANET 操作界面

EPANET 建立供水管网水力模型基于水力学的三个基础定律，质量守恒定律、能量守恒定律和压力损失定律。EPANET 将供水管网的组成原件分成两类，被动水力元件与主动水力元件。主动水力元件能够产生能量，主动改变管网中某处的流量或压力，比如阀门和泵。而被动水力元件会受主动水力元件的影响，其流量或压力会随之发生改变，例如水池和管道。

除建立管网模型外，EPANET 还可以进行水质分析，计算诸如余氯、重金属、三卤甲烷等不同成分的存留时间、成分浓度等。EPANET 具有分析速度快、精度高等优势，广泛应用于科学研究及城市供水管网设计中。

4. HEC-RAS

HEC-RAS 河流分析系统软件（图 2-20、图 2-21）由美国陆军工程兵团水资源研究所水文工程中心研究开发设计，可以完成一维恒定流和非恒定流的河道水力计算。

HEC 系列的模型包括 HEC-1（流域水文计算）、HEC-2（河道水力计算）、HEC-3（水库系统分析）、HEC-4（水流随机生成模拟）、HEC-5（水库/河道模拟）、HEC-6（一维泥沙输移模拟）、HEC-FFA（洪水频率计算软件）。该软件广泛应用于河道及流域水文水力计算、洪水调度、水面线计算、移动边界泥沙输移模拟和水质分析等。

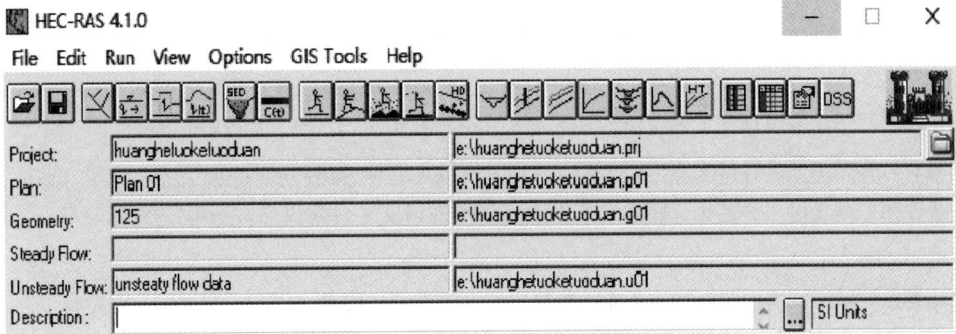

图 2-20　HEC-RAS 用户界面

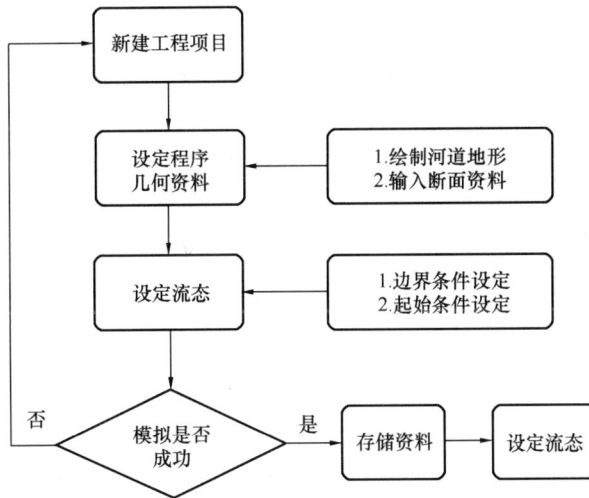

图 2-21　HEC-RAS 流程图

相较其他模型而言，HEC-RAS 在使用中的最大优点体现在模型所有模块均使用同一个几何数据，几何和水力计算路径也一致。HEC-RAS 功能强大，可进行各种涉水建筑物（如桥梁、涵洞、防洪堤、堰、水库、块状阻水建筑物等）的水面线分析计算，同时可以生成横断面形态图、流量及水位过程曲线、复式河道三维断面图等各种分析图表。HEC-RAS 软件的模拟结果可以为研究地区的水资源调配提供可靠的支撑，还可以用于洪流安全预测和分析、洪流范围以及损害程度的相关评估等。

参考文献

[1] 邬卓颖，齐枝花，魏博，等．管材、营养元素和温度对模拟给水管网生物膜形成的影响[J]．给水排水，2010(11)：161-164.

[2] 陈杰．基于大数据的智慧水务数字化应用探索和实践[J]．智能建筑与智慧城市，2024，(9)：169-171.

[3] 汪澳．智慧水务信息化系统应用与分析研究[J]．科技资讯，2024，22(17)：26-28.

[4] 赵蕾．智慧水务平台系统的构建及关键技术分析[J]．智能城市，2024，10(8)：66-68.

[5] 孙建伟，刘玉田，刘志壮．智慧水务供水综合指挥调度平台建设[J]．中国建设信息化，2024，(15)：64-67.

[6] 沈春山．城市供水中的智慧水务系统探析[J]．设备管理与维修，2024，(14)：104-106.

[7] 李向东，罗唯伊，王勇威，等．区块链技术在智慧水务中的应用[J]．电子技术，2024，53(7)：386-387.

[8] 李莉．基于 GIS 智慧水务设施全周期管理平台建设与探讨[J]．中国建设信息化，2024，(8)：48-52.

[9] 高玉蒲．基于数字孪生技术的城市智慧水务系统建设[J]．中国战略新兴产业，2024，(12)：86-88.

[10] 郝莹莹．浅谈智慧水务建设——DMA 分区计量设计[J]．绿色建造与智能建筑，2024，(3)：132-135.

[11] 靖翔．大数据背景下的智慧水务系统开发分析[J]．工程技术研究，2024，9(3)：228-230.

[12] 李思敏，产青青，金鑫，等．机器学习在水务行业的应用现状与发展前景[J]．水电能源科学，2024，42(3)：43-48.

[13] 简德武，章林伟，张辛平，等．《城镇智慧水务技术指南》解读[J]．中国给水排水，2024，40(2)：1-9.

[14] 张龙军，王兴兴，房志伟．基于 GIS 技术的智慧水务综合管理平台研究[J]．智能城市，2023，9(11)：111-113.

[15] 徐娇．智慧水务信息化系统应用与分析研究[J]．信息与电脑(理论版)，2023，35(22)：142-144.

[16] 刘瑜．智慧水务中物联网统一远传数据采集平台的建设探讨[J/OL]．环境工程，2023，(11)：1-4.

[17] 叶李锋，林高基，欧阳军，等．智慧水务复杂生产数据安全高效采集方法研究[J]．水利技术监督，2023，(10)：76-81.

[18] 廖正伟，胡彦华，丁陈．智慧水务研究与实践[M]．北京：科学出版社，2018.

[19] 陈阳宇．数字水利[M]．北京：清华大学出版社，2011.

[20] 刘新锋．智慧水务典型案例集(2021)[M]．北京：中国建筑工业出版社，2022.

[21] 李天兵．智慧水务应用与发展[M]．北京：中国电力出版社，2021.

［22］ 简德武，章林伟 . 城镇智慧水务技术指南［M］. 北京：中国建筑工业出版社，2023.

［23］ 冶运涛，蒋云钟，梁犁丽，等 . 水务人工智能技术基础与应用趋势——数据、模型与优化［M］. 北京：科学出版社，2020.

［24］ 苑希民，王秀杰，田福昌 . 智慧水利［M］. 天津：天津大学出版社，2024.

智慧水务建设与运营全过程探索及实践

深圳市光明区环境水务有限公司　编著

2

智慧供水排水厂站建设与运营

中国建筑工业出版社

图书在版编目(CIP)数据

智慧供水排水厂站建设与运营 / 深圳市光明区环境
水务有限公司编著. -- 北京 : 中国建筑工业出版社，
2025. 5. --（智慧水务建设与运营全过程探索及实践）.
ISBN 978-7-112-30929-0

Ⅰ. TU991. 6

中国国家版本馆 CIP 数据核字第 20253CW570 号

本书编写委员会
《智慧水务建设与运营全过程探索及实践》

主　　编：李宝伟

副 主 编：李　婷

编写成员：（按章节顺序排名）

　　　　第1册（第1章）李　旭　张炜博

　　　　　　（第2章）王　欢　李　婷

　　　　第2册（第3章）肖　帆　王文会　吴　浩

　　　　　　（第4章）廖思帆　朱信超　肖浩涛

　　　　第3册（第5章）顾婷坤　姜　浩　吕　勇

　　　　　　（第6章）潘铁津　郭　姣　张素琼

　　　　第4册（第7章）单卫军　范　典　李羽顽

　　　　　　（第8章）解　斌　曹玉梅　邱雅旭

　　　　第5册（第9章）郭　琴　赵　旺　彭　影

　　　　　　（第10章）罗　伟　戴剑明　符明月

审　　稿：杜　红　李绍峰　王　丹　金俊伟　汪义强

　　　　　戴少艾

前　言

　　近年来，国内水务的发展历经了自动化、信息化阶段，正逐步向数字化、智能化方向发展。国家、地方、行业各个层面陆续出台一系列政策，在顶层愿景、目标和发展战略层面，为水务行业数字化转型提供了明确的方向指引和强有力的支撑，营造了良好的发展空间。随着数字中国建设的兴起，物联网、大数据、5G、人工智能等数字技术蓬勃发展，不少供水企业将数字技术运用到智慧水务建设中，不断构建水务数字化运营场景，改变传统以人工为主的运营模式，加速推动智慧水务发展新格局。尽管水务企业在智慧水务发展方面取得了长足的进步，如生产更加精益、管理越发高效、服务趋向便捷、决策逐渐智能，但仍面临着行业创新发展、转型方向、业务与信息融合、长效发展保障等诸多挑战。

　　在数字经济与生态文明深度融合的时代背景下，深圳市光明区环境水务有限公司以"打造全球水务创新管理新典范"为使命，通过战略性数字化转型重塑传统水务行业格局。作为中国供水排水领域改革的先行者，该公司以"一网统管"为核心理念，构建了覆盖供水、排水、水厂、管网、河湖库的全要素智慧水务体系，成功实现从"传统运营"向"互联网＋环境水务"现代化企业的跨越式发展。通过智慧水务系统和管控平台建设、组织架构调整、薪酬优化，实现环境水务设施"一网统管"，即"线上通力配合，线下高效协同处置"，以组织架构构建智慧平台，提供"一中心一平台"运营支撑，实现"供水排水一体化、厂网河湖库一体化、涉水事务一体化"，于2023年实现数字化转型，完成全业务人在线、物在线、服务在线。其"供水业务管理系统项目"获得2018年地理信息科技进步奖，"智慧水厂建设项目""光明区智慧水务一阶段项目""智慧水质净化厂建设项目"先后入选2022、2023年度住房城乡建设部智慧水务典型案例。2024年获得DAMA China国际数据管理协会-中国分会数据治理最佳实践奖、广东省政务服务和数据管理局2024年"数据要素x"大赛广东分赛城市治理赛道优秀奖。

　　本书围绕国家相关数字化转型要求，结合水务行业实际发展需求和数字化发展水平，针对智慧水务全过程建设与运营理论多、实战体系化经验少的现状，总结了涉水事务一体化企业多年来在运营管理创新模式和供水排水全业务一体化智慧运营的长期投入和实践成效，以期为国内外水务行业相关技术人员、运营管理人员、职业技能院校提供借鉴参考。

　　本书包括5册，分别为：智慧水务概述与IT技术、智慧供水排水厂站建设与运营、智慧供水排水管网运营、智慧供水排水一体化调度、智慧供水排水水质监测与营销服务。

针对智慧水务建设与运营全过程，从智慧水务发展趋势切入，总结相关智慧水务要求和 IT 技术；从厂站网建设与运营出发，系统阐述供水排水市政设施数字化从无到有、从有到用、从用到好用的实战经验；以水质水量的高效监督管理与保障服务为初心，详细阐述数字化在水质监测与管理、供水排水一体化调度、供水排水营销与服务等方面典型应用案例与成效。全书各篇章从技术方案、实施路径等方面提供了详细的方法论，同时分享了各个场景下的典型应用案例，以期为国内外同行提供借鉴参考。

本书由深圳市光明区环境水务有限公司组织编写，深圳市水务（集团）有限公司、深圳职业技术大学参与编写。

本书的编写工作得到了陈铁成、贾志超、李辉文、唐树强、钟豪、黄捷、陶剑、谷俊鹏、黄梦妮、谢端、于宏静、龙昊宇、吴浩然、姜世博、郑军朝的支持和指导，在此谨表示衷心感谢！

由于本书内容主要来自涉水事务企业一体化智慧运营与数字化转型的实地总结，部分技术和应用仍有待于完善和丰富，加之编者水平有限，不足之处，敬请读者批评指正。

编者

2025 年 4 月于深圳

目　录

第 3 章

智慧供水厂
建设及运营

3.1 智慧供水厂基本内涵及特征

3.1.1 基本内涵

智慧供水厂是通过采用先进的管理模式和技术手段，实现供水厂无人或少人值守的智能化自动控制、数字化作业工单和设备全生命周期管理，融合人机智慧合作，在保障水质安全可靠的前提下实现成本与效率最优的供水厂。

3.1.2 主要特征

1. 供水厂更安全

通过智慧供水厂建设，提高自动化水平，并对设备设施资产进行全生命周期管理，在一定程度上可解决传统供水厂因控制系统需要人员干预带来的系统响应不及时、安防系统功能单一导致的管控手段有限、设备资产管理系统不完善导致的设备维保以应急抢修为主等问题，实现安全保障可量化可溯源，进一步提高供水厂安全性和稳定性。

2. 水质更优良

通过智慧供水厂建设，在关键生产工艺中引入智能算法，有效避免传统供水厂因生产工艺过度依赖人工导致的生产稳定性不足等问题，实现生产水质控制更优、水压更平稳。同时，通过构建系统风险预案和知识库，结合辅助决策功能和应急处理联动机制，解决突发风险状况响应不及时造成的水质问题。

3. 运营更高效

通过智慧供水厂建设，有效提升自控系统、数据采集与监控系统（SCADA 系统）、安防系统、资产管理系统之间的联动效率，解决传统供水厂因各系统之间割裂导致信息交互有限、难以形成支撑合力等问题，实现供水厂业务全集成和信息全面融合，支撑供水厂高效运营管理。

4. 能耗更节约

通过智慧供水厂建设，利用数据分析工具推动业务工作数据化，通过分析具体数据得到结论科学指导业务工作，尤其在生产过程及设备管理方面强化数据应用价值，解决传统供水厂因工艺运行量化程度不足导致的生产单耗高、设备管理粗放导致的维保成本高、人员配置精准度不足导致的人力资源成本高等问题，实现生产运营的精细化管理，有效降低供水厂生产运营成本。

3.2 智慧供水厂建设

3.2.1 建设目标

构建供水厂一体化管控平台，利用其强大的数据资源与统筹能力，部署包括风险预判及处置、故障原因分析、能源优化利用、精细化加药控制以及绩效评估等应用模块。这些应用模块具备高可用性、高兼容性、高扩展性、高可靠性和超强计算能力，能够实现运营调度平台与供水厂自动化控制系统的联通与联动，在保障出水水质优良稳定的情况下实现节能降耗、高效运行的目标，进一步提升供水厂运营管理水平。

1. 建设高可靠运行的自动化生产体系

围绕生产全流程自动化控制需求，通过全面升级自动化系统，部署安装全覆盖的仪表，配置高可靠硬件，冗余控制逻辑、设备及网络，并同步引入视频安防联动技术，构建高可靠、无人值守的供水厂全闭环自动化控制系统。同时，在区域中心部署监控系统，实现对下属所有厂站的区域集中运行管控。

2. 建设高防控能力的安全管控体系

围绕人员安全、厂区安全和信息安全的三大需求，通过全域部署视频监控、电子门禁、电子围栏和环境监测等模块，构建人员与厂区安全防控体系；通过电子工牌和穿戴设备，构建人员定位和智能穿戴系统；通过接入应用更可靠的网络安全技术（工控网络隔离、入侵检测等）、软件安全技术（用户认证、权限控制、日志与审计等）等安全技术，构建供水厂信息安全保障体系，最终建成能够主动实时防范、及时响应处置、实现网络安全的高防控能力安防监控体系。

3. 建设高保障能力的设备资产管理体系

围绕设备全生命周期管理需求，通过建设综合设备运行参数监测、设备在线诊断、设备故障统计分析及预测预警（含视频智能预防等功能）、设备巡检工单制定（含预防性维护保养工单、整合生产巡检功能）、设备智能评估等管控模式，构建供水厂设备全生命周期管养体系。

4. 建设高敏捷响应的集中运营管控体系

围绕集中运营管控需求，通过整合供水厂运营管控平台的数据资源与统筹能力，依托三维全景模式对所有厂站全流程、全场景实现全渠道互联集成展示（展示方式包括电脑、移动终端和大屏幕等）。联通、联动综合调度平台及供水厂自动化控制系统，建设具有统一数据资源、业务集中管控、能够敏捷响应的智慧厂站运营管控平台，构建"集中生产调度、集中维护维修、集中支持"的集中运营管控体系，实现厂站生产运行闭环自动化、工艺自适应调优、风险控制快速适应以及管理科学决策，进而实现厂站在少人或无人值守条件下安全、优质、高效的集中运营。

5. 建设高效节能的智慧应用体系

围绕生产高效节能的需求，通过部署涵盖智能精细化加药控制、能源优化利用、风险预判及处置、故障原因分析以及绩效评估等智慧应用功能模块，构建以节能降耗、高效运行为核心目标的智慧应用体系，在保障出水水质优良稳定的情况下，实现供水厂的能耗管理优化及效益提升。

3.2.2 建设架构

智慧供水厂总体架构分为四层，分别是数据访问层、基础平台层、业务逻辑层及智慧应用层（即表示层），如图 3-1 所示。

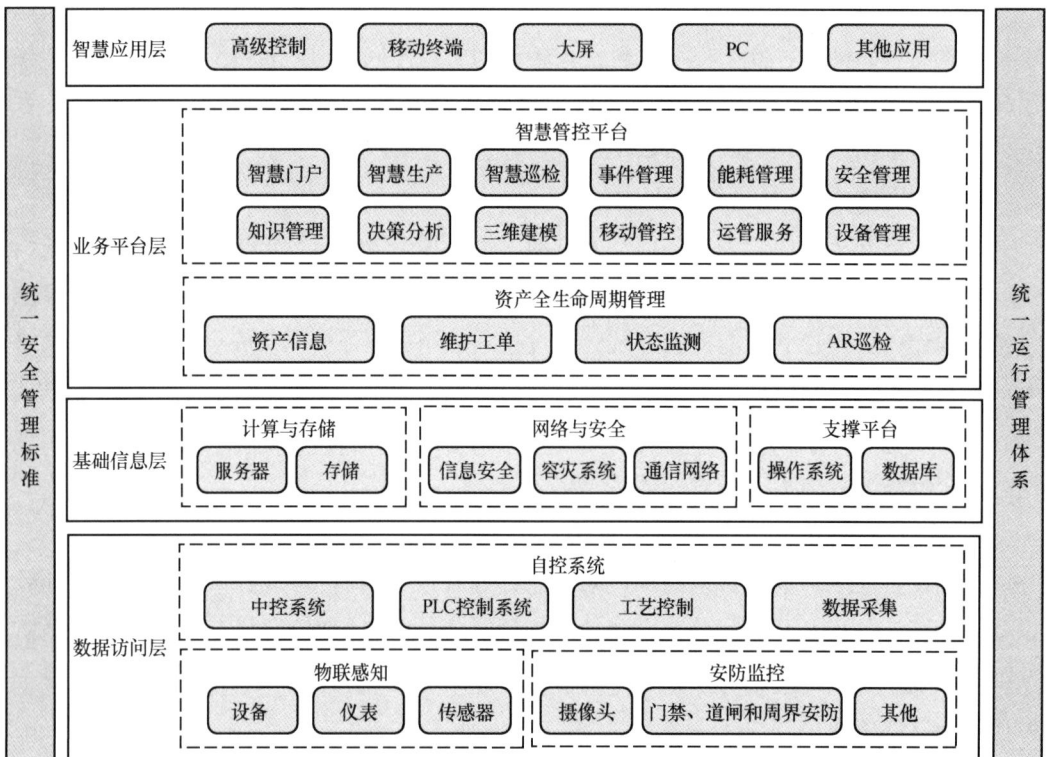

图 3-1 智慧供水厂总体架构图

（1）数据访问层。提供各种信息数据来源的主要入口，包含对厂站内各种在线仪表、设备、传感器、摄像头、射频识别（RFID）、设备二维码标牌等数据的采集设备。

（2）基础平台层。应包括硬件服务器、网络、存储、网络安全设施、容灾系统、平台系统等支撑系统的高效运行；应支持多级管理模式，支持"供水厂-区域公司-集团"管理要求，支持智慧厂站厂级中心、区域公司中心和集团中心多级部署；应建立移动互联架构，采用 App 方式随时、随地、实时对智慧供水厂进行全方位的综合管理；应采用前后端分离的架构模式，将前端 UI 和后端服务独立开发和部署，前端只负责解析和渲染，后端辅助业务逻辑，前端通过 API 方式调用后端服务；应采用微服务架构，应根据业务领域形成"高内聚，低耦合"的服务集合，如果数据读写比例过大，还需要采用 CQRS 的方式分离访问，服务宜具有相应的服务治理能力，如配置管理、服务注册管理、网关等；应具有弹性扩缩容能力，宜通过人工＋监控的方式实现扩缩容；宜有完整的可观测性，能从链路、APM、应用级别监控、日志分析、Metrix 等维度观测系统的健康度；宜具有较高的韧性，可根据服务的健康情况和负载情况实现分钟级切换流量；应采用容器化部署，隔离部署环境差异；宜采用容器＋编排＋持续交付的方式自动化云化部署。

（3）业务逻辑层。包括自控系统、安防监控及软件平台（集中管控体系、智慧应用体系、设备管养体系）。自控系统应提供稳定可靠的控制策略，先进的自动化控制系统应根据不同的水质和不同的供水厂、水质净化厂工艺提供针对性的工艺控制系统、PLC 控制系统、中控系统等控制策略及系统服务。安防监控宜包括视频监控、门禁、道闸、周界安防、人员定位与智能穿戴等应用。软件平台应包括智慧门户、智慧生产、智慧巡检、事件管理、能耗管理、安全管理、知识与环境管理、决策分析、三维建模、移动管控、运管服务及设备管理等系统应用。

整个业务逻辑层应整合供水厂自动化运行、数字化安防监控、智慧门户、智慧生产、智慧巡检、事件管理、能耗管理、安全管理、知识与环境管理、决策分析、三维建模、移动管控、运管服务及设备管理等功能，实现在一个平台全面感知和监管供水厂的运行管理。

（4）智慧应用层。应提供多种展现方式，包括 PC 端、手机端、大屏端等。

3.2.3　建设内容

围绕智慧供水厂的建设目标，按照建设基本框架，制定科学可行的实施路径和核心要求，有序开展包括设备仪表及自动化、数字安防及监控、网络和信息安全、智慧管控平台、高级智能算法 5 个模块内容的建设，具体内容如下：

1. 设备仪表及自动化升级

根据智慧供水厂自动化要求，配备工艺运行和自动化控制需求的仪表和设备，同时对 PLC 控制系统进行优化设计，以构建高可靠运行的自动化生产体系。

（1）设备和仪表

1）总体要求

各工艺单元的设备配置应保证该工艺处理单元的安全稳定运行，实现该工艺段自动控制。详细要求内容如下：

重点设备应考虑设备选型的合理性和可靠性，宜考虑设备热冗余配。重要工艺段的仪表应采用冗余配置。电气设备应具备远程监控功能。应建立设备资产全生命周期管理体系，并实现设备全生命周期数字化管理。设备分类标准应按照与公司运营要求相匹配的设备分类管理规定执行。在线仪表应考虑不间断供电系统（UPS）供电。成套生产设备独立控制系统宜提供至少两路互为冗余的以太网通信接口，应提供控制系统程序点表、控制逻辑流程图和开放控制程序。

2）各工艺段要求

各工艺单元应实现设备运行状态监测和远程自动控制。各工艺段详细要求如下：

进水单元应实现原水泵、进水阀门和格栅机等设备的状态监测和远程自动控制。反应沉淀单元应实现排泥阀、沉淀池刮泥行车和混合搅拌机等设备的状态监测和远程自动控制。过滤单元应实现进水阀、排水阀、出水阀、气冲阀、水冲阀和初滤水阀等设备的状态监测和远程自动控制。反冲单元应实现反冲泵（含电机、变频器）、鼓风机（含电机、变频器）、空压机等设备的状态监测和远程自动控制。加药单元应实现聚合氯化铝（PAC）投加泵及配套设备、PAC配药设备、次氯酸钠投加泵及配套设备、活性炭投加设备、石灰投加设备、二氧化碳投加设备、氢氧化钠投加设备、高锰酸钾投加设备和聚丙烯酰胺（PAM）投加设备等设备的状态监测和远程自动控制。送水泵单元应实现送水泵（含电机、变频器）和泵后阀门等设备的状态监测。回收单元应实现回收水泵和刮吸泥机等设备的状态监测。排泥水调节及浓缩单元应实现推流器、潜水泵和污泥浓缩机等设备的状态监测。脱水单元应实现污泥脱水系统（脱水机、液压站、PAM制备及投加系统）、调节池潜水泵和污泥浓缩机等设备的状态监测。配电单元高压配电系统应在每一路开关柜上配置微机综合继电保护装置，并将采集数据传输至厂区自控系统；低压配电系统宜在每一路开关回路上配置智能电表，并将采集数据传输至厂区自控系统。此外，配电系统宜保证独立双电源供电。

（2）PLC控制系统

1）总体要求

PLC控制系统的安装位置、性能参数、功能要求应适应智慧供水厂连续不间断的运行需求。PLC控制系统详细要求如下：

PLC控制站宜以工艺车间或单体建筑物作为每个站点的设置单位。厂站内所有PLC控制系统包括设备成套范围内的PLC应相互兼容。每个PLC控制站应能独立运行并能按照工艺的要求完成对本车间所有工艺设备和仪表的自动化控制，宜选用模块式结构 PLC，PLC 输入输出模块配置应留有一定余量。重要工艺段的 PLC 选型应支持冗余设备，在发生故障时，生产 PLC 和备用 PLC 之间能平稳、无缝切换，且 PLC 模块应支持热插拔。各工艺处理单元的 PLC 控制站，尤其是重要的 PLC 控制站，宜设置 CPU 模块冗余、电源模块冗余和通信模块冗余。每个 PLC 控制站应设置在线式 UPS 向本站 PLC 控制系统、通信网络设备和仪表供电。PLC 控制系统采用开关电源时应充分考虑电源容量，开关电源应具备短路保护功能。PLC 控制系统的主干网络应采用冗余的网络结构，网络交换机应采用工业级网管型交换机，并支持数据采集功能。设备层网络应采用冗余的总线或设备级以太网方式。PLC 通信协议宜选用符合国家标准的通信协议。PLC 系统控制设备之间应相对独立运行，现场控制站和测量控制单元发生故障时应避免影响上级或者同级其他控制单元的正常运行。PLC 控制系统控制柜安装地点应充分考虑环境因素影响。室外采集信号和控制信号应考虑防雷、信号屏蔽和抗干扰措施。

2）控制程序与逻辑

控制程序与逻辑应根据所选择的工艺方案、受控设备、检测仪表进行编制，以实现各工艺单元的自动化、智能化以及安全高效节约运行。

控制程序应包含设备自动运行和报警功能。控制程序的报警应具备明确的报警分类规则及分类管理，同时，关键设备报警应在保障设备安全与生产安全的前提下形成闭环管理。控制程序应对关键参数进行初始化设置，确保控制系统断电恢复后能正常工作。控制程序应在测试后按照既定版本进行存档备份。

（3）中控系统

1）硬件

中控系统硬件应满足服务器和 SCADA 系统的使用需求，并配备电源、网络和服务器的相关冗余。

中控系统 SCADA 服务器和数据库服务器应采用热备冗余设计。生产数据存储容量应考虑智慧供水厂远期使用需求。中控系统所有设备应由 UPS 供电。中控系统宜配备服务器和网络机柜，应建立中控机房，且机房配备空调和消防设施。中控室的硬件配置应满足智慧供水厂的展示需求。中控室自动化网络宜采用工业智能网关将自动化网络与办公网、监控网隔离。

2）组态

组态软件实时监测数据及操作设备，应易于使用。

中控系统组态软件应具备采集实时数据、分析数据、计算、报警，存储历史数据以及综合处理数据等多项功能。组态画面宜包括供水厂概貌总显示画面、工艺流程总显示画面、供水厂数据总览画面、供水厂自控网络设备拓扑图画面、各构筑物或各工艺单元建模控制画面、自控事件提示窗口及画面、报警窗口及画面、曲线趋势画面等。组态画面权限宜进行分级设定。组态标签定义应遵循统一命名规则。

3）历史数据库

历史数据库用于储存和查询监测到的关键数据或事件，应配置标准的存储机制和足够的存储时长。

中控系统历史数据库应支持传统关系型数据库、实时数据库和电子表格等多种数据源。历史数据保存时间应大于 5 年。关系型数据库宜采用主流数据库。实时数据库应采用商用成熟实时数据库软件，支持至少 5000 个实时数据采集，最高采集和处理频率不低于 100 次/s，并支持通过数据压缩算法进行数据存储。应建立关系型数据库和实时数据库的配合存储机制，关系型数据库一般用于存储中控系统报警和事件数据，实时数据库一般用于存储时序数据。应建立灵活的历史数据管理工具，包括数据查询工具和数据备份工具。

（4）工艺控制

工艺控制通过中控系统采集或存储的数据，增加智慧供水厂智能工艺控制算法。

1）宜针对智慧供水厂工艺控制要点和目标、主要影响因素和工艺措施，以及风险点和应对措施，列出相关工艺控制建设指南说明。

2）由于供水厂部分工艺存在反应过程非线性和反馈滞后的情况，其控制方法宜采用智能工艺控制算法。

3）智能工艺控制算法应建立在 PLC 自动化控制的基础上，能够智能处理 PLC 无法处理的复杂算法和业务逻辑。

（5）关键技术

1）生产全流程自动化模型

为了生产过程中实现更高的安全性、可靠性和稳定性，各类控制指令的下达不再依赖人为操作，而是由系统自动下达完成，建立全工艺流程自动化运行模型。

生产全流程自动化是指将生产的基本流程重新设计与自动化控制、人工智能和数字化工具等相结合的新技术。生产全流程自动化可增强生产流程标准化，高效执行常规重复的例行任务，同时通过结合人工智能模型和算法，将决策功能融入自动化流程中，形成全流程自动化模型，可对流程中产生的异常情况实现自动化处置，大幅提升生产效率。

对于供水厂而言，建立生产全流程自动化对生产安全保障具有重要意义。一方面全流程自动化可根据提前制定好的控制方案对过程数据进行处理，并通过对操作管理及控制作出精准判断，达成确定目标，实现对生产流程长久且平稳的自动化控制。另一方面通过自动化模型构建，全面把握生产的数据及状态，及时、准确地确认生产设备故障，并敏捷处理生产自动化模型的异常或设备故障，解除设备和生产的安全风险。

一般而言，生产全流程自动化模型主要包括：①进水单元控制模型；②沉淀单元控制模型；③过滤单元控制模型；④反冲单元控制模型；⑤加药单元控制模型；⑥送水单元控制模型；⑦回收单元控制模型；⑧脱水单元控制模型。

2）自动系统控制逻辑闭环

通过获取相应的数据自行闭环控制、周期控制、顺序控制、高级控制等功能，实现设备的自动化使用，操作人员只需观察工艺过程状态、设备状态以及有无报警显示即可。

通过对各控制工艺段配置各种预案和解决策略，实现真正的闭环控制。现有的控制系统大部分还是以人力判断为基础，根据实际工艺运行情况，凭经验进行相关参数设定和模式切换，自动化水平偏低，运行反馈不能做到响应及时，带来人为造成的滞后性，偏离最佳控制模式和策略，且对监控管理人员要求较高，造成运营成本的浪费。实现工艺段闭环控制后，通过系统预案可以针对性解决问题，使系统响应更加科学、及时，大大提高自动化控制水平，为无人或少人值守提供强有力的控制策略支撑，使系统的可靠性、安全性大大提高。

① 进水单元控制程序逻辑

进水单元控制程序宜根据出水流量计数据结合智能预测水量，建立闭环全自动控制。宜根据流量反馈，按照工艺条件，自动变频调节提升泵（如有），或者进水阀门（应改造为电动驱动），或者远程调节供水厂关联泵站（应实现泵站远程控制）。

进水单元一级报警宜包括流量调节偏差报警、流量计故障、提升泵流量故障（因为提升泵故障或变频器故障时，提升流量不能满足要求）、进水阀故障（阀门拒动等）以及泵站故障（通信故障、泵站停电等）。

进水单元宜设置流量偏差大的报警，在控制失效或者流量偏差大时应自动退出流量闭环控制模式，并报警提示。

② 沉淀单元控制程序逻辑

宜根据时间周期或沉泥厚度设置建立沉淀单元闭环全自动控制，闭环控制包括刮吸泥机、排泥阀及格栅清污机全自动化控制，时间周期可依据工艺状况由运行人员通过上位机设置。

沉淀单元一级报警宜包括行车偏轨、行车故障、行车无线通信故障、排泥阀故障、流量开关故障和沉后水浊度高报警等。

沉淀单元应设置沉后水浊度报警，在沉淀池尾端实时监测沉后水水质指标，当浊度超过厂内控制指标时需提醒运营人员做出工艺调整，并报警提示。

③ 过滤单元控制程序逻辑

滤池处于过滤阶段，宜根据滤池液位变化通过 PID 算法自动调节滤池出水阀开度，实现滤池全自动化恒水位过滤。恒水位过滤参数可以依据工艺状况由运行人员通过上位机设置。

过滤单元一级报警宜包括滤池进水阀、排水阀、出水阀的故障报警，以及液位计异常报警等。

过滤单元应设置滤后水浊度高报警，在每个滤池出水处取样监测滤池出水水质指标，当浊度超过厂内控制指标时需提醒运营人员做出工艺调整，并报警提示。

④ 反冲单元控制程序逻辑

宜根据时间周期或滤池堵塞条件建立反冲单元闭环全自动控制，当反冲周期时间或者滤池堵塞条件达到时，滤池自动启动反冲洗控制，全自动控制鼓风机和反冲泵，根据设置好的反冲洗参数自动完成滤池反冲洗，时间周期和滤池堵塞条件可以依据工艺状况由运行人员通过上位机设置。

反冲单元一级报警宜包括反冲风机故障、风机出口阀故障、反冲洗水泵故障、反冲洗水泵出口阀故障、空压机故障、压力监测表故障、水冲阀故障、气冲阀故障等。

反冲单元应设置初滤水浊度报警，在反冲洗结束后对初滤水水质指标进行监测，当初滤水浊度超过厂内控制指标时需提醒运营人员做出工艺调整，并退出自动运行模式，同时报警提示。

⑤ 加药单元控制程序逻辑

加药单元主要的闭环控制逻辑包括 PAC 投加闭环控制和次氯酸钠投加闭环控制。PAC 投加闭环控制应根据原水的瞬时流量、原水水质指标以及沉后水浊度变化自动调整 PAC 投加量。次氯酸钠投加闭环控制应根据原水瞬时流量、滤后水瞬时流量以及滤后水余氯变化自动调整次氯酸钠的投加量。

加药单元一级报警宜包括 PAC/次氯酸钠投加泵故障、PAC/次氯酸钠投加泵停机报警、PAC/次氯酸钠配药系统故障、输药管道断药/漏药报警、流量计通信故障、沉后水浊度超限报警、滤后水余氯超限报警、滤后水余氯低限报警等。

加药单元应设置沉后水浊度报警、滤后水余氯超限报警、滤后水余氯低限报警，当自动投加系统异常时，自动退出自动闭环系统模式，切换为手动控制，同时启动报警，提醒运营人员做出工艺调整。

⑥ 送水单元控制程序逻辑

宜根据出厂水压力和流量建立送水泵闭环全自动控制，实现送水泵恒压供水，出厂水压力可以依据供水管网的压力需求确定，并由运行人员通过上位机设置或由智能算法给定。

送水单元一级报警宜包括送水泵故障、出口阀故障（包括拒动）、压力异常报警，流量异常报警，出厂水 pH、浊度、余氯等超限报警。

送水单元应设置出厂水压力异常报警，宜在供水管道设置冗余压力设备，对仪表进行实时数据对比，当发生异常时立即启动冗余仪表的数据作为控制依据，当所有仪表异常时能够自动退出恒压供水，提醒运营人员人工介入控制，并报警提示。

⑦ 回收单元控制程序逻辑

宜根据回收水池液位建立回收单元闭环全自动控制，闭环控制包括回收水泵、刮吸泥机全自动化控制。回收水泵根据液位的上下限值实现全自动控制，完成上层清液的自动回收功能。刮吸泥机宜采用周期时间全自动运行模式，周期时间可以依据工艺状况由运行人员通过上位机设置。

回收单元一级报警宜包括行车偏轨、行车故障、行车无线通信故障、回收水泵故障和液位计异常报警等。

回收单元应设置回收水流量异常报警，在程序里设计潜水泵与流量计的连锁判断报警，当回收水泵运行但是没有回收水流量显示数值时需提醒运营人员做出工艺调整，并报警提示。

⑧ 脱水单元控制程序逻辑

宜根据工艺流程建立脱水单元闭环全自动控制，闭环控制包括调节池抽水、浓缩池进水加药及浓缩、平衡池进泥、脱水系统进泥及污泥脱水、PAM 药剂制备等全自动化控制。对于整个脱水系统来说，闭环全自动控制更接近顺序控制，但是其中各环节均由一些小的闭环系统组成（调节池的液位闭环控制、浓缩池进水加药的比例控制、浓缩机的周期时间控制、平衡池的液位控制等）。

脱水单元一级报警宜包括潜污泵故障、调节池液位计故障、推流器故障、阀门故障、浓缩池进水流量计故障、污泥浓缩机故障、平衡池液位计故障、MLSS 仪表故障、脱水机故障、液压站故障、配药系统故障、螺杆泵故障及螺旋输送机故障等。

脱水单元中脱水部分应开放给用户控制监视，建立联动控制逻辑，实现脱水单元全流程自动化控制。

3）三维仿真模型

三维仿真是指利用计算机技术生成逼真的、具有视、听、触等多种感知的虚拟环境，用户可以通过其自然技能使用各种传感设备与虚拟环境中的实体进行交互的一种技术。

三维仿真模型主要是对供水厂工艺环境、内部设备设施、地下管网进行三维建模。供水厂地下管网部分通过利用供水厂地下管网基础资料建立供水厂综合管线三维模型，三维模型数据中需包含平面位置、高程（地面高程、管线高程）、埋深、管径、材质、附属物等信息。

三维仿真模型应该具有供水厂可视化三维展示与应用功能，是供水厂 SCADA 系统、其他设备管理系统和仿真系统为一体的三维可视化综合管理平台。三维建模展示建议采用行业内主流开发工具，如 Skyline、伟景行 CityMaker、高德 AnGeo 或技术水平高于上述公司的软件产品，提供目前流行且稳定的最新版本需具有正版授权。此外，采用三维平台，可用于满足三维数据整理和三维功能开发和发布。

4）SCADA 融合

对各厂站的 SCADA 监测控制系统进行升级改造，评估和升级各个供水厂的自控系统。通过智能终端采集工艺、设备等实时数据，统一制作工艺和管网画面，实现供水厂取水、加药、反应、沉淀、过滤、供水等流程远程控制。建立各厂站与调度中心机房独立网络专线，在保障各厂站独立安全的自控网络同时，由调度中心 SCADA 服务器对所有厂站进行数据监控及设备操控，实现所有供水厂全过程场景呈现，全要素数据接入及应用，高可靠性达到调度指挥中心对辖区所有厂站实现集中管理和远程监控的要求。

2. 数字安防与视频监控系统建设

建立全厂数字安防管理和联动门禁系统，主要包括视频安防系统、智能门禁系统等，以构建高防控能力的安全管控体系。

（1）视频监控

各工艺单元视频监控的主要监控对象、安装位置、安装数量、功能要求应满足智慧供水厂安防需要以及生产运维管理需求。

1）视频监控系统应具备全天候监控、昼夜成像、高清成像、追踪、报警、回放、查询等功能。

2）视频监控应覆盖供水厂所有生产车间、出入口和主要道路。

3）视频存储格式应满足公安技防部门要求，存储时长不小于90d。

4）视频监控设备宜具备智能识别功能。

5）关键点视频监控设备应采用在线式不间断电源（UPS）供电。

6）所有户外视频监控设施应设置防雷措施。

7）视频监控系统应设置可靠的通信网络系统。

8）视频监控应具有开放的体系架构，支持与第三方厂商的设备对接。

（2）门禁、道闸和周界安防

各工艺单元门禁、道闸和周界安防系统的安装位置、性能参数、功能要求应满足安防及生产需要以及智慧供水厂的运维管理需求。

1）应根据厂区实际情况，按需设置门禁、人行/车辆道闸、周界安防、电子围栏等系统。

2）重要生产车间主要出入口宜采用人脸门禁一体机，其他出入口宜采用指纹门禁机。

3）厂区主要出入口可设置车辆道闸，应能智能识别车辆并开关道闸。

4）周界安防视频监控覆盖供水厂围墙，宜支持各类侦测功能。

（3）人员定位与智能穿戴

智慧供水厂厂区范围内宜设置人员定位系统，同时人员定位系统的覆盖范围、性能参数和功能要求应满足人员在厂区内作业位置、路线定位的需求。

1）智慧供水厂厂区范围内宜设置人员定位系统。

2）人员定位系统应选用可靠的无线网络通信技术确保定位精度，定位精度误差宜控制在 5m 以内。

3）人员定位系统应具备轨迹回放、定位、追踪、告警等功能。

4）人员定位系统宜具备多种终端、多种穿戴设备协同配合功能，可实现视频通信、语音呼叫等功能。

3. 网络与信息安全建设

（1）网络

网络建设需以生产网络安全为主要目标，其次需要高效便捷。

1）IT 网络

智慧供水厂局域网分工控网、视频安防网和办公网，三网分离。

① 智慧供水厂局域网机房、主站、子站应采用工业交换机，机房交换机宜采用双机冗余结构。

② 工控网宜采用冗余的网络结构，工控网应与其他网络隔离，并部署隔离设备。除办公网可连接互联网，其他网络不连接互联网。

③ 区域公司的智慧供水厂网络宜采用租用裸纤、运营商专线或无线专网等通信方式构建专用网，宜采用主备链路组网。

2）无线网络

无线网络宜实现全厂覆盖，用于移动应用上网支持。

① WiFi 网络覆盖（可选）。宜实现 WiFi 网络供水厂覆盖，WiFi 网络接入名称唯一，WiFi 名称应隐藏，流畅不卡顿，接入网络应认证身份信息。

② 5G 网络覆盖（可选）。宜实现 5G 网络全厂覆盖，接入厂区 5G 网络应身份认证。

（2）服务器和机房

智慧供水厂服务器分为自动化 SCADA 服务器、安防服务器和平台服务器三类。

① SCADA 服务器和安防服务器宜放置在供水厂中控室。平台服务器宜放置在集团公司、区域公司、二级企业或供水厂机房。

② SCADA 服务器和安防服务器应采用物理服务器，不宜使用虚拟服务器。

③ 供水厂服务器机房应考虑配置供电设备、环境监测和消防设施。

（3）信息安全

确保智慧供水厂信息安全不外泄和不受外界干扰。

1）安全域划分

应根据系统使用要求和业务特点，划分为不同区域。

① 智慧供水厂控制系统与集团其他信息系统之间应划分为两个区域，区域间应采用技术隔离手段。

② 智慧供水厂控制系统内部应根据业务特点划分为不同的安全域，安全域之间应

采用技术隔离手段。

③ 涉及实时控制和数据传输的智慧供水厂控制系统，应使用独立的网络设备组网，在物理层面上实现与其他数据网及外部公共信息网的安全隔离。

2）物理环境安全

应从人员、设备、供电、监控等方面设置物理环境安全措施。

① 机房出入口应配置电子门禁系统，控制、鉴别和记录进入的人员。

② 机房应设置灭火设备，应设置必要的温、湿度控制设施，使机房温、湿度的变化在设备运行所允许的范围之内。

③ 应在机房供电线路上配置稳压器和过电压防护设备。

④ 应提供短期的备用电力供应，至少满足设备在断电情况下的正常运行需求。

⑤ 应设置冗余或并行的电力电缆线路为智慧供水厂控制系统供电。

⑥ 应对重要工程师站、数据库、服务器等核心工业控制软硬件所在区域进行视频监控。

3）区域边界安全防护

应在智慧供水厂控制系统与集团其他信息系统之间部署隔离设备，需支持常见的工控协议，配置访问控制策略，禁止任何穿越区域边界的通用网络服务。

4）通信网络安全防护

应考虑网络安全防护机制，设计加密认证、权限管理等功能。

① 广域网进行控制指令或相关数据交换的应采用加密认证技术手段实现身份认证、访问控制和数据加密传输；单厂对加密认证技术手段实现身份认证、访问控制和数据加密传输不做强制要求。

② 无线使用控制应对所有参与无线通信的用户（人员、软件进程或者设备）提供唯一性标识和鉴别。

③ 无线使用控制应对所有参与无线通信的用户（人员、软件进程或者设备）进行授权以及执行使用进行限制。

④ 无线使用控制应对采用 WLAN 技术进行控制的智慧厂站控制系统，应能识别其物理环境中发射的未经授权的 WLAN 无线设备，报告未经授权试图接入或干扰控制系统的行为。

5）设备和计算安全防护

应考虑病毒防护机制，设计权限管理和后台监视等功能。

① 上位监控系统应部署工业主机安全防护软件，对工业主机进行病毒防护以及对 USB 接口进行管控，对 USB 移动存储进行权限管控，对不允许的外设进行禁用。

② 应采取白名单管控机制，只有白名单内的软件才可以运行，其他进程都被阻止，防止病毒、木马、违规软件的攻击。

③ 宜在过程控制层部署工业安全监测审计系统，结合白名单对不符合规则的流量进行告警，对生产装置网络中的威胁行为进行实时监测。

④ 宜部署工业日志审计系统对工控系统的网络设备、安全设备、工业主机日志信息进行集中收集、统计分析。

⑤ 宜部署工业堡垒机，针对工控主机、工控应用系统、工控数据库等重要资产，通过工控堡垒机进行认证管理、账号管理、权限管理、操作审计等操作，保障安全运维人员通过本地或远程方式对工业资产进行运维操作的准入、控制以及审计。

4. 资产全生命周期管理体系建设

为提升企业资产运营效能，引入资产管理系统"资产全生命周期管理"理念，以资产作为研究对象，从管理整体目标出发，统筹考虑资产的规划、设计、编辑、运行、维护、更换、报废的全过程，追求资产全生命周期成本最优、效能最佳，实现管理优化的科学方法，为企业的经营决策提供科学依据，解决企业固定资产管理难题。

供水厂资产全生命周期管理，是以资产管理系统做载体，通过一套以设备及位置为核心的资产属性和定位的跟踪监测和数据分析，以构建供水厂设备全生命周期管养体系。

以工单的审批、派发、执行为主线，兼顾资产维修、保养过程中涉及的备件物料的采购、接收及发放管理，对资产生命周期中发生的故障、维修、保养、备件物料消耗、人员工时消耗有全方位的记录。

（1）总体要求

1）支持优化设备采购决策。以工单的审批、派发、执行为主线，兼顾资产维修、保养过程中涉及的备件物料的采购、接收及发放管理，对资产生命周期中发生的故障、维修、保养、备件物料消耗、人员工时消耗进行全方位的记录，并基于此记录对设备进行管理，是供水厂运行和决策的重要工具和依靠。

2）支持掌握设备资产动向。能与智慧厂站运营管控平台高度对接和融合，能在管控平台上查看资产信息、工单信息和仓库管理信息，能查看资产管理中的流程等。

3）支持预防预判设备故障。应可实现设备资产信息、工单与设备SCADA信息和视频门禁信息的联动；能实现设备故障分析诊断，对供水厂自动运行过程中出现的故障进行识别跟踪和智能故障诊断，快速定位故障源并准确分析故障原因和提供合理有效的解决方案及指导，从而提高故障处理的快速性、准确性等。

4）支持设备故障诊断维修。对关键设备应建立与生产运行状态采集测点的关联，能通过设备ID查看设备的当前电流、电压、运行时间等数据。故障分析诊断能提供故障的设备名称、所在位置、发生次数、停机时间、设备故障类别、解决方法。每月有完整的设备故障的记录汇总表格，对设备故障次数、故障现象、故障原因、采取措施、损耗材料、停机情况、完成情况、维修人员、完成时间均有详细记录，并对设备故障进行分析。

5）支持设备科学有效管养对故障的事后分析。应按设备和类别对维修养护的频次进行统计，分析不同故障类别的原因概率分布，并能够反映出维护工作和设备质量的统计特征，以便持续改进设备维护工作。事后分析具有拓展性、兼容性与开放性，设备故障记录及运行数据相关数据测点信息可接入第三方数据仓库例如 PowerBI 数仓，方便进一步分析、运用数据。

（2）关键技术

AR 技术：增强现实是利用计算机生成一种逼真的视、听、力、触和动等感觉的虚拟环境，通过各种传感设备使用户"沉浸"到该环境中，实现用户和环境直接进行自然交互。利用 AR 技术解决供水厂实际生产运行存在的问题，如通过 AR 增强现实技术，在日常巡检中，巡检人员佩戴好 AR 设备如 AR 智慧眼镜，即可收到由后台发出的巡检指令，只需按照屏幕指示步骤，即可一步步标准地完成作业，不仅大大提高了运维效率，同时也更加强化了巡检的标准化。当遇到仪表读数时，眼镜可通过算法识别读数自动记录。同时，AR 眼镜可搭配外设实现红外测温功能，可直接无接触测量水泵轴承、变压器等设备部件温度，当遇到故障需要紧急排除，巡检人员可直接语音唤醒远程专家系统，呼叫专业工程师予以支持，大幅缩短了处理周期，提升了运维品质。

5. 智慧管控平台建设

根据供水厂实际情况与运行管理需求，设置各子系统功能模块。平台宜具备多终端运维管理的功能。

（1）智慧管控平台业务模块

1）智慧门户

宜包含当前供水厂生产、设备、能耗、安全和人员等各类总览情况，以及个人工作台。

2）智慧生产

宜包括工艺监控、昨日生产、数据管理、水质化验管理、工艺调整、值班管理、绩效管理、车队管理等功能模块。

3）智慧巡检

宜包括但不限于视频巡检、设备点巡检、巡检统计分析等功能模块。

4）设备管理

包括但不限于设备台账管理、资料管理、设备编码管理、设备维保管理、巡检管理、物资管理、申购管理、库存管理、合格供应商管理、设备分析、基础信息配置管理等功能模块。

5）事件管理

事件管理宜包括但不限于事件中心、调度指令等功能模块。应汇总各类信息，包含各类告警事件。

6）能耗管理

宜实现对供水厂供配电设备、生产设备的运行状态及数据采集存储，深入挖掘供配电设备和生产设备的历史运行数据和设备状态数据，分析运行规律，根据实时数据的变化及差异预测设备故障，并实现能源利用效率分析等。宜包含能耗实时监控、能耗统计与分析、设备能耗异常预警报警和能耗查询统计等功能模块。

7）安全管理

安全管理功能宜包括但不限于门禁管理、监控管理、定位管理、智能安全帽管理、风险应急处理与预案管理等功能模块。

8）知识管理和环境管理

知识管理宜包含但不限于文档管理、作业指导手册、全文检索等功能。环境管理宜包括但不限于照明管理等功能。

9）决策分析

决策分析宜包括但不限于工艺分析、厂级运行报告等功能模块。决策分析宜结合报警及故障，风险事件，提供决策分析界面，给予相关建议，提供辅助决策功能。

10）三维建模与展示应用

宜结合供水厂 BIM 建设成果，采用三维建模软件建立仿真模型，按模型级别分为场景模型、构筑物模型、工艺段模型、设备设施模型。宜包括但不限于三维电子沙盘展示、三维工艺管线、地下管线展示、管线及设备属性查询、供水厂参观路线展示、现场参观虚拟导游、SCADA 实时数据与三维厂站叠加展示盘、三维设备预警报警管理、三维安防视频接入与展示、三维人员定位管理等功能。三维建模展示功能包括但不限于供水厂概化图、三维模型图以及遥感影像图。

11）移动管控 App

包括但不限于设备信息模块、工单模块、数字安防模块、巡检模块、KPI 模块、移动端应急预案模块、专题图模块、报警信息模块和流程管理系统模块等。

12）运营管理服务与流程管理

运营管理服务与流程管理包括但不限于工作流引擎功能设计、运营管理服务与流程管理功能设计、智慧供水厂运营管理流程和供水厂内部流程等功能模块。

（2）关键技术

1）HACCP 管理模块

危害分析及关键控制点（Hazard Analysis and Critical Control Point，HACCP）是国际上共同认可和接受的食品安全保证体系，主要是对食品中微生物、化学和物理危害进行安全控制。

在发达国家，应用 HACCP 管控理念保障水质已有多年的实践。深圳市水务（集团）有限公司借鉴先进供水管理经验，对水质管理现状及存在的问题进行深入分析，对供水全流程、管理全链条潜在的水质危害进行全面识别与评估，探索建立了饮用水HACCP体系，实现全过程水质管控，强调预防性管理。

基于HACCP生产管理体系，利用智慧供水厂管控平台实现关键控制点水质分级报警管控，平台设置工艺调整报告单和关键控制点纠偏填报模块，更全面系统地管控生产工艺、稳定流程水质，为安全优质高效供水奠定优良水质基础。

智慧供水厂的HACCP管理模块是根据危害发生的可能性和风险性评估制定关键水质控制点，通过工艺调整的纠偏手段将水质风险控制在源头，保障出水水质持续稳定达标。在HACCP管理模块基础上，结合智慧供水厂平台报警系统，针对各控制点的水质指标设定三级报警，根据水质在线仪表的情况逐级上报，同时利用平台的关键控制点纠偏填报做好每次水质偏离记录，并积累季节性和临时性工艺调整数据，为水质不同的变化情况应对和节能降耗提质增效提供可利用经验。

目前为止，HACCP在自来水生产中的应用，可以帮助供水厂确保自来水的安全性和质量，主要体现在以下四个方面。

① 可支持自来水生产的卫生和卫生控制。HACCP可以帮助自来水生产企业识别潜在的自来水安全风险，并制定有效的控制措施，以确保自来水生产过程的卫生和卫生控制。

② 可支持自来水原材料的选择和采购。HACCP可以帮助自来水生产企业对自来水原材料进行评估和筛选，以确保原材料的质量和安全性。

③ 可支持自来水生产过程中的控制和监测。HACCP可以帮助自来水生产企业在生产过程中对关键控制点进行监测和控制，以确保自来水的安全性和质量。

④ 可支持自来水生产过程中的记录和追溯。HACCP要求自来水生产企业建立完整的记录和追溯系统，以便在发生自来水安全问题时能够及时找到问题的根源，并采取有效的措施进行纠正。

基于HACCP生产管理模块，利用智慧供水厂管控平台实现关键控制点水质分级报警管控，平台设置工艺调整报告单和关键控制点纠偏填报模块，更全面系统地管控生产工艺、稳定流程水质，为安全优质高效供水奠定优良水质基础。

2）智慧巡检模块

智慧巡检是采用"物联网＋移动应用"技术构筑线上线下合一、前端后端贯通、横向纵向联动的全方位、全天候、全过程的巡检模式，通过大数据处理手段对所需巡检区域进行科学化、数字化、可视化巡检管理。该巡检方式一方面实现对巡检对象的全面管控，提升了巡检的效率；另一方面通过远程或移动巡检代替人工现场巡检或填写巡检信息及上报工单的传统巡检，为厂站少人或无人值守奠定基础。

智慧供水厂巡检方式为移动巡检和视频巡检两种方式。移动巡检借助手机等智能移动终端，采用"扫码-巡检-记录-上报-统计"的电子化作业方式并形成电子化巡检记录，通过移动巡检、设备故障报警快速定位、移动控制等方式简化传统工作模式，实现故障点快速定位，报警实时通知。视频巡检为智慧巡检的核心，利用智慧平台监控设备相结合的模式，以不同构筑物为分类基础，将构筑物巡检内容要点和现场监控设备结合，提前设置好摄像机的预置位置，实现全流程的在线巡检作业。巡检过程需要远程操作确认现场情况，有问题及时形成维修保养工单上报，减少人员现场巡检频次。

3）智慧安防管理模块

智慧供水厂在供水厂现有安防监控系统的基础上，重点加强对厂区内的生产设备、公共区域等重点场所的全方位、全天候实时视频监控，为供水厂的安全生产提供强有力的保障，同时全面、科学、有效地提升供水厂生产管理水平。供水厂网络视频监控系统，采用独立线路，充分保证传输质量和信息的安全性。

在安防工作中，门禁系统发挥的作用是至关重要的，其设计的主要目的是实现内部人员出入权限控制及出入信息记录。同时，安防系统可考虑与生产深度结合，引入巡检与视频联动、设备故障缺陷与视频联动、视频与门禁联动、人脸识别、人员轨迹分析等最前沿的技术手段，来提高供水厂安防系统的先进性，为生产提供更多支持和帮助。

数字安防管理联动门禁系统，完善视频监控和门禁系统，使供水厂智慧化得到提升，员工在中控室即可完成重点工艺环节的监管管控，可有效地进行无人/少人值守。数字安防包含视频监控及电子围栏（高压电网），对供水厂安全保卫提供全方位保障，可根据电子围栏警报及监控第一时间判断供水厂人员轨迹的动态。

4）安全管理模块

安全管理模块建设的目标是根据智慧供水厂和智慧化安全管理，针对可能存在的安全漏洞和安全需求，在不同层次上提出安全级别要求，并提出相应的解决方案，制定相应的安全策略、编制安全规划，采用合理、先进的技术实施安全工程，加强安全管理，确保供水厂在智慧化方面完善安全。

主要包括以下内容：①监控视频管理，对供水厂各重点工艺、道路及施工安全进行监督管理；②安全管理，根据公司安全要求针对各个环节进行详细化［使员工更加了解安全管理要求及相关内容（访客预约、安全检查及隐患整改进度、演练、培训、预案报警、危险作业、外委施工、消防管理）］和统一性管理。

5）移动化应用模块

移动化应用模块主要是移动管控 App，其建设需充分考虑数据传输加密和安全性问题，应急情况下，必须实现"口袋中的中控室"功能，实现手机 App 应用，实现运营管控平台（App）对供水厂的全方面监测，甚至控制设备。具体模块应用如下。

① 实时数据监测

移动应用 App 应实现对平台上的各设备设施的运行状态进行集中管控，用户应通过移动应用轻松查询已在平台上配置的所有测点的实时数据和信息，并以适合移动设备展示的方式浏览和操作使用。

② 数据统计分析

移动应用必须实时展现即时运行数据和历史数据，并能够以多种曲线方式在移动设备上呈现。用户可在移动设备上直观地查看图表等运行趋势，并可进行多个曲线的同比和环比的分析。

③ 运行数据报表

移动应用必须支持移动报表浏览，对设备设施运行的实时数据进行汇总统计，自动生成各类运行日报、月报、年报、综合报表等各时间跨度、各类型的报表。

④ 报警信息

移动端须提供实时报警功能，应有效提高对各设备设施运行异常的有效监测，也可通过短信或者其他推送方式将警报发送给指定的警报接收人，或者通过在线消息方式通知相关管理和处置人员。

⑤ 移动设备控制

应根据登录用户权限及安全认证合法后实现移动端对现场设备进行安全移动控制操作。

⑥ 移动端应急预案查询

根据现场突发事故，移动端使用人员可以查询相应应急处理方案，以做到及时止损，降低损失。

⑦ 权限管理及系统用户管理

根据登入使用者的具体职位或权限等级高低，开放相应权限内的使用模块，方便管理。

⑧ 其他应用

移动端还应该具有故障知识库指导能力，包括设备作业指导书、操作视频、维修经验记录等。当设备出现问题时，现场维修人员能通过移动 App 的知识库进行查找故障解决方案。

6）BIM 应用模块

建筑信息化管理（Building Information Management，BIM），是指将代表物理特性和功能设施信息的建筑模型与物联网、互联网、云计算、GIS 等技术相结合，以实现将零散、分割的数据与信息精确集中的具有三维可视化特性的管理技术。

BIM 系统也是智慧供水厂建设的可选系统，当 BIM 导入智慧供水厂运维之后，可以利用 BIM 模型整体了解智慧供水厂项目。模型中各个供水厂设施的空间关系，供水厂车间内设备的尺寸、型号、口径等具体数据也都可以从模型中完美展现出来，这些都可以作为运维的依据，并且合理、有效地应用在供水厂设施维护与管理上。建设智慧供水厂 BIM 展示和管控平台有以下功能需求。

① 可视化。可进行基于虚拟现实空间的各类模拟演练，遇到重要来宾访问、临时活动，甚至火灾等情况，通过 BIM 平台，管理人员可以及时地做好演练、人员疏导、人员的调配、关闭就近的设备、启动相关区域的系统等。

② 信息化。BIM 模型所特有的构件属性可以无损导入到平台中，可将信息与系统电子化集成交付给用户。用户在需要应用时，无需再翻阅图纸，可直接通过基础信息，直接获取对应的空间位置及相关的属性信息，包括设备运维管理、运维知识库、设备信息管理、基于 BIM 的工作流等。

③ 数据展示和分析。采集数据与模型进行关联，可在三维场景中表现出产生数据的设备所在位置，提高巡检效率，并可根据模型类别进行查看与分析。用户可以通过数据来分析目前存在的问题和隐患，也可以通过数据来优化和完善现行管理。

7）报警闭环管理模型

智慧供水厂建设目标之一是建成后的智慧供水厂更加高效安全，且智慧供水厂建成后的运营模式趋向于多家供水厂集中控制，少人值守。但由于设备故障、仪表数据波动及水质异常事件在智慧供水厂运营过程中是不可避免的，如何实现事件智能分析与处置能力是智慧供水厂的核心能力之一。

遵循"高效敏捷处置事件"的理念，以事件问题为核心，基于管理流程与基础设施数据，对事件进行闭环管理，对数据进行统计与分析，实现各组织、各部门、各机构之间的协同工作和资源共享，达成对事件的快速响应及处置。目前，供水厂可根据对历史报警事件的分析和总结，结合高级智能算法等工具，建立事件报警闭环管理模型，并辅以人工修正，准确快速地对供水厂运营过程中发生的异常及故障进行智能分析、诊断及处置。同时，在事件报警发生后，管理人员能够在线对报警进行追溯及分析，形成专项意见更新至专家决策库，并在报警闭环管理模型中沉淀，当未来运营过程中发生同类别报警时，运维人员能够快速响应。

① 可支持事件处置类别。报警闭环管理模型通过供水厂故障类型将报警进行多维度分类，其中按照报警内容分为机械设备类、电气类、自控类、安防类、水质类；按照报警重要程度分为一级报警、二级报警等；按照工艺区域分可分为原水、混凝沉淀、过滤、送水泵房、脱水系统、配电系统、反冲系统、加药系统等报警。报警闭环管理系统可将报警处置全过程进行记录，能让生产管理人员定期对报警数据进行追溯及分析，指导下一步生产调控。

② 可支持事件处置力度。运维人员与生产管理人员能够第一时间发现设备故障、仪表数据波动及水质异常，通过微信端（含企业微信）、短信端推送至指定人员，运维人员收到报警推送后能够迅速采取相关措施对故障进行处置。同时，在报警闭环管理模型中可提前录入专家决策及相关异常事件处置经验，帮助运维人员快速处置异常事件，

提高供水厂运维效率。

③ 可支持事件处置流程。在某供水厂智慧管控平台上建立了报警闭环管理模型，报警闭环管理步骤依次为报警触发、报警推送、报警播报、报警确认、决策建议、采取措施、解除报警，具体界面如图 3-2 所示：

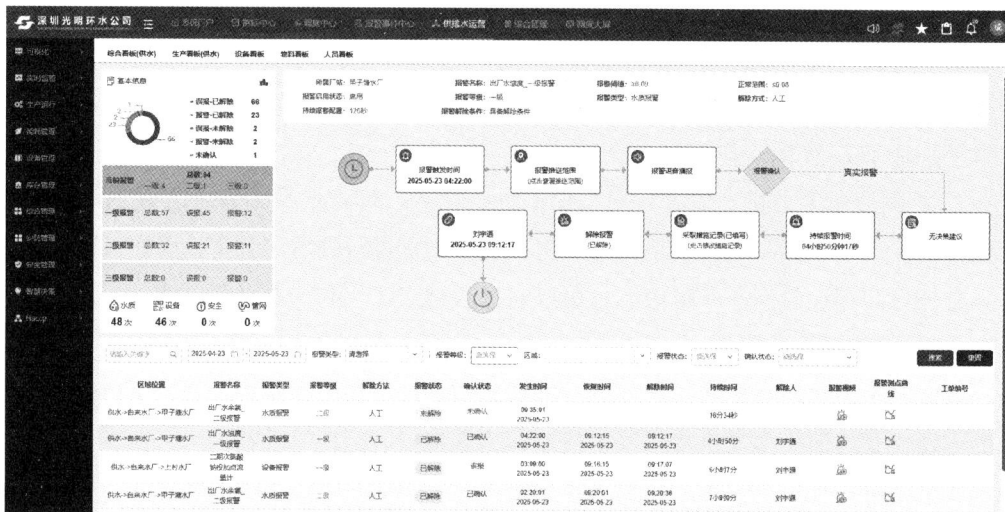

图 3-2　报警闭环管理模型

通过报警数据分析，可动态调整报警的定义、分类及推送人员。在报警闭环管理模型中，从报警发生到处置，再到报警结束，整个过程形成流程化且处置流程清晰明了。

6. 高级工艺控制逻辑建设

应考虑设计供水厂核心生产工艺单元的高级工艺控制逻辑，如进水单元、沉淀单元、过滤消毒单元、配水单元等。

（1）进水单元

进水单元的工艺控制核心目标包括两点，一是实现供水厂进水流量的全自动化控制，二是实现进水单元各种药剂的科学合理投加。基于上述两个核心目标，该单元的建设要点如下。

1）原水自动调节宜设定上下流量限值，超出限值宜设置报警提示，限值参考因素宜包括清水池水位，出厂水流量以及压力，应保证原水进水平稳。

2）宜通过水量预测模型或者泵组优化模型计算结果推荐进水单元阀门开度或泵组配合，降低能耗。原水水量的预测模型应包括有出厂水的流量、压力以及清水池的水位等。

3）宜在沉淀池进水组增设流量计，为精准加药提供流量数据依据，同时也有助于应对原水流量计的异常处置。

4）原水自动调节程序应与预氧化药剂自动投加程序、混凝剂自动投加程序联动，确保药剂投加稳定性以及准确性。

5）进水单元药剂投加应根据生产工艺、药剂种类和计量装置实现在线监测，例如对次氯酸钠、聚合氯化铝、二氧化碳、高锰酸钾、石灰等药剂应设置实时投加点流量计观察加药变化。

6）宜根据原水水质情况，配备预加酸碱、二氧化碳、氧化剂、粉末活性炭吸附剂、高锰酸钾等预处理药剂的投加设施设备，可实时调整预处理加药量，应对原水水质的异常波动。宜在原水格栅井增加视频监控球机观察水质颜色变化，加强原水安全监测。

7）宜在进水单元增设多种原水水质在线监测仪表，如浊度、水温、溶解氧、氨氮、COD_{Mn}、电导率、锰、综合生物毒性、总磷、总氮、总有机碳、叶绿素（水库）等在线水质仪表，实现实时在线监测，设置预警值和报警值，帮助工作人员分析原水水质突变原因。

8）宜设置应急药剂投加设施，例如酸碱、二氧化碳、氧化剂、粉末活性炭吸附剂、高锰酸钾等，并在投加点配备有流量计，确保药剂精准计量投加和平稳生产。

（2）沉淀单元

沉淀单元工艺控制的目标包括两点，一是实现沉淀单元的全自动化控制，通过优化排泥降低智慧供水厂自用水率；二是解决沉淀单元药剂投加反馈滞后问题，实现沉淀单元在日常运行或应急情况下各类药剂的科学合理投加。基于上述两点目标，该单元的建设要点如下。

1）沉淀单元反应池排泥应可远程控制和自动排泥，应可定期定时排泥或根据实际工况自由调整排泥。反应池排泥及刮泥行车联动应可根据实际需求及排泥量设置反应池和沉淀池同步排泥或交错排泥。

2）宜在沉淀池进水组分别增设流量计，以明确单组流量，为精准加药提供流量数据依据，减少因构筑物设计等外因带来的进水不均匀影响；应在药剂投加点增设流量计，在沉后水设置在线水质仪表。

3）沉淀单元药剂投加智能化算法宜包括①PID控制：根据经验，结合进水浊度、进水量人为设定单位水量混凝剂的投加量（投加比例）；②模型算法：可利用矾花识别智能算法与投药模型数学建模相结合，根据沉淀池配置的各个过程水质仪表、反馈参数调整优化加药模型算法，实现净水药剂精准投加。

4）沉淀单元宜增设现场应急投加装置，根据原水水质及水质变化的实际情况，配备多种净水药剂如混凝剂、助凝剂、助滤剂等。

（3）过滤消毒单元

过滤消毒单元工艺控制的目标是实现过滤消毒单元的全自动化控制，解决因过滤消毒过程非线性带来的水质异常如余氯超标、浊度超标等问题。基于此目标，该单元的建设要点如下。

1）过滤单元应根据滤池实际操作编写控制逻辑，在自动反冲闭环控制（水头损失、清水阀开度、反冲周期等反冲条件）系统中确定优先级，满足反冲条件滤池可自动进入序列排序。

2）若滤池自动反冲洗过程中某设备故障报警，程序应立即终止反冲，滤池所有阀门关闭，避免反冲洗废水进入清水池造成水质事件（考虑控制逻辑实际应用性）。

3）消毒剂的设计投加量应根据水质条件或经试验确定，并具备多点投加的条件，主投加管道应设置一用一备，宜设置滤前投加消毒剂设施应对原水水质变化。

4）过滤消毒单元应通过投加仪表反馈数值，实现投加系统闭环控制，宜采用前馈和反馈控制模式，控制目标为清水池出水余氯，控制参数为加氯量。

5）宜在前馈控制过程中建立加药量计算模型，通过对供水厂历史数据的学习，采用人工神经网络算法建立模型，通过将采集的原水温度、气温、pH、有机物浓度、氨氮浓度、光照等参数输入模型，以及通过人工输入沉淀池余氯目标值之后，预测所需加药量，对加药泵进行控制。

6）反馈控制模式宜采用模糊控制方法，通过分析滤后水余氯目标值与实测值的差值及差值变化率调整加药量。

（4）配水单元

配水单元工艺控制的目标是实现送水泵的全自动化控制，利用智能算法优化送水泵搭配，降低配水电耗。基于此目标，该单元的建设要点如下。

1）对于单泵恒压供水，应通过设定供水压力，水泵根据给定压力自动调节水泵频率，保持出水压力平稳；宜根据水泵的运行时长，设备故障条件，水泵运行状态等设置水泵自动轮换周期。

2）对于多台泵组恒压供水，应设定泵组中其中一台根据给定压力自动变频，泵组其余水泵通过给定压力，设置频率，实现泵组恒压供水；宜根据水泵运行时长，设备故障条件，水泵运行状态等设置水泵自动轮换周期。

3）宜根据实际出水压力、出水水量、水泵特性曲线和水力模型等推算出高效率泵组搭配，提高水泵效率，降低配水单耗。

3.3 智慧供水厂运营

3.3.1 目标

建成智慧供水厂，通过建设高可靠运行的自动化生产体系、高保障能力的设备资产管理体系、高防控能力的安全管控体系、高效节能的智慧应用体系、高敏捷响应的集中运营管控体系,实现智慧供水厂生产全流程自动化、设备运维数字化、资产设备全生命周期化、安全管控一体化、运营决策智慧化,进一步实现供水厂少人值守,以及安全、优质、高效、节约运行的目标。

探索智慧供水厂运营新模式,利用信息化、智慧化工具,充分发挥各系统价值,提升供水厂供水保障能力及管理水平,实现多个智慧供水厂协同化高效运营,进一步实现人力集中化、资源节约化、管理模块化,为实现供水企业一体化管理、人力和物力资源共享、提升运营管理水平提供参考。

3.3.2　架构

建成两座智慧供水厂,并对未进行智慧供水厂改造的供水厂同步实施自动化升级改造。2020～2022 年,通过对三座供水厂及附属市政加压泵站建立远程网络专线、厂站 SCADA 融合以及一体化管控平台升级等软硬件升级改造,达到集中运营的基础条件。

通过对各厂站的人员与资源整合与再分配、组织架构调整、岗位职责的梳理以及运营模式的转变,形成集中生产调度、集中维修维护、集中支持的"三集中"运营模式,实现安全、优质、高效供水,提升设备保障水平,实现人力、物力资源共享,提升运营管理水平。

1. 集中生产调度

采用"调度中心集中控制＋厂站现场运维"的模式,实现集中生产调度。以 B 供水厂中心控制室为调度中心,集中管控辖区内各供水厂的生产设备,实施远程控制,运用智慧供水厂管控平台,通过数据采集与分析、报警管理分析与推送,实时监视各厂站水质、水量、水压以及管网最不利点压力,合理调整区域供水压力,实现供水厂、泵站远程调度,保障区域供水压力平稳、水质优良。各厂站集中生产调度示例如图 3-3 所示。

2. 集中维护维修

集中维护维修模式是把各供水厂的全部维修力量(含维修所需的设备)集中在设备维修中心,由设备维修中心来承担各供水厂的全部设备维护维修工作,这种模式有利于集中使用维护维修力量,合理利用维修资源,提高维修效能。各厂站集中维护维修示例如图 3-4 所示。

3. 集中支持

集中支持模式是基于组织构架调整、人员精简、资源整合后,成立综合办公室,由综合办公室对各供水厂安全管理、行政办公、后勤保障等方面工作实施统筹集中支持,统一各项工作标准并严格落实。各厂站集中支持示例如图 3-5 所示。

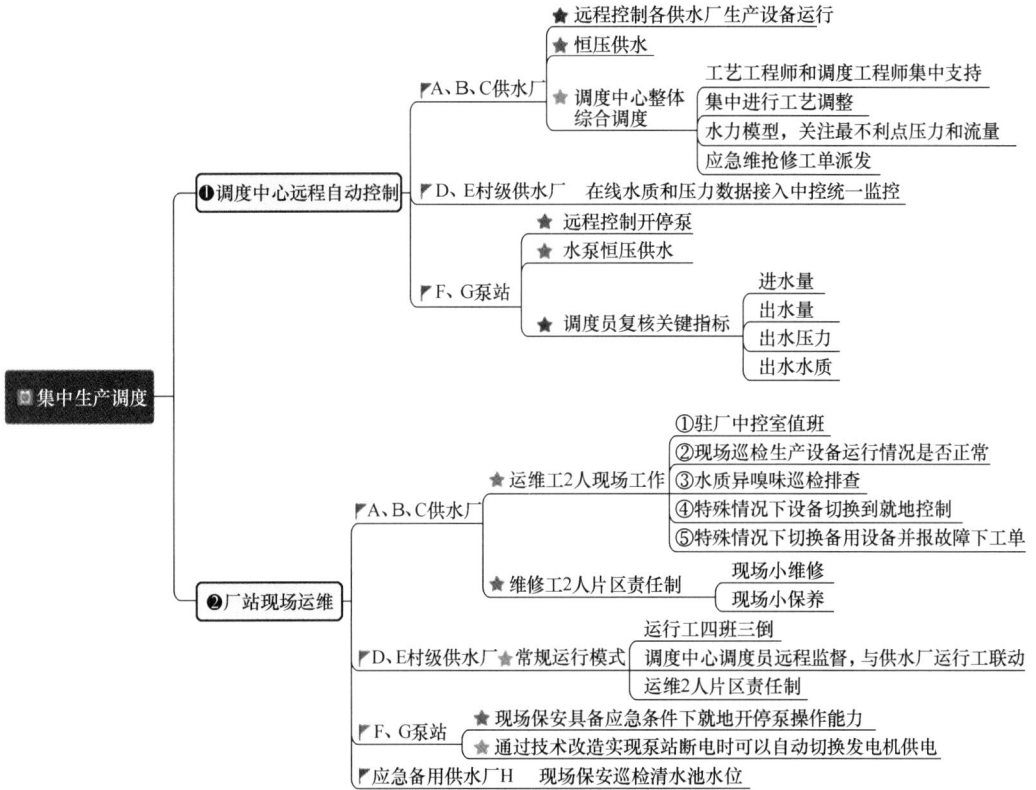

图 3-3　各厂站集中生产调度示例

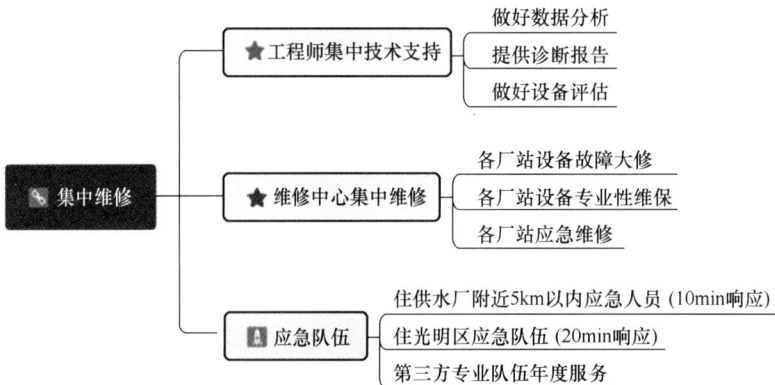

图 3-4　各厂站集中维护维修示例

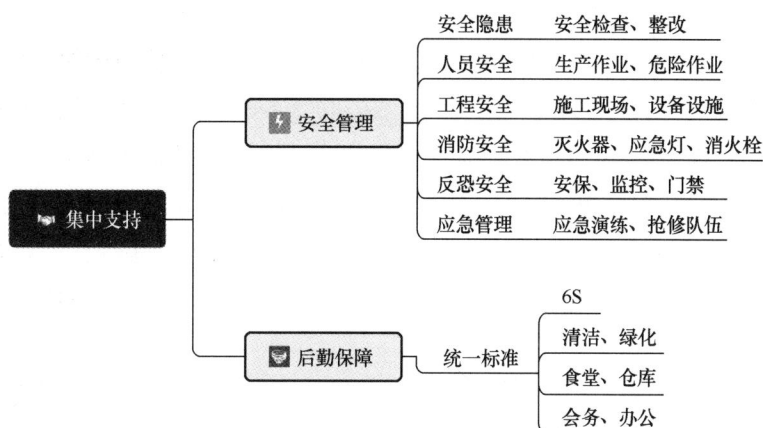

图 3-5　各厂站集中支持示例

3.3.3　路径

1. 升级软硬件系统

（1）SCADA 融合。对各供水厂、泵站 SCADA 自动控制系统进行升级改造，通过智能终端采集工艺、设备等相关实时数据，统一制作工艺和管网画面，实现供水厂取水、加药、反应、沉淀、过滤、供水等流程远程控制，并建立各厂站与调度中心机房独立网络专线，在保障各厂站独立安全的自控网络的同时，由调度中心 SCADA 服务器对所有厂站进行数据监控及远程设备操控，实现所有供水厂全过程场景呈现，全要素数据接入及应用，达到调度指挥中心对辖区所有供水厂泵站实现集中管理和远程监控的要求，同时具有高可靠性的特点和优化调度的功能。

（2）智慧供水厂一体化管控平台优化整合。结合各供水厂、泵站的软硬件实际情况进行优化改造，充分利用组织架构优势，将现有资源进行有效整合。通过整合 A、B 厂级智慧运营管控平台，同步接入 C 供水厂及市政加压泵站的监测点数据、生产数据、巡检数据、工艺运行等各项数据，并进行优化设计，形成智慧供水厂一体化管控平台。系统平台具备高可用性，高兼容性，高扩展性，高可靠性和超强计算能力，满足企业在数字化新基建时代的应用需求，可直观展示各供水厂及泵站的生产运行情况，分析指导生产运行调度，及时准确生成统计分析报表，全面提升生产管理效率和运营管理水平，实现一个中心平台管控多个供水厂泵站生产运营的要求，实现"一屏多管"，真正实现厂站"少人/无人值守"的目标。

（3）数据分析报表工具应用。运用专业的数据分析和报表集成工具（如 PowerBI 工具），深入挖掘和分析业务数据，辅助科学决策，实现人在线、数据在线、业务在线。

27

2. 应用新的技术

（1）矾花识别算法应用。通过图像采集装置采集水下矾花实时图像后传输到矾花识别装置，对图像进行去噪、增强和 ROI 区域提取等步骤预处理后，通过卷积神经网络进行多次、多尺度、多特征提取矾花特征，经过模糊神经网络的模糊层和规则层获得矾花值，并通过通信装置传送到监控预警装置，实时监测并自动分析矾花值，根据矾花值判断混凝剂加投量是否合适并给出调整方向，同时对超过警戒值的矾花值进行预警提醒。此技术采取机器视觉代替人工巡检，能更早地预判沉后浊度，克服人工巡检不及时、判断滞后的问题。

（2）混凝剂投加优化系统应用。综合考虑进水水量、浊度、混凝剂投加种类及浓度、混凝剂投加点搅拌强度、温度、pH 等影响因素，采用"前馈＋模型＋反馈"的多参数控制模式，基于模型驱动（Model-Driven）和数据驱动（Data-Driven）的协调驱动的模型建立方法，建立药剂投加量数学模型，根据药剂浓度及稀释比例，实时计算出某一特性浓度混凝剂投加量，并将需药量信号发送至加药泵主控柜 MCP，调控药剂投加泵（组）运行负荷，调节总加药量，实现按需供药。混凝剂投加优化系统能够解决混凝剂投加量依靠实验获取、工作量大、手动运行等难题，降低混凝沉淀的非线性、大时滞对混凝剂投加控制系统控制性能的影响，实现混凝剂投加的精细化控制。

（3）AR 巡检应用。AR 增强现实技术通过实时地计算摄影机影像的位置及角度并加上相应图像，将真实世界信息和虚拟世界信息"无缝"集成，在屏幕上把虚拟世界套在现实世界并进行互动。通过 AR 增强显示技术，依托 AR 巡检运维平台，运维人员可以实时掌握现场设备信息，获得清晰直观的可视化数据，使巡检效率得以大幅提升，解决了传统巡检时无法实时掌握设备运行数据导致的巡检不到位问题。

（4）刮泥机精确定位与纠偏应用。利用绝对式光电旋转编码器作为位置测量器件，在编码器轴安装周长为 25cm 的橡胶检测轮，通过计算刮泥机运动时橡胶检测轮带动编码器同步旋转产生的电脉冲数，实现刮泥机左右两侧相对于沉淀池左右原点（0cm）的精确定位。同时，通过 PLC 程序计算刮泥机左右两侧定位偏差，由 PLC 输出矫正信号，控制左或右纠偏接触器动作，实现刮泥机纠偏。此技术有利于刮泥机工作模式的优化，例如将多泥区设定为点 A 至点 B，PLC 程序根据这两点位置值，实现 AB 区定制化周期刮泥，既可做到优化排泥保障水质，又能达到节水目的。

3. 调整组织架构

水务公司可根据实际运营需求，对管辖的多家主力供水厂进行整合，重新规划组织架构，调整人员分配，可设置生产、设备、办公室、财务部四个职能部门。

以某水务公司为例，所辖 3 家主力供水厂原为厂长制管理下的垂直架构模式，各厂根据管理需求，设有生产部、设备部、办公室和财务部，人员数量分别为 A 厂 31 人、B 厂 37 人、C 厂 34 人，组织架构示例如图 3-6 所示。该公司根据发展需要，将三家主力供水厂及附属厂站进行全面整合，取消原有厂长制，成立分公司，设生产、设备、办公室、财务部四个职能部门，新组织架构如图 3-7 所示。该公司通过调整组织架构和人力资源整合，人员精简了 37％，在生产任务及水质保障的前提下，通过人力资源整合，降低人力成本，达到减员增效目标。

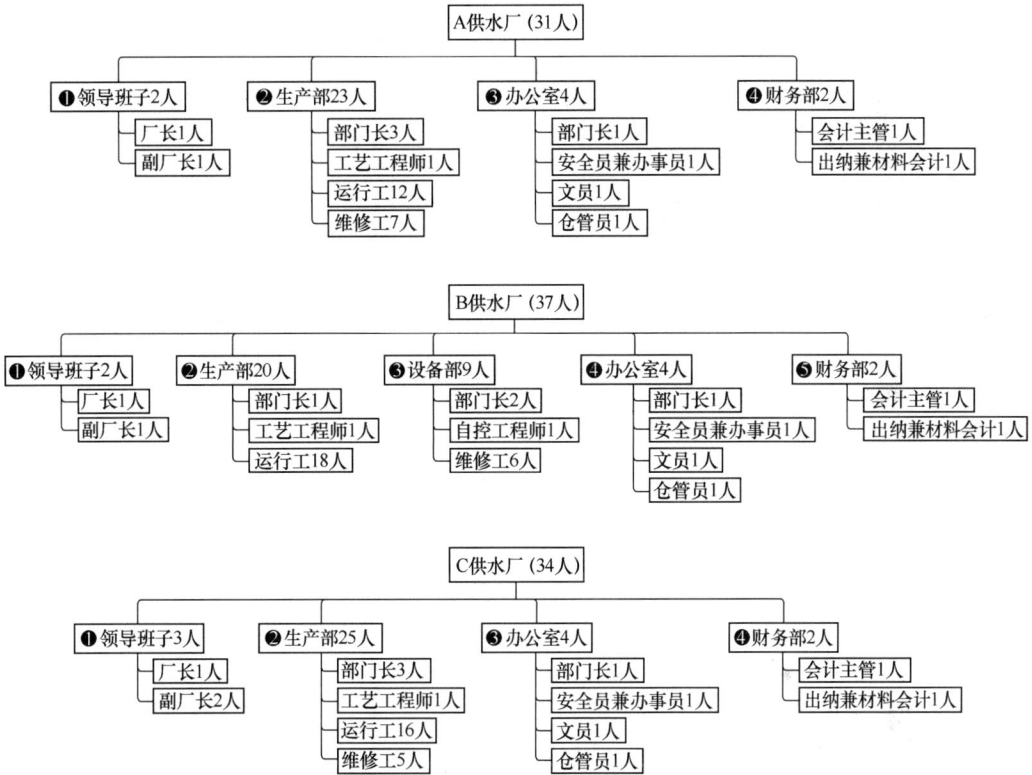

图 3-6　各供水厂原组织架构图示例

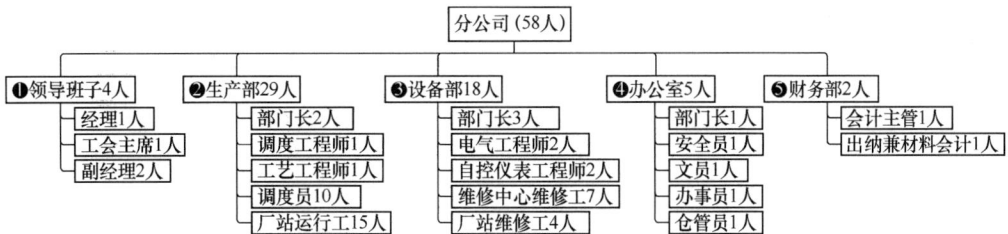

图 3-7　新组织架构图示例

4. 梳理岗位职责

在新的组织架构下，评估并提炼各岗位核心价值、重新梳理各岗位职责并按岗位要求配置人力资源，重建与新架构相符的管理体系。可新设立调度员岗位和运维工岗位，打通运行及维修人员技术壁垒。传统运行工岗位与调度员岗位以及运维工岗位的区别如

图 3-8、图 3-9 所示。

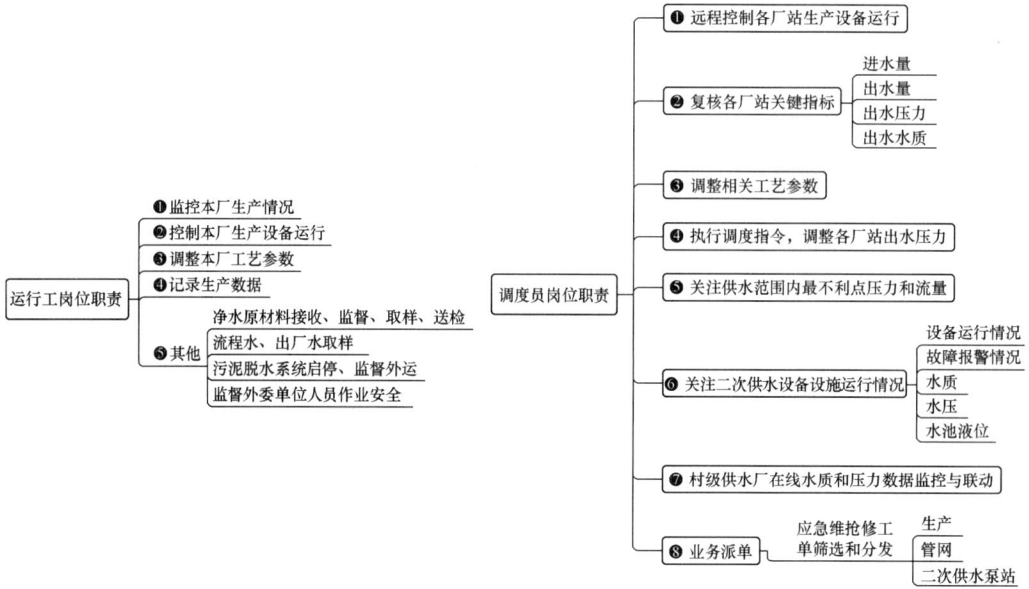

图 3-8　运行工与调度员岗位职责比较

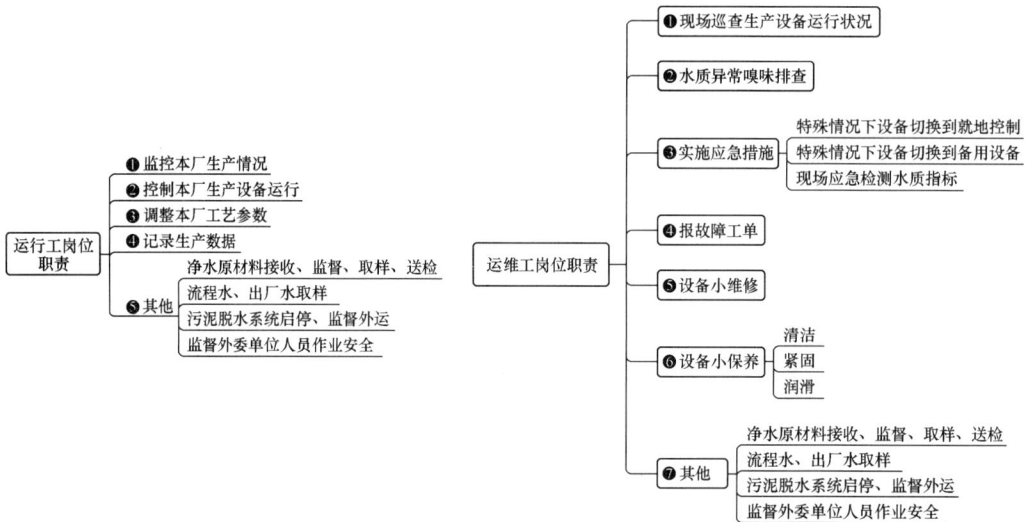

图 3-9　运行工与运维工岗位职责比较

　　相较于传统运行工岗位，运维工岗位的核心价值是保障所驻供水厂生产以及设备运行安全，水质平稳，其核心职责为针对供水厂生产工艺、设备运行状况，落实现场巡检、设备维护、应急处置，确保生产运行正常。运维工基本岗位职责除现场巡查生产状况是否正常、水质异嗅味排查外，还具备现场小维修、小保养以及设备清洁、润滑、紧固等的能力，可对设备故障实施应急就地维修，特殊情况下还能对设备就地进行运行操作切换、故障维修，确保供水厂安全运行。市政加压泵站仅设置少量保安，水泵启停通过调度中心远程操控，保安人员负责现场巡检，巡检内容包括清水池液位、出水颜色、异嗅味等。当泵站发生断电时，由维修中心集中维修人员根据应急响应圈实施应急处置，远期考虑在保安人员配备条件上，增加低压电工证等资质证书，通过培训上岗使保安具备应急开停泵的能力和启停应急发电机能力，减少人力投入。

5. 转变工作方式

（1）转变值守方式。"少人/无人值守"不等于完全无人管理，而是指厂内只需配备少量的运维人员，利用先进的自动化、电气、无线通信、软件技术以及云计算技术，建立远程管控云平台，高速高效地采集和处理大数据，实时掌握供水厂运行状况，生产过程实现全流程自动化，设备启停、工艺参数设定、运行监视、诊断调度等均由远程计算机或者移动终端管控。"少人/无人值守"方式大幅减少了现场的运维和管理人员，减少人工干预，运维人员一般8人可以满足生产要求。

（2）转变操作模式。人工操作转变为系统替代，包括原水调节、加药、排泥、滤池反冲、送水泵搭配等。

（3）转变巡检方式，人工现场巡检转变成系统智慧巡检。传统人工巡检（如2h一次）的巡检人员在现场发现故障点后上报故障信息，上报流程对人员依赖性强，故障点定位不准确、故障描述不清晰等均会导致后续维修响应不及时以及维修准确率低。智慧供水厂采用移动端巡检＋视频巡检，借助手机等智能移动终端以及智慧管控平台视频巡检模块，通过电子工作流形成电子化巡检记录并辅助以智慧供水厂管控平台视频巡检功能，传感器信息实时反馈，实现故障点快速定位、报警实时通知。

（4）转变设备资产管理模式。设备资产管理优化整合，融入资产设备全生命周期管理、通过智慧供水厂运管平台端嵌入设备资产管理系统。用户可以手持端App完成电子工作流，随时随地查看设备资产、设备运行情况、故障信息，获取设备分析数据和工单分析数据，手机现场扫描设备实现资产数据动态化管理，实现"线下"管理转型到"线上"全生命周期管理，提升设备保障水平。

（5）转变数据分析方式。传统供水厂生产分析通过工艺人员收集相关的水量、药量、电量数据，然后通过Excel、制作PPT等方式分析、汇报业务数据，人员工作量大，数据出错概率高。智慧供水厂集中生产运营，精准掌握多厂站数据，系统统一汇总自动生成，做到不同厂站横向对比，明确优势和薄弱环节。智慧供水厂可以分析从原水端到用户端的全业务链条，对业务数据深度挖掘和分析，不仅仅停留于数据的展示，还可以根据深度分析结果指导精细化管理工作，实现物在线，数据在线。此外，智慧供水厂数据分析方式还可以提炼岗位核心KPI，量化岗位的核心价值，实现人在线，数据在线。

6. 优化绩效管理

（1）人员绩效管理。在新的组织架构下，统一并优化原有各厂站绩效管理标准，形成"以贡献为导向,以积分为激励"的绩效管理模式。以基准值＋贡献值作为绩效考核两大主体模块,进行绩效考核表的内容设计,每个岗位绩效考核表根据基准值和贡献值进行评分,并将基准值和贡献值分数按规则分别转换成对应的积分,积分作为升职、加薪、职称聘用、调岗的重要指标,实现持续激励的作用,切实做到个人与企业的共同发展。

(2)阿米巴经营核算。分层级组织员工进行经营理念及管理思维导入,让人人都有经营意识。划分核算部门及非核算部门,确定阿米巴组织架构划分和阿米巴层级。推进阿米巴一二三级经营核算落地,通过核算衡量各部门贡献和各岗位价值,实现可视化经营。

7. 严格质量管控

(1)品质管理。全面推进 HACCP 体系与智慧供水厂运营的深度融合应用,有效预防并降低水质风险,持续优化出厂水水质。

(2)安全管理。强化日常安全生产管理工作,严格落实"一岗双责",履行主体责任,落实隐患整改,实现岗位安全职责全覆盖,多方式开展安全宣传和培训教育,提升全员安全意识。

(3)应急响应。智慧供水厂运管平台分级报警分级响应并实时推送,自动触发应急预案流程,集中调配应急队伍资源,按照距离逐层设置响应圈,响应更高效。

3.3.4 成效

1. 减员增效

集中运营通过组织架构调整、人力资源整合降低人力投入,实施集中生产运营后,组织架构与人员分布为厂站人员从 102 人精简到 58 人,人员精简 43%,切实降低了人力成本,达到减员增效目标。

2. 设备故障得到有效预防

集中运营后设备管理模式从应急抢修向预防性维护转变,设备类工单分类以及设备故障次数统计趋势图如图 3-10 所示,设备维护保养工单占比从 90.2% 提高到 97.1%,设备故障次数逐年稳步下降,设备故障得到有效预防。

3. 数据挖掘应用促进电耗成本节约

集中运营改变了传统数据分析方式,利用数据分析工具,在业务数据可视化的基础上对业务数据进行深度挖掘和分析,制定更加科学合理的运营策略,使得供水厂运营能效显著提高,节能效果显著。供水模式分为单供水厂供水模式与多供水厂混合供水模式,通过能量转换公式推导,对于单供水厂供水模式,送水泵电单耗与水泵运行效率、供水厂供水压力相关,如式(3-1)所示;多厂混合供水模式下,混合送水泵电单耗除

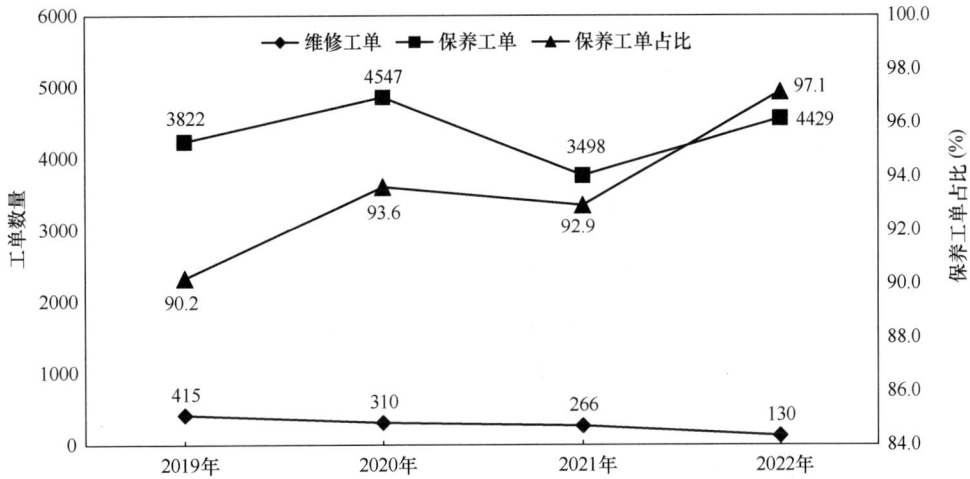

图 3-10　设备类工单分类与设备故障次数统计趋势图

了与水泵运行效率、供水厂供水压力相关外、还与各厂供水量占比相关，计算如式（3-2）所示。

$$P_{单耗} \approx \frac{mg\bar{H}}{\eta_{总} \times Q} = \frac{2.73\bar{H}}{\eta_{总}} \tag{3-1}$$

$$P_{单耗} \approx \frac{m_1 g\bar{H}_1 + m_2 g\bar{H}_2 + m_3 g\bar{H}_3}{Q_1 + Q_2 + Q_3} = 2.73 \cdot \left(A_1 \cdot \frac{\bar{H}_1}{\eta_1} + A_2 \cdot \frac{\bar{H}_2}{\eta_2} + A_3 \cdot \frac{\bar{H}_3}{\eta_3} \right) \tag{3-2}$$

其中，m 为供水质量；$\bar{H}$ 表示送水泵的平均供水压力；$\eta_{总}$ 表示送水泵总体效率；Q 为供水流量；A_1、A_2、A_3 分别表示各个供水厂占总供水量的百分比；$\bar{H}_1$、$\bar{H}_2$、$\bar{H}_3$ 分别表示各个供水厂的供水压力；η_1、η_2、η_3 分别表示各个供水厂的送水泵总体效率。

以 A、B、C 三个供水厂混合供水模式为例，其中 A 供水厂地势标高为 16m，B 供水厂地势标高为 46m，C 供水厂地势标高为 6.5m，3 座供水厂之间通过管网互联互通，形成混合供水模式。据式（3-2）可知，在集中生产调度模式下，优化各供水厂水量分配，提高高地势 B 供水厂的供水量占比，能有效达到节能效果。集中调度模式下，通过将 B 供水厂供水量占比从 34% 提高至 42%，混合送水泵电单耗从 111.4kWh/km³ 下降至 102.7kWh/km³，降幅 7.81%（图 3-11）。

以 B 厂单厂送水泵配水单耗指标为例，2022 年通过对 B 厂送水泵搭配策略进行优化，当需要同时开启两台送水泵时，保持两台送水泵频率相近，年平均配水单耗同比 2021 年（集中运营前）下降 9.8%，截至 2023 年 9 月送水泵配水单耗持续稳定下降，同比 2022 年下降 1.8%，详见表 3-1。经统计，集中运营后，综合电单耗从 142.9kWh/km³ 降低到 135.5kWh/km³，降幅 5.19%。

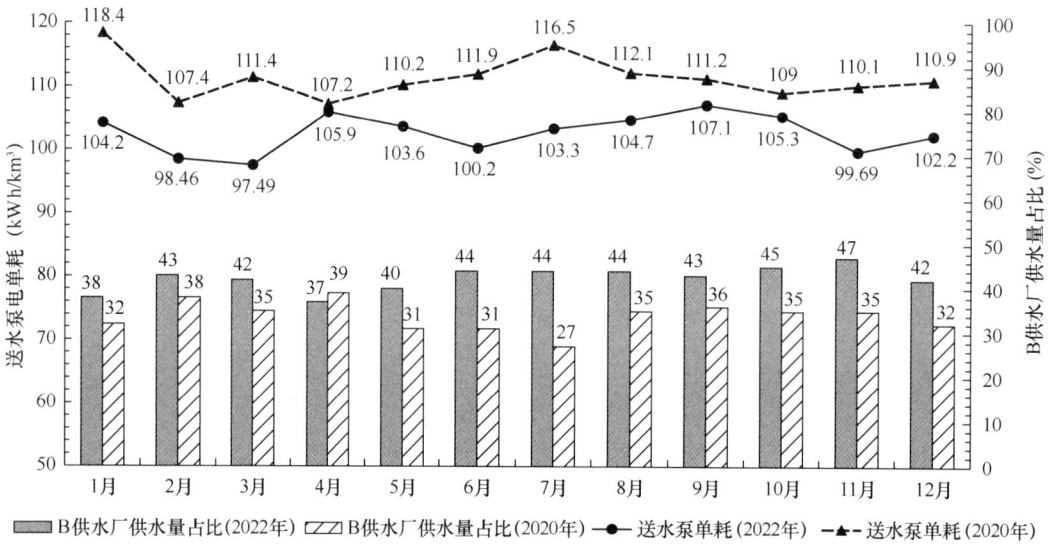

图 3-11 多厂混合供水模式送水泵电单耗对比分析趋势图

2021~2023 年送水泵平均配水单耗 表 3-1

时间	2021 年	2022 年	2023 年（截至 9 月）
平均配水单耗 ［kWh/(km³·MPa)］	427.21	385.36	378.41

4. 精细化管理促进药剂成本节约

集中运营后，各供水厂工艺运行实行统一精细化管理，动态优化工艺调整措施并形成闭环。其中，AB 两个智慧供水厂通过应用智能加药系统，实现混凝剂精准加药，C 供水厂则在集中运营后，通过优化常规混凝剂投加系统，辅助二次投矾系统，优化调整投加量，三厂混凝剂单耗下降明显。此外，三厂结合生产实际，季节性调整流程水以及出厂水余氯上下限，优化消毒剂投加量，消毒剂单耗小幅度下降。经统计，混凝剂单耗下降 16.76%，消毒剂单耗下降 3.80%。

5. 综合运营成本节约

经统计，集中运营模式下，综合运营成本（人力、核心药剂、电）节省 958 万/年，详见表 3-2。

2022 年与 2020 年运营成本对比 表 3-2

运营指标	传统运营（2020 年）（三个供水厂）	集中运营（2022 年）（三个供水厂）	单价	集中运营实际节省成本（三个供水厂）
人员数量	102 人	58 人	17.8 万元/年	783.2 万元
PAC 投加单耗	20.35mg/L	−16.76%	1093 元/m³	62.57 万元
次氯酸钠投加单耗	24.73mg/L	−3.80%	893 元/m³	14.09 万元
综合电单耗	142.92kWh/km³	−5.19%	0.79 元/kWh	98.42 万元
合计				958 万元

集中运营，实现基于系统平台的业务管理，有利于各厂站管理的统一与平衡，协同效应凸显；通过多系统融合，全面掌握各厂站综合运行情况，可外延至管网压力点实时监测，有利于提高调度精准性，进一步可外延至二次供水泵站运行状态监测，实现从原水端到用户端的业务链条全覆盖和精细化闭环管理，决策更综合、合理、可行；实现应急队伍资源集中调配，按照距离逐层设置响应圈，响应更加高效。

3.4 评价指标

3.4.1 建设指标

1. 用电设备机控/程控率

程序自动控制的指令数/设备被控总指令数。全厂生产涉及的设备中可实现计算机远程控制的比例应不小于 90%；全厂所有用电设备控制指令中，由程序自动发出的指令比例应不小于 95%。

2. 程控连续运转率

闭环连续运行时间/设备总运行时间。单个程控过程能够长时间不间断运行的能力指数应不小于 95%。分别按致命失效和非致命失效统计整个大闭环控制系统和各个小闭环控制系统连续运转率。

3.4.2 运营指标

1. 方法概述

采用定量评估方式，设定可计量的绩效考核指标，通过被评估供水厂填报的工艺设施相关数据，计算出实际指标值，进行标准化处理，获得介于 0～100 分的评分，用以评估该项指标的达标情况，并分析其产生的效益和影响。同时，为了有效地评估供水企业（单位）填报数据的质量，在定量数据采集中设置了置信度评估单元。流程示意如图 3-12 所示。

2. 定量评估方式

按照供水厂全流程（含深度处理）工艺单元设定可量化的运营指标。指标包括两类，即工况指标和成本指标，两类指标的权重分别占 60% 和 40%，具体指标及权重详见表 3-5，各指标的定义和计算公式参见附录 A。在进行定量评估时，依据各指标的行业基准值，对每个指标划定得分区间，详细定量指标行业基准值和定量指标评分细则见

定量评估流程示意图

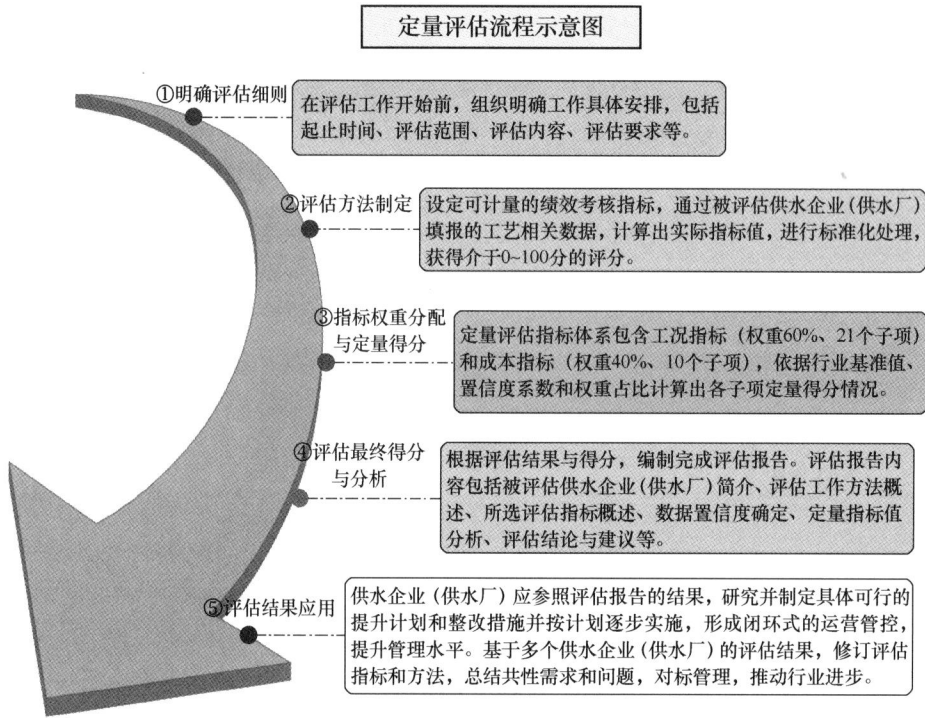

① 明确评估细则　在评估工作开始前，组织明确工作具体安排，包括起止时间、评估范围、评估内容、评估要求等。

② 评估方法制定　设定可计量的绩效考核指标，通过被评估供水企业（供水厂）填报的工艺相关数据，计算出实际指标值，进行标准化处理，获得介于0~100分的评分。

③ 指标权重分配与定量得分　定量评估指标体系包含工况指标（权重60%、21个子项）和成本指标（权重40%、10个子项），依据行业基准值、置信度系数和权重占比计算出各子项定量得分情况。

④ 评估最终得分与分析　根据评估结果与得分，编制完成评估报告。评估报告内容包括被评估供水企业（供水厂）简介、评估工作方法概述、所选评估指标概述、数据置信度确定、定量指标值分析、评估结论与建议等。

⑤ 评估结果应用　供水企业（供水厂）应参照评估报告的结果，研究并制定具体可行的提升计划和整改措施并按计划逐步实施，形成闭环式的运营管控，提升管理水平。基于多个供水企业（供水厂）的评估结果，修订评估指标和方法，总结共性需求和问题，对标管理，推动行业进步。

图 3-12　定量评估流程示意图

附录 B 和附录 C。

指标变量是定量评估指标体系中用于定义和计算指标值和得分所必需的数据。详细的指标变量定义、解释和置信度系数参见附录 D。指标定量评估的类别得分和总分的计算方式见式（3-3）和式（3-4）。在计算时，若两个变量的置信度系数不同，应以所有变量置信度系数的平均值为准进行计算。

各类指标定量得分 = Σ（指标得分×该指标组成变量的置信度系数平均值×指标权重）

（3-3）

定量评估总分 = Σ（各类指标定量评估得分×类别定量权重）　　（3-4）

按照指标类别分别计算各类指标得分，评估总分为各类指标定量得分相加之和，按式（3-5）进行计算。根据类别得分的高低，划分 ABCDE 五个等级，其中 A 级为最佳，E 级为最差，具体分级情况见表 3-3。

根据评估总分的高低，划分卓越、优秀、良好、一般和较差五个等级，具体分级见表 3-4。定量评估指标及权重分配见表 3-5。

总分 = Σ[（各类指标定量得分×定量权重）×指标类别权重]　　（3-5）

类别得分分级表　　　　　　　　　　　　　　　　　　　　表 3-3

各类别得分	90~100（含）	80~90（含）	70~80（含）	60~70（含）	≤60
评级	A	B	C	D	E

评估总分分级表　　　　　　　　　　　　　　　　表 3-4

评估总分	95～100（含）	85～95（含）	70～85（含）	60～70（含）	≤60
评级	卓越	优秀	良好	一般	较差

定量评估指标及权重分配　　　　　　　　　　　　表 3-5

指标类别	所属工艺单元	指标名称	权重分配
工况指标	原水单元	GK1 预处理药剂单耗	15%
	沉淀单元	GK2 浊度控制标准偏离率	8%
		GK3 混凝剂单耗	6%
	过滤单元	GK4 浊度去除率	8%
		GK5 砂滤池反冲洗参数	4%
		GK6 石英砂滤料参数	4%
	深度处理单元 （以臭氧-活性炭工艺为例）	GK7 2-mib 去除率	5%
		GK8 土臭素去除率	3%
		GK9 预臭氧单耗	3%
		GK10 主臭氧单耗	3%
		GK11 炭滤池反冲洗参数	3%
		GK12 活性炭参数	3%
	消毒单元	GK13 清水池水力停留时间	4%
		GK14 清水池余氯消耗率	5%
		GK15 消毒剂单耗	4%
	污泥处理单元	GK16 上清液水质达标率	5%
		GK17 泥饼含固率	3%
		GK18 絮凝剂单耗	2%
	送水单元	GK19 配水单耗	4%
		GK20 相关国家标准 97 项水质合格率	4%
		GK21 出厂水水质 9 项合格率	4%
成本指标	原水单元	CB1 提升泵组单方电费成本	8%
		CB2 预处理药剂单方成本	8%
	沉淀单元	CB3 混凝剂单方成本	8%
	过滤单元	CB4 砂滤池反冲泵组单方电费成本	7%
		CB5 反冲风机单方电费成本	7%
	深度处理单元 （以臭氧-活性炭工艺为例）	CB6 液氧单方成本	8%
		CB7 臭氧系统单方电费成本	8%
		CB8 炭滤池反冲泵组单方电费成本	8%
		CB9 炭滤池反冲风机单方电费成本	8%
	消毒单元	CB10 消毒剂单方成本	8%
	污泥处理单元	CB11 污泥处理系统单方电费成本	7%
		CB12 絮凝剂单方成本	7%
	送水单元	CB13 送水泵组单方电费成本	8%

注：① GK1 预处理药剂单耗指标由五种常用预处理药剂组成：高锰酸钾、次氯酸钠、二氧化碳、活性炭和氢氧化钠，权重平均分配。
　　② GK5 砂滤池反冲洗参数指标包含砂滤池反冲洗周期、反冲洗时间和反冲洗强度，权重平均分配。
　　③ GK6 石英砂滤料参数指标包含滤料含泥率、滤料膨胀率和滤层厚度，权重平均分配。
　　④ GK11 炭滤池反冲洗参数指标包含炭滤池反冲洗周期、反冲洗时间和反冲洗强度，权重平均分配。
　　⑤ GK12 活性炭参数指标包含炭床厚度、碘值和亚甲蓝值，权重平均分配。
　　⑥ CB7 臭氧系统单方电费成本指标包含臭氧发生器和循环水系统单方电费成本，权重平均分配。
　　⑦ CB13 污泥处理系统单方电费成本指标包含污泥泵组和污泥脱水机单方电费成本，权重平均分配。

3. 评估工作流程

定量评估流程包括数据采集与初评、现场审核与沟通、报告编制与反馈三个阶段。具体详见工作流程图。

（1）数据采集与初步评估

在评估工作开始前，组织制定工作方案并发布评估工作通知，明确工作具体安排，工作方案应包括起止时间、评估范围、评估内容、评估要求等。

单位成立评估专家组，评估专家组不少于5人，由熟悉供水厂工艺的专家组成。专家组可根据定量评估程序和方法对所有指标经验值和置信度系数进行微调，选择时应遵循可靠性、充分性、可获取性和最小化等原则。专家组对参与评估的供水企业（单位）的数据采集工作进行指导培训，提升数据采集效率和数据质量。

参加评估的供水厂应组建工作团队，配合专家组开展绩效评估工作。工作团队宜由供水厂管理层、相关业务部门和数据统计部门组成。供水厂还应提前将本单位参加评估的厂站基础信息、水量、水质、水压、电耗、药耗、工况等数据和管理现状上报专家组，并准备各类相关企业内部制度、规程和证明材料以供现场评估验证。

专家组根据上报信息开展初步工艺设施评分，并针对若干存疑数据信息列出问题清单择期核查并纠正。

（2）评估报告编制与反馈

根据现场评审结果，编制工艺设施评估报告，给出评估结论和建议。评估报告内容应包括被评估供水企业的简介、工艺设施评估工作方法概述、所选评估指标概述、数据置信度确定、定量指标值分析、评估结论与建议等。

4. 评估结果应用与示例

供水企业应参照工艺设施评估报告的结果，研究并制定具体可行的提升计划和整改措施并按计划逐步实施，形成闭环式的工艺设施管控，提升企业管理水平。同时，应基于多个供水企业工艺设施评估结果，及时修订评估指标和方法，编制行业工艺设施评估报告，总结共性需求和问题，对标管理，推动行业进步。

以A供水厂11月20日～12月20日运行情况为例，对A供水厂进行工艺设施评估，各指标计算公式参照附录A定量评价指标定义和计算公式，评估方法根据附录C定量指标评分细则，各指标变量置信度取值参照附录D定量指标变量置信度确定，各工况参数定量评估得分详见表3-6。

A供水厂定量评估分数计算表　　　表3-6

指标类别	所属工艺单元	指标名称	工艺指标值	置信度系数	评估分值	权重分配	最终得分
工况指标	原水单元	GK1 预处理药剂单耗（mg/L）	3	1	100	15.00%	15.00
	沉淀单元	GK2 浊度控制标准偏离率（%）	1.27	1	100	8.00%	8.00
		GK3 混凝剂单耗（mg/L）	16.92	1	60	6.00%	3.60

续表

指标类别	所属工艺单元	指标名称	工艺指标值	置信度系数	评估分值	权重分配	最终得分
工况指标	过滤单元	GK4 浊度去除率（%）	82.73	1	100	8.00%	8.00
		GK5 砂滤池反冲洗参数					
		GK5-1 反冲洗周期（h）	32	1	20	1.33%	0.27
		GK5-2 反冲洗时间（min）	14	1	80	1.33%	1.06
		GK5-3 反冲洗强度［L/(m²·s)］	17	1	60	1.33%	0.80
		GK6 石英砂滤料参数					
		GK6-1 含泥率（%）	0.8	1	100	1.33%	1.33
		GK6-2 膨胀率（%）	32	1	100	1.33%	1.33
		GK6-3 滤层厚度（m）	1.1	1	80	1.33%	1.06
	深度处理单元（以臭氧-活性炭工艺为例）	GK7 2-mib 去除率（%）	73.8	1	80	5.00%	4.00
		GK8 土臭素去除率（%）	100	1	100	3.00%	3.00
		GK9 预臭氧单耗（mg/L）	0.6	1	80	3.00%	2.40
		GK10 主臭氧单耗（mg/L）	0.8	1	100	3.00%	3.00
		GK11 炭滤池反冲洗参数					
		GK11-1 反冲洗周期（d）	3	1	20	1.00%	0.20
		GK11-2 反冲洗时间（min）	11	1	100	1.00%	1.00
		GK11-3 反冲洗强度［L/(m²·s)］	36	1	80	1.00%	0.80
		GK12 活性炭参数					
		GK12-1 炭床厚度（m）	1.8	1	80	1.00%	0.80
		GK12-2 碘值（g/100g）	950	1	80	1.00%	0.80
		GK12-3 亚甲蓝值（mg/g）	160	1	80	1.00%	0.80
	消毒单元	GK13 清水池实际水力停留时间（h）	2.2	1	80	4.00%	3.20
		GK14 清水池余氯消耗率（%）	17.89	1	80	5.00%	4.00
		GK15 消毒剂单耗（mg/L）	18.2	1	80	4.00%	3.20
	污泥处理单元	GK16 上清液水质达标率（%）	100	1	100	5.00%	5.00
		GK17 泥饼含固率（%）	20	1	100	3.00%	3.00
		GK18 絮凝剂单耗（mg/L）	0.02	1	100	2.00%	2.00
	送水单元	GK19 配水单耗［kWh/(m³·MPa)］	386	1	60	4.00%	2.40
		GK20 相关国家标准97项水质合格率（%）	100	1	100	4.00%	4.00
		GK21 出厂水水质9项合格率（%）	100	1	100	4.00%	4.00
	工况指标分数合计						88.05
成本指标	原水单元	CB1 提升泵组单方电费成本（元/m³）	0.013	1	100	8.00%	8.00
		CB2 预处理药剂单方成本（元/m³）	0.006	1	100	8.00%	8.00
	沉淀单元	CB3 混凝剂单方成本（元/m³）	0.025	1	80	8.00%	6.40
	过滤单元	CB4 砂滤池反冲泵组单方电费成本（元/m³）	0.0008	1	80	7.00%	5.60
		CB5 反冲风机单方电费成本（元/m³）	0.0002	1	100	7.00%	7.00

指标类别	所属工艺单元	指标名称	工艺指标值	置信度系数	评估分值	权重分配	最终得分
成本指标	深度处理单元（以臭氧-活性炭工艺为例）	CB6 液氧单方成本（元/m³）	0.008	1	80	8.00%	6.40
		CB7 臭氧系统单方电费成本（元/m³）	0.008	0.7	80	8.00%	4.48
		CB8 炭滤池反冲泵组单方电费成本（元/m³）	0.0008	0.7	80	8.00%	4.48
		CB9 炭滤池反冲风机单方电费成本（元/m³）	0.0005	0.7	80	8.00%	4.48
	消毒单元	CB10 消毒剂单方成本（元/m³）	0.036	1	80	8.00%	6.40
	污泥处理单元	CB11 污泥处理系统单方电费成本（元/m³）	0.005	1	100	7.00%	7.00
		CB12 絮凝剂单方成本（元/m³）	0.0008	1	80	7.00%	5.60
	送水单元	CB13 送水泵组单方电费成本（元/m³）	0.11	1	80	8.00%	6.40
		成本指标分数合计					80.24
		定量评估分数合计					84.93

评估结果：定量评估得分 84.93（分）；分值范围：75~85（分）；运营指标评级：良好。根据各项定量指标评估得分，A 供水厂运营能效评估结论与改进建议见表 3-7。

A供水厂运营能效评估结论与建议汇总　　　　表 3-7

指标类别	评估得分/评级	评估结论	改进建议
工况指标	88.05/A	供水厂混凝剂单耗及配水单耗较高，其余工况指标评估优良	建议加密分析原水水质，增强预处理强度，适当降低混凝剂单耗。通过送水泵组特性曲线分析，持续优化送水泵泵组搭配
成本指标	80.24/B	供水厂送水泵单方电费成本较高，其余成本指标评估大多良好，各成本指标尚有优化提升空间	建议通过送水泵组特性曲线分析，持续优化送水泵泵组搭配或引入送水泵组搭配模型，进一步节约电耗

3.5 智慧供水厂典型应用案例

3.5.1 基于 AI 算法，优化药剂智慧投加

1. 需求

混凝沉淀工艺单元是自来水处理工艺中的重要环节之一，目前国内大多数供水厂混凝剂投加很大程度上依赖人工，在自动化、精细化运行方面仍存在较大挑战。为进一步

满足出水水质要求、降低药剂投加过量风险以及实现节能降耗目标，可开发一种基于AI 技术的混凝剂投加优化控制系统。该系统一方面能够代替人工，根据进厂水量水质、温度变化等外部条件的变化实时动态地计算混凝剂投加量；另一方面，能够通过对药剂投加执行机构（如药剂投加泵、流量控制阀等）进行自动化、精细化的控制，最终实现加药环节的决策定量化、控制自动化、运行智慧化。

混凝沉淀过程是非线性、强耦合、大时滞、干扰量很多的时变过程。按照混凝投加的发展趋势，混凝剂投加方式可分为三种，即人工投加、自动控制及智能控制。人工投加主要集中在老旧或者中小型供水厂，自动化程度不高，技术指导不到位，投加量的控制采用以人工参考为主。随着计算机技术和自动化技术的进步与发展，自动化投药技术已广泛应用于供水厂净水中。而工业过程控制领域发展新阶段，主要解决复杂系统中传统方法无法解决的控制问题。对于供水厂自动化水处理而言，将智能控制方案高效合理地运用到加药控制系统中是提高出厂水品质、节约药耗、提升自动化水平的新思路。

2. 目标

基于智慧 AI 算法，建立混凝剂智慧投加模型，实现加药环节的决策定量化、控制自动化和运行智慧化；同时，保证水质优良，降低混凝剂投加量（实现混凝剂投加环节5%～10%的药剂节省量）。

3. 应用

混凝剂投加优化控制系统，以混凝剂投加量计算为核心，以实际生产数据为研究对象，探讨进水水量、进水浊度、温度、pH 等工艺参数，对混凝剂投加过程中的相关设备采用智能化控制策略，实现混凝剂投加量的在线实时计算、加药泵（组）的自动化控制、加药量的动态分配，最终实现供水厂混凝剂投加系统的自动化、精细化、智能化运行。对深圳 A 智慧供水厂的历史数据进行分析挖掘，基于模型驱动与数据驱动的双引擎计算方法，对混凝剂投加量进行在线实时计算，解决混凝剂投加量依靠实验获取、工作量大、手动运行等难题。A 供水厂自 2020 年 2 月上线运行混凝剂自动投加系统以来，沉淀池出水水质平稳，未出现较大水质波动，混凝剂投加综合成本同比下降 5%～10%，取得了良好的效果。

混凝剂投加优化控制系统采用"前馈＋模型＋反馈"的多参数控制模式，控制原理如图 3-13 所示。

混凝剂投加控制系统综合考虑进出水水量、浊度、混凝剂投加种类及浓度、混凝剂投加点搅拌强度、温度、pH 等影响因素，采用"前馈＋模型＋反馈"的多参数控制模式，通过建立精准的药剂投加量数学模型，根据药剂浓度以及稀释比例，实时计算出某一特性浓度的混凝剂投加量，并将需药量信号发送至加药泵主控柜 MCP，调控药剂投加泵（组）的运行负荷，调节总加药量，实现混凝剂投加的精细化控制。

与以往的"白盒""灰盒"和"黑盒"模型相比，混凝剂投加量计算模块是基于模

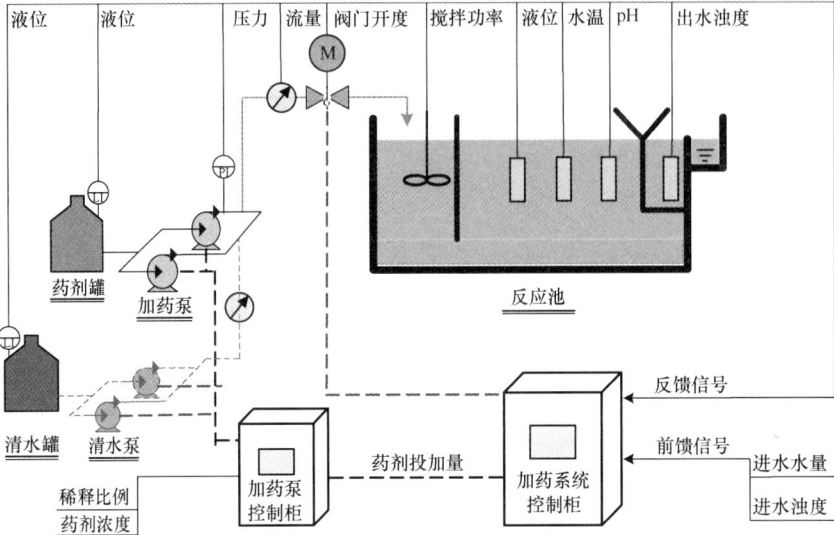

图 3-13　混凝剂投加优化控制系统原理图

型驱动（Model-Driven）和数据驱动（Data-Driven）的双协调驱动模式，通过建立"灰盒"模型并利用其降低数据模型优化过程中的计算量，提升数据模型优化能力。模型驱动和数据驱动的双协调驱动模式，一方面解决了机理模型难以建立、精度不高的技术难点；另一方面减少了数据模型（如 ANN 建模方法）建立、参数优化中的计算量，提升了优化效率，更加有利于复杂模型在实时控制系统的运用。

4. 成效

目前国内绝大多数供水厂混凝剂投加依靠的都是经验判断和混凝搅拌实验结果，从而确定投加量。采用神经元算法的为基础的混凝剂投加优化系统，能够提前感知原水水质水量变化，自动调整混凝剂投加量，降低人工对生产流程的干预，使得混凝剂投加更加精准，从而降低药剂消耗量，提高生产效率。某智慧供水厂使用混凝剂投加优化控制系统后，整体药剂单耗下降了 9.41%（图 3-14），实现了智慧供水厂优化药剂投加建设

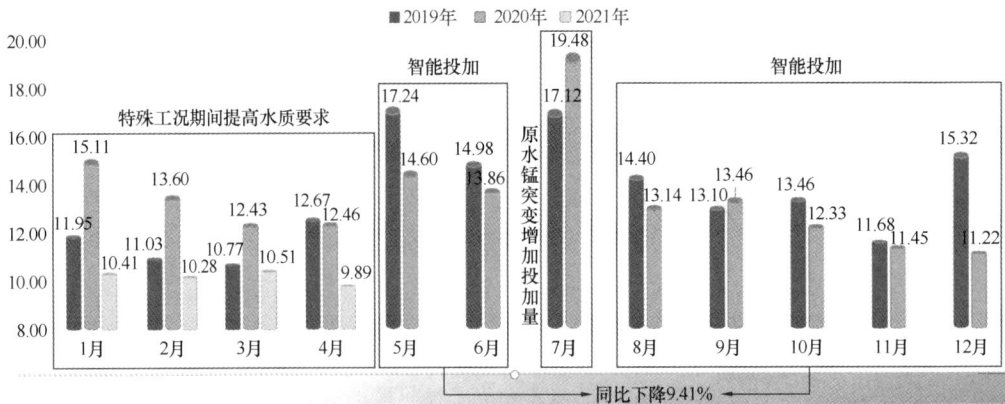

图 3-14　某智慧供水厂混凝剂投加药剂单耗趋势图

目标。1 号沉淀池使用碱铝智能投加与 2 号沉淀池的自控比例投加作实时对比,结果表明 1 号沉淀池的智能投加沉后水浊度更低,更平稳,对生产水质控制更有利,沉后水浊度曲线如图 3-15 所示。

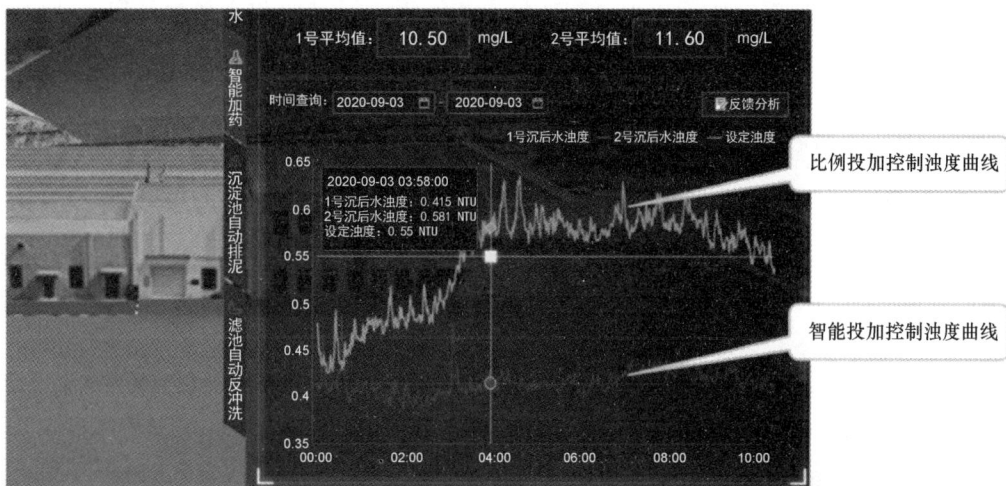

图 3-15　某智慧供水厂智能投加与比例投加出水浊度曲线

3.5.2　基于高级控制, 实现智慧排泥

1. 需求

排泥作为制水工艺的重要环节,也是生产过程的主要水耗来源之一。传统供水厂排泥方式粗放,工程师依靠经验作为工艺调整的依据,运行人员根据工程师的指令进行手动排泥。这种方式容易造成排泥过度,产生较多废水,导致供水厂自用水率高,达不到节能降耗的效果。另外如果排泥不彻底容易对生产和水质造成影响。因此,智慧供水厂需要改变排泥方式,节能降耗,进一步降低供水厂自用水率。

2. 目标

通过改造排泥阀、行车定位等硬件,根据季节性水质变化,将排泥阀及刮泥机进行联动,优化启动模式,编写符合供水厂常规工艺自动排泥控制程序,达到节水的目的。不同类型沉淀池的智慧排泥目标如下。

斜管沉淀池:设定排泥阀的启闭周期和开启时长(精确到秒),避免排泥阀同时开启,减少对滤池进水流量的影响,实现短时高效精准排泥。

平流沉淀池:分析沉淀池不同区段底部污泥的聚集情况,通过高级控制程序判断是否需要启动刮泥机程序,同时通过精确定位,根据刮泥机行进位置启动排泥阀,以达到节水目的。

3. 应用

（1）斜管沉淀池短时高效精确排泥

通过斜管沉淀池气动排泥阀实现短时高效精确排泥，即设定自动排泥周期，在自动排泥周期内，每组排泥阀实现单个阀门在设定的间隔时间（如 2s）依序开启，开启时长精确至秒（根据现场实际情况调整），确保排泥有序稳定，不影响沉淀池出水量及水质，且水力波动小，减少排泥水耗及对沉淀池的冲击。

（2）行车式刮泥机精确定位

平流沉淀池刮泥机铁轨安装于矩形的沉淀池上部两侧，刮泥机在铁轨上往复行走，池底随刮泥机架安装的吸泥泵将池底污泥吸出池外（图 3-16）。

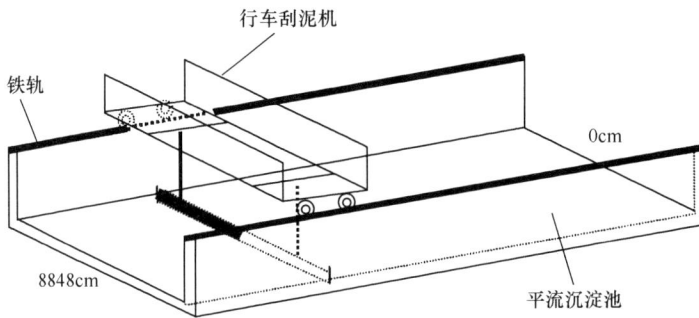

图 3-16　平流沉淀池与行车刮泥机示意图

由于设备安装的细微误差、刮泥机桁架的硬度差异、刮泥机两侧驱动电机的转速差异、沉淀池底积泥分布不均造成刮泥阻力不一致等原因，刮泥机在行走刮泥时左右两侧会出现不同步的现象，这种不同步日积月累，会造成刮泥机跑偏，甚至脱轨，严重影响生产。

通过采用数控机床和伺服控制系统常用的绝对式光电旋转编码器（以下简称编码器）作为刮泥机位置的测量器件。编码器可以将角位移的脉冲转换为电信号，掉电时测量的位置值不受影响，且编码器任一码值表示的位置都是唯一的。在刮泥机的左右两侧分别安装一个编码器，编码器轴安装周长为 25cm 的橡胶检测轮，并与沉淀池两侧的铁轨紧密接触（图 3-17），当刮泥机运动时，橡胶检测轮也跟随运动，带动编码器同步旋转产生电脉冲（编码器设置为：25 脉冲/转，1 脉冲＝1cm），计算刮泥机左右两侧编码

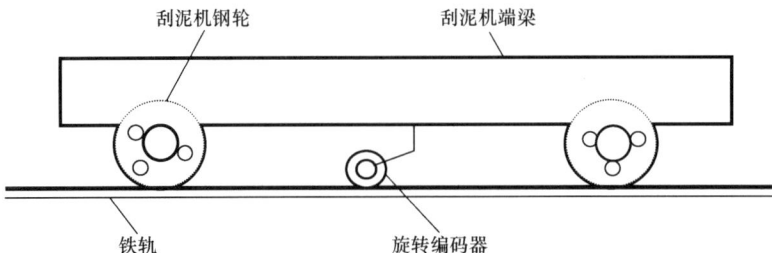

图 3-17　刮泥机精确定位旋转编码器安装示意图

器的脉冲数就能实现刮泥机左右两侧相对于沉淀池左右原点（0cm）的精确定位（分辨率 1cm）。

安装于刮泥机电控柜内的 PLC（可编程控制器）与编码器轮循通信，读取刮泥机左右两侧的精确位置。通过 PLC 程序计算刮泥机左右两侧的偏差，然后由 PLC 输出矫正信号，控制左或右纠偏接触器动作，完成纠偏（图 3-18）。

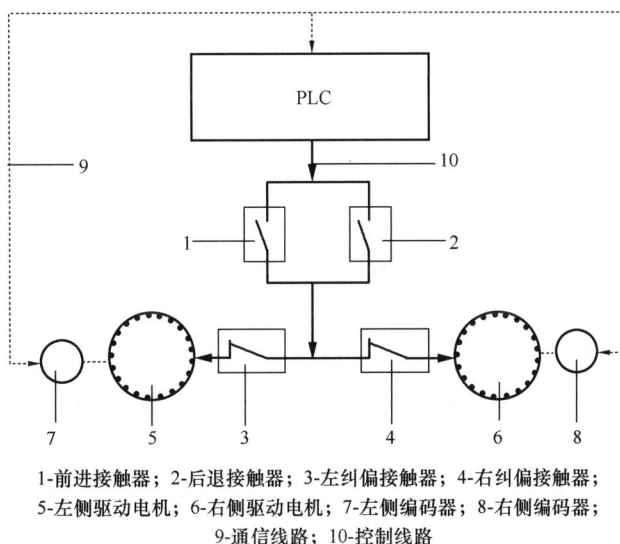

1-前进接触器；2-后退接触器；3-左纠偏接触器；4-右纠偏接触器；
5-左侧驱动电机；6-右侧驱动电机；7-左侧编码器；8-右侧编码器；
9-通信线路；10-控制线路

图 3-18　刮泥机精确定位与纠偏动作关系图

4. 成效

基于全流程自动化控制，通过自动短时高效精准排泥，刮泥机精确定位和纠偏实现刮泥机刮泥路径优化，降低排泥水耗，减少人工操作需求，为人员精减提供基础，为节能降耗提供依据和支撑。

3.5.3　基于智慧平台，实现集中管控

1. 需求

由于在智慧供水厂建设过程中针对不同的业务均建设有智慧系统，每个智慧系统之间均独立运行，各个系统没有进行很好的融合。在区域化集中管控中，需要一个能够将所有厂站测点数据、生产数据、巡检数据、工艺运行数据等一系列数据以图像、图形化的方式统一呈现及分析的平台，对接公司现有各厂站智慧管理平台、二次供水平台。通过统一运营管控，全面提升企业的生产管理效率和运营水平。

2. 目标

智慧平台建成后，分公司在生产精细化管理、设备运维管理，智慧决策等方面得到

全面提升，尤其能够通过信息化平台及移动 App 对现场设备和数据进行全方位管控，实现供水厂以及各工艺单体等不同维度的数据融合，实现厂站集控系统平台所有设备全生命周期数据可视化展示，打造"感知数据化、运维信息化、设施数字化、管理智能化"的供水智慧管控中心，实现标准化、精细化、科学化的安全绿色运维。

3. 应用

（1）生产实时掌控

供水厂实现远程监视，对现场设备设施及工艺流程中的真实运行采集的数据做专业分析，以表格、饼状图等可视化的方式展现，实现管理和运行人员在调度中心或中控室看到与现场画面一致的数据，不去现场也能全面掌控供水厂的运行情况，提高工作效率（图 3-19）。

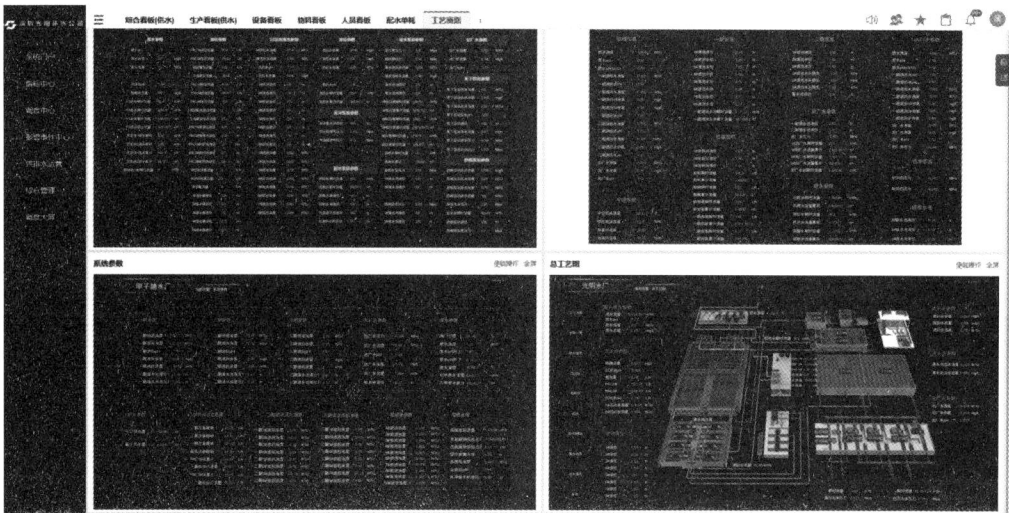

图 3-19 给水管控平台界面

（2）运营风险主动报警预警

根据现场的情况，设定报警规则、报警接受人和接受方式。通过在线消息或微信方式发给值班人员，值班人员可以在第一时间做出响应。系统可以根据工艺段、设备等报警情况进行统计和智能报警综合分析，为管理决策提供支持（图 3-20）。

（3）数据分析挖掘价值

借助云计算优势，对供水厂产生过程中的大量生产运行数据、水质化验数据、设备运行数据等海量数据进行深度挖掘和数据分析，对基础数据进行二次加工，发挥数据背后价值，如 KPI 指标、设备故障诊断、预防性维护、决策支持等，提升企业科技实力（图 3-21）。

（4）移动作业应用

借助移动应用 App 实现对平台上各设备设施的运行状态进行集中管控。用户可通

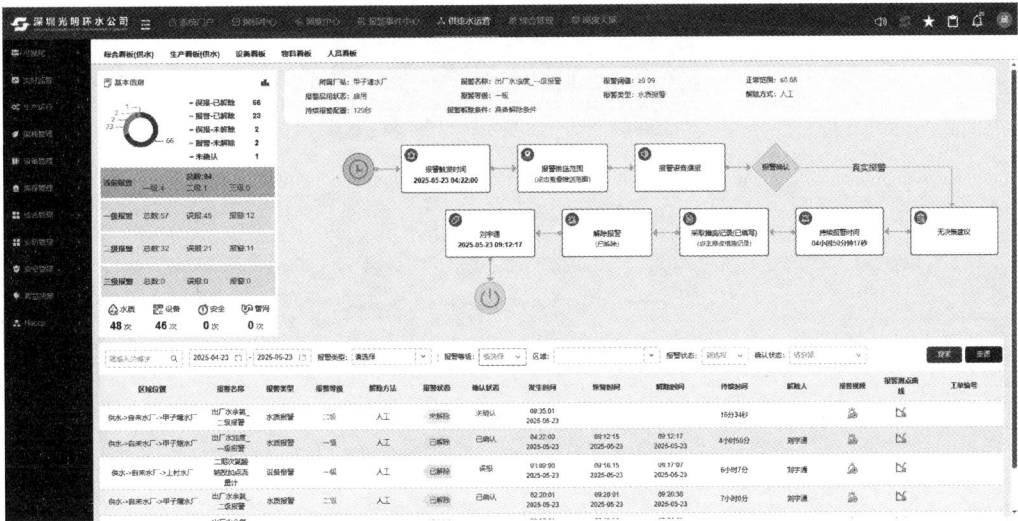

图 3-20　报警管控界面

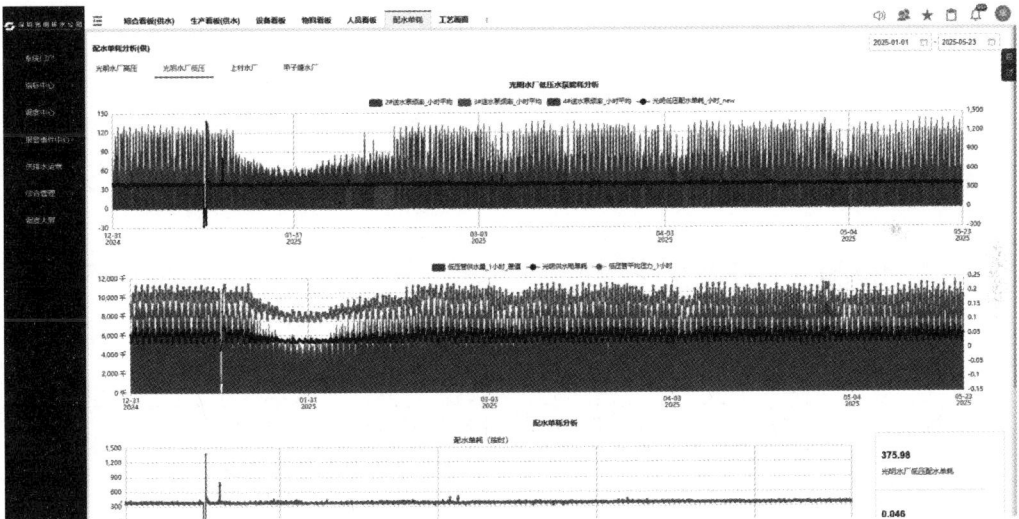

图 3-21　数据分析界面

过移动应用轻松查询已在软件平台上配置的所有监测点的实时数据和信息，并以适合移动设备展示的方式浏览和操作，办公不再局限地理位置与场合，极大地提高了生产、运营的效率（图 3-22）。

4. 成效

基于智慧管控平台，实现对区域化供水厂、管网、泵站等供水设施的集中管控，同时将供水厂业务全面线上化，极大地提升了管理效率。实现区域化供水厂集中管控后，通过优化组织架构，可以极大限度地精简人员配置，大大降低了水务企业的人力成本。

图 3-22　移动 App 界面

附录 A （规范性附录） 定量评价指标定义和计算公式

一、 工况指标

1.1　预处理药剂单耗

名称单位	GK1 预处理药剂单耗（mg/L）
指标定义	报告期内供水企业各供水厂供每升水所消耗的预处理药剂用量
计算公式	$GK1 = \left(\dfrac{A_1}{A_2}\right) \times 1000$
指标变量	A_1—— 预处理药剂使用量(kg)； A_2—— 供水量(千 m³)

1.2　浊度控制标准偏离率

名称单位	GK2 浊度控制标准偏离率 （%）
指标定义	报告期内供水企业各供水厂生产中沉后水浊度偏离设定标准值的比率。 注：若沉后水浊度处于浊度控制标准线内，视为未偏离； 若沉后水浊度高于浊度控制标准线，则式中 B_1 取标准线上限值，若低于浊度控制标准线，则 B_1 取标准线下限值

续表

计算公式	$GK2 = \left\lvert \dfrac{(B_1 - B_2)}{B_1} \right\rvert \times 100\%$
指标变量	B_1——浊度控制标准线（NTU）； B_2——沉后水浊度（NTU）

1.3 混凝剂单耗

名称单位	GK3 混凝剂单耗（mg/L）
指标定义	报告期内供水企业各供水厂供每升水所消耗的混凝剂用量
计算公式	$GK3 = \left(\dfrac{B_3}{B_4} \right) \times 1000$
指标变量	B_3——混凝剂使用量（kg）； B_4——供水量（千 m³）

1.4 浊度去除率

名称单位	GK4 浊度去除率（%）
指标定义	报告期内供水企业各供水厂生产中砂滤后水浊度相对待滤水浊度降低值的比率
计算公式	$GK4 = \left(\dfrac{C_1 - C_2}{C_1} \right) \times 100\%$
指标变量	C_1——待滤水浊度（NTU）； C_2——砂滤后水浊度（NTU）

1.5 砂滤池反冲洗参数

名称	GK5 砂滤池反冲洗参数
指标定义	报告期内砂滤池工况参数，包含 GK5-1 砂滤池反冲洗周期、GK5-2 反冲洗时间和 GK5-3 反冲洗强度； 反冲洗强度为报告期内砂滤池反冲洗时单位面积滤层所通过的冲洗水流量

1.6 石英砂滤料参数

名称	GK6 石英砂滤料参数
指标定义	报告期内石英砂滤料参数，包含 GK6-1 含泥率、GK6-2 膨胀率和 GK6-3 滤层厚度； 膨胀率为报告期内滤层经一定反冲洗强度后发生体积膨胀，膨胀前后体积差与体积膨胀前的比值； 含泥率为滤料含泥量占滤料总重量的比值

1.7 2-mib 去除率

名称单位	GK7 2-mib 去除率（%）
指标定义	报告期内供水企业各供水厂生产中砂滤后水 2-mib 与炭滤后水 2-mib 的差值与砂滤后 2-mib 的比值

49

续表

计算公式	$GK7 = \left(\dfrac{D_1 - D_2}{D_1}\right) \times 100\%$
指标变量	D_1——砂滤后水 2-mib(ng/L)； D_2——炭滤后水 2-mib(ng/L)

1.8 土臭素去除率

名称单位	GK8 土臭素去除率（%）
指标定义	报告期内供水企业各供水厂生产中砂滤后水土臭素与炭滤后水土臭素的差值与砂滤后土臭素的比值
计算公式	$GK8 = \left(\dfrac{D_3 - D_4}{D_3}\right) \times 100\%$
指标变量	D_3——砂滤后水土臭素(ng/L)； D_4——炭滤后水土臭素(ng/L)

1.9 预臭氧单耗

名称单位	GK9 预臭氧单耗（mg/L）
指标定义	报告期内供水企业各供水厂供每升水所消耗的预臭氧用量
计算公式	$GK9 = \left(\dfrac{D_5}{D_6}\right) \times 1000$
指标变量	D_5——预臭氧使用量(kg)； D_6——供水量(千 m³)

1.10 主臭氧单耗

名称单位	GK10 主臭氧单耗（mg/L）
指标定义	报告期内供水企业各供水厂供每升水所消耗的主臭氧用量
计算公式	$GK10 = \left(\dfrac{D_7}{D_8}\right) \times 1000$
指标变量	D_7——主臭氧使用量(kg)； D_8——供水量(千 m³)

1.11 炭滤池反冲洗参数

名称	GK11 炭滤池反冲洗参数
指标定义	报告期内炭滤池工况参数，包含 GK11-1 炭滤池反冲洗周期、GK11-2 反冲洗时间和 GK11-3 反冲洗强度； 反冲洗强度为报告期内炭滤池反冲洗时单位面积炭层所通过的冲洗水流量

1.12　活性炭参数

名称	GK12 活性炭参数
指标定义	报告期内活性炭参数，包含 GK12-1 炭床厚度、GK12-2 碘值和 GK12-3 亚甲蓝值； 碘值指活性炭在 0.02N 12/K 水溶液中吸附的碘的量，为评判活性炭吸附能力的重要指标； 亚甲蓝值指 1g 炭与 1mg/L 的亚甲蓝溶液达到平衡状态时吸收的亚甲蓝的毫克数，衡量活性炭的脱色能力指标

1.13　清水池有效水力停留时间

名称单位	GK13 清水池有效水力停留时间（h）
指标定义	报告期内供水企业各供水厂生产中清水池实际调蓄容积与进水流量的比值
计算公式	$GK13 = \left(\dfrac{E_1}{E_2}\right)$
指标标量	E_1——清水池实际调蓄容积（m^3）； E_2——清水池进水流量（m^3/h）

1.14　清水池余氯消耗率

名称单位	GK14 清水池余氯消耗率（％）
指标定义	报告期内供水企业各供水厂生产中，经过清水池调蓄后，余氯消耗量占进入清水池进水余氯量的比值
计算公式	$GK14 = \left(\dfrac{E_3 - E_4}{E_3}\right) \times 100\%$
指标变量	E_3——清水池进水余氯（mg/L）； E_4——清水池出水余氯（ng/L）

1.15　消毒剂单耗

名称单位	GK15 消毒剂单耗（mg/L）
指标定义	报告期内供水企业各供水厂供每升水所消耗的消毒剂用量
计算公式	$GK15 = \left(\dfrac{E_5}{E_6}\right) \times 1000$
指标变量	E_5——消毒剂使用量（kg）； E_6——供水量（千 m^3）

1.16　上清液水质达标率

名称单位	GK16 上清液水质达标率（％）
指标定义	报告期内供水企业各供水厂经污泥处理系统泥水分离后上清液水质 7 项（pH、氨氮、BOD_5、石油类、COD、SS、磷酸盐）达到《污水综合排放标准》GB 8978—1996 的合格程度
计算公式	$GK16 = \left(\dfrac{F_1}{F_2}\right) \times 100\%$
指标变量	F_1——上清液水质 7 项各单项检测合格次数（次）； F_2——上清液水质 7 项各单项检测次数（次）

1.17 泥饼含固率

名称单位	GK17 泥饼含固率（％）
指标定义	报告期内供水企业各供水厂经污泥处理系统出料污泥烘干后重量与烘干前重量的比值
计算公式	$GK17 = \left(\dfrac{F_3}{F_4}\right) \times 100\%$
指标变量	F_3——烘干后污泥质量(kg)； F_4——烘干前污泥质量(kg)

1.18 絮凝剂单耗

名称单位	GK18 絮凝剂单耗（mg/L）
指标定义	报告期内供水企业各供水厂生产每升水所消耗的絮凝剂用量
计算公式	$GK18 = \left(\dfrac{F_5}{F_6}\right) \times 1000$
指标变量	F_5——絮凝剂使用量(kg)； F_6——供水量(千 m³)

1.19 配水单耗

名称单位	GK19 配水单耗［kWh/(m³·MPa)］
指标定义	报告期内供水企业各供水厂每供出千立方米水量，并平均加压至 1 兆帕所消耗的配水用电量
计算公式	$GK19 = \left(\dfrac{G_1}{G_2}\right) \times 1000$
指标变量	G_1——泵组耗电量(kWh)； G_2——泵组有效功率(m³·MPa)

1.20 相关国家标准 97 项水质合格率

名称单位	GK20 相关国家标准 97 项水质合格率
指标定义	报告期内供水企业各供水厂出厂水质 97 项指标达到《生活饮用水卫生标准》GB 5749—2022 的合格程度
计算公式	$GK20 = \left(\dfrac{N_1}{N_2}\right) \times 100\%$
指标变量	N_1——出厂水 97 项各单项检测合格次数(次)； N_2——出厂水 97 项各单项检测次数(次)

1.21 出厂水水质 9 项合格率

名称单位	GK21 出厂水 9 项水质合格率
指标定义	报告期内供水企业各供水厂出厂水质 9 项指标达到《生活饮用水卫生标准》GB 5749—2022 的合格程度

计算公式	$GK21 = \left(\dfrac{O_1}{O_2}\right) \times 100\%$
指标变量	O_1——出厂水 9 项各单项检测合格次数（次）； O_2——出厂水 9 项各单项检测次数（次）

二、 成本指标

2.1　提升泵组单方成本

名称单位	CB1 提升泵组单方成本（元/m³）
指标定义	报告期内供水企业各供水厂每生产一立方米水提升泵组所需的电费，但计算时，水量以供水量计
计算公式	$CB1 = \dfrac{G_1 \times G_2}{G_3}$
指标变量	G_1——提升泵组电量（kWh）； G_2——电单价（元）； G_3——供水量（m³）

2.2　预处理药剂单方成本

名称单位	CB2 预处理药剂单方成本（元/m³）
指标定义	报告期内供水企业各供水厂每生产一立方米水所需的预处理药剂费用，但计算时，水量以供水量计
计算公式	$CB2 = \dfrac{G_4}{G_5}$
指标变量	G_4——所需预处理药剂费用（元）； G_5——供水量（m³）

2.3　混凝剂单方成本

名称单位	CB3 混凝剂单方成本（元/m³）
指标定义	报告期内供水企业各供水厂每生产一立方米水所需的混凝剂费用，但计算时，水量以供水量计
计算公式	$CB3 = \dfrac{H_1}{H_2}$
指标变量	H_1——所需混凝剂费用（元）； H_2——供水量（m³）

2.4　砂滤池反冲泵组单方成本

名称单位	CB4 砂滤池反冲泵组单方成本（元/m³）
指标定义	报告期内供水企业各供水厂每生产一立方米水反冲泵组所需的电费，但计算时，水量以供水量计

续表

计算公式	$CB4 = \dfrac{I_1 \times I_2}{I_3}$
指标变量	I_1——砂滤池反冲泵组电量（kWh）； I_2——电单价（元）； I_3——供水量（m³）

2.5 砂滤池反冲风机单方成本

名称单位	CB5 砂滤池反冲风机单方成本（元/m³）
指标定义	报告期内供水企业各供水厂每生产一立方米水反冲风机所需的电费，但计算时，水量以供水量计
计算公式	$CB5 = \dfrac{I_3 \times I_4}{I_5}$
指标变量	I_4——砂滤池反冲风机电量（kWh）； I_5——电单价（元）； I_6——供水量（m³）

2.6 液氧单方成本

名称单位	CB6 液氧单方成本（元/m³）
指标定义	报告期内供水企业各供水厂每生产一立方米水所需的液氧费用，但计算时，水量以供水量计
计算公式	$CB6 = \dfrac{J_1}{J_2}$
指标变量	J_1——所需液氧费用（元）； J_2——供水量（m³）

2.7 臭氧系统单方电费成本

名称单位	CB7 臭氧系统单方电费成本（元/m³）
指标定义	报告期内供水企业各供水厂每生产一立方米水臭氧系统所需电费，但计算时，水量以供水量计
计算公式	$CB7 = \dfrac{J_3 \times J_4}{J_5}$
指标变量	J_3——臭氧系统所需电量（kWh）； J_4——电单价（元）； J_5——供水量（m³）

2.8 炭滤池反冲泵组单方成本

名称单位	CB8 炭滤池反冲泵组单方成本（元/m³）
指标定义	报告期内供水企业各供水厂每生产一立方米水反冲泵组所需的电费，但计算时，水量以供水量计

计算公式	$CB8 = \dfrac{J_6 \times J_7}{J_8}$
指标变量	J_6——炭滤池反冲泵组电量（kWh）； J_7——电单价（元）； J_8——供水量（m³）

2.9　炭滤池反冲风机单方成本

名称单位	CB9 炭滤池反冲风机单方成本（元/m³）
指标定义	报告期内供水企业各供水厂每生产一立方米水反冲风机所需的电费，但计算时，水量以供水量计
计算公式	$CB9 = \dfrac{J_9 \times J_{10}}{J_{11}}$
指标变量	J_9——炭滤池反冲风机电量（kWh）； J_{10}——电单价（元）； J_{11}——供水量（m³）

2.10　消毒剂单方成本

名称单位	CB10 混凝剂单方成本（元/m³）
指标定义	报告期内供水企业各供水厂每生产一立方米水所需的消毒剂费用，但计算时，水量以供水量计
计算公式	$CB10 = \dfrac{K_1}{K_2}$
指标变量	K_1——所需消毒剂费用（元）； K_2——供水量（m³）

2.11　污泥处理系统单方电费成本

名称单位	CB11 混凝剂单方成本（元/m³）
指标定义	报告期内供水企业各供水厂每生产一立方水污泥处理系统所需的电费，但计算时，水量以实际供水计
计算公式	$CB11 = \dfrac{L_1 \times L_2}{L_3}$
指标变量	L_1——污泥处理系统所需电量（kWh）； L_2——电单价（元）； L_3——供水量（m³）

2.12 絮凝剂单方成本

名称单位	CB12 絮凝剂单方成本（元/m³）
指标定义	报告期内供水企业各供水厂每处理一立方水所需的絮凝剂费用，但计算时，泥量以实际出泥量计
计算公式	$CB12 = \dfrac{L_4}{L_5}$
指标变量	L_4——所需絮凝剂费用（元）； L_5——供水量（m³）

2.13 送水泵组单方成本

名称单位	CB13 送水泵组单方成本（元/m³）
指标定义	报告期内供水企业各供水厂每生产一立方米水送水泵组所需的电费，但计算时，水量以供水量计
计算公式	$CB13 = \dfrac{M_1 \times M_2}{M_3}$
指标变量	M_1——送水泵组电量（kWh）； M_2——电单价（元）； M_3——供水量（m³）

附录 B （参考性附录） 定量指标行业基准值

指标名称	单位	基准值	基准值依据
GK1 预处理药剂单耗	mg/L	5	根据供水专项调研统计的经验值
GK2 浊度控制标准偏离率	%	15	根据供水专项调研统计的经验值
GK3 混凝剂单耗	mg/L	15	根据供水专项调研统计的经验值
GK4 浊度去除率	%	60	根据供水专项调研统计的经验值
GK5 砂滤池反冲洗参数			
GK5-1 反冲洗周期	h	72	《给水排水设计手册》《室外给水设计标准》GB 50013—2018
GK5-2 反冲洗时间	min	15	《给水排水设计手册》《室外给水设计标准》GB 50013—2018
GK5-3 反冲洗强度	L/(m²·s)	15	《给水排水设计手册》《室外给水设计标准》GB 50013—2018
GK6 石英砂滤料参数			
GK6-1 含泥率	%	1	《给水排水设计手册》《室外给水设计标准》GB 50013—2018

续表

指标名称	单位	基准值	基准值依据
GK6-2 膨胀率	%	45	《给水排水设计手册》《室外给水设计标准》GB 50013—2018
GK6-3 滤层厚度	m	1.2	《给水排水设计手册》《室外给水设计标准》GB 50013—2018
GK7 2-mib 去除率	%	80	根据供水专项调研统计的经验值
GK8 土臭素去除率	%	80	根据供水专项调研统计的经验值
GK9 预臭氧单耗	mg/L	0.8	根据供水专项调研统计的经验值
GK10 主臭氧单耗	mg/L	1	根据供水专项调研统计的经验值
GK11 炭滤池反冲洗参数			
GK11-1 反冲洗周期	d	7	《给水排水设计手册》《室外给水设计标准》GB 50013—2018
GK11-2 反冲洗时间	min	15	《给水排水设计手册》《室外给水设计标准》GB 50013—2018
GK11-3 反冲洗强度	L/(m² · s)	15	《给水排水设计手册》《室外给水设计标准》GB 50013—2018
GK12 活性炭参数			
GK12-1 炭床厚度	m	2	《给水排水设计手册》《室外给水设计标准》GB 50013—2018
GK12-2 碘值	g/100g	400	《煤质颗粒活性炭试验方法》GB/T 7702—2008
GK12-3 亚甲蓝值	mg/g	250	《煤质颗粒活性炭试验方法》GB/T 7702—2008
GK13 清水池实际水力停留时间	h	2	《给水排水设计手册》《室外给水设计标准》GB 50013—2018
GK14 清水池余氯消耗率	%	20	根据供水专项调研统计的经验值
GK15 消毒剂单耗	mg/L	15	根据供水专项调研统计的经验值
GK16 上清液水质达标率	%	95	《污水综合排放标准》GB 8978—1996
GK17 泥饼含固率	%	20	《带式压滤机污水污泥脱水设计规范》CECS 75—1995（现已作废）
GK18 絮凝剂单耗	mg/L	0.03	根据供水专项调研统计的经验值
GK19 配水单耗	kWh/(m³ · MPa)	380	《城市供水行业 2010 年技术进步发展规划及 2020 年远景目标》
GK20 国标 97 项水质合格率	%	100	《生活饮用水卫生标准》GB 5749—2022
GK21 出厂水水质 9 项合格率	%	100	《生活饮用水卫生标准》GB 5749—2022
CB1 提升泵组单方电费成本	元/m³	0.015	根据供水专项调研统计的经验值
CB2 预处理药剂单方成本	元/m³	0.008	根据供水专项调研统计的经验值

指标名称	单位	基准值	基准值依据
CB3 混凝剂单方成本	元/m³	0.03	根据供水专项调研统计的经验值
CB4 砂滤池反冲泵组单方电费成本	元/m³	0.0008	根据供水专项调研统计的经验值
CB5 反冲风机单方电费成本	元/m³	0.0005	根据供水专项调研统计的经验值
CB6 液氧单方成本	元/m³	0.008	根据供水专项调研统计的经验值
CB7 臭氧系统单方电费成本	元/m³	0.008	根据供水专项调研统计的经验值
CB8 炭滤池反冲泵组单方电费成本	元/m³	0.0008	根据供水专项调研统计的经验值
CB9 炭滤池反冲风机单方电费成本	元/m³	0.0005	根据供水专项调研统计的经验值
CB10 消毒剂单方成本	元/m³	0.02	根据供水专项调研统计的经验值
CB11 污泥处理系统单方电费成本	元/m³	0.008	根据供水专项调研统计的经验值
CB12 絮凝剂单方成本	元/m³	0.0008	根据供水专项调研统计的经验值
CB13 送水泵组单方电费成本	元/m³	0.08	根据供水专项调研统计的经验值

附录C （参考性附录） 定量指标评分细则

指标名称	单位	分值参考				
		20	40	60	80	100
GK1 预处理药剂单耗	mg/L	＞7	6～7(含)	5～6(含)	4～5(含)	≤4
GK2 浊度控制标准偏离率	%	＞19	16～19(含)	13～16(含)	10～13(含)	≤10
GK3 混凝剂单耗	mg/L	＞19	17～19(含)	15～17(含)	13～15(含)	≤13
GK4 浊度去除率	%	≤40	40～50(含)	50～60(含)	60～70(含)	＞70
GK5 砂滤池反冲洗参数						
GK5-1 反冲洗周期	h	≤48	48～60(含)	60～66(含)	66～72(含)	＞72
GK5-2 反冲洗时间	min	＞19	17～19(含)	15～17(含)	13～15(含)	≤13
GK5-3 反冲洗强度	L/(m²·s)	＞19	17～19(含)	15～17(含)	13～15(含)	≤13
GK6 石英砂滤料参数						
GK6-1 含泥率	%	＞1.4	1.2～1.4(含)	1～1.2(含)	0.8～1(含)	≤0.8
GK6-2 膨胀率	%	≤15 或＞55	15～20(含)或50～55(含)	20～25(含)或45～50(含)	25～30(含)或40～45(含)	30～40(含)
GK6-3 滤层厚度	m	＞1.5 或≤0.6	0.6～0.8(含)	0.8～1.0(含)	1.0～1.2(含)	1.2～1.5(含)
GK7 2-mib 去除率	%	≤50	50～60(含)	60～70(含)	70～80(含)	＞80
GK8 土臭素去除率	%	≤50	50～60(含)	60～70(含)	70～80(含)	＞80
GK9 预臭氧单耗	mg/L	＞1.5	1.2～1.5(含)	0.8～1.2(含)	0.6～0.8(含)	0.5～0.6(含)
GK10 主臭氧单耗	mg/L	＞2.0	1.8～2.0(含)	1.5～1.8(含)	1.2～1.5(含)	0.7～1.2(含)

指标名称	单位	分值参考				
		20	40	60	80	100
GK11 炭滤池反冲洗参数						
GK11-1 反冲洗周期	d	≤6	6~6.5(含)	6.5~7(含)	7~7.5(含)	>7.5
GK11-2 反冲洗时间	min	>19	17~19(含)	15~17(含)	13~15(含)	≤13
GK11-3 反冲洗强度	L/(m²·m)	>61	50~60(含)	40~50(含)	30~40(含)	≤30
GK12 活性炭参数						
GK12-1 炭床厚度	m	1.2~1.4(含)	1.4~1.6(含)	1.6~1.8(含)	1.8~2.0(含)	2~2.2(含)
GK12-2 碘值	g/100g	≤400	400~600(含)	600~800(含)	800~1000(含)	1000~1300(含)
GK12-3 亚甲蓝值	mg/g	≤100	100~120(含)	120~140(含)	140~160(含)	>160
GK13 清水池实际水力停留时间	h	≤1.6 或 >2.4	1.6~1.7(含) 或 2.3~2.4(含)	1.7~1.8(含) 或 2.2~2.3(含)	1.8~1.9(含) 或 2.1~2.2(含)	1.9~2.1(含)
GK14 清水池余氯消耗率	%	>26	23~26(含)	20~23(含)	17~20(含)	≤17
GK15 消毒剂单耗	mg/L	>23	21~23(含)	19~21(含)	16~19(含)	≤16
GK16 上清液水质达标率	%	<85	85(含)~90	90(含)~95	95(含)~100	100
GK17 泥饼含固率	%	≤12	12~14(含)	14~16(含)	16~18(含)	>18
GK18 絮凝剂单耗	mg/L	>0.05	0.04~0.05(含)	0.03~0.04(含)	0.02~0.03(含)	≤0.02
GK19 配水单耗	kWh/(m³·MPa)	>420	400~420(含)	380~400(含)	360~380(含)	≤360
GK20 国标 97 项水质合格率	%	>90	90(含)~93	94(含)~96	96(含)~100	100
GK21 出厂水水质 9 项合格率	%	>90	90(含)~93	94(含)~96	96(含)~100	100
CB1 提升泵组单方电费成本	元/m³	>0.025	0.02~0.025(含)	0.018~0.02(含)	0.015~0.018(含)	≤0.015
CB2 预处理药剂单方成本	元/m³	>0.015	0.012~0.015(含)	0.04~0.012(含)	0.008~0.04(含)	≤0.008
CB3 混凝剂单方成本	元/m³	>0.035	0.031~0.035(含)	0.026~0.03(含)	0.021~0.025(含)	≤0.02
CB4 砂滤池反冲泵组单方电费成本	元/m³	>0.0014	0.0012~0.0014(含)	0.001~0.0012(含)	0.0008~0.001(含)	≤0.0008
CB5 反冲风机单方电费成本	元/m³	>0.002	0.0015~0.002(含)	0.001~0.0015(含)	0.0005~0.001(含)	≤0.0005
CB6 液氧单方成本	元/m³	>0.014	0.012~0.014(含)	0.01~0.012(含)	0.008~0.01(含)	≤0.008

指标名称	单位	分值参考				
		20	40	60	80	100
CB7 臭氧系统单方电费成本	元/m³	>0.014	0.012~0.014(含)	0.01~0.012(含)	0.008~0.01(含)	≤0.008
CB8 炭滤池反冲泵组单方电费成本	元/m³	>0.0014	0.0012~0.0014(含)	0.001~0.0012(含)	0.0008~0.001(含)	≤0.0008
CB9 炭滤池反冲风机单方电费成本	元/m³	>0.002	0.0015~0.002(含)	0.001~0.0015(含)	0.0005~0.001(含)	≤0.0005
CB10 消毒剂单方成本	元/m³	>0.12	0.08~0.12(含)	0.04~0.08(含)	0.02~0.04(含)	≤0.02
CB11 污泥处理系统单方电费成本	元/m³	>0.014	0.012~0.014(含)	0.01~0.012(含)	0.008~0.01(含)	≤0.008
CB12 絮凝剂单方成本	元/m³	>0.0014	0.0012~0.0014(含)	0.001~0.0012(含)	0.0008~0.001(含)	≤0.0008
CB13 送水泵组单方电费成本	元/m³	>0.14	0.12~0.14(含)	0.11~0.12(含)	0.08~0.11(含)	≤0.08

附录 D　（参考性附录）定量指标变量置信度确定

一、工况指标变量置信度确定

A_1——预处理药剂使用量（kg）	相关指标：GK1
数据来源： ① 供水厂运行日报； ② 供水企业统计报表； ③ 估算得出	
置信度级别：	置信度系数：
供水厂无预处理药剂存量记录	0.2
预处理药剂存储与用量记录于不可追溯的记录中，记录频次为每月	0.5
预处理药剂存储与用量记录于具有可追溯性的受控记录中，记录频次为每月	0.8
预处理药剂存储与用量记录于具有可追溯性的受控记录中，记录频次为每日	1

续表

计算单耗供水量（千 m³）	相关指标：GK1、GK3、GK9、GK10、GK15
数据来源： ① 流量计自动远传、人工采集； ② 供水企业统计报表； ③ 估算得出	
置信度级别：	置信度系数：
出厂水无水量计量记录	0.2
出厂水流量计每季读取一次，且定期校验	0.5
出厂水流量计每月读取一次，且定期校验	0.8
出厂水流量计每日读取一次，且定期校验	1

B_2——沉后水浊度（NTU）	相关指标：GK2、GK4
数据来源： ① 在线浊度仪自动远传、人工采集； ② 供水企业统计报表； ③ 估算得出	
置信度级别：	置信度系数：
无沉后水浊度记录	0.2
在线浊度仪校准周期为每季度	0.5
在线浊度仪校准周期为每月度，在线数据准确度达 90％以上	0.8
在线浊度仪校准周期为每周，在线数据准确度达 95％以上	1

B_3——混凝剂使用量（kg）	相关指标：GK3
数据来源： ① 供水厂运行日报； ② 供水企业统计报表； ③ 估算得出	
置信度级别：	置信度系数：
供水厂无混凝剂存量记录	0.2
混凝剂存储与用量记录于不可追溯的记录中，记录频次为每月	0.5
混凝剂存储与用量记录于具有可追溯性的受控记录中，记录频次为每月	0.8
混凝剂存储与用量记录于具有可追溯性的受控记录中，记录频次为每日	1

C_2—砂滤后水浊度(NTU)	相关指标：GK4

数据来源：
① 在线浊度仪自动远传、人工采集；
② 供水企业统计报表；
③ 估算得出

置信度级别：	置信度系数：
无砂滤后水浊度记录	0.2
在线浊度仪校准周期为每季度	0.5
在线浊度仪校准周期为每月度，在线数据准确度达90%以上	0.8
在线浊度仪校准周期为每半月，在线数据准确度达95%以上	1

D_1——砂滤后水 2-mib(ng/L) D_2——炭滤后水 2-mib(ng/L)	相关指标：GK7

数据来源：
① 厂级实验室专门仪器测定；
② 送检委托第三方单位测定；
③ 估算得出

置信度级别：	置信度系数：
无 2-mib 数据记录	0.3
2-mib 数据记录于不可追溯、缺乏质量控制的记录中	0.7
2-mib 数据记录于具有可追溯性的受控记录中	1

D_3——砂滤后水土臭素(ng/L) D_4——炭滤后水土臭素(ng/L)	相关指标：GK8

数据来源：
① 厂级实验室专门仪器测定；
② 送检委托第三方单位测定；
③ 估算得出

置信度级别：	置信度系数：
无土臭素数据记录	0.3
土臭素数据记录于不可追溯、缺乏质量控制的记录中	0.7
土臭素数据记录于具有可追溯性的受控记录中	1

D_5——预臭氧使用量(kg) D_7——主臭氧使用量(kg)	相关指标：GK9、GK10

数据来源：
① 供水厂运行日报；
② 供水企业统计报表；
③ 估算得出

续表

置信度级别：	置信度系数：
供水厂无液氧存量记录	0.2
液氧存储与用量记录于不可追溯的记录中，记录频次为每月	0.5
液氧存储与用量记录于具有可追溯性的受控记录中，记录频次为每月	0.8
液氧存储与用量记录于具有可追溯性的受控记录中，记录频次为每日	1

E_2——清水池实际进水流量（m^3/h）	相关指标：GK13

数据来源：
① 流量计自动远传、人工采集；
② 供水企业统计报表；
③ 估算得出

置信度级别：	置信度系数：
清水池进水口无流量计量记录	0.2
在线流量计校准周期为每季度	0.5
在线流量计校准周期为每月度，在线数据准确度达90%以上	0.8
在线流量计校准周期为每半月，在线数据准确度达95%以上	1

E_3——清水池进水余氯（mg/L）； E_4——清水池出水余氯（mg/L）	相关指标：GK14

数据来源：
① 在线余氯仪自动远传、人工采集；
② 供水企业统计报表；
③ 估算得出

置信度级别：	置信度系数：
无清水池进出口余氯记录	0.2
在线余氯仪校准周期为每季度	0.5
在线余氯仪校准周期为每月度，在线数据准确度达90%以上	0.8
在线余氯仪校准周期为每周，在线数据准确度达95%以上	1

E_5——消毒剂使用量（kg）	相关指标：GK15
数据来源： ① 供水厂运行日报； ② 供水企业统计报表； ③ 估算得出	
置信度级别：	置信度系数：
供水厂无消毒剂存量记录	0.2
消毒剂存储与用量记录于不可追溯的记录中，记录频次为每月	0.5
消毒剂存储与用量记录于具有可追溯性的受控记录中，记录频次为每月	0.8
消毒剂存储与用量记录于具有可追溯性的受控记录中，记录频次为每日	1

F_1——上清液水质检测合格次数（次）； F_2——上清液水质检测次数（次）	相关指标：GK16
数据来源： ① 经质量技术监督部门资质认定的水质检测机构检测的数据； ② 国家或所在地城市卫生、建设行政主管部门检测报告	
置信度级别：	置信度系数：
无检测记录	0.2
取样和分析内容记载在未签署的、缺乏质量控制的记录中	0.8
取样和分析内容记载已签署的、具有可追溯性的受控记录中	1

F_5——絮凝剂使用量（kg）	相关指标：GK18
数据来源： ① 供水厂运行日报； ② 供水企业统计报表； ③ 估算得出	
置信度级别：	置信度系数：
供水厂无絮凝剂存量记录	0.2
絮凝剂存储与用量记录于不可追溯的记录中，记录频次为每月	0.5
絮凝剂存储与用量记录于具有可追溯性的受控记录中，记录频次为每月	0.8
絮凝剂存储与用量记录于具有可追溯性的受控记录中，记录频次为每日	1

G_1——泵组耗电量（kWh）	相关指标：GK19
数据来源： ① 供水厂运行日报； ② 供水企业统计报表； ③ 计算方法参见附录"配水单耗计算"	
置信度级别：	置信度系数：
供水厂无能耗记录	0.2
有供水公司所有供水厂的整体能耗记录	0.7
各供水厂泵站均有独立的能耗记录	1

二、 成本指标变量置信度确定

计算单方成本供水量（m³）	相关指标：GB1—CB13
数据来源： ① 流量计自动远传、人工采集； ② 供水企业统计报表； ③ 估算得出	
置信度级别：	置信度系数：
出厂水无水量计量记录	0.2
出厂水流量计每季读取一次，且定期校验	0.5
出厂水流量计每月读取一次，且定期校验	0.8
出厂水流量计每日读取一次，且定期校验	1

供水厂所用药剂成本（元）	相关指标：GB2、CB3、CB6、CB10、CB12
数据来源： 供水企业上报当地财政局并经第三方会计审计通过的财务年报	
置信度级别：	置信度系数：
不完整的，未经审计的财务报表，或审计意见为"无法表示意见"或"反对意见"	0.2
财务报表由未注册的外部审计员出具保留意见	0.4
财务报表由注册的外部审计员出具保留意见	0.6
财务报表由未注册的外部审计员进行审计并出具不保留意见或与指标无关的保留意见	0.8
财务报表由已注册的外部审计员进行审计并出具不保留意见或与指标无关的保留意见	1

工艺设施耗电量（kWh）	相关指标：GB1、GB4 、GB5、GB7 、GB8、GB9、GB11、GB13
数据来源： ① 供水厂运行日报； ② 供水企业统计报表	

续表

置信度级别：	置信度系数：
供水厂无能耗记录	0.2
有供水公司所有供水厂的整体能耗记录	0.7
各供水厂各泵组、耗电系统均有独立的能耗记录	1

参考文献

[1] 吴勇，任昭重，王业飞，等.智慧水厂的建设与思考[J].城镇供水，2022，(6)：73-79.

[2] 吴勇，王业飞，等.智慧水厂的应用与实现[J].城镇供水，2023，(4)：90-95.

[3] 李亚东，张小强，胡田力，等.基于全流程工艺的智慧水厂设计与实践[J].自动化与仪表，2022，37(9)：83-88.

[4] 郑宇祺.智慧水厂数字孪生技术的应用[J].智能建筑与智慧城市，2022，(9)：136-138.

[5] 孙凝，赵顺萍，解鹏，等.智慧水厂管理平台的研究与实践[J].给水排水，2022，58(1)：151-155.

[6] 陆继诚.从"自动化"到"智慧化"——智慧水厂建设的新思路[J].给水排水，2017，53(11)：1-3.

[7] 徐伟忠，于红涛，宋鑫峰，等.水厂生产管理智慧化建设实践[J].净水技术，2019，38(S2)：126-129.

第 4 章

智慧污水处理厂
建设及运营

4.1 智慧污水处理厂基本内涵及特征

4.1.1 基本内涵

目前，我国污水处理运营尚存在运行成本高、故障频率高、自动化程度低等问题。差距产生的根本原因在于我国缺乏适合本土污水处理现状的管理系统。简单地引进先进技术或是加大投资力度过于简单粗暴，不仅费用高昂，还可能产生增加不必要的物耗能耗的风险。

当前正是污水处理行业变革的关键时机，"十三五"规划纲要中明确提出建设智慧城市的目标。从国家发布的"十三五"规划结合《水污染防治行动计划》（简称"水十条"）就可以看出，国家政府、社会以及整个行业都高度关注水资源问题。因此，在污水处理的管控方面主动融入"智慧城市"的概念已经成为适应当前时代发展的需要。

智慧污水处理厂是把物料域、设备域、人力域等要素通过物联网、人工智能、智能控制等新一代信息技术进行融合，实现在生产控制、运营、管理和维护等各环节全过程、全方位、全智能管理控制，通过信息交换、自发联动控制、管理有序等方法，建立智慧生产、智慧运营、智慧决策和智慧维护污水处理厂。

4.1.2 主要特征

智慧污水处理厂概念的提出及相关技术的演进，主要是因为原有的污水处理厂运营、管理等方面技术已达瓶颈，污水处理需要从自动化向信息化、智能化方向发展。这是一次产业的技术革新，从基础的数据获取和异常感知，到信息流通和决策固化，构建了智慧污水处理厂的基本功能，并在此基础上扩展深化。

1. 数据获取

传统污水处理厂的各个生产环节每天不断地产生大量的数据，包括但不限于在各个环节安装的在线传感器仪表和过程分析仪表记录的数据、污水处理厂化验室的化验数据、设备的性能运行数据和一些手动收集的数据等。以往，这些数据的归纳整理完全依靠人工，及时性较差，难以对生产调控起到精准的指导作用。

智慧污水处理厂重点在于打破各个数据源之间的壁垒，实现数据整合，建立数据库。在数据库完成数据积累，依据历史数据和逻辑规则完成数据清洗，大幅度提高数据可靠性，同时建立数据分析平台，实现运维活动数字化和绩效指标可视化，推动数据的深度应用。

2. 异常感知

污水处理厂作为一个多级多段处理工艺的综合体，引起异常的因素较多，其中进水因素、设备因素占比较大。传统污水处理厂运营过程中，异常的发现主要依靠运行人员人工巡检，依赖员工经验判断，且覆盖率较低。异常判定不到位会导致一些故障无法及时发现，随着时间进一步恶化，最终影响生产。

基于完善的数据获取体系，智慧污水处理厂通过工艺模型及数据累积形成数据库，可以综合判定全工艺流程各个指标的最优区间。一旦指标出现数据波动，偏离了最优区间，可以通过数据库检索，结合模型仿真，预测和简单判断事件可能导致的后果。

3. 信息流通

传统污水处理厂，信息的横向和纵向流通主要依赖口口相传，传递速度和准确率较差，存在较大的信息差。

智慧污水处理厂建立智慧平台，实现操作层、技术层、管理层实时的信息录入和读取，实现数据的扁平化管理，保障了信息流传递的快捷性和准确率，基本消除信息差。

4. 决策固化

传统污水处理厂的工艺调整主要是人为自发性调整，人为干预虽然可以最大化综合已知信息得出解决方案，但受限于信息的获取量与获取时间，以及决策人的经验与能力，给出的调整方案往往达不到最佳效果。

智慧污水处理厂支持简单决策固化。工艺需调整点表现形式多为工艺或设备数据异常，这些可以通过异常感知模块判定。依据不同的数据指标异常，系统可内置不同的逻辑进行判断处理，综合多方面信息，第一时间采取最佳处理方案。智慧污水处理厂相对固化的处理逻辑和应对方案，可以减少人为干预，提高及时性。

4.2 智慧污水处理厂的建设

4.2.1 建设目标

1. 构建基于工业物联网的数据获取平台

通过物联网技术将污水处理厂的仪表、设备进行按需入网。引入互联网"去中心化"网络架构模式，通过数据网关对厂站设备数据进行分布式通信传输。对采集的数据进行分析和预处理，保障数据准确有效性。智慧污水处理厂的数据获取平台实现了一个包含信息感知、传输、处理、安全的数据采集与处理体系（图 4-1）。

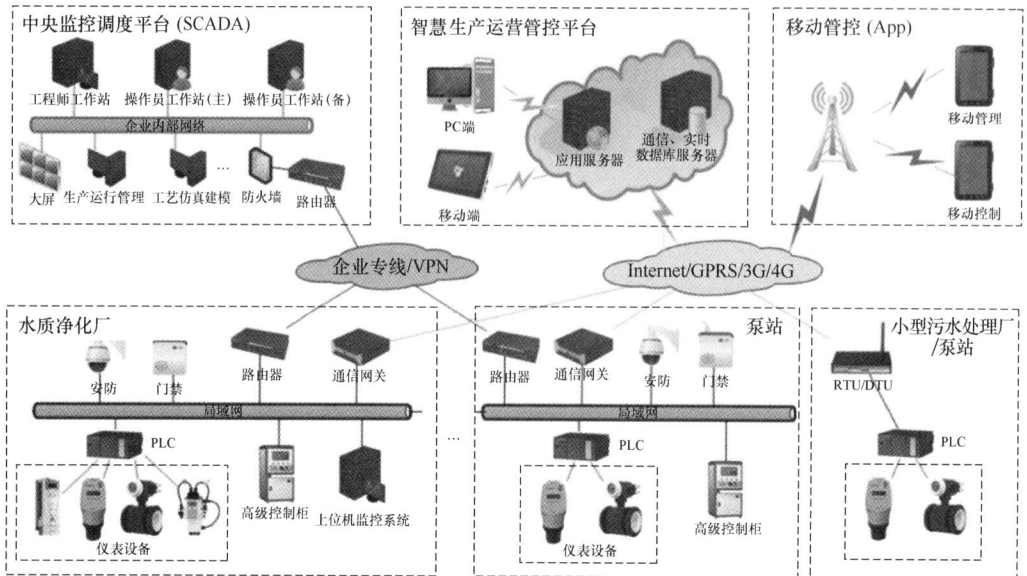

图 4-1　网络架构

2. 构建集中化与移动化监控管理运营体系

基于数据获取体系和全覆盖安防系统建立全过程、精细化的管理模式，基于云技术和移动互联架构设计构建移动化管理平台，实现多厂站设施的集中式监控，对现场人员进行统一调度和移动化的管理。通过移动化管理平台，用户可采用 PC 或 App 方式随时、随地、实时地对全厂的工艺运行及数据进行全方位的综合管理，实现对污水处理厂当前运行状态的实时监视、数据分析、远程巡检和设备控制等。一旦系统检测发现运行异常，立即发布预警和报警信息，并以短信或微信等方式发送至相关人员。通过调取相应监测点视频录像，启动专家系统进行故障诊断与辅助决策，形成监控、报警、诊断、决策的一体化联动机制。

3. 构建少人值守、高效的运行管理体系

基于自控程序实现全面的逻辑冗余控制策略及精细化的控制，通过中控室 SCADA 系统对现场所有自控设备进行监控和管理，在保障工艺运行稳定及出水水质达标的情况下，减少各工艺环节人员的干预。同时借助智慧运营管理平台，将日常中控室人员所需填报的业务数据改为系统自动采集，将复杂繁琐的工作交由系统完成，将一部分人员从简单、反复的工作中解放出来，充分利用现有人员，将原来的"专岗专用"工作模式变成"一岗多用"，逐步减少人员的投入，实现人员价值最大化。通过设备数据库以及状态评估体系，结合设备三维模型进行维修指导，攻破工艺与维修人员之间的技术壁垒，提高维修人员业务水平，从而实现人员技能的多元化。

4. 构建资产全生命周期管理体系

资产设备的全生命周期是一个动态的、渐变的过程，贯穿设备从采购、到货、入

库、安装、使用到报废的全过程全生命周期。对设备进行实时或定期的性能评估和监测，预测可能的故障或问题，并采取适当的维护和修复措施，以确保设备在运行中的可靠性、安全性和高效率。资产动态分析通过收集和分析设备的运行数据和性能参数，提供关键的设备运行状态信息，帮助污水处理厂实现实时性监控和预防性维护，优化设备的使用寿命。

5. 构建大数据分析及科学化决策平台

构建污水处理厂大数据分析及科学化决策平台，依托云计算优势，基于对海量数据的二次挖掘，采用专业的数据分析和报表集成工具，通过对整个生产过程的数据进行统计，使各级管理人员和调度人员能够及时、准确、全面地了解和掌握排水生产的实时数据和历史数据。结合仿真模型，基于算法和公式快速准确得到各类运行参数，并对数据进行科学分析，评估数据之间逻辑关系，预测数据可能反映出的生产运营状况，及时进行科学决策。

4.2.2　基本框架

融入物联网、移动化、云计算、大数据等先进技术，采用系统思维构建智慧污水处理厂的总体架构，如图 4-2 所示。

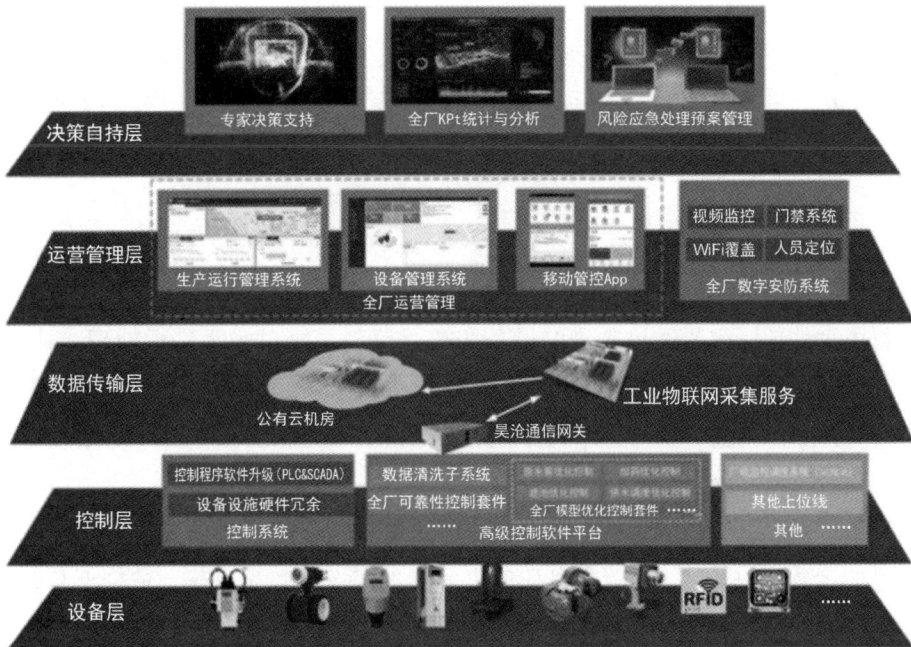

图 4-2　智慧污水处理厂总体框架

1. 设备层

设备层是提供各种信息数据来源的主要入口。数据感知源包含污水处理厂内各种在线仪表、设备、传感器、摄像头、门禁、无线 AP、定位手环、设备二维码牌等。

2. 控制层

控制层是通过 PLC 硬件和工控软件进行设备的集中控制，主要由两个部分组成，一是自动化控制系统软硬件，实现控制可靠性；二是在自动化控制系统基础上部署高级控制平台，实现全厂工艺智能化运行。

3. 数据传输层

数据传输层基于"移动端＋互联网＋云计算"技术架构，利用智能通信网关将厂站内设备数据、生产运行数据按照工业物联网接入标准进行接入，并且允许其他第三方数据按需入网。采集后数据统一存放在数据中心，通过数据中心对外提供各种数据应用及支持服务。

4. 运营管理层

运营管理层根据不同角色的用户群体按不同场景划分，并提供多种应用及服务，包含个性化首页、数据采集与存储、生产运营管理、设备台账管理、巡检、养护、缺陷、维修、移动 App 应用等。

5. 决策支持层

在污水处理厂生产运行、业务数据的大量累积基础上，深入挖掘各类数据间的关系，合理利用数据，发掘数据潜在的价值，为各级管理者提供丰富的 KPI 统计分析手段以及科学化的运行决策辅助工具，并针对生产运行过程中各种潜在风险提供完备的应急预案。

4.2.3 建设内容

智慧污水处理厂主要通过先进的设备和智慧控制系统对污水进行处理，具有自动化、智能化和交互性三大特征。通过物联网、大数据、人工智能等先进技术，把污水处理厂既有的传感控制器、机器、人员等要素通过新的方式联接在一起，实现数据体系获取，异常即时感知和信息高效流通。

智慧污水处理厂的功能体系中，数据的高质量获取与智慧化应用是系统的核心，是全流程自动化系统的基础。全流程自动化主要表现在设备数据采集、数据汇总与传输，以及系统指令的传输与执行方面。工艺方面建立工艺仿真模型，管控生产工艺；设备方面构建资产全生命周期管理体系，明晰设备资产，从而构建综合智慧管控平台，实现数据分析、建立知识库、智慧决策、自我学习等功能。

工艺仿真模型是数据获取、异常感知、信息流通和决策固化四大基础功能的集大成者，管控着全流程的生产情况。资产全生命周期管理体系主要是信息流通的最高层级体现，打通了自动化系统、SCADA 系统、资产管理系统、出入库管理系统、移动端 App 系统等多个系统，全方位打破了污水处理厂的资产信息壁垒，基本实现了相关人员的全方位信息共享。安防系统是数据获取功能另一方向的延伸，引入了图像数据，打破了数据是由数字集合而成的传统概念。图像数据配以智能识别等图像数据分析方法，数据可信度更高，使智慧污水处理厂体系更加立体，信息更加可靠。此外，智慧污水处理厂的安全管理模块，实现安全信息共享，保障安全生产。

综上，智慧污水处理厂建设是以全流程自动化为基础，以工艺仿真模型，资产管控体系，智能安防系统，安全管理模块为支柱，构建智慧污水处理厂的综合智慧管控平台，实现"数据在线、人在线、物在线"的全流程、全方位的智慧运营。

1. 自动采集与传输的数据管控

数据获取是整个智慧污水处理厂的根基，数据的自动采集、传输、储存是平台建设的基础。数据获取完成后，需要对数据进行整合、应用及共享。数字和数据的区别在于是否处于正确的位置并配有正确的名称，完整的成体系的数据才可以作为信息进行流通，在操作层、技术层、管理层实时共享才能发挥信息的最大价值。

（1）建设内容

1）实时数据采集

实时数据的采集方式采用智能通信网关，通过网络的方式实时采集供水厂 PLC 控制系统数据，并转发到监控中心数据库服务器进行存储。生产和设备运行实时数据采集频率应根据需要进行调整（例如秒级到分钟级）（图 4-3）。

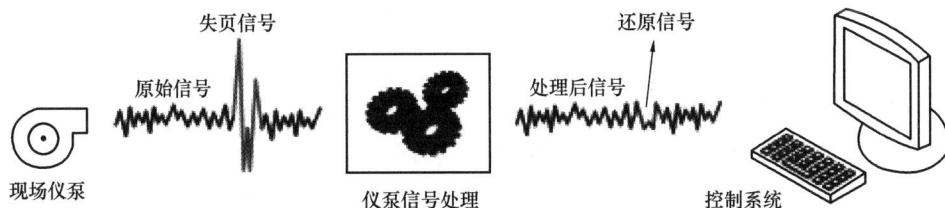

图 4-3　数据预处理示意图

2）人工数据录入

基于污水处理厂原有硬件基础和部分仪表通信协议的制约，污水处理厂部分数据仍然需要通过人工录入。人工数据的管理重点在于简化录入流程及统一应用，并通过数据清洗功能避免误录。

3）数据传输与存储

数据传输：智慧污水处理厂的信息自动采集与传输系统打破数据壁垒，可将各个系统中的数据集中传输存储到本地数据库服务器中。

数据存储：关键数据通过数据接口传输到数据库服务器中存储，其他人工填报数据通过在系统中录入后保存，即可实时存储。

当外网发生故障时，本地局域网正常运行，数据仍然正常传输储存。当外网恢复正常时，系统可将缺失时间段的数据定时传输到数据中心。

（2）关键技术

数据采集的关键技术在于传感器的配置与覆盖率提升，监测全工艺流程的工艺数据。

数据传输的关键技术在于信息安全和互通，基于办公、工控、安防三网分离保障信息安全，打破"数据孤岛"，实现多类型、多平台数据互通。

2. 生产全流程自动化

全厂生产涉及的设备中可进行计算机远程控制的比例高于90%，全厂所有用电设备控制指令中，由程序自动发出的指令比例高于95%，全厂远程自控架构、信息采集和指令传达完善，具备自动执行指令条件。基本上即可认为该污水处理厂达到了全流程自动化水平。

（1）建设内容

1）生产自动化

PLC是整个污水处理厂设备控制系统的处理部分。污水处理过程中的水质、液位等传感器和设备将模拟和数字信号传入至PLC模拟量或数字量模块。PLC系统执行程序基于采集到的数据，根据输入状态和数据内容进行逻辑运算与处理，根据逻辑运算得出的结果，输出状态寄存器（锁存器）向各输出点并行发出相应的控制信号，实现所要求的逻辑控制功能，控制电机或设备的启动、停止和暂停，从而完成整个污水控制系统的运行。

2）自控网络架构

整个污水处理厂有很多个单元控制系统PLC组成，它们之间需要互相关联与通信，而关联与通信离不开网络架构的基础建设。常见的网络拓扑结构主要有总线型拓扑结构、星型拓扑结构、环网型拓扑结构、树型拓扑结构和网状型拓扑结构。污水处理厂远程自控架构以环网型、星型两种为主。网络专业人员可根据需求和厂区情况定制网络系统，以满足访问、控制和性能各级别要求。

① 环网型网络

环网型网络将各个自控系统连成一个环。在环网型网络中信号按计算机编号顺序以"接力"方式传输。优点：数据传输安全，消除了端用户通信时对中心系统的依赖性；使用线路短，费用低；速度快，一般用于主站点网络。缺点：维护难，对分支节点故障定位较难；当环中节点过多时，影响信息传输速率，使网络的响应时间延长。

② 星型网络

星型网络由中心节点和其他从节点组成，中心节点可直接与从节点通信，而从节点间必须通过中心节点才能通信。在星型网络中，中心节点通常由交换机的设备充当。优点：方便管理维护，排除故障比较容易；端用户设备因为故障而停机时也不会影响其他端用户间的通信；网络延迟时间较小，系统的可靠性较高。缺点：对中心交换机依赖性强，如交换机出现故障，将导致整个网络瘫痪。

（2）关键技术

生产全流程自动化的关键技术在于自动化控制系统与智能化设备，PLC、SCADA、DCS等控制系统集成和监控污水处理过程中的各个单元和设备。智能化设备根据实时需求自动调节流量和压力，实现远程生产全流程自动化控制。

3. 全流程工艺仿真模型

所谓"仿真"，就是构造出一个"模型"来模仿实际系统内所发生的运动过程，这种建立在模型系统上的实验技术称为仿真技术或模拟技术。

（1）建设内容

1）生产数据实时掌控

采集工艺全流程数据并做专业分析，以表格、饼状图等可视化的方式展现，保证综合智慧管控平台呈现的数据与现场实际一致，实现管理和运行人员不去现场也能实时全面掌控污水处理厂的运行情况。

2）运营风险主动预警

基于设定好的报警规则、报警接收人和接收方式，实现运营风险点实时预警，值班人员可以在第一时间做出响应。

3）自动生成统计报表

提供用于数据挖掘和智能分析的业务报表，通过统计整个生产过程的数据，使各级管理人员和调度人员能够及时、准确、全面地了解和掌握生产的实时和历史数据。

4）全设施3D建模

通过BIM或3D建模，对厂区环境、厂房建筑到建筑内部空间结构、工厂设备进行三维展示，对空间资源使用情况和设备的运行情况进行可视分析，实现对厂区空间资源和设备状态的有效管控。

利用3D建模，实现视频监控的智能分析、智能定位。结合PLC数据，对厂区工作车间进行可视化巡检监测，现场人员可以通过巡检视频画面以及PLC数据排查现场问题，从而在保证现场正常运行的情况下，降低现场巡检频次。

系统同时录入了厂内重要设备的"爆炸图"。当维修工人对重要设备进行检修或维修时，通过在系统上拖动鼠标，就能看到设备的各零部件构造，设备的拆卸安装程序也一目了然。

5）工艺仿真模型

污水处理工艺相对复杂，工艺单元较多，全流程的水力停留时间基本均在 14h 以上，数据覆盖齐全且相对稳定。基于污水处理工艺的数据联动逻辑，建立智慧污水处理厂生产全流程工艺仿真模型，把控全工艺段运行状态，依据工艺参数、生产数据和模型自学习能力，对工艺仿真模型参数进行修正。成熟的工艺仿真模型可以预测数小时后的各个工艺参数，以达到指导生产的目的。

当某一工艺指标或者某一设备出现异常时，依据工艺仿真模型中数据的联动性，及时调整相关设备参数，矫正异常。

将污水处理厂各个工艺段的单体进行 2.5D 或 3D 的轻量化绘制，并连接地下管网系统进行动态示意呈现，便于使用者了解各个工艺段之间污泥、污水、生产等管道的连接关系。丰富的图形组件和界面设计，可以将枯燥繁琐的数据进行图形化、场景化展现，满足运维人员端到端的 IT 可视性，运维人员可以清晰快速地掌握各类设备所处位置和设备信息，精准地审视污水处理厂全局景象。

（2）关键技术

工艺仿真模型本质上是一个数学模型，理论的计算和实际的运行状况是存在差距的，工艺仿真模型的关键技术就在于理论与实际的融合，将仿真模型的输出与实际运行数据进行对比和验证，优化算法，适当做减法，提高评估模型的预测准确性和适用性。

4. 数据分析与业务决策相融合的综合智慧管控平台

当数据积累到一定程度就会形成数据库，这是一个量变引起质变的过程。在数据库中，依据各项数据的关联性，分析总结数据间的联动公式。数据间的联动公式基本原理一致，但每个污水处理厂又有各自的校正系数，需依据数据库逐步总结归纳。这就是仿真模型的基础和数据分析的进化模式。数据不再是一个个数字，而是相关联的数据体系。在工艺仿真模型基础上，固化决策逻辑图，处理简单事项。

智慧污水处理厂综合智慧管控平台以全流程自动化为基础，以工艺仿真模型监控进水浓度、药剂储量，在运行中减少人为干预，增加逻辑判断调整，固化决策逻辑；以资产管控体系掌握机器状态；以智能安防系统维护生产环境，全方位提高运营质量。

（1）建设内容

1）数据分析挖掘价值

借助云计算优势，对污水处理厂生产过程中的海量生产运行数据、水质化验数据、设备运行数据进行深度挖掘、数据分析和二次加工，发挥数据背后的价值。数据分析结果可以用于支持污水处理厂科学运营，如 KPI 指标、设备故障诊断、预防性维护、决策支持等，提升企业科技实力。

2）异常感知与报警处置

在实际生产过程中，会出现各种各样的异常，种类繁多，重要程度难以判定，处置方式也各不相同。在错综复杂的情况下，异常报警处置闭环是智慧污水处理厂建设的难点。

综合智慧管控平台的四大基础功能全面升级，数据获取实现全覆盖，异常感知实现多维度，信息流通实现全方位无障碍，支持多领域、多层级决策固化。在此基础上，可实现异常报警闭环处置功能。

异常分类是功能模块的基础，其中类别可分为设备类、水质类、监控类、逻辑类；按异常的重要紧急程度设置一级异常、二级异常和三级异常；再根据不同的异常级别，分别做语音＋弹窗、弹窗、底部显示等提示功能。

异常感知规则依据分类结果进行设置，简单的系统提供实时报警体系，当数据越限时，系统会发出报警信息通知；复杂的系统提供预判报警，通过工艺数据、设备状态和视频图像等多方数据整合和逻辑判断，通过固化在平台上的相关逻辑图发出报警信息。报警信息包括异常名称、解除方法、异常等级、触发时间、相关测点数据、相关监控画面和触发异常阈值范围等。

异常处置主要通过多层级的逻辑固化实现，基于全方位的信息流通，涵盖操作层、技术层、管理层以及绿化、保洁、安保人员等。相对成熟的常规事件处理逻辑均可录入综合智慧管控平台，不断进行更新换代。

平台还具备异常订阅功能。平台可单独设置异常订阅信息，指定当定义的某异常发生时，推送给相应人员，并设置接收方式（微信企业号推送、在线消息等）、推送频率和延迟推送时间，以及是否同步接收异常解除消息。

3）建立科学化的决策支持

结合全厂内人员组织结构情况，建立一套科学、高效的办公流程，降低人员日常工作的劳动负荷，同时又能对数据进行综合运用，为设备故障诊断、生产调度、方案择优、运营管理提供科学化的辅助决策支持，为各级领导提供更为科学有效的监管考核手段。

4）开发移动作业应用

移动应用能够实现对设备设施运行过程中的动态数据的实时监测，保证各级管理和操控人员在第一时间及时掌握运行状态，可实现智慧运营管控平台的大部分功能。通过移动应用，工作人员可对污水处理厂实现全方面监测，还可根据不同岗位显示不同的业务场景，并支持远程协助功能。

实时监测：以工艺画面的方式呈现各设备设施的运行状态，查看关键指标的当前值，提供数据曲线的快捷入口。

视频监控：通过移动端轻松查看实时视频，方便用户远程实时掌握现场环境和设备运行情况。

报警推送：支持通过微信企业号将警报发送给指定的警报接收人，或者通过在线消息方式通知相关管理和处理人员。

移动报表：支持移动报表浏览，对设备设施运行的实时数据进行汇总统计，自动生成各类运行日报、月报、年报、综合报表等各时间跨度、各类型的报表。

移动工单：各种工单的实施，包括故障工单、维修工单、保养工单等。所有的工单支持工作流自定义配置，自动适应厂内不同部门不同流程的要求（图4-4）。

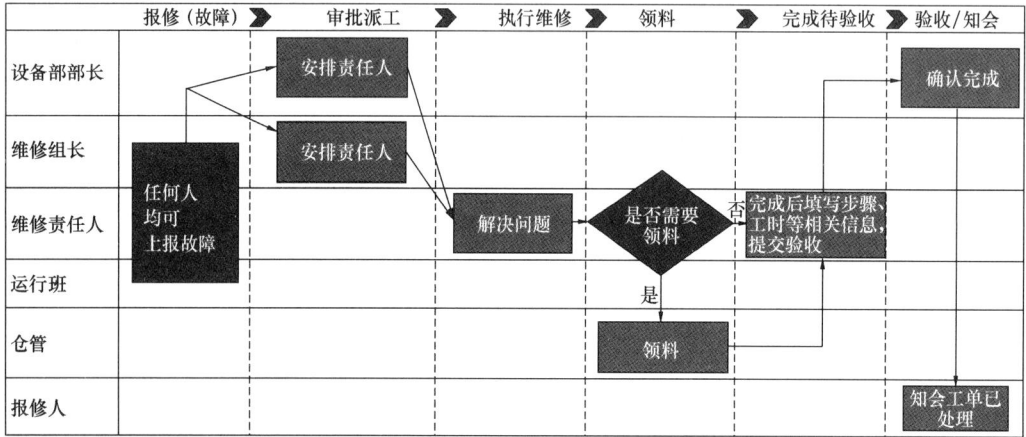

图 4-4 工单流转工作流

5）提供多系统数据接口

提供多系统数据接口，可实现接数据中心、设备信息与第三方 OA 系统、安防系统、化验室管理系统、资产管理系统等系统对接，打破"数据孤岛"，实现多系统多方面数据集中综合解析。

（2）关键技术

智慧综合管控平台是高度集成，也是智慧污水处理厂的核心成果，"综合"体现在基于 GIS、BIM 等技术，提供直观的三维可视化界面，展示污水处理厂的运行状态和设备情况的可视化平台；"智慧"体现在基于数据分析和模型计算，提供科学的决策建议和优化方案，帮助管理人员做出准确决策的智慧决策功能。此外，移动应用也是必不可少的一环，基于移动应用可以通过智能手机或平板电脑随时随地监控污水处理过程。

5. 资产全生命周期管理

基于数据集成的智慧管控平台，全面收集设备运行信息、设备故障信息、维保工单信息、备品备件信息等，构建资产全生命周期管理体系。

（1）建设内容

1）资产信息线上化

资产信息是设备管理的基础，完善的资产信息可以为后续设备管理提供良好的支撑。目前传统的污水处理厂存在大量的资产信息无法获取、资产信息价值无法发挥等问题。完善的设备台账信息包括以下三个方面，设备地址信息、设备台账信息和设备运行信息。资产信息上线，以数据驱动决策，能够大幅度提升设备管理的效率和精度。

完整、系统的设备资产台账，有利于实现对设备的全过程管理。通过分析和比较设备资产台账中的设备技术参数，有利于摸清设备故障发生的规律，便于排除故障和管理备品备件。加强设备运行状态和维修情况的跟踪，同时注重设备技术改造和更新，分析和对比设备资产台账中设备的数据信息，总结设备管理的有益经验，能够为后续维护和使用提供可靠的参考依据。

2）资产故障维修智慧化

设备资产维修管理智慧化，故障报告单记录跟踪设备发生的问题，可关联查看相关信息。故障报告与维修工单关联，相互查看。维修工单审核后自动归档设备档案，信息相互关联。对设备资产的维修工单、故障特征进行分类，纳入设备资产管理的数据库，为设备资产评估提供量化依据。设备故障类别分为机械、电气、自控、仪表、安全、其他 6 大类与 29 小类设备故障类型，根据不同的故障类型，可以较快地实现设备故障工单下发，帮助维护人员快速掌握故障的真实原因，防止设备故障发现人员及设备维修人员之间的信息不对称。设备故障类别也便于分析总结故障原因，为设备良好地运行打下基础，并合理配合人力、技术、备件等资源，加快实现设备管理的智慧化（图 4-5）。

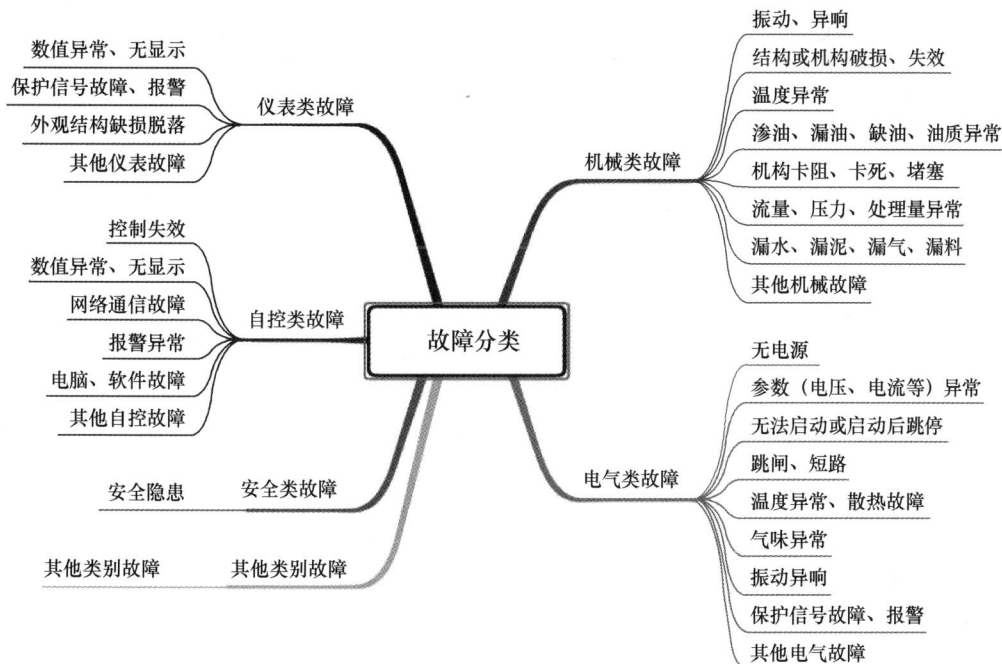

图 4-5　智慧污水处理厂故障分类

3）资产定期维保标准化

设备定期维护不同于设备故障维修，设备定期维保更能体现设备管理的完备性，实现设备管理从"应急故障维抢修"到"周期预防性维护"的转变。设备资产维保管理，包括维保计划的管理、执行、记录和查询。按照预设的维保周期，对设备资产定时按照设定的标准化维保规则执行维保工作，把传统的纸质保养计划表和记录表转为在线定时发放保养工单，数据在线记录。

按照设备资产编号中设备类型码，针对同一类设备制定同一套标准的保养标准化规则，实现标准化保养流程。新增设备资产在赋予设备资产编码后，无需再单独制定保养标准化规则。保养标准与设备类型关联，可直接批量用于新增设备。标准化维保可对维保步骤、维保工时、维保工具、维保规范等形成标准化文件，实现设备维保有章可循，有规可依。

4）资产备件库存动态化

库存管理实现物料全生命周期信息与所属设备资产全生命周期信息关联挂接，全面记录设备资产在全生命周期内的物料消耗。设定关键物料库存数量预警，实时动态更新物料消耗数量和价值数据，为资产数据分析提供准确的参考数据。

实现资产备件自动化库存管理，使物料全生命周期信息与所属设备资产全生命周期信息关联挂接，通过备件管理系统，可以查询仓库备件具体应用于哪类设备。反过来，在车间设备现场，可以实时查询该设备尚存在何种备件，备件存在于何处仓库哪个货架，全面记录设备资产全生命周期的物料消耗，设定关键物料库存数量预警，实时动态更新物料消耗数量和价值数据，为资产数据分析提供准确的参考数据。

5）资产状态评估体系

设备资产状态评估体系，主要通过设备监测数据，利用状态监测平台生成设备分析、诊断、即时预警/告警、趋势分析、主动报表等，并结合设备资产信息、日常维护记录、设备故障原因分析、设备仓库备件等设备历史信息和实时信息，建立设备故障诊断分析与健康状态评估体系。近年来，大量专家学者对设备状态评估模型进行了广泛的研究，但模型开发仍处于初级阶段，建立准确度高、通用性强的设备状态评估模型仍然具有挑战性。

通过对设备运行进行实时参数监测，对数据进行分析预警，按重要性及紧急程度设置一级预警、二级预警和三级预警，对重要预警事件提供分析结果及处理意见，自动分析数据异常的原因，及时提供处理维修方案，通过构建设备多参数、多时段监测数据的逻辑分析及报警，以实现设备资产状态的在线实时监测。

设备的健康度评估是一个多属性、多层次、多变量的复杂问题，需要综合考虑上述多种评估路径的结果，以设备状态评估模型及大数据为基础，利用专家知识库和决策支持系统来辅助评估过程，对设备的整体状态进行全面评估，并根据健康度综合评估结果，提供设备优化策略。

（2）关键技术

资产全生命周期管理的难点主要在于传统污水处理厂的设备管理以人为主，大量的资料是纸质的甚至是缺失的。管理体系的关键技术首先是多平台、多系统的数据上线与互通。建立资产管理系统，包含设备台账、维保工单系统、备品备件仓管系统。在此资产管理系统的基础上，实现资产全生命周期管理，利用算法或模型分析历史数据和实时数据，预测设备故障风险，制定科学的预防性维修计划，优化资产投资和运营成本。

6. 全厂数字化的安防与视频监控

智慧污水处理厂的安防及视频监控除了满足常规安全防护需求外，更应赋予智慧辅助决策功能，实现智慧污水处理厂安全、平稳生产。

（1）建设内容

1）安全架构配置

安防体系，即通过全厂区配置摄像头、门禁、周界热感、烟感等采集图像和数据，传输至服务器，上传至安防管理平台，实现在污水处理厂中控室对全厂安防系统运行的全过程监控，以及对厂区安防系统的控制与状态管理（图 4-6）。

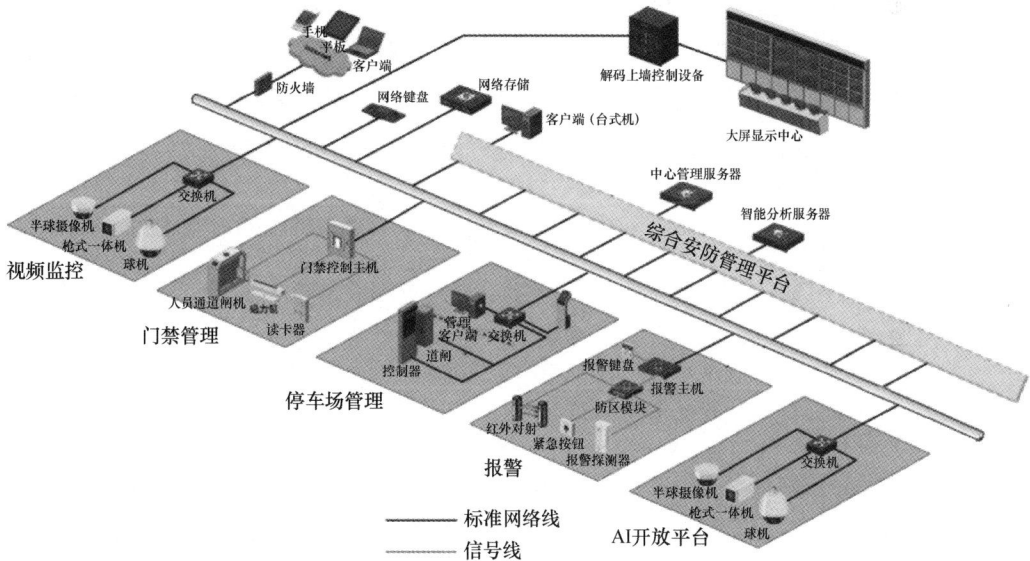

图 4-6　安防体系架构

除了相关硬件外，软件方面同步配置智能识别。视频监控智能识别技术源自计算机视觉与人工智能研究，其发展目标是在图像与事件描述之间建立一种映射关系，使计算机从纷繁的视频图像中分辨、识别出关键目标物体。这一研究应用于安防视频监控系统，能够借助计算机强大的数据处理能力过滤掉图像中无用的信息或干扰信息，自动分析、抽取视频源中的关键有用信息，从而使传统监控系统中的摄像机成为人的眼睛，使"智能视频分析"计算机成为人的大脑，并具有更为"聪明"的学习思考方式。智能识别技术可极大地发挥与拓展视频监控系统的作用与能力，使监控系统的智能化水平更高，大幅度节省资源与人员配置，同时将全面提升安全防范工作的效率。因此，智能视频监控不仅仅是一种图像数字化监控分析技术，也是一种更为高端的数字视频网络监控应用。

2）构建安防系统智慧化运营

视频监控设备宜具备智能识别功能，具备基本的识人、识物能力，并与门禁、定位系统联动，构建智慧化运营的安防系统。

通过在监控系统中增加智能视频分析模块，借助计算机强大的数据处理能力过滤掉视频画面无用的或干扰信息、自动识别不同物体，分析抽取视频源中关键有用信息，快速准确地定位事故现场，判断监控画面中的异常情况，并以最快和最佳的方式发出警报。识别内容举例如下。

① 安全防护用品佩戴识别

监控范围内对工作区域员工进行安全帽、反光衣、安全佩戴识别，当检测到有人员未佩戴安全帽、反光衣、保险带时，及时预警并抓拍，并联动现场语音播报。

② 区域危险性视频智能分析

对厂区进行监测和识别，识别内容如周界入侵、警戒区闯入、区域人员徘徊、攀登、人员摔倒等，一旦出现异常，立即抓拍并触发告警。还可联动现场语音进行提示，有助于及时制止和采取紧急救援措施，可以有效帮助管理人员的监督工作，减少人力监管成本。

③ 烟雾、火情识别

对厂区监控覆盖区域进行烟雾、火苗实时检测，一旦发现异常情况立即触发告警，并将报警信息推送至管理人员，帮助管理人员及时处理火灾信息，从根源上防范火灾事故。

④ 人员工作状态识别

基于AI智能视频分析，可针对厂区的重要岗位进行工作状态异常检测，对实时监控区域内的人员睡岗、离岗、玩手机、抽烟等行为进行识别，一旦发现，立即进行告警。

⑤ 智能过滤

自动过滤树叶、动物越界入侵报警，自动屏蔽同一报警条件短时间反复报警。

3）视频在线巡检

针对污水处理厂重点设备区域和工艺段，把在线的工艺、设备数据和高清监控视频进行结合，监控生产状态，实现视频巡检。视频巡检兼顾了看得见的现场图像和看不见的相关数据，解决了常规人工巡检的痛点，节省了人工，提高了效率。目前视频巡检仅适用于白天，夜晚效果较差。

4）线上存档

智能安防体系具备90d线上存档功能，90d内的视频影像、事件处置流程、视频巡检记录均可查询。

5）安全管控

针对安全检查及日常工作过程中发现的隐患，提供上报（支持图片上传）和派发工单功能，还可以通过工单查询隐患整改情况，包括隐患详情、整改负责人、整改状态等。

对危险作业计划及危险作业执行过程进行管理。当维修、保养工单需要危险作业时，直接跳转到危险作业审批，在系统上实现危险作业前申请、危险作业前准备情况上传、危险作业审批、危险作业工单记录等流程。

（2）关键技术

数字化安防的关键技术在于高清摄像头和大数据智能分析。高清摄像头采集的图像数据是安防系统的"地基"，当"地基"打好方能起高楼。大数据智能分析决定了"楼的高度"，实时分析、识别人脸、检测异常行为和情况，识别率和准确率决定了实用性。

4.3　智慧污水处理厂的运营

本章对智慧污水处理厂具体运营管理进行概述，概括了智慧污水处理厂的运营目标，并对比传统污水处理厂的运营模式，阐述了智慧污水处理厂对组织架构、岗位职责、绩效管理、应急保障不同方面的优化内容。

4.3.1　运营目标

1. 人员精简

由于污水处理厂的处理工艺，相较供水厂更加复杂，因此往往需要配置更多的运营人员。智慧污水处理厂运营模式以人员配置的精简化为目标。人员的精简化是通过工作的精简化为手段实现的，而工作的精简化，是通过智慧化手段代替人工完成机械式、重复式的工作实现的，在此过程中污水处理厂人员完成由工作者到核验者的身份转变。

污水处理厂的日常运营管理中，存在大量机械式、重复式的工作。数据方面，传统污水处理厂需要人工抄表，录入表格，通过 Excel 或者计算器得出所需数据后报送。报送单个数据流程复杂，对工作人员的熟练度要求高，易出错；报送多个数据耗时长，耗费大量人工。而智慧污水处理厂，从源头改造数据结构。各类仪表采用带有数据传输模块的新型仪表，通过控制柜进行数据集成，然后传输给智慧平台。智慧平台针对各类报送需求，定制表格和数据测点，实现数据报送工作一步到位，把复杂的数据报送流程变成看数据（导出表格）、核对无误、报送的简单工作流。

此外，智慧污水处理厂可以实现巡检工作、数据相关工作等系统性大幅度简化，实现人员精简。

2. 运营安全

从多方面提升整体的运营安全性，建立安全可靠的运行机制也是智慧污水处理厂的运营目标。智慧污水处理厂运营安全主要包括以下内容。

（1）生产安全

污水处理厂的核心目标在于保证出水水质、污水处理量，并保障生产全过程的安全稳定。智慧污水处理厂应结合软硬件改造，从水量预测、进水水质监测及分析、过程段工艺监控等方面优化工艺管控，从设备备用率、设备维护质量等方面提升设备保障，最终达到日常生产保障全面提升的效果。

智慧污水处理厂还具有信息集成的优势，针对生产过程中出现的各类异常，可以精准定位异常工艺段，进行相应调整。当出水异常时，智慧平台可同时分析加药系统是否正常、进水负荷是否过高、生化系统碳氮比是否过低、生化系统各段DO是否正常等情况，迅速发现异常原因，并根据应急预案采取相应措施。在全处置过程中，相较于传统污水处理厂，智慧污水处理厂能够第一时间发现生产异常，第一时间集成分析数据异常原因，第一时间采取措施，极大地提高了污水处理厂的出水达标保障率。

（2）信息安全

实现自控网络、安防网络、办公网络的互相独立，系统采用严格身份认证、权限校验、操作日志记录、备份恢复等安全体系，充分考虑信息保护与隔离，健全安全处理策略，增强系统安全性。

（3）作业安全

通过作业全流程电子化，结合污水处理厂的风险点梳理、危险作业审批等安全基础数据，做到作业可视化、风险预判提前，最大限度降低作业风险。

3. 资产清晰

水务行业的特点之一就是资产投资占比高，这一点在污水处理厂有着更充分的体现，因此资产管理是污水处理厂运营中不可忽视的环节。传统污水处理厂资产设备杂乱，信息不全，难以形成规范台账；且维修工作处于抢修为主的模式，对生产影响较大且工作紧急，计划性不足；还存在备品备件库存不足的问题。设备是一个污水处理厂正常运行的基础，资产混乱则生产安全难以保障。智慧污水处理厂模式下的资产管理工作，充分考虑资产的全生命周期管理，强调资产管理和工单系统、报警系统、仓库系统的对接，在数据层面上实现资产相关功能的互通，达到资产更清晰的效果。

资产管控体系建立的前提是建立资产台账，梳理资产清单，明细资产信息。除了基础信息以外，梳理维护保养频率、易损易耗件信息也是必要的。

资产上线后，智慧平台可自主判断设备运行状况，可根据维修保养计划提醒维保工作，管控备品备件，归纳实际易损件，制定备品备件购买计划。

4. 资源节约

污水处理厂运营的资源消耗主要体现在药剂投加、生产用电、生产用水等方面，因此实现资源的节约需要生产全流程管控的不断优化提升。对于运营阶段的污水处理厂，智慧化的节能可从工艺管控和设备优化两个方面出发。工艺管控方面，以数据集成为基础，建立模型仿真系统，实现智慧加药模型和精确曝气，精准把控整个工艺流程，以达到节能降耗的目的。

设备优化方面，一是设备调控，依据液位、流量等数据按需调控设备启停和频率，实现设备最佳效能区间的定向化控制，以达到节约资源的效果；二是设备状态监控，智慧平台可依据电流、水量等相关参数综合判定设备运行状态，设备损耗率较大、磨损严重的设备耗能高、效率低，需及时维护，保障设备高效率运行。

4.3.2　运营模式

1. 优化组织架构

传统污水处理厂的组织架构主要按照功能划分为生产岗、维护岗、支持岗等，以岗位职责来设置组织架构，以厂站为单位配置人员，各部门组织划分较为明确。智慧污水处理厂运营模式下的组织架构，与传统污水处理厂相比具有一定的区别，以信息流和工作流来划分组织架构（图 4-7）。

（1）生产：传统模式下，各生产班组按照排班表轮班值守，完成规定范围内的运行工作。智慧污水处理厂运营模式下，由于数据录入、监视报警、设备切换等工作均在一定程度上实现了系统自动化，因

运行工、调度员、工艺工程师

生产

污水处理厂

支持　　　　维护

化验、安全、人力、财务　　　维修工、设备工程师

图 4-7　污水处理厂组织架构

此生产部门的主要职责相较传统模式更侧重于报警处置和数据分析等工作。由中央调度员负责集中监控，进行统一的报警处置、线上巡检、基础决策等工作。根据不同污水处理厂设备的智慧化程度，部分垃圾清理及转运、二沉池撇渣、日常取样等现场工作，仍需交由现场人员处置。因此，智慧污水处理厂模式下仍需保留一定人数的现场操作工，其工作内容较为明确，可由厂内清洁绿化人员完成，以达到合理的人员配置。

（2）维护：传统模式下，维修人员按照功能划分为"机、电、仪"等班组，虽然职责较为明确，但无法充分发挥人员的工作积极性。智慧污水处理厂运营模式下，通过维修、保养等电子化工作流的应用，根据工单数量和优先级，合理安排维修工作，设备维修工作的整体思路由"保障应急维修"转为"加强预防性维护"，提高了人员工作积极

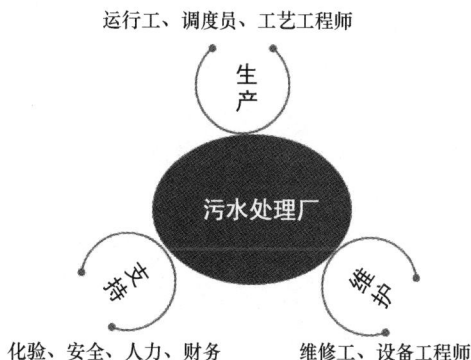

性，降低了投入的成本。

（3）支持：传统组织架构下，厂站的化验、安全、人力、财务等支持人员的工作主要集中于本厂站内，不同厂站之间的支持工作互相较为独立。智慧污水处理厂运营模式下，由于数据平台建设，使得不同厂站间的支持人员互通成为可能。基于统一架构的数据平台，在地方水务企业水务一体化的基础上，整合各个分散厂站的支持人员，根据不同项目的工作量建立统一的工时系统，以达到合理分配资源，最大化人员利用率的效果。

2. 调整岗位职责

智慧污水处理厂基于无人值守/少人值守的理念，以及设备硬件升级和自控逻辑改造，传统的运行工作量大幅削减，污水处理厂工作人员完成由工作者到核验者的身份转变。因此，智慧污水处理厂运行工的工作重心由现场工作转向集中生产调度。在此基础上分化为"调度员"和"运维工"的不同岗位，并根据污水处理厂的智慧化程度、厂站一体化管控的集成度，可合理分配调度员和运维工的人数，适应实际生产工作的需要。

3. 提升绩效管理

绩效管理分为生产运行绩效和人员管理绩效，分别衡量生产效率和人员工作效率。

对于生产运行绩效，需要建立污水处理厂的运行关键绩效指标评估机制，从生产成本、能耗分析、设备运行效率、运行工艺参数等多个方面定期对全厂的运行管理状况进行综合评定。此环节主要聚焦于电单耗、药剂单耗等关键指标。与传统污水处理厂相比，智慧污水处理厂生产运行绩效主要的区别在于数据的自动化采集和多维度展示，能够提供更直观、更及时的数据，可以为运行管理优化提供丰富的数据展示和决策支持。

传统的污水处理厂人员绩效管理，主要存在的问题有①主观因素占比过大；②工作量无法量化；③缺少有效的绩效管控体系。人员工作的标准化、数据化，是提升绩效管理的关键，理想的人员绩效管理应实现不同的人员可以根据工作类型实时查看个人工作并考核评估职位情况的功能。智慧污水处理厂运营平台的应用，使得标准工时的建立成为可能。以维修工为例，可通过维修工时对维修人员进行绩效评估，根据维修派单情况，结合库存出库时间，统计维修人员的维修用时（理论用时）；同时开放接口由员工自行确认开始维修时间和结束时间（实际用时）；交由管理人员确认实际运行时间（考核用时）；最终根据月度维修单数、维修时长、处理设备级别进行整体评估。

4. 强化应急保障

应急保障，即风险应急预案的编写、管理、落地、执行等一系列动作，以保障污水处理厂在风险发生时的生态安全、人员安全、生产安全为目标。风险预案管理应建立针对污水处理厂的已知风险进行识别定义、定性分析、制定对应策略、保存经验记录等过程的全数字化管理手段。模块建设初期，应将污水处理厂现有的风险管理体系和应急预案全面融入智慧污水处理厂运营管控平台中。通过在管理上建立规范的污水处理厂应急预案制度并结合全数字化管理手段，让智慧污水处理厂的运营更有保障，应急状态下的处置也更灵活。

　　智慧污水处理厂提供风险预案的录入窗口，可采用自定义编辑的方式增加风险预案，将污水处理厂现有风险预案管理制度以电子化形式记录到平台中。系统记录风险处理全过程的相关数据，以备统计分析和经验总结。风险事件记录主要记载一年内发生过的风险事件的种类、发生次数、发生趋势描述等信息，从而直观的了解这一年发生的风险事件情况。

　　当运行人员报告风险事件时，平台主界面在明显的位置给出消息提醒，系统后台通过风险事件类型自动关联对应的风险处理预案。管理人员通过平台查看风险处理预案，根据预案的要求，统一调度相关执行人员进行下一步的处理。在处理风险事件过程中，平台可提供相关工艺运行数据、实时视频、设备巡检维修等相关参考信息，辅助对风险事件进行的分析和判断。当风险事情处理结束后，平台记录风险处理的全过程，亦可录入对应处理结果和经验总结，以供后续参考。

4.3.3　成效

　　智慧污水处理厂运营成效对比详见表 4-1。

智慧污水处理厂成效对比

表 4-1

对比项	常规运营	智慧运营
组织架构	1. 信息流动通常单向，且依赖于人工报告和检查； 2. 工作强度高，依赖经验，人员需求量大	1. 智慧水务平台打破信息壁垒，实时收集、展示数据，实现信息全面共享； 2. 智慧水务打造标准化作业流程并有数据辅助，远程协助双重保险，极大的降低上手难度
工作环境	1. 水量、药量、电量等人工现场操作，纸质版数据，每日抄表一次； 2. 现场巡检，耗时长且依赖经验； 3. 撇渣/清淤等工作现场环境恶劣，工作强度大	1. 通过 PLC 数据传输，水量、药量、电量数据自动采集，每分钟一次； 2. 构建视频巡检平台，视频监控为主，数据辅助，简单高效，现场巡检次数大幅度减少； 3. 自动撇渣，无需人工操作
运营安全	1. 生产状况实时不在线，数据保存不全，难以分析利用； 2. 异常情况难以发现，发现后没有明确处理方案，处置延后； 3. 安全管理未上线，隐患排查不规范、不彻底，视频监控与事件割裂	1. 生产状况实时在线，数据集成，构建工艺仿真模型，指导生产； 2. 异常情况自动感知，分级分类，依据处置规程及工艺仿真模型数据自动处置或依据智慧决策系统给出处置规程； 3. 危险作业在线审批，附加隐患排查标准化规程，高效、稳定、全面
资产管理	1. 资产混乱，位置不清晰； 2. 工单人工流转，不合理； 3. 库存清单人工更新，有疏漏； 4. 设备工作以抢修为主，对生产影响较大	1. 资产清单，资产地址树清晰； 2. 工单自动流转，在线分配，故障提前分析，提高维修效率； 3. 出入库与工单、采购系统全自动联动； 4. 制定标准化保养计划，实时派发工单

续表

对比项	常规运营	智慧运营
资源消耗	1. 工艺调整不及时，依赖经验，过量曝气，过量加药情况严重； 2. 各时段、各区域用电情况不明晰，难以制定节能方案	1. 构建工艺仿真模型，实现全流程监控，实时调整加药、曝气，在保障出水稳定达标的前提下节能降耗； 2. 构建能源管控平台各时段、各区域用电情况全收集，实时分析，依据尖峰时段、峰平谷等相关政策智慧化节电

4.4 智慧污水处理厂关键指标

本章论述智慧污水处理厂的关键指标，旨在帮助污水处理厂的管理者和运营者衡量智慧污水处理厂的建设和运营效果。

4.4.1 数据覆盖率

数据方面的指标首先是数据覆盖率，即数据获取的广度和频率。数据获取的广度，包含基础的进出水常规指标，进一步覆盖污水处理过程中的污泥浓度、溶解氧等指标。污水处理厂的智慧化则要求数据获取不仅要获取工艺的过程参数，如氧化还原电位、硝氮浓度、正磷酸盐浓度等，还要获取设备相关的电流、耗电量、温度、工单信息等不同系统、不同类别的信息。数据的高频率采集可以提供更详细和精确的运行状态信息，有助于更好地控制和优化处理过程。

1. 计算方式

$$数据点覆盖率 = \frac{实际采集的数据点数量}{理论上所有应该采集的数据点数量} \times 100\% \qquad (4-1)$$

式中　实际采集的数据点数量——当前系统中实际安装和运行的传感器或仪表所反馈的有效数据点数量；

理论上所有应该采集的数据点数量——根据智慧管控平台和工艺仿真模型需求，应当安装的全部数据采集点数量。

2. 指标参考

数据点的覆盖率决定了智慧水务系统的上限，90%以上的覆盖率才能满足智慧污水处理厂的要求，无法覆盖的数据点需推算，推算的数据越多，最终的结果误差越大。

4.4.2　数据准确率

数据获取的核心关键指标是数据的准确率，要求准确地反映实际生产状况。数据准确率分为两个层级，首先是自控层级数据准确率，要保障数据的完整性与连续性，即数据是真实有效的，且数据量充足；然后是智慧管控平台层级的数据清洗准确率，采取数据降噪、剔除异常数据等措施，排除仪表校准、设备维修等干扰项，保障数据的准确性。

需要说明的是，智慧污水处理厂的数据准确率是一个相对的概念，在实际生产运行状态下，各传感器难以保障数据与实际情况 100％相符，存在系统误差，在此基础上的数据获取自然也做不到绝对准确。相对准确需要保障的是平台呈现的数据与传感器的数据保持一致。

1. 计算方式

（1）自控数据准确率

$$自控数据准确率 = \frac{平台与传感器本地一致的数据量}{传感器的全部数据量} \times 100\% \tag{4-2}$$

式中　平台与传感器本地一致的数据量——平台接收呈现数据和传感器本地存储的数据一致的数据量；

传感器的全部数据量——传感器监测的，储存在本地的全部数据量。

（2）平台数据清洗准确率（均方根误差）

数据清洗是数据分析和处理过程中非常重要的一环，旨在去除或减少数据噪声，以便更准确地分析和建模。主流的数据清洗方法有移动平均法、取中值法等。数据清洗准确率计算方式引入数理统计学的均方根误差（RMSE）。

$$\mathrm{RMSE} = \sqrt{\frac{\sum\limits_{i=1}^{n}(x_i - y_i)^2}{n}} \tag{4-3}$$

式中　x——数据清洗后的数据值；

y——数据清洗前的实际值；

n——总数据量。

2. 指标参考

自控数据准确率指标参考值为 100％。平台数据清洗准确率（均方根误差）需要结合数据本身的特点、具体的应用场景、行业标准以及基准模型的表现等多方面因素综合考虑，难以确定具体量化的参考范围，在保障数据平滑度的基础上，越小越好。

4.4.3 自动化控制率

全厂涉及生产调控的设备应尽可能进行计算机远程控制，并且程序可自动发出指令控制。提高自动化控制率可以减少人工干预，进而提高系统响应速度和处理效率。

1. 计算方式

$$自动化控制率=\frac{程序自动控制的指令数}{设备被控总指令数}\times100\% \tag{4-4}$$

式中　程序自动控制设备指令数——依据自控逻辑或模型预测，系统程序自动发出的设备控制指令；

设备被控总指令数——设备接收的所有有效指令数。

2. 指标参考

自动化控制率指标参考范围为 95% 以上。

4.4.4 工艺预测准确率

智慧化污水处理厂的核心在于预测，因此预测准确率至关重要。基于高覆盖率、高准确率的数据，通过工艺仿真模型预测未来的水量、水质、加药量、曝气量等指标，自动化控制生产调控相关设备，进行及时甚至提前的针对性调整。提高工艺预测准确率是一个不断积累各种情况，丰富数据库，自学习的过程，提高前馈调节准确度，减少后馈调节的"补救"，提高系统的稳定性和可靠性。

1. 计算方式

$$工艺预测准确率=\frac{调节指令数}{工艺仿真模型指令总数}\times100\% \tag{4-5}$$

式中　　调节指令数——实际生产情况与工艺仿真模型预测结果偏差较大可能会影响生产安全时，发出用于补救的反馈调节指令数；

工艺仿真模型指令总数——依据工艺仿真模型预测，发出的调节指令总数。

2. 指标参考

工艺预测准确率的影响因素除仿真模型自身的水平外，还包括设备的运行情况、来水的水质水量异常波动等。综合以上因素，工艺预测准确率指标参考范围为 90% 以上。

4.4.5 设备状态预估准确率

设备状态预估的准确率是指通过各种模型和数据预测设备当前或未来状态的准确程度。提高设备状态预估的准确率对于维护保养计划、减少非计划停机时间以及优化设备性能至关重要，进而帮助污水处理厂更加有效地管理设备，降低运营风险和成本。

1. 计算方式

$$设备状态预估准确率 = \frac{非计划性工单数}{设备总工单数} \times 100\% \tag{4-6}$$

式中　非计划性工单数——突发性故障、意外停机或其他未提前计划的维修工作工单数量；

设备总工单数——设备方面所有的工单数量，包含维抢修工单、保养工单等。

2. 指标参考

设备状态预估准确率指标参考范围在 90% 以上，以确保设备稳定运行，减少维修成本，提高设备利用率，实现更加可持续的生产运营。

4.4.6　智慧化连续运转率

实现少人/无人值守的智慧化运行是智慧污水处理厂的终极目标，实现少人/无人值守的关键指标就是智慧化连续运转率。在无人为参与或仅在系统求助时人为参与的条件下，智慧污水处理厂实现智慧化稳定运行，是智能化水平和运营稳定性的核心体现，反映了智慧污水处理厂在智能监控、数据处理、自动化控制等方面的综合能力和稳定性。

1. 计算方式

$$智慧化连续运转率 = \frac{智慧化运行时间}{总运行时间} \times 100\% \tag{4-7}$$

式中　智慧化运行时间——在无人为参与或仅在系统求助时人为参与解决问题的前提下，智慧污水处理厂实现智慧化稳定运行的时间；

总运行时间——具备智慧化运行条件后的总运行时间。

2. 指标参考

受限于污水处理厂的来水水质差、工艺流程长、工艺参数多等因素的影响，实现全厂高智慧化连续运转率的难度比较大。因此，该指标可以进一步分解，由曝气系统连续运转率、加药系统连续运转率多个子系统指标，结合不同权重系数加权而成，权重系数依据污水处理厂的实际运行情况决定。智慧化连续运转率指标参考范围为 90% 以上。

4.5　智慧污水处理厂的典型应用场景

4.5.1　基于厂网一体化联动模型，实现智慧化水量调配

1. 概述

水量调配一直是大型污水处理厂自动化程度比较低的一个环节，首要的原因是影响

配水的因素过多,例如来水水质水量、泵坑液位、设备情况、各条生产线的运行情况等。人工配水需要运行人员投入大量精力且往往达不到最优效果。因此,基于厂网联动的水质水量预测模型,实现智慧化配水是污水处理厂智慧化不可或缺的一环。

2. 目标

在进水水质水量波动,设备故障、维保,各生产线完好情况不一致等各种异常情况下,预测进水水质水量并智慧化配水。

(1)进水波动

市政污水处理厂的进水的显著特点之一是有明显的早高峰和晚高峰,市民早上上班前及晚上下班后用水量较大,污染物浓度较高,其他时间污染浓度和水量均有明显的下降。由于管网长度不同,早晚高峰会持续对污水处理厂进水产生影响,因此污水处理厂进水量也应相应调整。

(2)管网水质水量异常

市政污水处理厂来水规律性较强,相应的配套的管网液位和水质变化呈现出明显的周期性。当管网出现异常液位、异常水质且相应位置下游监测设备数据吻合时,说明出现异常进水,例如服务区出现偷排或者施工工地排放黄泥水等。

(3)设备故障及维保

设备故障及维保时,设备停运,关键设备会严重影响污水处理效果,需与之相适应地减少配水水量或者停止进水。

(4)各生产线运行情况

大型污水处理厂多采用多条生产线并行的运营模式。由于工艺、设备参数、设备磨损等多方面的原因,不同生产线对各种进水的抗冲击能力也不同,配水时应综合考虑各生产线运行情况。

3. 场景

智慧化水量调配主要分为两部分,一是总水量调控,二是各条生产线配水调控。

首先是总水量调控问题在预测来水水量的前提下,以提升泵坑液位为主要参数进行水量调控,以管网液位为次要参数进行未来2h内的水量预测和调控。依据来水量不同,分为常规模式和满载模式。满载及满负荷生产,无余力调控泵坑液位。

其次是配水的问题。实现智慧化生产管控的基础是对各条生产线情况的把控,综合考虑各生产线水量最大负荷、污染物最大负荷及相应去除效率、设备异常情况等因素对各条生产线处理能力的影响,给出智慧化生产管控目标值,各模块针对目标值进行配水堰门的自动调整(图4-8)。

来水水质异常问题需依据污水处理厂的冲击负荷能力调整处置方式,在应对范围以内的,可通过配水解决;若冲击过大,则考虑减少进水量或舍弃部分生产线进行储水等应急处置方案。

常规模式：综合来水量小于污水处理厂处理能力的情况下，设置流量系数，基于各生产线处理能力，按照流量系数为比例进行配水。

$$流量系数＝综合来水量/污水处理厂处理能力 \tag{4-8}$$

满载模式：综合来水量大于污水处理厂处理能力的情况下，按各条生产线处理能力最大值配水。

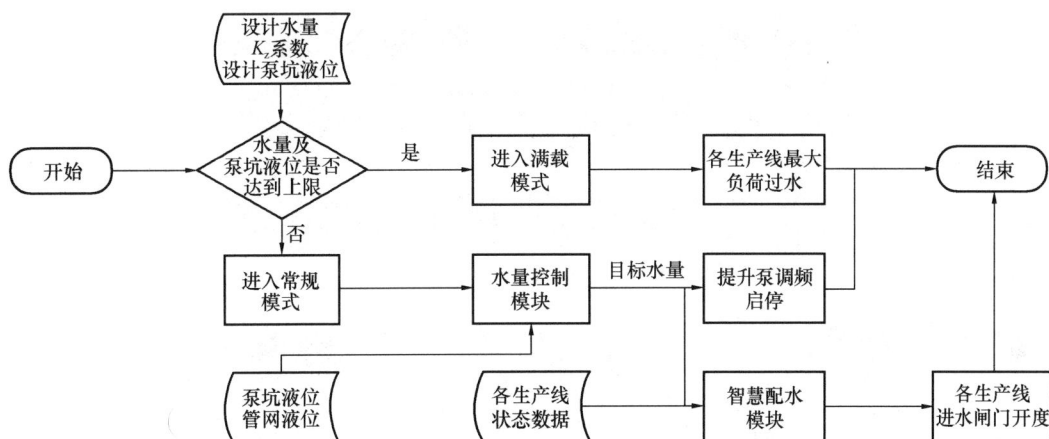

图 4-8 智慧化生产管控逻辑图

厂网联动的水质水量预测模型对于污染物溯源有着得天独厚的优势，针对异常进水，可迅速排查污水管网水质水量异常数据，迅速锁定对应高嫌疑片区，有利于后续跟进排查。

4. 成效

智慧污水处理厂通过厂网联动，管网信息综合分析预测，实现智慧化水量调控，大幅度节省了人力。配水时综合考虑多方面因素，保障各生产线在异常情况下的稳定运行，大幅度提高了污水处理厂的抗负荷冲击能力，进一步保障出水稳定达标。同时，污水处理厂异常状况可反馈至管网，辅助锁定异常来水的高嫌疑片区，有利于后续跟进排查。

4.5.2 基于智慧 AI 算法，优化药剂投加

1. 概述

污水处理厂的成本支出绝大部分在药剂投加方面，混凝剂和碳源的投加是保障污水处理厂出水稳定达标的重要手段之一。但相应的，为了追求 100% 的达标率，存在一定程度的药剂过量投加，导致运营成本过高。为节省成本，调控药剂投加势在必行（图 4-9）。

93

2. 目标

在保障出水稳定达标的前提下，降低药剂投加量，优化成本。

3. 场景

污水处理厂的常用药剂有碳源、化学除磷剂、混凝剂、污泥脱水剂等，其中碳源和化学除磷药剂消耗量较大。

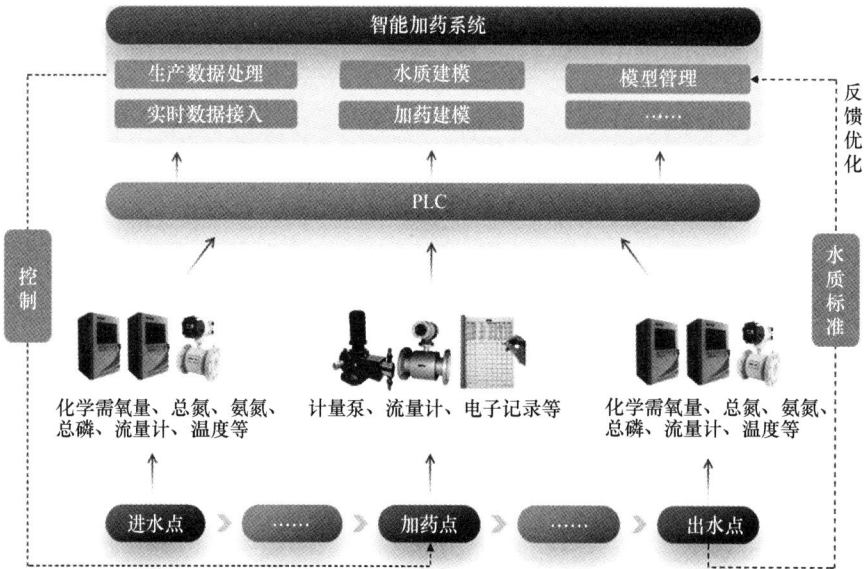

图 4-9　智慧污水处理厂智能加药系统

以化学除磷剂为例，目前，常见的化学除磷剂加药过程控制主要包括基于流量的前馈控制、基于进水磷负荷的前馈控制、基于出水磷浓度反馈控制以及前馈与反馈结合的控制方式（图 4-10）。

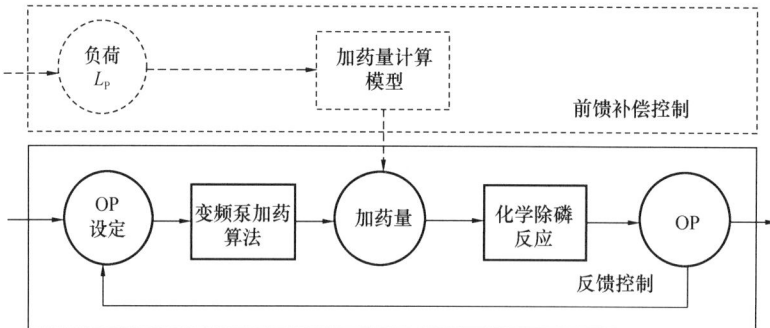

图 4-10　化学除磷剂智能加药系统

PAC 智慧加药系统由前馈补偿控制和反馈控制联合互补组成。

基于流量的前馈控制主要考虑进水流量的波动大于磷酸盐的波动情况，此时，磷负荷变化由流量变化决定。若进水流量与磷酸盐浓度的变化程度接近，则采用进水磷负荷的前馈控制。还可以根据出水磷酸盐浓度，反馈调节加药量。前馈模型可能预测的不够准确，而反馈控制又存在滞后效应的特性，因此将前馈与反馈结合起来，通过进水磷负荷确定加药量设定值，根据出水磷酸盐的浓度动态调整加药量，稳定性更优。

4. 成效

由自动加药代替人工调整加药，大幅度提升了调整及时性，既节约了药剂成本，又保障了出水水质，一举两得。

4.5.3 按需分配，实现精确曝气

1. 概述

曝气系统作为污水处理厂的主要能耗单元，其自动控制水平对于污水处理厂整体的能耗以及出水的水质都有十分重要的影响。由于进水水质和水量的波动，人工曝气控制准确率低，时效性较差，效果并不理想。为节能降耗，需要利用在线监测仪表实时采集水量、气量、溶解氧、鼓风机风量、主风管压力等信号，综合控制曝气量，在保障出水稳定的前提下，降低风量需求，减少能耗。

2. 目标

利用在线监测仪表实时采集水质、风量等信号，综合控制曝气量，在保障出水稳定的前提下，降低风量需求，实现节能降耗。

3. 场景

在一定程度上，曝气量的控制决定着整个系统对废水的处理效果和污水处理厂的能耗水平。曝气量较小时，会抑制系统中的硝化反应，还会引起曝气池中丝状菌繁殖，导致污泥膨胀；而曝气量较大时，不仅会使曝气电耗增大，强烈的空气搅拌还会打碎污泥絮体从而影响出水水质。此外，如果处理工艺有硝化液回流，回流的硝化液也会把氧带入缺氧区，从而影响反硝化效果。

精确曝气是通过在线仪表实时采集信号，然后通过内置的智能化控制系统计算实时需氧量，再通过控制系统精确控制鼓风机、阀门的开度，动态调整供应气量，使其气水比接近理论值，做到按需供气（图 4-11）。

精确曝气系统综合多方面信息，以进水水质、水量指标为前馈，停留时间为相关参数，得出处理污水所需气量，进而调整曝气系统相关参数，如阀门开度，风压，鼓风机功率等。由于生化系统具有一定的波动，前馈预测可能存在一定偏差，后续则通过生化系统的相关参数，如 SRT、污泥浓度、有机质占比、水温、污泥活性等，校正污泥好氧速率的差异。此外，还通过溶解氧的反馈机制，进一步调整曝气系统相关参数。

4. 成效

精确曝气使生物系统运行和出水水质更加稳定，同时比人工控制更加节能。

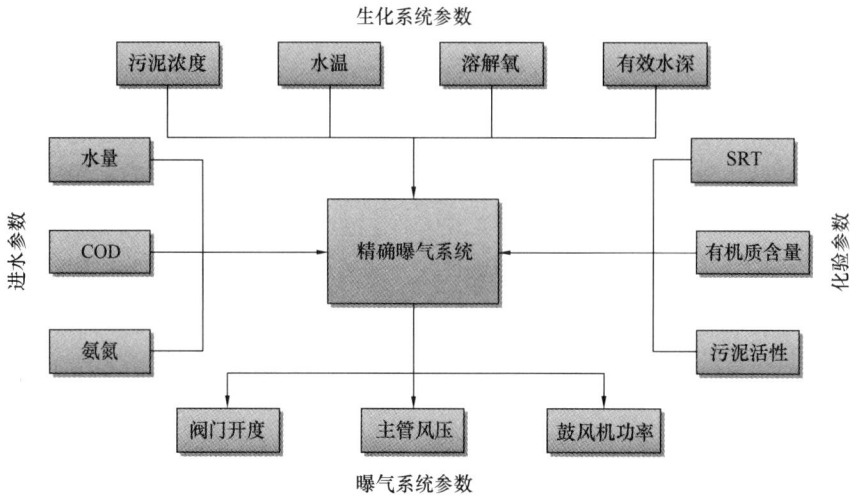

图 4-11 精确曝气智能化控制系统

4.5.4 基于能源综合管理平台，降低能源消耗

1. 概述

污水处理属于能耗密集型行业，在保障出水水质优良稳定的情况下，污水处理厂能源综合管理平台智慧管控全厂电能，实现节能降耗，降低碳排放，优化运行管理，提升经济效益。

2. 目标

实现对污水处理厂供配电设备、生产设备的运行状态及数据采集存储；分析供配电设备和生产设备的历史运行数据和设备状态数据，总结规律，实现设备能源利用效率分析等。掌握不同区域不同时段的电力使用情况和波动情况与生产数据，利用数据处理与分析技术，优化设备运行数量或时段，降低电费支出。

3. 场景

能源管控平台的硬件基础是清晰的电路图、电表位置及覆盖区域，保证数据准确和传输稳定。在此基础上进行电耗分析，掌握污水处理厂的电力使用情况和波动情况，亦可分区域进行电耗比对，及时发现耗电异常区域，明确"耗电大户"，为节能降耗指明方向。

由于污水处理厂采用工业用电"峰平谷"的分时计费模式，即一天（24h）内，峰时段、平时段、谷时段执行不同的电价。基于成本控制的目标，尽可能将峰时段的用电转移到其余时段，是控制能耗的一种有效方案。具体措施应结合生产实际情况，可通过调蓄池蓄水、泵坑液位控制、设备轮换等方式实现。能源管控平台应满足不同时段用电量的分布计量，便于管理人员根据实际用电情况调整设备状态。

能源管控平台的数据分析采用自动化、信息化技术，实现能源数据采集、过程监控、能源介质消耗分析、能耗管理等全过程管理；运用先进的数据处理与分析技术，进行离线生产分析与管理，实现全厂能源系统的统一调度，从而提高能源利用率、降低能源消耗，达到节能降耗和提升整体能源管理水平的目的。

4. 成效

能源管控平台可实时掌控设备情况，对全厂范围内的能耗进行动态分析，结合工艺、设备、电气多方面因素，切实提高了污水处理厂的能源利用率，从而达到节约用电量，或降低电单价的目的，提高了电力资源的利用率。

4.5.5　多厂站统管，实现集中智慧管控

1. 概述

随着我国水务管理体制的不断改革，城市水务趋于统一运营、统一管理。围绕水务一体化运营中的"多厂站协同"场景，借助智慧化技术手段，实现区域水务设施的集中智慧管控的目标。

2. 目标

多厂站集中智慧管控是充分利用现代信息技术、数据分析和智能决策支持系统，使得水务运营团队能够更加高效、协调地进行多厂站运作和生产管理，实现"集中调度、集中维修、集中后勤"。

3. 场景

在传统管控模式下，多厂站水务设施各自独立运营管控，存在多头管理的缺陷，厂站之间协同程度较低，人员配置较多，无法充分发挥设施能效；通过人工收集数据、人工巡检发现问题，通过电话、微信手段进行反馈信息，信息收集和处理效率较低。

多厂站协同管控以硬件为基础，在组织架构上实现区域多厂站一体化管养，硬件层面上，满足各多厂站设施运行工况的实时远程查看，实现统一管控。用户可采用 PC 端或移动端 App 方式随时、随地、实时对全区域污水处理厂、污水泵站、调蓄池等设施运行及数据进行综合管理，通过平台系统自动收集在线收集所需要的数据，在系统平台上下达调度指令；人工通过视频巡检的模式，实时监控各项水务设施运行。实现由"分散管控"向"集中管控"的转变，以及由"经验管控"向"科学管控"的转变。

依托多厂站一体化管控平台，将各项水务设施数据汇集到一个系统，通过在线视频监控把全区水务设施（厂、站、池等）的生产运行情况汇集到一处，由调度工程师和调度人员实时管控调度，保障生产运行稳定，有效提高工作效率，节约人力资源。

数据采集与存储是整个系统的基础，此项目由集中管控平台对接物联网平台数据

库，获取泵站等设施的相关数据。系统平台会采集大量来自生产运营的仪表数据，设备台账数据，报表、水质、水量实时 KPI 统计计算数据以及日常工单产生的图片、视频、文档等对象型数据，具有数据量大和数据类型繁多的特点。

系统提供实时的报警体系，单测点数据越限时，系统会发出报警信息通知，提示用户及相关人员进行及时处置，实现智能报警。

4. 成效

通过智慧管控平台，实现厂、站、池等设施数据集中接入、人员集中管控，实时明晰厂、站、池等设施运行情况和状态，便于统一调度、综合分析，迅速形成相应调度方案，及时发出设施调度指令，使调度工作达到"大脑指示-其余器官迅速响应"的类人体快速反应效果。

全区域多厂站设施智慧管控平台以片区水质安全保障为核心，各设施统一调度，为防洪排涝安全、河道水质达标、再生水供水充足等水环境保障工作提供了极大便利。

智慧水务建设与运营全过程探索及实践

深圳市光明区环境水务有限公司　编著

3

智慧供水排水管网运营

中国建筑工业出版社

图书在版编目(CIP)数据

智慧供水排水管网运营 / 深圳市光明区环境水务有
限公司编著. -- 北京：中国建筑工业出版社，2025. 5.
(智慧水务建设与运营全过程探索及实践). -- ISBN 978-
7-112-30929-0

Ⅰ. TU991. 36；TU992. 4

中国国家版本馆 CIP 数据核字第 2025H8E461 号

本书编写委员会
《智慧水务建设与运营全过程探索及实践》

主　　编：李宝伟

副 主 编：李　婷

编写成员：（按章节顺序排名）

第1册（第1章）李　旭　张炜博

　　　　　（第2章）王　欢　李　婷

第2册（第3章）肖　帆　王文会　吴　浩

　　　　　（第4章）廖思帆　朱信超　肖浩涛

第3册（第5章）顾婷坤　姜　浩　吕　勇

　　　　　（第6章）潘铁津　郭　姣　张素琼

第4册（第7章）单卫军　范　典　李羽顼

　　　　　（第8章）解　斌　曹玉梅　邱雅旭

第5册（第9章）郭　琴　赵　旺　彭　影

　　　　　（第10章）罗　伟　戴剑明　符明月

审　　稿：杜　红　李绍峰　王　丹　金俊伟　汪义强
　　　　　戴少艾

前　言

近年来，国内水务的发展历经了自动化、信息化阶段，正逐步向数字化、智能化方向发展。国家、地方、行业各个层面陆续出台一系列政策，在顶层愿景、目标和发展战略层面，为水务行业数字化转型提供了明确的方向指引和强有力的支撑，营造了良好的发展空间。随着数字中国建设的兴起，物联网、大数据、5G、人工智能等数字技术蓬勃发展，不少供水企业将数字技术运用到智慧水务建设中，不断构建水务数字化运营场景，改变传统以人工为主的运营模式，加速推动智慧水务发展新格局。尽管水务企业在智慧水务发展方面取得了长足的进步，如生产更加精益、管理越发高效、服务趋向便捷、决策逐渐智能，但仍面临着行业创新发展、转型方向、业务与信息融合、长效发展保障等诸多挑战。

在数字经济与生态文明深度融合的时代背景下，深圳市光明区环境水务有限公司以"打造全球水务创新管理新典范"为使命，通过战略性数字化转型重塑传统水务行业格局。作为中国供水排水领域改革的先行者，该公司以"一网统管"为核心理念，构建了覆盖供水、排水、水厂、管网、河湖库的全要素智慧水务体系，成功实现从"传统运营"向"互联网＋环境水务"现代化企业的跨越式发展。通过智慧水务系统和管控平台建设、组织架构调整、薪酬优化，实现环境水务设施"一网统管"，即"线上通力配合，线下高效协同处置"，以组织架构构建智慧平台，提供"一中心一平台"运营支撑，实现"供水排水一体化、厂网河湖库一体化、涉水事务一体化"，于 2023 年实现数字化转型，完成全业务人在线、物在线、服务在线。其"供水业务管理系统项目"获得 2018 年地理信息科技进步奖，"智慧水厂建设项目""光明区智慧水务一阶段项目""智慧水质净化厂建设项目"先后入选 2022、2023 年度住房城乡建设部智慧水务典型案例。2024 年获得 DAMA China 国际数据管理协会-中国分会数据治理最佳实践奖、广东省政务服务和数据管理局 2024 年"数据要素 x"大赛广东分赛城市治理赛道优秀奖。

本书围绕国家相关数字化转型要求，结合水务行业实际发展需求和数字化发展水平，针对智慧水务全过程建设与运营理论多、实战体系化经验少的现状，总结了涉水事务一体化企业多年来在运营管理创新模式和供水排水全业务一体化智慧运营的长期投入和实践成效，以期为国内外水务行业相关技术人员、运营管理人员、职业技能院校提供借鉴参考。

本书包括 5 册，分别为：智慧水务概述与 IT 技术、智慧供水排水厂站建设与运营、智慧供水排水管网运营、智慧供水排水一体化调度、智慧供水排水水质监测与营销服务。

针对智慧水务建设与运营全过程，从智慧水务发展趋势切入，总结相关智慧水务要求和 IT 技术；从厂站网建设与运营出发，系统阐述供水排水市政设施数字化从无到有、从有到用、从用到好用的实战经验；以水质水量的高效监督管理与保障服务为初心，详细阐述数字化在水质监测与管理、供水排水一体化调度、供水排水营销与服务等方面典型应用案例与成效。全书各篇章从技术方案、实施路径等方面提供了详细的方法论，同时分享了各个场景下的典型应用案例，以期为国内外同行提供借鉴参考。

本书由深圳市光明区环境水务有限公司组织编写，深圳市水务（集团）有限公司、深圳职业技术大学参与编写。

本书的编写工作得到了陈铁成、贾志超、李辉文、唐树强、钟豪、黄捷、陶剑、谷俊鹏、黄梦妮、谢端、于宏静、龙昊宇、吴浩然、姜世博、郑军朝的支持和指导，在此谨表示衷心感谢！

由于本书内容主要来自涉水事务企业一体化智慧运营与数字化转型的实地总结，部分技术和应用仍有待于完善和丰富，加之编者水平有限，不足之处，敬请读者批评指正。

编者

2025 年 4 月于深圳

目 录

第 **5** 章

智慧供水管网运营

5.1 智慧供水管网概述

5.1.1 智慧供水管网系统的定义与特征

1. 智慧供水管网系统的定义

供水管网系统是给水系统中的重要组成部分，它是联系工程与用户之间的通道和纽带，是一个城市的大动脉血管。供水管网系统承担着供水的输送、分配、压力调节（加压、减压）、水量调节任务，起着保障用户用水的作用。但随着城市的高速发展，传统的供水管网系统已经无法满足供水企业智慧化发展的要求，因此智慧供水管网系统应运而生。

智慧供水管网是指通过在城市供水管道上安装水质、水压、水量等在线传感设备，实时感知管网系统的运行状态，同时融合管网维护业务信息，采用可视化的方式有机整合水务管理部门与供水设施，将海量的水务信息通过系统有效分析与处理，对管网水量、水压、水质工况进行及时预警，对管理需求作出更加智能化地响应与控制，以更精细、动态的方式管理好供水系统的整个生产、管理和服务过程，从而达到"智慧供水"的状态。

2. 智慧供水管网系统的特征

智慧供水管网系统是智慧城市的一部分，是智慧水务部门一直在提的一个概念。智慧供水管网系统主要有五大特征：

（1）更整体的感知：感知方式快捷、感知速度及时、感知精度精确。

（2）更主动的服务：及时发现问题、及时发出预警、及时提出解决办法、及时控制。

（3）更科学的决策：业务之间更加协调、决策链包括信息采集、智能诊断、智能预报等服务于一体的水务业务全生命周期的决策支持。

（4）更自动的控制：通过集中化、智能化的控制方式更为自动地控制整个体系运转。

（5）更及时的应对突发事件。

5.1.2 与传统供水管网的区别

传统供水管网是指以单向供水为主要特点的供水系统，其主要特点是水的流向和流量控制都由管网的设计和运营人员进行控制。随着全球水资源短缺日益明显，传统供水管网的被动控制显现出越来越多的弊端，在加强管道的泄漏控制、减少漏损水量、降低运维成本等方面，传统供水管网已经逐渐无法满足新时代供水企业的需求。

为确保供水管网的健康运行与可持续发展和水资源保护战略相一致，供水管网智慧化运营已经成为新趋势。智慧供水管网是指基于信息化、网络化和智能化技术，通过对整个供水系统进行实时监测、分析和优化，实现供水系统的快速反应和高效运行的供水网络。传统供水管网与智慧供水管网的区别主要体现在以下几个方面：

（1）管网控制方式

传统供水管网控制主要依赖人工巡检、手动操作及经验性调度等。这种方式缺乏实时数据支撑和智能化优化手段，导致供水效率低、响应速度慢，难以满足现代城市的用水需求。智慧供水管网系统通过多维度技术创新，实现了供水管理的精准化。例如，智压力调控技术能够根据用水需求动态调整管网压力，降低爆管风险，减少漏损。分区计量管理（DMA）将管网划分为独立区域，实现水量精细化计量和漏损精准定位。可视化管控平台集成 GIS、SCADA 等系统，实现管网运行状态的实时监控和调度指令的快速下达。

（2）管网监测能力

传统供水管网的监测水平有限，难以实时了解管网运行情况；智慧供水管网通过各种传感器和监测设备对整个管网进行实时监测，能够及时掌握管网的运行情况。

（3）管网优化能力

传统供水管网的管网设计和运营主要考虑水的流向和流量控制，难以实现供水系统的高效运行和管理；智慧供水管网通过对各种数据进行分析和优化，能够实现供水系统的高效运行和管理，减少浪费和损失。

（4）可持续发展

智慧供水管网采用节能环保、低碳技术，实现对水资源的保护和可持续发展，是一种更加符合现代水资源管理理念和绿色发展的供水方式。

5.1.3　智慧供水管网预期成效及未来趋势

随着信息技术的不断发展，智慧化技术已经开始在供水管网领域得到广泛应用。供水管网智慧化是指将先进的信息技术应用于供水管网的运营和管理中，以实现管网的自动化、智能化和高效化。

1. 供水管网智慧化的预期成效包括

（1）管网运行安全性的提高：通过智能化传感器和无线通信技术，实现对供水管网的实时监测和远程控制，可以降低管网运行的风险，以保障供水的安全性。

（2）水质监测的自动化：通过智能化的水质监测设备和数据分析技术，可以实现对供水水质的自动化监测和分析，提高水质的安全可控性。

（3）管网运行效率的提高：通过数据分析和优化算法，可以实现对供水管网运行的实时监控和优化调整，降低管网运行的能耗和损耗，以提高管网运行的效率。

（4）管网管理的协同化：通过智能化的供水管网管理系统，可以实现对供水管网的统一管理和协同决策，从而提高管网管理的效率和水平。

2. 未来供水管网智慧化发展的趋势包括

（1）物联网技术的应用扩大：随着物联网技术的不断发展，管网智慧化将更多地应用于供水管网中，实现设备的自动化运行和远程监控。

（2）大数据分析和人工智能技术的应用：通过大数据分析和人工智能技术，实现对供水管网的预测和优化管理，提高管网管理的效率和精度。

（3）智能化管网监测系统的发展：智能化的供水管网监测系统将逐步取代传统的管网监测方式，实现快速准确的漏损检测和管道损坏预测。

（4）管网管理系统的协同化发展：供水管网管理系统将更加完善，实现更高水平的信息共享和协同决策，提高管网管理的效率和水平。

（5）管网数字化、智能化和高效化的趋势：供水管网将逐渐向数字化、智能化和高效化方向发展，为城市可持续发展提供更加可靠、高效和安全的水资源保障。

3. 供水管网智慧化的应用主要体现在以下几个方面

（1）供水管网巡检维护：管网巡检维护包括管道检漏修漏、管网及设备的维护检修、爆管抢修和管段或配件更换、管道清垢与防腐等工作。巡检维护子系统主要由手持终端和供水管网巡检管理平台组成。手持终端主要用于管网巡检、事件上报、管网属性核对、现场应用分析；供水管网巡检管理平台结合水力模型实现对管网的日常巡检维护、应急处置、规划修复等。

（2）漏损分析：供水管网漏损分析基于分区管理的理念和《城镇供水管网漏损控制及评定标准》CJJ 92—2016 的水量平衡表，确定出厂入网水量、区域水量、独立计量区和用户水量等，并进行水平衡分析和量化不同区域的漏损。计算各区域的漏损水量、产销差水量、水量平衡表的各种水量，从不同空间尺度、不同时间尺度分析整个管网，统计分析各个分区漏损与产销差的情况，识别漏损、产销差的主要影响因素；对比分析区域漏损和产销差差异，识别重点漏损区域；同时配合 DMA 分区实现漏损监管、主动检漏、压力控制等业务工作；基于模型、预警和监测系统探知管网漏点并及时制定解决方案。

（3）供水优化调度管理：在智慧水务背景下，供水管网优化调度管理是在保证供水服务质量的基础上，采集各类供水数据结合管网水力模型，模拟多种供水工况，研究分析供水系统管理运营的各个方面，并选择满足既定目标和约束条件的最佳调度策略，以期实现经济效益和社会效益最大化。

5.2 供水管网资产及运营管理

供水管网资产及运营管理是指对供水管网中的各种资产进行规划、设计、建设、维护和管理，以确保供水管网的可靠性、安全性、节能性和环保性，同时满足市民的用水需求。供水管网资产及运营管理是一个涉及供水管网各个环节的综合性管理工作，不仅关系市民的生活水平和用水安全，也涉及城市的经济社会发展。为了确保供水管网的可靠性、安全性、节能性和环保性，以及保证市民的用水需求，必须做好供水管网资产及运营管理，以保证管网的正常运行和高效能运转。

5.2.1　供水管网资产管理

供水管网资产占整个供水系统资产总额的比例较大，一般可达到供水系统资产的 $50\%\sim80\%$。因此，供水管网资产管理是供水企业管理中的重要组成部分。但由于供水管网数量巨大、埋于地下、使用时间长等特性，造成供水管网资产家底不清，资产管理效率低、资料查询及保存难；外力破坏、管道老化爆管常使供水管网处于故障状态。以供水管网地理信息系统为供水管网资产管理的基础数据平台，通过对供水管网地理信息系统中管线位置及属性等数据库的动态管理，达到各种信息存储、更新、共享等目的，使供水管网资产"家底清楚"。通过加强巡查、维修抢修、管网修复和更新改造，使供水管网处于良好的运行状态。

1. 供水管网地理信息系统

地理信息系统（Geographic Information System，GIS）可以实现管网设备的数字化管理，有利于企业对管网设备资产进行"摸清"和管理，不仅可以查询资产的基本信息和分布情况，还能通过筛选条件对各类资产进行统计。因此，加快 GIS 的建设有利于推进供水企业管网资产管理智慧化的进程。

2. 管网巡查

管网巡查是指对供水管网中的各种设施、设备、管道等进行定期检查、监测和评估的工作。巡查的目的是发现潜在的故障和隐患，及时解决问题，确保管网的正常运行和高效能运转。

管网巡查工作内容主要包括：管网水质巡检、管道巡查、管网附属设施巡查等。其中管道巡查包括：管道周边环境及污染源巡查，地面塌陷风险点巡查，管道明漏、暗漏及爆管点巡查，明敷管道及架空管道巡查，工地及违章用水巡查等。

供水管网巡查一般采用人工巡检与智能监测结合方式。人工巡查可徒步或车载巡检，使用听音杆、漏损检测仪排查管道异常；智能巡查依托压力及流量传感器、无人机、管道机器人进行实时监测，结合 GIS 动态定位隐患。每日开展全线巡查并填写记录，重点区域（如施工区、地形变化区）应增加检查频次。检查内容涵盖管道渗漏、阀井设施完整性、周边土壤塌陷及占压施工等隐患，同步开展水压监测、探漏等维护措施。建立设备台账，及时记录并修复问题，主城区漏损须 30min 内到场处置。巡查人员需经专业培训，规范着装并执行安全规程，确保管网漏损率达标。

管网巡查是管网管理的重要环节，可以发现管网的问题，及时采取措施进行处理，确保供水管网的正常运行和高效能运转。巡查的频率应该根据管网的特点、使用情况和管理要求进行制定。同时，应该建立健全的巡查制度和规范，确保巡查的质量和效果。

供水企业应遵循"网格划片、分级管理、责任明晰"的原则，采用周期性分区巡检方式，组建专业队伍对公共饮用水管网进行巡检，建立和完善管网感知、信息上报、事故预警信息系统，实现公共饮用水管网的智能化巡检。及时发现、处理管网运行中"圈压占埋"等危害公共饮用水管网运行安全和污染管网水质的违章行为。对距离饮用水管网设施较近可能造成管网水质污染的区域，应加强巡检与登记，必要时列入管网迁改计划。

供水企业应根据管网现状、重要程度、供水对象及周边环境等因素，对公共饮用水管网覆盖区域内的路段进行分级巡检，路段巡检分级宜根据管网的更新完善情况以及区域发展的需要每年度调整一次。其中市政主干道、原水管道所在路段、厂、站进出水管所在路段、管径大于 1000mm 的饮用水管道所在路段及承担区域互联互通功能的饮用水管道所在路段等一级路段每周巡检不应少于 3 次；市政次干道、管径大于 500mm 且小于或等于 1000mm 的供水管道所在路段等二级路段每周巡检不应少于 2 次；其他路段每周巡检不应少于 1 次。重要、大型活动等特殊时期，应提高巡检频次。

3. 管网维修抢修

管网维修抢修是指在供水管网出现故障、事故或其他紧急情况时，快速调度人员和车辆进行现场处理和修复，以确保供水管网的正常运转和市民用水安全。管网抢修需在最短时间内，采取合适措施进行应急处理，尽量减少停水时间和对市民生活的影响。管网抢修的工作内容包括：现场勘察、报告汇报、应急处理、维修和更换、停水通知等。

管网抢修的效率和效果与供水管网管理水平和工作人员的素质密切相关。为了确保管网抢修的质量和效率，需要建立一套完整的管理机制和规范化操作程序，加强人员培训和技术支持，提高管网管理水平和应急处理能力。同时，还需要建立健全的信息共享和协作机制，在抢修处理过程中，加强与相关单位的沟通和协调，共同解决问题。

此外，应及时更新和采购新型维修抢修设备以确保维修抢修工作高质量、高效率完成，减少维修抢修时间，进一步保障供水安全。最后，供水企业应逐步掌握和推广管道施工与维修新技术，如非开挖排管、不停水开口等管道铺设和接口技术，地下刮管除垢涂衬、管道喷砂涂塑、不锈钢和逆反转环氧树脂衬里等旧管网修复技术，胀管破碎和缩径穿管等旧管网更新技术，以尽可能减少管道施工和维修对用户及周边设施的影响。

4. 管网修复和更新改造

管道修复是指利用管道原有本体结构，对管道漏损点、内衬和强度进行原位修复，使之恢复功能的工程活动。管网更新改造是指对不能满足供水要求的管道进行原管径更换或扩大管径、改变管道布局等的工程活动。

管网修复和更新改造包括以下内容：

（1）管道更换：对老化或损坏的管道进行更换，以确保管道系统的正常运行。

（2）管道加固：对管道进行加固处理，增强其承载能力和抗震能力。

（3）管道改造：对管道系统进行改造升级，以提高其性能和功能，例如改善供水水质、提高供气压力等。

（4）管道测压：对管道进行定期测压，以确保管道系统的运行压力符合安全要求。

（5）管道防腐：对管道进行防腐处理，减少腐蚀损害，延长使用寿命。

（6）设备更新：对管网设备进行更新，引入新的设备和技术，提高管网的自动化和智能化水平。

通过管网修复和更新改造，能够提高管道系统的稳定性和可靠性，减少事故的发生，保护环境和公众安全。

5.2.2　供水管网运营管理

随着城市化进程的加快和人口的增长，供水管网的规模和复杂度不断增加，运营管理面临着越来越多的挑战。如何科学有效地运营管理供水管网，提高供水质量和效率，保障供水安全和可持续发展，已经成为供水企业和城市管理部门亟待解决的问题。供水管网运营管理主要包括管网并网、运行调度、管网水质管理、漏损控制、管网安全、二次供水管理等。

1. 管道并网

供水管道并网是将多个独立的供水管道系统通过连接、互通等方式，形成一个联合的供水系统，以实现资源共享、协同作业、优化运行等目的的技术方法。它应用于各类供水系统的管理和运营中，有助于提高供水系统的安全性、可靠性和经济性。在供水管道并网中，需要考虑管道系统之间的连接方式、输送介质的匹配、管道材质和设计标准的统一等问题。同时，需要通过供水监测、风险评估和紧急响应机制等手段，确保供水管道并网的安全和稳定运行。供水管道并网可使供水系统的水资源得以合理利用，提高供水的有效性和供水能力，从而更好地满足人们生产和生活的需求。

管道并网前，应进行水压试验，试验结果应满足设计要求且应清除管道内残留物。一般较大管径应采用管道潜望镜检测（QV 检测）、闭路电视检测（CCTV 检测）等进行管道内部状况检测，确保管道内部无施工垃圾等杂物后，方可申请碰口。管网并网时，应严格遵守有关操作规程及施工技术要求，对可能影响管网水质的，应优化阀门启闭方案并降低阀门启闭速度，并加强原有管道的水质检测和冲洗力度。管网并网后，应于并网通水后 15d 内对新建管网进行运行安全稳定测试，管网运行安全稳定后，被更新的管道应于 15d 内拆除，不应留存滞水管段。

2. 运行调度

供水管网的运行调度是供水管网运营管理的重要环节之一。包括对管道网络的监测、控制、调度和优化，以保障供水系统的正常、稳定、高效运行。具体来说，供水管网的运行调度应该包括以下工作：

（1）实时监测：通过现代信息技术手段进行实时监测，获得管道系统的实时运行数据，包括水压、水流速度、水质等参数，以实现管道系统的智能化管理。

（2）水力分析：通过对管道网络的水力特性分析，了解管网的水压分布、水流速率等参数，为调整管网压力、水流量提供科学依据。

（3）运行控制：对管道系统进行远程控制，对各个节点进行智能化管理，对管网系统进行最优控制，使管网运行处于最佳状态。

（4）技术维护：对管道系统进行定期检修和技术维护，保障管网设施的正常运行，提高设备的利用率和寿命。

（5）应急预案：建立应急预案，对各种突发事件进行应急响应，最大限度地减少损失。

通过全面的运行调度，可以实现供水管网系统的高效、安全、稳定运行，提高供水系统的供水能力和效率。同时，通过应用新技术和新材料，可以进一步提高管道系统的稳定性和可靠性，为人民提供更加优质的供水服务。

3. 管网水质管理

为了保证供水管网的水质安全，需要进行水质监测，定期对水源、管道、水处理设备等进行检测和消毒处理；建立完善的水源防护区和管网管理体系；及时清理、维护和更新管道设施。同时，公众也应当重视对自来水的保护和使用，如不饮用未经过滤的自来水、不将有害物质排放到下水道等。通过共同的努力，保证供水管网的水质安全和卫生，保障公众的健康和安全。供水管网的运行调度应该包括以下工作：

（1）应开展水质监测工作，水质监测应包括以下内容：

应按有关规定在管网末梢和居民用水点设立一定数量具有代表性的管网水质实施监测，检测项目和频率应符合现行国家标准《生活饮用水卫生标准》GB 5749、《二次供水工程技术规程》CJJ 140 和《城市供水水质标准》CJ/T 206 的有关规定；建立管网水质在线监测系统，对管网水质实施在线监测；建立管网水质检测采样点和在线监测点的定期巡视制度及水质检测仪器的维护保养制度。

（2）在水质管理中应做好以下工作：

管网水质出现异常时，应查明原因，及时处置。发生重大水质事故时应启动应急预案，并应采取临时供水措施；供水企业应制定管道冲洗计划，对运行管道进行定期冲洗。此外，管道冲洗应符合下列要求：

1）配水管可与消火栓同时进行冲洗；

2）用户支管可在水表周期换表时进行冲洗；

3）应根据实际情况选择节水高效的冲洗工艺；

4）高寒地区不宜在冬季进行管道冲洗；

5）运行管道的冲洗不宜影响用户用水。干管冲洗流速宜大于 1.2m/s，当管道的水质浊度小于 1.0NTU 时方可结束冲洗。

4. 漏损控制

供水管网的漏损问题是影响供水效率和经济效益的主要因素之一。漏损的存在导致供水能力的降低和供水成本的增加，同时还会对环境造成一定的污染。因此，漏损控制是供水管网运营管理的重要内容之一。

管网漏损主要包括两种：明漏和暗漏。明漏是指管道破裂或接口处的漏洞，容易被发现；暗漏是指管道渗漏、管道表面沉积，由于难以发现而成为隐蔽的问题。管网漏损控制的方法主要包括：漏损监测、漏损定位、压力调控、DMA 分区、计量器具管理、管网改造等。

其中压力调控是确保供水管网满足用户压力需求的前提，通过降低管网供水富余压力以降低管网漏损水量，压力调控是最常规且有效降低管网漏损的方法，主要包括：压力分区管理方法、安装减压阀法、安装调流阀法、优化管网运行压力、防止管网水锤等。

供水管网分区计量是控制城市供水管网水量漏失的有效方法之一，分区计量管理主要从"建、管、用"三方面入手，加大分区计量的建设、管理和应用力度。供水企业应借助智慧管网系统平台，实现分区计量的实时分析、实时流量曲线分析、分区计量最小水量分析、分区计量瞬时流量分析等功能。分区计量的成效主要包括：突发性管网事件预警、考核表分析、夜间最小水量评估、管网漏点隐患提示等。

通过有效的漏损控制，可以降低供水管网的运行成本，提高供水管网的供水能力，同时减少对环境的污染，保障公众的健康和安全。

5. 管网安全

供水管网安全是保障供水系统稳定可靠运行的重要保障措施之一。管网的安全涉及多个方面，如管道安全、产品水质安全、安全防护、卫生健康等。以下是几种管网安全措施：

（1）管道检修：定期对管道进行检修和维护，包括清洗管道、检查管道的物理和化学性质等，保障管道的完整性和安全性。

（2）水质监测：对供水管道的输出水质进行定期监测和检测，提前发现水质问题，避免水质污染和供水不安全。

（3）安全防护措施：对水源防护区域、供水设施设备、管理、运营和维护等加强管理，防止发生恶意破坏或不法侵害。

（4）紧急应对措施：建立供水管道突发事件处理制度和预案，对突发事件进行及时应对和处置，达到保障供水安全的目的。

（5）发展科学技术：引进高新技术，如管道检测、泄漏检测、管网模拟、水质监测等技术，提高供水管网的运行效率，并发展更加科学的管理和运营模式。

总之，管网安全是供水管网运营管理中必须重视的一项工作，要通过科学的管道运行管理、有效的防备和处理措施，确保供水管网的运行安全、稳定和可靠，以保障公众健康安全。

6. 二次供水管理

随着城市的快速发展，二次供水系统建设与供水企业的管理水平逐渐不相匹配，如何提升供水企业二次供水系统管理水平是各供水企业急需解决的问题。二次供水智慧化系统管理需建立二次供水设施运行维护管理系统，对二次供水设施日常巡检、维护保养、设备维修、水池清洗等运行维护数据进行及时、准确、完整地记录。系统应具备可视化用户界面，集成视频监控、设备维护管理、数据分析和报表统计等功能模块。视频监控终端应具备对各泵房监控设备进行故障检测的功能并支持远程巡检。此外还应基于运行维护管理系统对二次供水设施进行全生命周期的信息化管理，根据水泵、变频器等设备运行时间、运行状态、故障信息等数据，实现设备检修保养等操作信息的自动提醒功能，能自动生成设备维护、保养及维修工单。定期对各类生产数据进行统计分析，并根据数据分析成果优化二次加压设施的管控模式。最后，系统还应具备关联业务系统的数据接口。

二次供水设施的运行维护及安全管理应实施专业化管理，采用安全、先进的安防技术，实行封闭管理以及采用远程监控管理。制定二次供水设施管理制度、作业指导书和应急预案等。二次供水管理制度应包括设备设施保养维修、水池清洗、水质管理、移动终端使用、用户投诉处理、操作人员考核、档案信息及报表管理等内容。设备运行操作规程应包括操作人员资质、操作要求、操作程序、故障处理、安全生产和日常维护保养要求等内容。

5.2.3 供水管网运营评价体系

供水管网运营评价体系是对供水管网运营状况进行全面评估并制定改进方案的一套方法论和指导文件。主要包括供水管网资产评价及供水管网运营评价等方面。供水管网运营评价体系的建立可以帮助提高供水管网的管理和维护水平，预防潜在的使用问题和安全隐患，提高供水质量和水源利用率，降低管网运营成本，保障供水安全和稳定性。

1. 供水管网资产评价

（1）百公里爆管次数

爆管是指供水管道发生突发性爆裂，管网水冒出地面的情形，对区域供水水量、水压有一定影响或路面积水对交通造成较大影响的突发性事件。

百公里爆管次数是指一年内平均每百公里管网爆管的次数。计算公式：

$$百公里爆管次数 = \frac{供水管网优质管材长度}{供水管网总长度} \times 100\% \tag{5-1}$$

（2）优质管材率

供水管网管材应选用符合SJG16管材标准要求的管道，常用的优质管材为球墨铸铁管、不锈钢管。优质管材率是指供水管网优质管材长度占供水管网总长度的百分比。计算公式：

$$优质管材率 = \frac{供水管网优质管材长度}{供水管网总长度} \times 100\% \tag{5-2}$$

2. 供水管网运营评价

（1）水质合格率

水质合格率是指供应的自来水中，符合国家、地方、行业标准以及供水厂自主制定的水质指标的比例。通常用百分数来表示，计算公式：

$$水质合格率 = \frac{考核时段内水质监测点水质监测合格数}{考核时段内水质监测点水质监测总数} \times 100\% \tag{5-3}$$

水质合格率是衡量供水安全的重要指标之一，通常由供水企业或政府部门进行监测和发布。水质合格率能够直接反映自来水的质量情况，反映供水企业的生产能力和管理水平，也是公众了解自来水安全和卫生状况的重要途径。通常情况下，供水水质合格率应该达到100%以上，如果低于标准要求，应及时采取措施，提高供水水质合格率，保障居民用水安全。

（2）水压合格率

水压合格率是指自来水供水压力在正常范围内的比例。通常用百分数来表示，计算公式：

$$水压合格率 = \frac{考核时段内测压点水压监测合格数}{考核时段内测压点水压监测总数} \times 100\% \tag{5-4}$$

水压合格率是衡量供水系统稳定性和可靠性的重要指标之一。如果供水水压合格率低于标准要求，可能会影响供水系统的正常运行，影响居民的用水质量和安全。供水企业需要通过加强管网设施建设和维护，提高供水系统的管理水平，保障供水水压的稳定性和可靠性。

（3）管网漏损率

管网漏损率（Leakage Percentage），是指管网漏水量与供水总量之比，是一个衡量供水系统供水效率的指标计算方法。计算公式：

$$管网年漏损率 = \frac{年供水量 - 年有效供水量}{年供水量} \times 100\% \qquad (5\text{-}5)$$

漏损率的高低直接关系供水管网的安全和效率，高漏损率会造成供水压力下降、供水水质下降等问题。因此，减少供水管网的漏损率是供水行业的一项重要任务。

（4）服务满意度

供水服务满意度是指用户对供水服务的满意程度和评价。计算公式：

$$服务满意度 = \frac{回访满意工单数量}{回访工单总数量} \times 100\% \qquad (5\text{-}6)$$

具体来说，它反映了用户对供水水质、供水量、供水稳定性、供水费用和供水服务等方面的满意度。评估供水服务满意度通常通过调查问卷、用户反馈和投诉处理等途径进行。供水服务的满意度越高，说明供水公司的供水质量、服务质量和用户服务等方面做得越好，同时也会提高用户的信任度。提高供水服务满意度的方法包括加强对供水水质的监管、改善供水设施、提高供水服务的效率和质量等。

5.3 供水管网智慧化建设

供水管网智慧化建设是指充分运用空间信息、卫星定位导航、物联网、互联网、移动互联网、大数据、云计算等先进的技术手段，实现水务行业海量实时运行数据、业务过程数据的及时采集、处理和分析，以更加精细和动态的方式管理运营。可实现资产全生命周期、管网全面感知、数字化运维、标准运维、自动调节，实现"线上管网"，即人在线、物在线、服务在线。可提高供水管网的安全性、稳定性、可靠性，降低供水运营成本，提升供水质量和服务水平。

供水管网智慧运维管理利用现代化信息技术、感知技术、计算机技术以及大数据分析等技术手段，对城市供水过程中的数据进行采集、传输、存储、分析，以实现城市供水管网的智能化运维管理。供水管网智慧系统建设后，可重塑组织架构、调整岗位职责、优化人力资源，提高运营管理效率。

5.3.1　供水管网智慧化建设框架

智慧供水管网系统主要由以下六个系统构成：供水管网地理信息系统、供水业务管理系统、供水管网监测系统、漏损管理系统、供水模型系统、二次供水管理系统，其框架如图 5-1 所示。

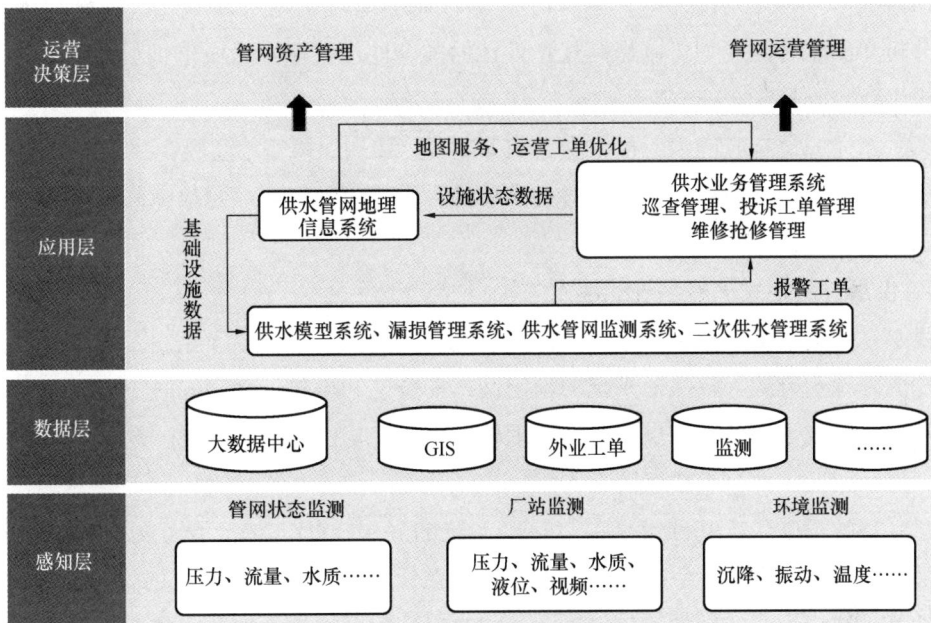

图 5-1　智慧供水管网系统架构图

5.3.2　供水管网地理信息系统

地理信息系统（GIS）是一种利用计算机技术和地理学原理来收集、处理、分析和展示地理数据的应用系统。供水管网地理信息系统结合了这两种技术，可以将供水管网的数据与地图、地形等地理信息进行整合，实现对供水管网的智能化管理和优化。供水管网地理信息系统的建设内容主要包括需求调研、平台与结构设计、数据库设计、功能模块设计、外部系统接口对接、数据管理等方面。

1. 供水管网地理信息系统的建设目标

供水管网地理信息系统主要包括以下几个方面：

（1）精确的管道布局信息和空间数据管理：企业需要获取管道的精确位置和布局信息，以及管道材质、直径等详细数据，使其能够更好地规划新的管道网络，定位大漏水点、优化管道布局，提高供水的效率和可靠性。

（2）管道状况评估和风险管理：通过管道状况评估以及管网 GIS 技术，企业可以判断管道的老化和修复需求，以及预测管道爆裂的风险。企业可以利用 GIS 技术获取详细的历史数据，以制定管网的风险管理计划，提高供水系统的可靠性。

（3）数据共享和协同工作：利用 GIS 技术，多个部门或多个系统可以共享相同的数据，包括管网空间数据、属性数据、地形地貌及其他市政设施信息等。这样可以帮助企业更好地协同配合，提高效率。

（4）供水管网规划设计：利用 GIS 技术对地形地貌、城市规划、人口分布等信息进行分析和供水管网规划可以提高规划设计的准确性和效率，为城市供水系统的建设和发展提供有力支持。

（5）增强应急响应能力：供水企业可以通过 GIS 技术结合管网在线监测数据，实时监测管线状况，掌握管网状况，对突发事件进行应急处理，缩短故障修复时间，保证供水的安全和可靠性。

2. 供水管网地理信息系统的建设内容

供水管网地理信息系统的架构设计需要充分考虑用户需求、数据来源、数据处理、应用功能、展示方式等，保证系统的稳定性、安全性和可扩展性，同时还需要考虑后期维护和运营的成本和效率。供水管网地理信息系统架构由基础设施层、数据支撑层、应用层、展示层四大部分组成（图 5-2）。

（1）基础设施层：基础设施层是整个系统的底层支撑，包括服务器集群、操作系统、数据库软件、GIS 平台、安全防护软件。在设计时需要考虑系统的性能、稳定性、安全性等，选择合适的硬件和软件平台，同时保证数据的安全性和完整性。

（2）数据支撑层：数据支撑层主要包括基础地形数据、供水管网数据、实时监测数据等，是系统应用的重要依据。在设计时需要考虑数据的来源、质量、更新周期、数据格式等，保证数据的准确性、完整性和时效性。

（3）应用层：应用层是系统的核心部分，包括数据入库与管网管理、管网编辑、查询、统计、分析、地图浏览、专题展示、常用工具、管网纠错、移动应用等功能的各个应用模块。在设计时需要考虑用户需求、功能模块的划分、业务流程等，确保应用层的易用性、灵活性和可扩展性。

（4）展示层：展示层是系统的前端部分，主要负责将后台的应用结果显示给用户，方便用户进行查看和操作。在设计时需要考虑用户的使用场景、终端类型、交互方式等，保证展示层的用户体验和易用性。

（1）管网 GIS 软件平台选择

主流的 GIS 软件平台有 ArcGIS、MapGIS、SuperMap，它们各有优缺点，下面简要介绍一下它们的优缺点：

1）ArcGIS（ArcGIS Desktop）是美国 ESRI 公司开发的一款桌面地理信息系统

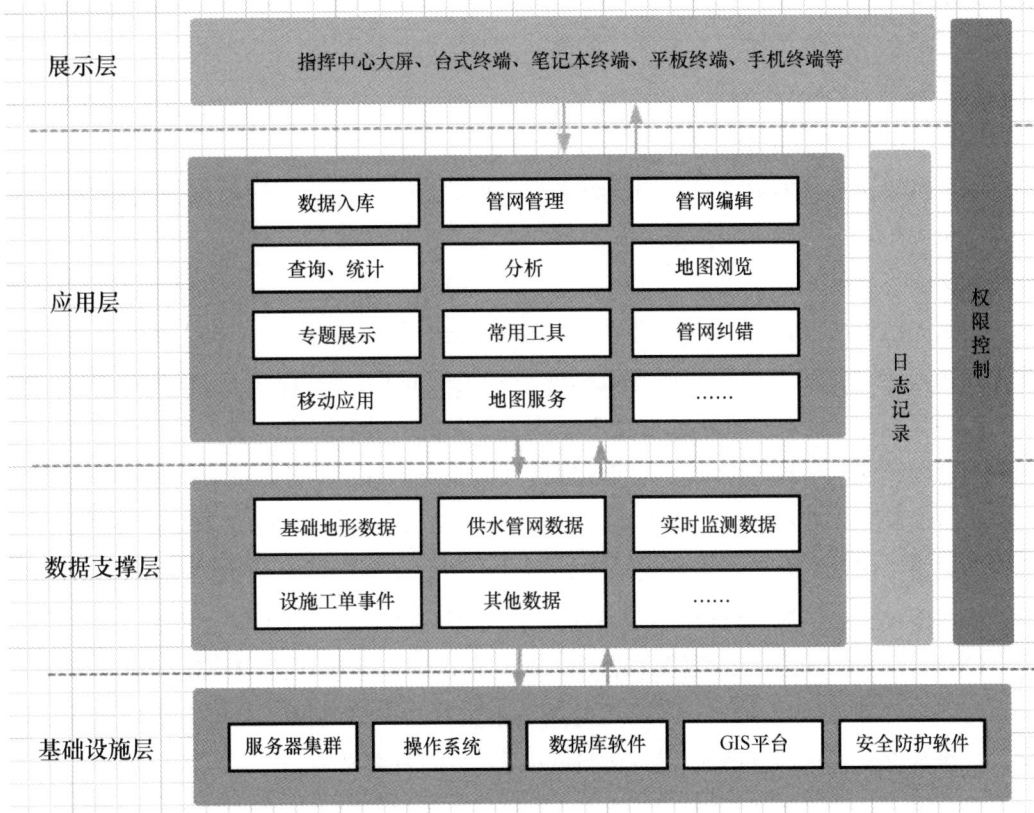

图 5-2　供水管网地理信息系统架构图

（GIS）软件，它是目前市场上最流行的 GIS 软件之一，具有全面的 GIS 功能和云 GIS 支持。它的优点包括全面的 GIS 功能、支持云 GIS、支持时间 GIS、追求 GIS-RS 一体化等。但是，它也存在一些缺点，如 API 封装臃肿、内存消耗大、线程处理不够优美、地图块状切割太大等。

2）MapGIS 是一款国产的地理信息系统（GIS）软件，它是中地数码科技有限公司的一项重要产品。MapGIS 具有以下优点：更加符合国内用户的需求，界面设计简洁明了，易于使用，并提供了完善的在线帮助和教程，使得用户能够快速学习和掌握其使用方法。国产 MapGIS 在功能、使用便捷性等方面具有优势，但在开发团队、技术支持、数据支持等方面存在一些限制和不足。

3）SuperMap 是一款功能强大的地理信息系统（GIS）软件，它由我国 GIS 软件开发商北京超图软件股份有限公司开发。SuperMap 软件的功能非常齐全，包括地图制作、地图分析、数据管理、空间分析等多个方面，可以满足用户的各种需求。Super-Map 软件在功能、使用便捷性等方面具有优势，但在学习曲线、硬件要求和数据处理等方面存在一些限制和不足。

总的来说，这些 GIS 软件平台都有其优点和适用范围，具体选择哪个平台用户应根据项目需求和实际情况综合考量，选择适合的平台。

（2）管网 GIS 空间数据库设计

1）空间数据库的选择

空间数据又称几何数据，它用来表示物体的位置、形态、大小分布等方面的信息，是对现世界中存在的具有定位意义的事物和现象的定量描述。下面是一些常见的空间数据库：

ESRI 文件地理数据库是 GIS 供应商空间数据的行业领导者，ESRI 文件地理数据库提供企业级存储解决方案。地理数据库最初是 ESRI 用户的简单几何存储模型。现在，地理数据库具有存储几乎所有类型地理数据集的容量和能力。从矢量到栅格、点云和 3D，ESRI 文件地理数据库在空间数据处理方面处于行业领导者位置。

PostGIS 是最知名和最完整的空间数据库之一。它是开源数据库 PostgreSQL 的扩展。有大量关于 PostGIS 扩展模块的文档，其中添加了专门的几何数据类型。PostGIS 支持 600 多种空间函数，可以在其扩展的空间数据库结构的基础上组合使用。

Oracle Spatial 允许空间数据兼容性。默认情况下，它包含在 Oracle 的融合数据库中。与 PostGIS 类似，Oracle Spatial 提供的不仅仅是矢量数据，在实现拓扑数据，甚至是三维数据类型（即 TINS、点云或 LiDAR）方面效果显著。

总的来说，这些空间数据库都有其优点和适用范围，具体选择哪类空间数据库，需要结合软件平台，根据项目性能需求和实际情况综合考量，选择适合的空间数据库。

2）管网地理信息系统图层设置

供水管网地理信息系统图层设置是指在地理信息系统中设置不同类型的图层，以便于管理和查询供水管网信息。以下是常见的供水管网地理信息系统图层设置。

供水管网图层用于显示供水管网的信息，包括管道、阀门、水表等设施。地形图层用于显示供水管网所在位置的地形信息，包括地形图、地貌、地物等。道路图层用于显示供水管网周围的道路信息，包括道路名称、宽度、长度等。建筑物图层用于显示供水管网周围的建筑物信息，包括建筑物名称、位置、用途等。具体的图层设置可以根据实际需求进行调整。

（3）管网地理信息系统的功能模块设计

管网地理信息系统的功能模块设计是指将其各个功能模块进行划分和设计，以满足用户的需求和系统的功能要求。一般来说，管网地理信息系统的功能模块设计包括以下几个方面。

1）GIS 数据采集与处理

GIS 数据采集与处理是指将现有的地图、地下管线外业探测成果、竣工图纸、文本资料等转换成 GIS 可以接受的数字形式，并进行存储、管理、分析和应用的过程。在数据采集过程中，需要使用不同的设备和方法，将数据转换为 GIS 可以接受的格式。常用的数据采集方法包括纸质地图数字化、扫描数字化、GPS 数据采集、现场测绘等。在数据处理过程中，需要对数据进行几何纠正、图幅拼接、拓扑生成等处理，保证数据的准确性和一致性。同时，还需要对数据进行格式转换、空间校正、属性录入等操作，将数据转换为可以被 GIS 识别和处理的格式。除此之外，GIS 还需要进行数据质量检查和校验，保证数据的完整性和准确性。在数据入库之前，还需要进行数据验证和修改，保证数据的正确性和一致性。总的来说，GIS 数据采集与处理是一个复杂的过程，需要专业的技术人员对数据进行处理和管理，以保证数据的质量和可靠性，为 GIS 应用提供基础数据支持。

2）空间数据可视化

GIS 空间数据可视化是指将地理空间数据转换为可视化图形和图像，以便用户可以直观地理解和分析地理空间数据的过程。包括地图制作、图形渲染、三维建模等功能，用于展示和分析地理空间数据。在 GIS 空间数据可视化中，通常使用地图、图表、图像等工具和技术，将地理空间数据呈现在地图上，以便用户可以清晰地看到地理空间数据的分布、形态、特征等信息。常用的 GIS 空间数据可视化工具和技术包括地图制作、图表生成、地理信息可视化等。例如，在地图制作中，可以使用不同的地图投影、颜色填充、图层设置等方法，将地理空间数据制作成不同的地图类型，如世界地图、中国地图、城市地图等；在图表生成中，可以使用柱状图、折线图、饼图、散点图等工具和技术，将地理空间数据呈现为各种图表类型，如折线图、饼图、散点图等；在地理信息可视化中，可以使用多种可视化工具和技术，如缓冲区分析、叠加分析、地理统计分析等，将地理空间数据与其他相关数据进行对比、组合、分析，以发现地理空间数据的规律和特征。

3）空间分析与建模

GIS 空间分析与建模是指利用地理空间数据和分析方法，对地理空间现象和过程进行分析、预测和模拟的过程。在 GIS 空间分析与建模中，通常包括空间数据操作、空间数据分析、空间建模等方面。总的来说，GIS 空间分析与建模是一个复杂而综合的过程，需要使用不同的技术和方法，对数据进行分析和挖掘，建立符合地理空间现象和过程的数学模型，以支持决策和管理。

4）数据管理与共享

GIS 数据管理与共享是指将地理空间数据和相关信息进行存储、管理、共享和服务的过程。在 GIS 数据管理与共享中，需要包括数据存储、数据管理、数据共享、服务支持等几个方面。它们是 GIS 功能模块设计的主要内容，具体的功能模块设计还需要根据具体的供水企业应用场景和需求进行调整和优化。

（4）管网 GIS 共享接口

在整个企业信息系中，其他已建成的子系统（如综合调度系统、客服系统、水力模型、企业资源规划系统等），均需要与管网地理信息系统进行数据资源的共享与交换，这些企业信息化系统可以采用数据库对接和地图服务两种方式实现。

数据库接口对接，通过编写与其他子系统的接口模块，完成与相关系统之间数据的双向交互，使 GIS 可以访问用户数据、SCADA 数据、GPS 数据等信息，并在 GIS 中进行定位显示，GIS 也可以向各类业务系统提供管网数据查询，使 GIS 进入动态管理的阶段，使管网管理人员可以实时得到最新的管网信息及其相关辅助信息。

地图服务数据共享通常是单向的，是地图服务的相关数据和资源进行共享和服务，以支持各业务系统对地图服务的访问和应用。地图服务共享数据通常包括以下内容：地图数据，包括地图图层、地图要素、地图符号等数据，用于支持用户对地图服务的访问和应用；地图服务接口，包括地图服务的 API 接口、SDK 接口等，用于支持用户对地图服务的调用和应用。

（5）管网 GIS 数据管理

供水管网 GIS 数据管理是一个系统性工程，需要综合考虑数据质量、拓扑分析、评估体系以及管理制度等多个方面。通过不断优化和完善这些环节，可以确保 GIS 为供水系统的管理和决策提供坚实的数据支持。

1）数据质量检查

供水管网 GIS 数据涉及多个部门和单位，来源复杂，数据质量难以控制，通过设置一定的规则模型对采集到的数据进行检查、处理和清洗，以确保其规范性、完整性及准确性，并将检查结果输出，便于数据采集人员进行检查修改。

2）管网拓扑分析

GIS 的拓扑空间分析是对点、线、面三种基本元素之间的空间关系进行分析处理，提取其拓扑特征，城市供水系统是由管点、管线要素组成，都具有一定的空间特征。基于城市供水系统的水力学原理及管网空间拓扑关系，对供水系统进行孤立点分析、孤立线分析、断头分析、连通性分析、横截面分析、纵剖面分析、影响范围分析等，并将各类分析结果通过饼图、折线图、柱状图、表格、文档等进行专题展示，同时将问题点在管网上进行高亮显示，便于快速系统地了解管网整体结果及定位查阅具体问题详情。

3）数据质量评估体系

供水管网 GIS 数据质量评估体系包含数据的完整性、准确性。确保 GIS 数据的准确性、完整性，可以通过现场测量、调查评估和 GIS 数据分析评估并结合三个方面来开展，一是完整性情况，二是拓扑关系情况，三是 GIS 属性准确性核对。

完整性评估通常通过数据分析评估进行，常见指标有：①管网及设施完整性，评估现场供水管网及附属设施录入 GIS 百分比；②属性完整性，评估供水管网及附属设施关键属性录入 GIS 百分比；③拓扑完整性，评估供水管网及附属设是否孤立，可以通过水厂下游追踪分析计算水厂下游追踪百分比确定拓扑完整性。

准确性评估通常通过现场测量、调查评估进行，常见指标有：①空间数据准确性，通过现场测量，评估 GIS 中供水管网及附属设施空间位置是否准确，并计算准确数据的占比；②属性数据准确性，通过现场调查登记，评估 GIS 中供水管网及附属设施数据是否准确，准确数据的占比情况。

通过以上指标的评估，可以全面、系统地衡量供水管网 GIS 数据的质量，从而确保数据的准确性和完整性，为供水系统的管理和决策提供可靠的数据支持。

4）建立和完善管网 GIS 管理制度

近年来，随着管网建设的快速发展，管网数据动态更新的重要性日益凸显。若不及时解决数据更新问题，前期管网普查的成果将因数据滞后而失效。为此，企业在按计划开展旧管网普查的同时，应高度重视管网数据动态更新机制的建立，将其作为公司管理的工作重点，并完成以下工作，以确保管网数据的实时性和准确性。

为实现管网 GIS 数据的动态更新，公司应对各类数据及业务流程进行规范梳理。针对新建和变更两大类业务，如新建工程、迁改工程、抢修作业工程等，制定详细的 GIS 动态更新流程，明确信息传递过程中各环节所需提交的资料及时间要求，确保信息完整无遗漏。经过多年持续的数据更新和维护，供水管网地理信息系统的数据将不断完善，数据精度显著提高。

建立存量数据问题纠错长效机制，一是各单位在日常管理中及时纠偏 GIS 数据问题。在供水排水维修抢修工程涉及管线开挖时，组织开展 GIS 数据复测工作，通过复测不断提升存量埋地管线数据准确性。二是信息中心负责打通外业与 GIS，确保一线人员现场发现的问题及时反馈至 GIS。

制定详细的奖惩制度，并把 GIS 专项考核纳入公司经济责任制范畴，考核结果与相关部门的效益工资挂钩，各部门在 GIS 应用过程中发现并报告 GIS 信息错误的，则进行奖励，并对普查部门进行扣罚，通过这些奖惩机制，极大提高了各部门对 GIS 应用的积极性。为了调动员工的工作积极性，借助全员力量提高 GIS 数据质量，深化 GIS 应用，将 GIS 动态更新纳入经济责任制考核中，明确奖惩的内容和奖惩标准，对所属各单位、各部门 GIS 动态更新情况按相关标准进行月度考评和年终考核。动态更新考核内容分两部分：第一部分为报装工程中的公司工程、小用户工程及一户一表改造工程，第二部分为非报装工程中的监测点信息维护、报废管线开挖管线及改动管线，第三方 GIS 信息录入。数据动态更新主要从两方面进行考核：一是时效性，包括数据上报、文件上传和数据录入的时效；二是准确性，包括数据位置和属性的准确性。

3. GIS 的建设实例

某水务公司供水管网 GIS 主要建设内容和应用效果如下。

该公司供水管网 GIS 利用 ArcGIS 平台＋Oracl 数据库构建全市供水排水管网一张图，主要功能介绍如下：

地图展示：该地图集成电子地图、卫星影像、供水排水管网图，提供二维地图显示和浏览功能，支持缩放、拖拽、旋转等操作，可显示地形、建筑、道路、行政区划等信息。

供水设施模块：该模块提供各类型供水设施模块查询、分析、统计功能，可查询某个管道的起点、终点、管径、材质、长度等信息，可对各个子公司二级企业管网数据质量进行评估分析。

报表管理：可以通过 GIS 供水管网一张图对供水管网进行各种分析，生成不同类型报表，如管网长度、设施数量、水表用水量等信息，按不同子公司、管理所导出统计报表。

5.3.3　供水业务管理系统

供水业务管理系统是一种管理和维护供水管网的工具，主要用于管理水务公司的外勤作业任务和工单，例如地下供水管线的维修、巡查、水箱清洗和附属设施更换等。该系统以管网 GIS 数据为基础，结合 GPS、NFC、5G 等新兴技术实现人在线、物在线、服务在线。使内外业管理相结合，实现管网巡检、设施维护、维修等工作的科学化、规范化、智能化管理。

1. 供水业务管理系统的建设目标

供水业务管理系统的建设目标通常包括以下几个方面：

（1）提高供水服务的质量和效率。通过建立工单系统，可以实现供水设施巡检和维护工作的标准化、信息化和规范化，从而提高供水服务的质量和效率。

（2）优化供水管理的流程。工单系统可以实现供水管理流程的自动化，减少人工干预，提高管理效率。

（3）降低供水管理的成本。通过工单系统的自动化和数据分析，可以减少人力成本和物资成本，从而提高供水管理的效益。

（4）保障供水安全。工单系统可以实现供水巡检和维护工作的实时监控和管理，及时发现和解决问题，保障供水安全。

（5）促进信息化管理。工单系统可以实现供水管理信息的数字化和电子化，促进信息化管理的发展。

2. 供水业务管理系统的建设内容

（1）系统架构设计

供水业务管理系统的架构设计需要充分考虑用户需求保证系统的稳定性、安全性和可扩展性，同时还需要考虑后期维护和运营的成本和效率。供水业务管理系统架构由运行环境、数据库、后台管理模块、前段展示模块、移动端应用模块五大部分组成。

管网工单信息系统的架构设计（图5-3）需要考虑以下几个方面：

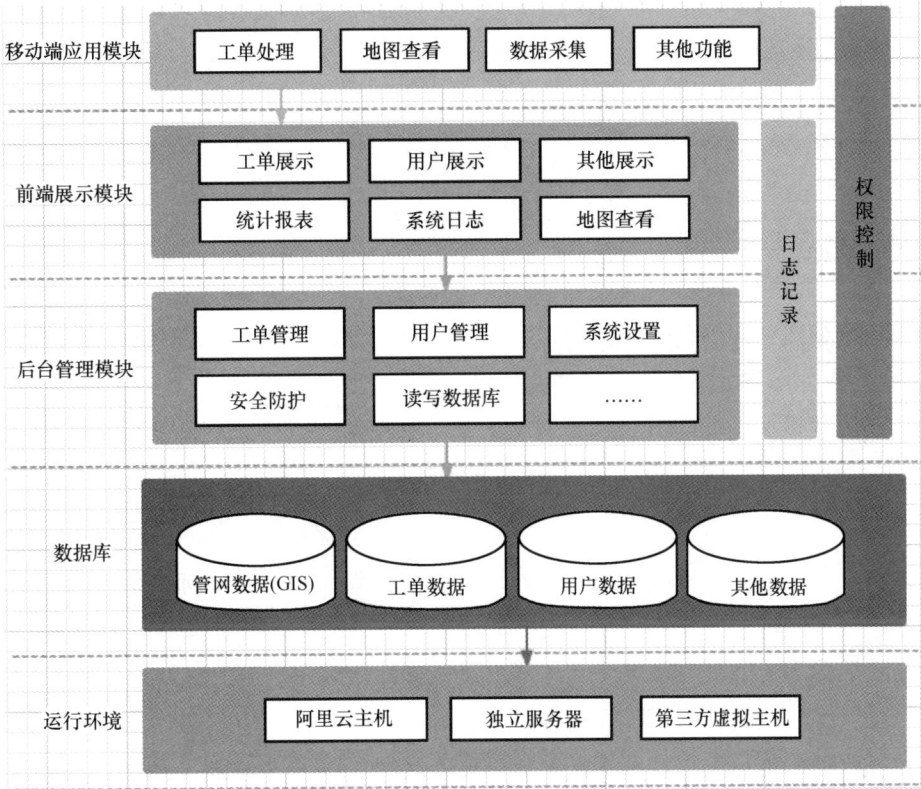

图5-3　供水管网工单系统架构图

1）数据库设计：数据库是整个系统的核心，需要设计合理的数据结构和关系，保证数据的完整性和一致性。需要包括管网数据、工单数据、用户数据和其他数据等。

2）后台管理模块设计：后台管理模块是系统的核心部分，需要提供工单、用户和其他设置的管理功能，以及安全防护功能（如权限管理和数据备份等）。此外，还需要考虑权限控制、操作日志等功能。

3）前端展示模块设计：前端展示模块是系统的界面部分，需要提供工单展示、用户展示、地图展示和数据统计等功能。需要设计易于使用、直观的界面，同时需要考虑用户交互和数据展示方式。

4）移动端应用模块设计：移动端应用模块是为移动用户提供的管理功能，需要提供工单处理、地图查看、数据采集和其他功能等。需要考虑移动设备的特性和网络稳定性等因素。

5）系统集成设计：系统集成是指将多个独立的系统或组件整合成一个有机整体的

过程。需要考虑如何将现有的各个系统或组件进行整合，实现数据和功能的共享，提高系统的效率和性能。

6）可扩展性和易维护性设计：系统需要具备良好的可扩展性和易维护性，能够方便进行备份、恢复、升级等操作，降低维护成本和维护难度。需要考虑系统的架构、技术和维护管理等方面的问题。

总体来说，管网工单信息系统的架构设计需要充分考虑用户需求、工单并发量、数据处理、应用功能、展示方式等方面，保证系统的稳定性、安全性和可扩展性，同时还需要考虑后期维护和运营的成本和效率。

（2）系统功能模块设计

供水业务管理系统应具有以下主要功能：

1）工单管理：能够创建、分配、跟踪和关闭工单，以保证工作任务的追踪和完成。工单可以包括许多任务，例如需要清洗、检查、维修或更换的管道、阀门或水表。

2）地理信息查询：使用 GIS 地图技术来记录和更新供水管网的信息，包括管道位置、类型、直径等信息，以及其他有关管道的技术细节。这些信息可以根据需要进行查询和分析。

3）资源管理：管理供水工人、车辆和设备的分配和使用，以确保在任何时候都有足够的资源来完成任务。

4）通信管理：能够与供水工人和客户保持良好的沟通，包括向工人提供工作信息、向客户提供计划维修的通知等。

5）报告和分析：生成各种报告和分析来监控供水管网的情况，例如管道损坏频率、修复时间、成本等。

总之，供水业务管理系统能够帮助水务公司更好地管理和维护供水管网，确保供水系统持续高效地运行，提供高质量和可靠的供水服务。

3. 供水业务管理系统的建设实例

深圳某区水务有限公司基于供水管网地理信息系统搭建供水业务管理系统用于记录、处理和跟踪供水管网及客户服务的外业工作。其中供水业务管理系统如图 5-4 所示。

供水业务管理系统基于嵌入式技术开发，安装于智能手机、PDA 等移动终端的手持端，用于供水企业管理人员（车辆）在现场进行管网日常巡检、设施维护、维修等工作时进行信息登记、管网属性查看、位置上报、事件上报、任务查询与接收、数据同步等业务；而供水企业的内业管理人员利用 Web 端监管管网巡检、设施维护、维修等情况，制定、下发各种工作任务，实现对巡检、设施维护、维修等工作的实时监控、管理、调度、指挥与评价。该系统可以帮助供水公司提高工作效率、降低管理成本，实现快速、高效、准确的供水服务。

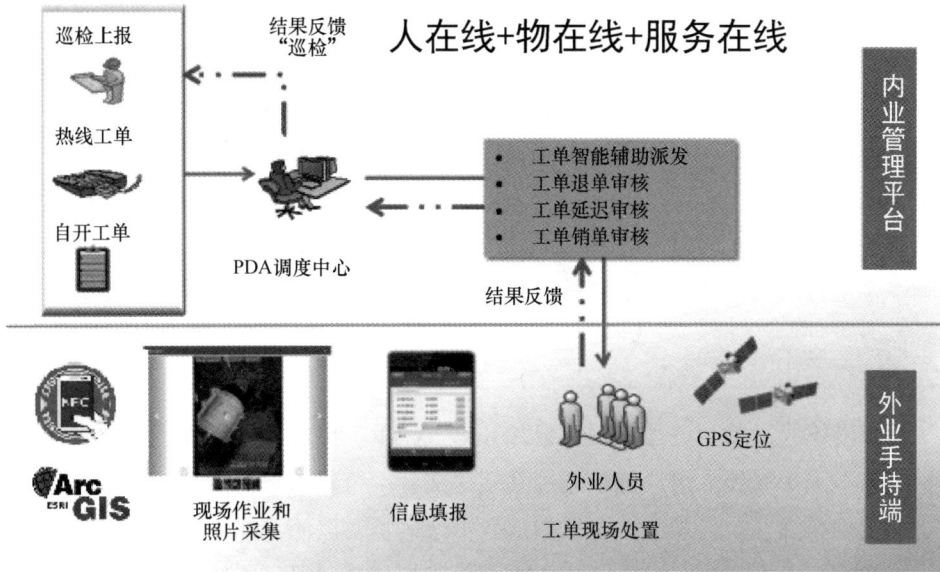

图 5-4　供水业务管理系统流程图

供水业务管理系统（图 5-5）包括以下功能模块：附属模块、巡检模块、维修模块、停水模块、工时模块等。

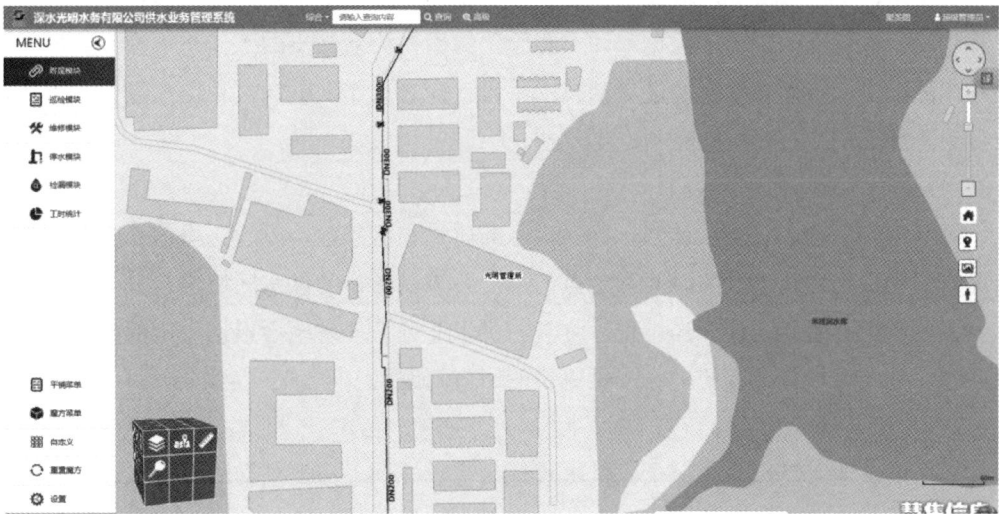

图 5-5　供水业务管理系统

（1）附属模块

附属模块主要为了实现各类供水管网及附属设施详细信息的查询、统计、分析。

（2）巡检模块

实现了巡检任务管理、上报事件管理、管网巡检档案全过程的记录和存档，手机App 巡检任务处理及事件上报。实现了各类巡检任务、巡检区域、巡检打卡点的"增、删、查、改"。包含巡检任务创建、巡检起止时间和周期设置等,巡检打卡点应能够自动筛选巡检区域内各类关键设施,能够根据制定的巡检任务定期向系统手持端派发巡检工单。手机 App 收到巡检任务后,一线巡检人员根据巡查类型、巡查范围、巡查时间开展巡查工作,并在管件打卡点位拍照上传现场照片,当巡检人员发现管网问题时,可在移动设备上记录故障类型、位置、时间等信息,并及时上报至后台管理系统,以便后续安排相关工作人员及时处理。通过汇总管网巡检的数据,针对管网问题的数量、类型、频率等进行深入分析,并结合历史数据及时发出预警,为相关管理人员做出决策提供科学参考。

(3)维修模块

实现管网抢修工单全过程管理,包含开单、派单、接单、到场处理、申请消单、回访审批等基本工作流程。用户可以通过系统提交管网抢修请求,并提供详细的问题描述和位置信息。系统自动将工单派发给指定的抢修人员,以便快速响应和解决问题。用户和管理人员可以通过系统实时跟踪抢修进度,了解处理情况。系统能够记录并分析每个管网抢修事件的过程、所用时间和费用等信息,方便后续统计和分析。与传统的管网抢修方式相比供水业务系统中的管网抢修模块通过在线报障和自动派单功能,节省了时间和人力成本,提高了响应速度和解决效率。系统自带分类标签和回访反馈机制,使得运维人员在执行工作时更加规范化,减少了错误率。利用系统记录的历史数据,针对管网工程建设、检修维护形成"数据"和"经验"的库,为下一步的工作积累和改善提供基础和保障,实现数据共享。通过自动技术手段,少量工作人员即可具备大量管理服务及应对紧急状况的能力,提高运营成本效益。

(4)停水模块

可制定科学合理的供水计划,确保供水的质量和可靠性。以发送短信、邮件等方式提前告知用户维护和停水的时间和地点信息。并将受影响的供水区域进行分类并录入系统,方便后期查阅和统计。当出现异常时,供水业务管理系统会根据设定的规则自动识别问题,并及时报警,方便工作人员更快的回应问题。

(5)工时统计

根据供水业务管理系统记录,供水管理员实际外勤工作类型套取《供水管理员工时定额》自动生成供水管理员工作工时。工时定额包括抄表、维修、巡查工时定额。本书所称工时,为工作量化的计量单位,非实际工作时长。工时定额由综合工作时长和工作价值量化而得。供水管理员工时计量采取综合工时计量法,即维修工时+抄表工时+巡查工时=综合工时,据此考核并发放量化工资。工时量化管理实现按照员工的工作表现和业绩给予相应的薪资奖励和激励,即员工的劳动和贡献得到了体现和认可。这种制度有以下优点:

1)激励员工积极性:工时量化管理可以激励员工发挥更大的工作积极性,竞争意识，努力提高工作业绩和业务水平。

2）注重员工实际贡献：工时量化管理可以更加准确地衡量员工的实际工作贡献，避免按时间计薪制度中因工作量、质量等因素影响薪资的情况。

3）提高企业效益：工时量化管理可以激励员工的工作动力，提高企业效益，刺激企业的发展和竞争力。

5.3.4　供水管网监测系统

城市供水管网监测系统是供水企业远程监测供水管网各节点压力、流量、水质情况的管网信息系统，通过在供水管网上安装管网压力变送器、管网流量计、在线水质监测仪、物联网网关（RTU），可在供水企业的调度中心远程监测整个管网的压力、流量、水质等参数，可实现管网设备运行的监测预警，可实现泵站远程监控及阀门远程控制。通过系统建设，能够科学指挥各个供水厂供水设备、保障供水压力平衡和流量稳定，及时发现和预测管道爆管、水质事故及管网问题。

1. 供水监测系统的建设目标

供水在线监测系统建设的目的是为了提高供水管理的水平和效率，保障公众和企业的用水安全，降低管网漏损率和维护成本。

供水在线监测系统可以实现以下目标：

（1）实时监测水质：通过水质监测设备，可以对供水管网中的水进行实时监测，及时发现水质问题，提防不安全饮用水流入市场。

（2）实时监测供水量和压力：通过流量计和压力传感器，可以实时监测供水量和压力，及时发现管网漏损和异常情况，并准确预测未来供水情况。

（3）远程监控和预警：通过在线监测系统，可以实现对供水管网的远程监控，及时发现和处理问题，并通过预警系统提前预测和预防潜在问题。

（4）数据分析和处理：通过大数据分析，可以发现管网漏损的规律和特点，并及时采取措施进行管网维护及更新，从而降低管网维护成本。

因此，建设供水在线监测系统是保障公众用水安全、提高供水管理水平和效率的重要举措。

2. 供水监测系统的建设内容

供水在线监测系统建设的内容主要包括以下几个方面：

（1）水质监测设备建设：水质监测设备可以实时监测水源、供水厂、供水管网等环节的水质，包括水中的有机物、无机物、微生物、重金属等指标，确保供水水质的安全和稳定。

（2）流量计和压力传感器建设：利用流量计和压力传感器等设备，可以实时监测管网的流量和压力，并可以预测未来的供水情况，及时发现管网漏损和泄漏，提高管网的运行效率和安全性。

（3）监测数据采集和传输系统建设：建设数据采集和传输系统，能够实现监测设备产生的数据的采集和传输，确保数据的准确性和及时性，保障数据采集的效率。

（4）数据处理和分析平台建设：对采集到的数据进行分析和处理，挖掘数据中蕴含的漏损规律和特点，评估管网的漏损率和水质安全性，为管网维护和管理提供科学依据。

（5）远程监控和预警系统建设：通过远程监控和预警系统，实时监控供水管网的运行状态和异常情况，并通过短信、邮件等方式进行预警和提醒，及时处理各类问题，保障供水的安全和稳定。

综上所述，供水在线监测系统建设需要对上述内容进行综合规划和实施，以实现对供水管网的实时监测、快速响应和管网安全的提升。

3. 供水监测系统的建设实例

深圳某水务公司在现状市政管网 548km 上安装物联网监测点 402 个，其中流量监测点 317 个（包含一级分区、二级分区、DMA 分区流量计），市政水质监测点 22 个、市政压力监测点 63 个。基于 402 个物联网监测点监测数据建立供水管网监测系统，实现市政管网的在线感知，提高管网的运行效率、降低漏损率、保障供水质量和提高供水服务水平。系统的特点是实时监测、数据分析、远程监控和监测预警，通过系统的运行，可以及时发现管网的漏损和故障信息，从而减少漏损和降低管网维护成本。

（1）监测预警

供水管网监测系统可对管网监测的各项数据进行阈值超限报警设置，对设备的各项指标进行监控，如图 5-6 所示为压力在线监测，形成整体管网运行、管网设备运行的安

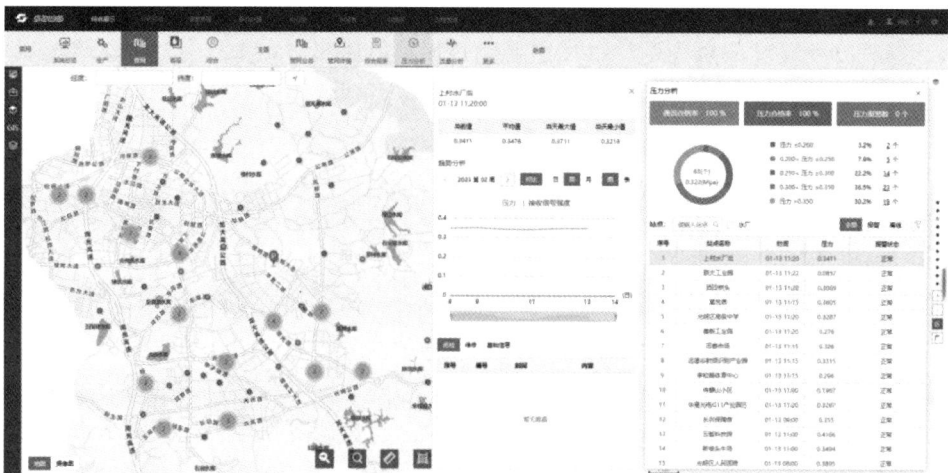

图 5-6　压力在线监测

全预警体系，对供水爆管、供水水质进行监测预警。支持电话、短信、供水管网工单系统派单等多种方式通知管理人员，对异常问题进行及时处置。

（2）优化调度

通过系统的建设，提升管网的精细化、信息化水平，形成管网体系化管理。根据管网的运行状态监测和分布状况，可以实现供水调配的优化调度，达到体系化管理的智慧管理目标。如图 5-7 所示为深圳市深水光明水务有限公司综合调度系统平台界面。

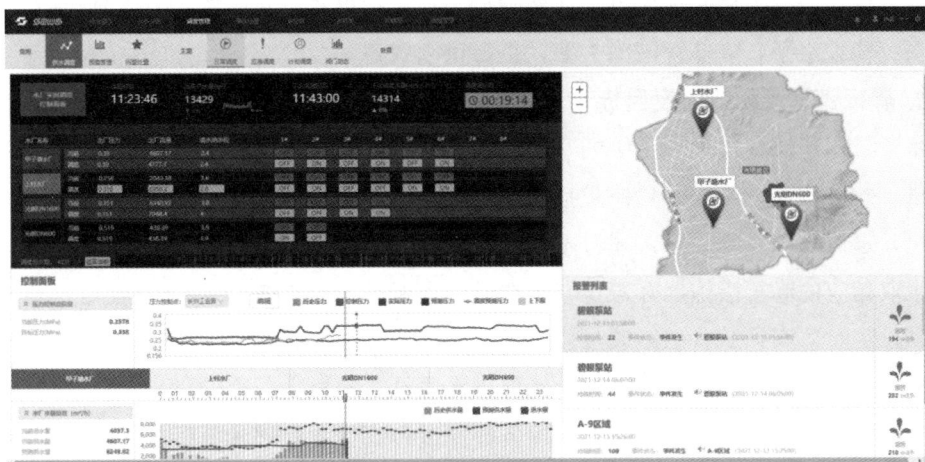

图 5-7　综合调度系统平台界面

（3）数据分析

监测管网的实时数据，包括管网压力、水质、流量等信息，如图 5-8 所示为在线压力信息，对其进行多种形式的统计分析，可综合分析判断管网产生的漏损情况。

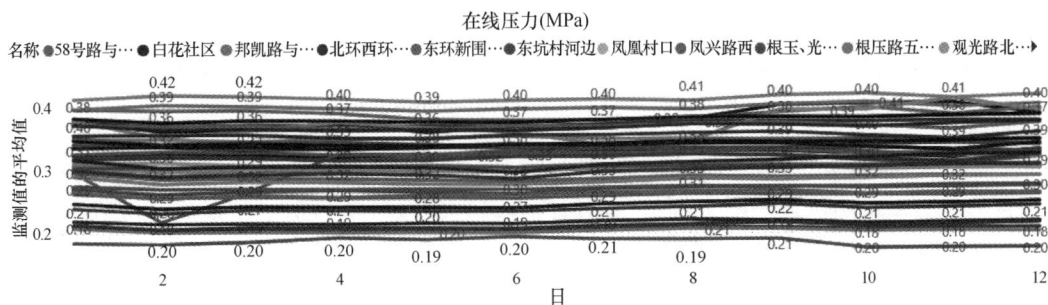

图 5-8　在线压力分析

5.3.5　漏损管理系统

随着城市的快速发展和供水管网的延伸，供水管网漏损控制越来越被重视。造成管网真实漏损的原因有很多，例如管体接口、阀门、管道等漏水，若不及时查出真实漏损，长期带隐患运行的管道很可能酿成更大的事故。供水管网漏损管理系统以管网GIS、大数据分析为依托，应用核心漏损计算方法，对计量分区和DMA进行管理，以及对区域漏损水量、区域产销差水量进行计量。从不同空间维度、不同时间尺度全面地分析管网与各级分区的漏损和产销差现状，识别漏损、产销差的主要影响因素。可极大缩短发现漏水的时间，实现漏点快速定位，指导检漏人员的漏水检测工作，做到有目的、有重点地进行主动漏损检测。从而降低供水企业供水运营中的经营管理风险，提升供水系统管理水平，降低管网漏失率，提高供水效益。

1. 漏损管理系统的建设目标

水务公司建设漏损管理系统的主要目标是有效降低供水管网中的漏损率，提高供水的质量、效益和可持续性。具体包括以下几个方面：

（1）定位和排查漏损点：通过不同的监测手段，精确定位和识别管线漏损点，以便快速采取相应的修复措施，并避免漏损造成的影响进一步扩散。

（2）实时监测管道状态：通过建立实时监测系统，及时发现管道故障，包括漏损、破裂和堵塞等问题。保证管线畅通，确保供水质量达到最大程度的供水效益。

（3）建立数据分析体系：对于漏损的数据进行收集、整理、分析，并建立模型，以便预测未来可能发生的漏损情况，实现漏损管理工作的精准化。

（4）优化维护周期：通过对漏损管道的主动监测和故障预警，灵活调整管线维修的周期，及时制定维护计划，提高修复效率，同时减少管道维护成本，为企业节约财力和物力。

（5）减少供水管网压力损失：基于供水管网的实际情况，合理设计供水管网的结构和布局，优化管道运行模式，再通过设备控制和自动化技术协同作业，降低供水管网内的压力损失，减少水资源的消耗。

建设漏损管理系统可以为企业提供高效的管理手段，优化供水管网的运行和维护管理，建设漏损管理系统的目标是通过科技手段的介入，最大限度地避免水资源的浪费和损失，使有限的水资源得以更加科学地分配并且保障可持续利用。

2. 漏损管理系统的建设内容

漏损管理系统的建设应该包括数据查看模块、综合分析模块、信息汇总模块，他们是漏损管理系统的基本组成模块，其中数据查看模块主要包括综合BI、大分区管理、DMA管理、大用户管理；综合分析模块主要用于分析漏损工单，包括事件工单管理、水平衡管理、压力管理、噪声管理；信息汇总模块主要用于供水企业对相关信息进行收集汇总，主要包括绩效考核管理、基础信息管理、资产管理（图5-9）。

（1）供水管网漏损监测系统

供水管网漏损监测系统通过对各DMA（独立计量区域）内的流量和压力节点实施

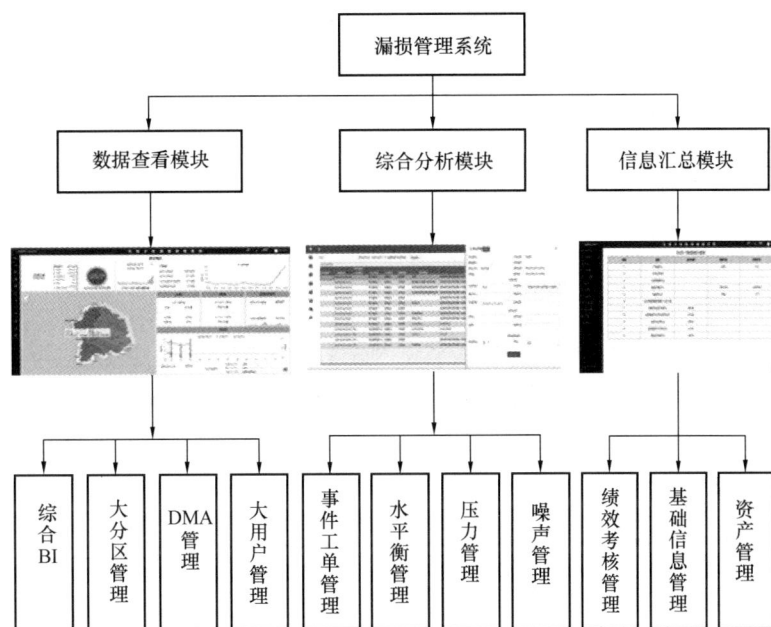

图 5-9　漏损系统主要模块及功能框架

远程实时监测，既可及时发现管网供水异常，又可测算出区域的漏损情况、并辅助查找漏点，有效降低管网漏损率和产销差率。主要功能有：

1）建立完备的管网在线监测体系

在线监测重要节点的实时流量、压力，科学制定并执行调度方案，使管网流量、水压平稳运行。

2）异常及时报警，事故迅速处理

及时发现 DMA 中的流量和压力变化，识别出发生爆管的可能性。根据预判信息第一时间发布管网水量、水压调度指令和阀门远程控制要求，并迅速采取排查和检漏措施。

3）分析区域泄漏水平

应用夜间最小流量原理，自动判断、分析各 DMA 是否泄漏以及当前泄漏水平，为制定检漏方案提供依据。

4）核算产销差率

通过对各区域内流入、流出和实际销售水量的定期分析，有效统计各分区内的供水量、需水量、漏失量等数据，核算产销差。

5）建立区域常设供水压力

结合管网长期运行数据，在确保充分、有效满足用户需求的前提下，适当降低并逐步确立常设供水压力，既可降低当前的泄漏水平，又可减少老化管网的爆管概率。

6）智能配表分析

对各监测点的水表口径和实际用水量进行智能分析，综合判断当前水表是否匹配，并给出配表的合理建议。

7）积累管网改造依据

通过长期的监测、分析，可掌握各区域的用水规律，为水量分配、管网改造提供基础数据。

（2）产销差管理系统

1）产销差管理

供水产销差率是评估供水企业管理水平和运行效益的重要指标。通过监测的流量数据和抄收回来的用水量等数据，分析区域的产销差组分，进而定量分析各组分在产销差中的占比情况，确定产销差形成的主要原因，指导管理者对症采取合适的措施降低产销差。

2）漏损分析

漏损量/漏损率分析、对比分析、历史趋势分析、影响分析。

3）用水分析

通过供水系统水量平衡分析系统监测的流量数据和抄收回来的用水量等数据，分析区域的产销差组分，进而定量分析各组分在产销差中的占比情况，确定产销差形成的主要原因，指导管理者对症采取合适的措施降低产销差。

3. 漏损管理系统的建设实例

为进一步降低漏损率，某水务公司搭建了漏损控制系统，图 5-10 为漏损控制系统界面展示。其主要模块及功能框架如图 5-10 左侧所示。漏损控制系统主要包括三大板块：数据查看模块、综合分析模块、信息汇总模块，十一项主要功能包括：综合 BI 页面、大分区管理、DMA 管理、大用户管理、事件工单管理、水平衡模块、压力管理、

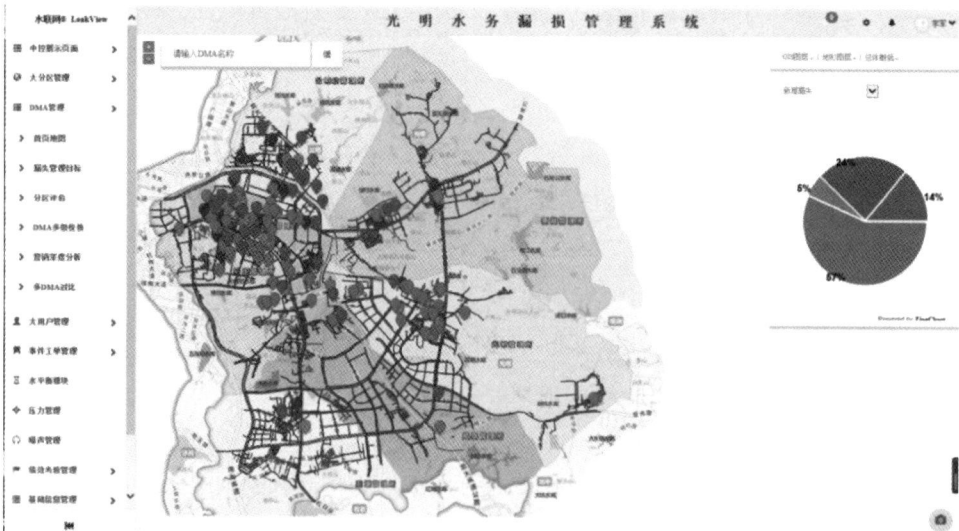

图 5-10 漏损控制系统界面

噪声管理、绩效考核管理、基础信息管理、资产管理。

（1）数据查看模块

1）综合 BI 页面：综合 BI 页面是对供水、管网、产销差、漏损管理等现状数据的整体展示。

2）大分区管理：大分区管理模块可以查看分区概括、分区分析、区域多级分析、区域统计。

3）DMA 管理：DAM 管理模块支持访问首页地图、调用数据分析功能、设定漏失管理目标、执行分区评价、进行 DMA 多级校核、开展营销深度分析及多 DMA 对比等操作。

4）大用户管理：大用户管理模块可以查看大用户 BI、抄表对比分析、大用户统计、设备在线分析、异常水量分析、多水表对比。

（2）综合分析模块

1）事件工单管理：在事件工单管理界面可以分析事件记录、工单列表。

2）水平衡模块：在水平衡模块中可以分析某个时间段的水平衡情况。

3）压力管理：在压力管理模块中可以分析单个压力点、根据距离聚合的压力点、管线图层和压力热力图。

4）噪声管理：噪声管理界面以城市地图为底图，可以展示管线信息。噪声监测点以圆点的形式展示在地图上，通过颜色区分报警、离线、正常三个状态。

（3）信息汇总模块

1）绩效考核管理：在绩效报表界面可以查看历史生成的绩效汇总报表。

2）基础信息管理：在基础信息管理模块可以看到 DMA 列表、分区建设进度、设备地图，进行参数设置。

3）资产管理：在资产管理模块可以看到噪声设备、压力设备及水表管理情况。

5.3.6　供水水力模型系统

供水水力模型系统是一种用于模拟城市内的水流量和水压变化的数学模型。它通常由两个主要组成部分组成：网络拓扑和水力模型。网络拓扑包括所有水管、水泵、阀门、储水池等供水系统组件之间的连接关系和方向。它描述了供水系统的整体结构和布局，可以帮助用户了解水源、输送路径和分配方案等基本信息。水力模型是建立在网络拓扑基础之上的，用于计算供水系统中的水压、水流量和水质等关键参数。它基于物理原理和流体力学理论，考虑了管道摩擦、阻力、弯曲等因素对水流动的影响。通过运用数学方法和计算机模拟技术，水力模型可以模拟出供水系统的水动力学特性，为设计、优化、运营和维护提供有效的工具和方法。

1. 供水水力模型系统的建设目标

供水水力模型系统的建设目标包括模拟供水系统运行、优化系统设计与运营管理、预测系统响应、故障诊断与优化，以及提供决策支持。

（1）模拟供水系统运行

供水水力模型系统的主要目标是准确地模拟供水系统的运行情况。通过建立模型，可以模拟系统中的各个组件（如水源、供水厂、管网、泵站等）之间的相互作用，并预测水流、压力、水质等关键参数的变化。这有助于理解供水系统的整体性能，发现潜在问题，并进行系统的优化和改进。

（2）优化系统设计与运营管理

供水水力模型系统可以用于优化系统的设计和运营管理。通过模拟不同的设计方案和运营策略，可以评估系统在不同条件下的性能表现，包括管网布局、设备选型、操作控制等方面。优化系统设计和运营有助于提高供水系统的效率、降低成本，并满足用户的需求。

（3）预测系统响应

供水水力模型系统可以用于预测系统对不同情景和负荷变化的响应。通过模拟系统在不同负荷下的运行情况，可以评估系统的工作能力，确定系统在不同条件下的水量供应能力和压力稳定性。预测系统响应有助于制定合理的供水计划，确保系统能够满足用户需求并提供稳定的供水服务。

（4）故障诊断与优化

供水水力模型系统可以用于诊断系统中的故障和问题，并进行优化。通过与实际运行数据进行对比，可以检测到异常情况，如管道泄漏、设备故障等，并定位问题的发生位置。基于模型的诊断结果，可以采取相应的措施进行故障排查和修复，提高系统的可靠性和运行效率。

（5）提供决策支持

供水水力模型系统提供了决策制定的科学依据。基于模型的预测和分析结果，可以支持管理决策，包括系统扩建、投资决策、紧急响应等。模型提供了对不同决策方案的评估，帮助决策者做出明智的决策，以提高供水系统的效率和可持续性。

2. 供水水力模型系统的建设内容

供水水力模型系统需要真实的反映实际管网情况，需要输入准确的静态数据和动态数据，静态数据主要是指管网拓扑数据，动态数据主要是指 SCADA 数据和用水量数据，供水模型系统框架如图 5-11 所示。

（1）管网拓扑数据

需要了解供水系统的网络拓扑结构，包括管道、阀门、水泵、储水池、消火栓等组成部分之间的关系和连接方式。该部分数据主要从 GIS 中获取，在供水水力模型系统建设中需增加模型拓扑数据智能更新模块以确保该部分数据的实时性和准确性。

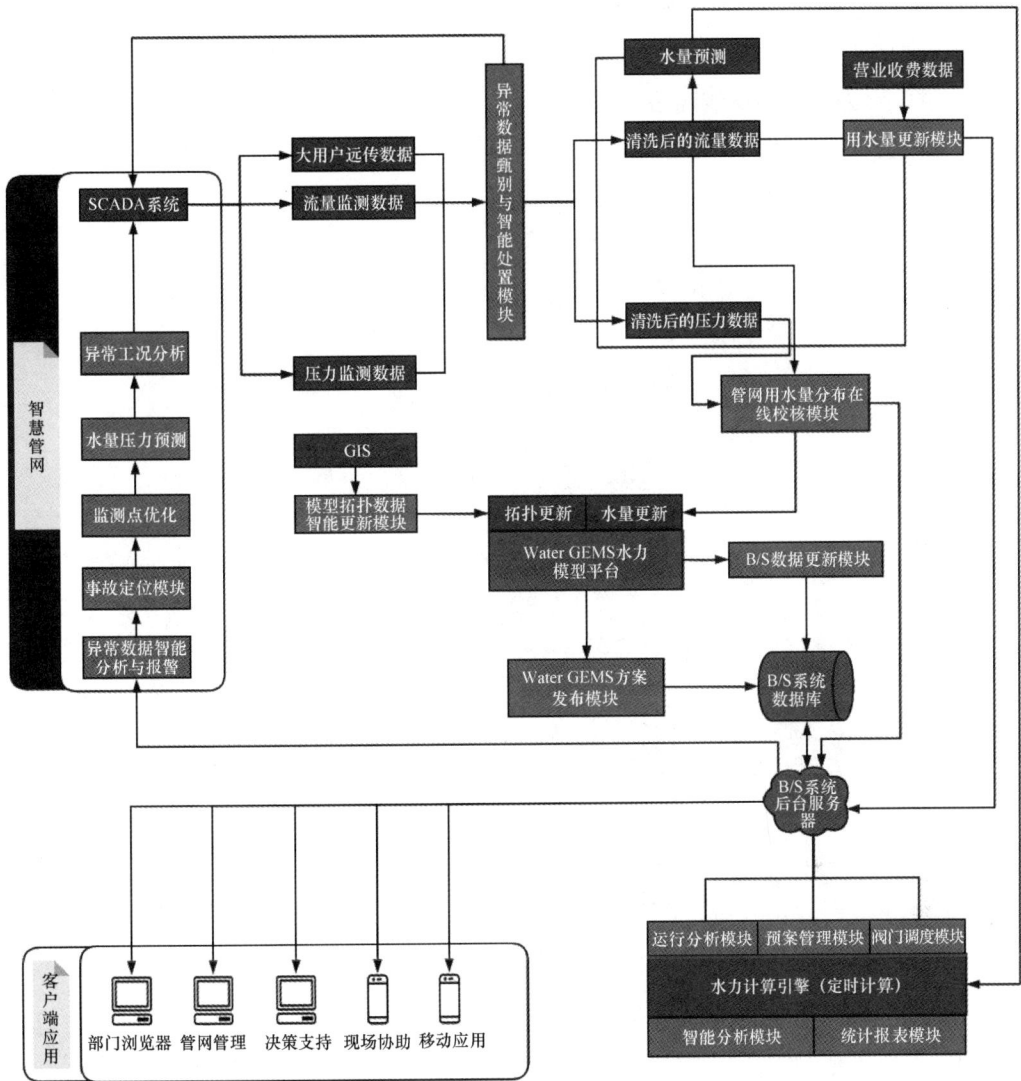

图 5-11　供水模型系统框架

（2）SCADA 数据

SCADA（Supervisory Control And Data Acquisition）是一种用于实时监控和控制工业过程的技术。在供水系统中，SCADA 系统可以实时监测和控制各个环节，例如水源、水泵、管道、水池等。通过 SCADA 系统可以获取大量实时的供水系统数据，例如水压、水位、水流量等。这些数据可用于供水系统建模的数据采集和预处理、模型参数校准和验证、模型预测和优化、故障诊断和维护等各个阶段。

（3）用水量

用水量数据是指供水系统中各个用户的用水量数据，包括水表读数、水费收费数据等。在供水水力模型建立中，具有重要作用。通过用水量数据可以进行模型参数校准和验证、用水量预测和优化、用水行为分析和调控、水资源管理和保障等，为供水系统的运行和管理提供重要支持和指导。

3. 供水水力模型系统的建设实例

某水务公司供水水力模型系统主要建设内容和应用效果（图 5-12）如下。

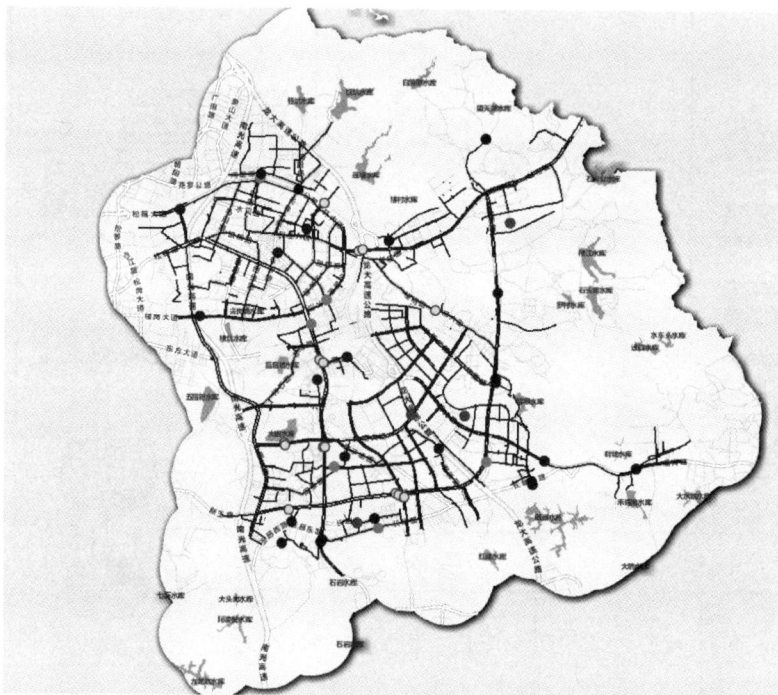

图 5-12　某水务公司供水水力模型系统界面

该公司水力模型系统利用 Water GEMS 平台＋SQL server 数据库构建，主要功能介绍如下：

（1）精度统计：该模块根据供水水力模型系统模拟值和实测值的准确度进行打分，通过分数可以直观了解供水水力模型系统的准确性和可靠性，确定模型与实际数据之间的差异，并找到改进的方向。

（2）运行分析：运行分析中包括基础管网、管道流量、管道流速、管道水力坡度、水压标高、压力、水流方向、节点流量、供水分界线、水龄、管径分类、管材分类、24h 压力波动、24h 流向变化次数、当前停水管道功能。这些功能有助于供水企业工作人员快速掌握供水系统当前及过去的运行状态，找到系统中的瓶颈和问题所在，并进行优化调整，以提高系统的运行效率和可靠性。

（3）供水路径：通过供水水力模型系统分析某个点的供水路径，主要是利用模型中的水流方程和管网拓扑结构，追踪和分析水在管网中的传输路径，可以用于确定特定点的供水来源。

（4）爆管分析：通过供水水力模型系统进行爆管分析，可以确定爆管事件对流量、流速、压力和流向的影响，并确定其影响范围。

（5）关阀处置：关阀处置可以用于管网维护和修复、紧急事件应急响应、水质控制和污染防治，以及系统操作和管理。通过合理和及时地进行关阀处置，可以保障供水系统的正常运行，减少损失和不便，并提高系统的安全性、可靠性和效率。

（6）方案管理：方案管理中可以记录保存历史模拟方案，方便进行回溯分析，同时可以对模拟方案进行评价，可根据评价的准确性对模型进行改进。

5.3.7　二次供水管理系统

随着城镇化进程的加快与各类政策的实施，水务企业接管了大量二次供水泵房，给水务企业带来一定的管理压力。基于以上背景，水务企业选择建设二次供水管理系统，旨在实现二次供水系统的科学化、信息化管理，达到对泵房内设备的远程控制及泵房无人值守的目的。通过二次供水数字化转型，建立二次供水管控平台，实现"全面感知、智能控制、优化分析、智慧调度、预警管控、合理派单、错峰调蓄、投诉全跟踪处理"等目标，提升运营维护管理水平。二次供水管控平台建设框架如图 5-13 所示。

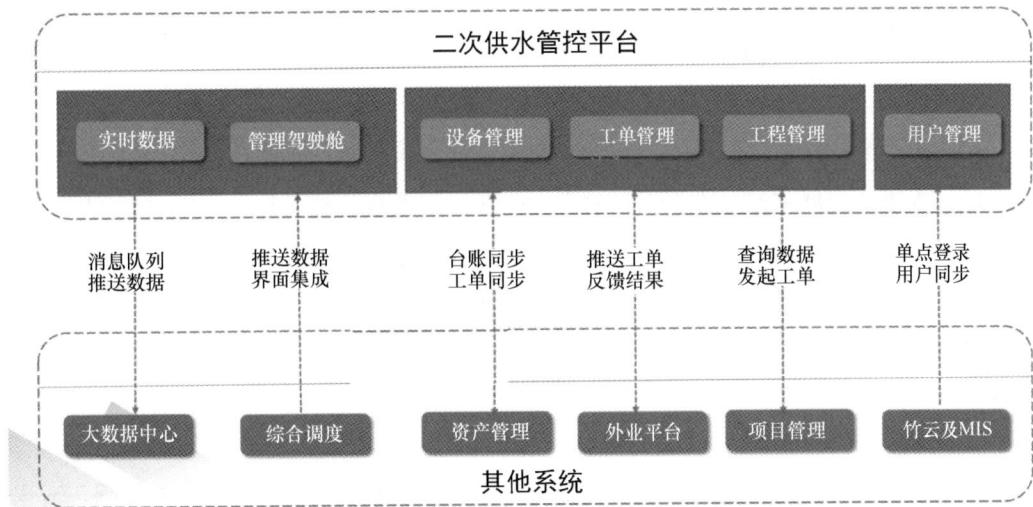

图 5-13　二次供水管控平台建设框架

1. 二次供水管理系统的建设目标

为了给居民提供稳定、高质量的供水服务，同时降低成本，提升管理效率，二次供水智能管理平台将水泵房设备、视频监控、门禁等设备远程统一接入智能管理平台，一站式实现远程控制，实现实时数据采集监测、运维服务、数据分析等功能。为二次供水的管理、决策、成本以及服务等各方面提供支撑。

（1）精细化管理的目标

将泵房中的水泵设备、门禁系统、监控视频系统等通过宽带、光纤网络、WiFi、移动 3G 网络、移动 4G 网络等多种组网方式在一个平台上集中管理，管理者可以通过电脑、手机、监控大屏等随时查看各个泵房设备的运行情况，进行远程监控和设备控制，进行远程门禁开关等控制，进行远程视频的监控、录制，并可根据需要与门禁等设备联动，记录进出水泵房的人员影像。并根据需要随时调配人员对泵房进行巡查和维护，巡查和维护的具体操作通过平台预设流程细化和标准化，大大提升了管理的效率和精细化程度，做到了点和面的统一。

（2）管理者决策的数据支撑目标

水泵房设备的数据采集监测的目的是为管理服务。以管理需求为导向，通过对水泵出水口压力、设备负载、水质 pH、浊度、用电量、故障次数、运行时间等关键参量的采集、记录，形成供水效率、供水质量、供水稳定性、运行能耗等分析数据图表，提供水泵房设备优化、管理流程优化的参考建议，为管理者的决策提供数据支撑。

（3）降低运行维护的成本目标

通过预先设定的条件辅助完成泵房的管理工作。比如根据用户的用水量和用水习惯，智能设定水泵的启停时间，节约运行的成本。另外通过远程操控和智能化的设置可替代部分简单重复的操作，降低维护的成本。通过运维服务流程的配置，可对运维服务过程进行跟踪，实时对运维服务进行管理，提高运维服务效率，降低运维服务成本。

（4）提升供水服务水平目标

供水服务的好坏最终是由居民、用户来打分的。供水稳定、维修快捷、服务零投诉是二次供水改革发展和服务水平提升的方向。通过将各泵房的运行状况以直观的方式呈现在终端上，辅以运行预警和故障提示。管理者可指派维修人员对运行不稳定的设备进行检查和预防性维修，降低故障的发生率。即使发生故障，也可以迅速就近调派人员对设备进行维修，维修的过程通过预设的流程固化，提升服务的水平，减少服务投诉次数。

2. 二次供水管理系统的建设内容

二次供水管理系统在系统设计上应遵循"扩展、开放、标准、兼容"的原则，适用于二次供水管理中的设备管理、日常运维、安防监控、应急响应和决策分析等场景的一套在线运营系统，调度中心工作人员可以通过系统远程监控小区二次供水设备工作情况，及时发现故障，同时可对二次供水设备进行远程控制，提高供水服务质量，管理人员可按需通过系统实现绩效管理、人员管理、数据分析等功能（图 5-14）。

二次供水管理系统是一个可控制、监测和管理二次供水的系统。在构建这样一个系统时，需要以下步骤：

（1）设计二次供水系统：确定二次供水系统所需的管道、泵和设备，并进行设计。

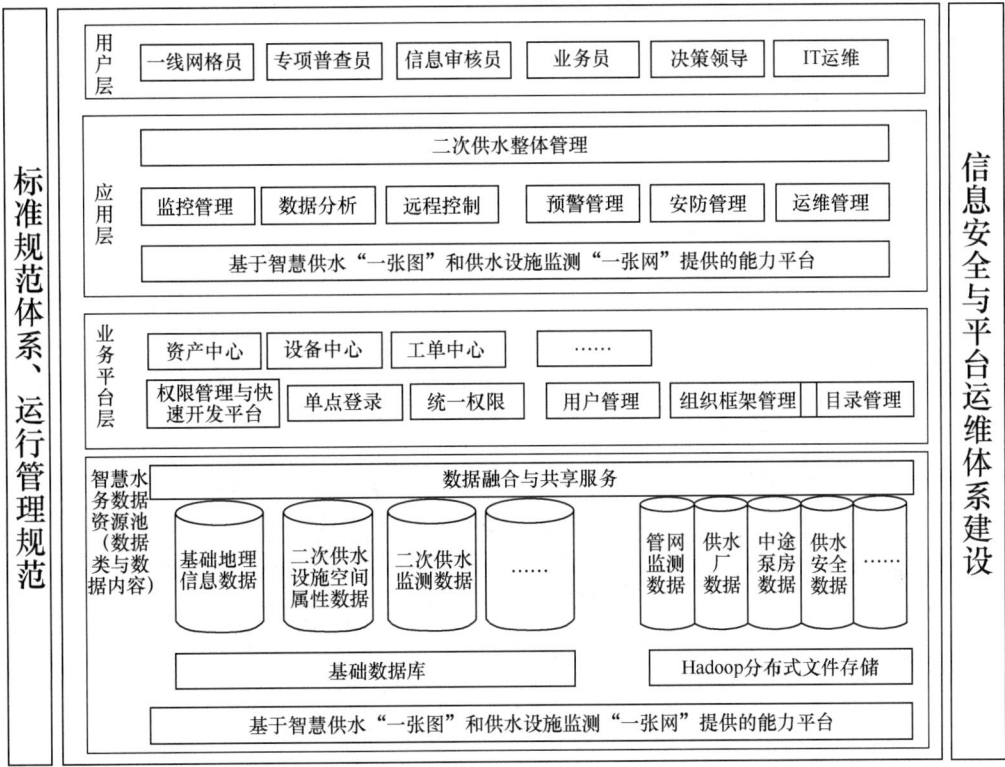

图 5-14　二次供水管理平台框架

（2）安装传感器：根据需要安装传感器来测量二次供水系统中的压力、流量和水质等参数信息。

（3）连接传感器到监测系统：将传感器连接到一个监测系统，以便实时监控二次供水系统的状况。

（4）安装控制设备：根据设计，安装控制设备来控制和调节二次供水系统中的压力、流量和水质等参数。

（5）配置管理软件：选择并安装适当的管理软件，以便通过图形化界面进行配置、监测和管理二次供水系统。

（6）设置告警机制：设置告警机制，当二次供水系统出现异常情况时，及时通知相关人员进行处理。

（7）测试和调试：完成二次供水系统的安装后，进行系统测试和调试，确保系统运行正常。

（8）建立维护计划：建立维护计划，包括定期检查、清洁和更换节点设备以确保系统长期稳定运行。

以上步骤是构建二次供水管理系统的基本步骤，但在实际操作中，可能需要根据项目需求进行调整和完善。

3. 二次供水管理系统的建设实例

借鉴深圳市水务（集团）有限公司经验，深圳市深水光明水务有限公司成功将二次供水管理系统应用于小区泵房管理（图 5-15），某小区泵房为实现接入二次供水管理系统，进行了应用界面开发和数据接入，主要包括泵房网关配置、泵房和数据标签配置、设备台账导入及配置、视频及门禁接入，保养计划配置，报表配置、地图数据配置、数据统计公式配置、报警配置、巡检任务配置、工艺流程图可视化界面开发等。

图 5-15 某小区泵房管理示意图

（1）网关配置：配置网关地址及点表。根据厂家提供的点表逐个核对标签名称、标签地址、数据类型、字段长度等信息。

（2）泵房和数据标签配置包括：添加泵房信息，导入并关联相关标签，配置时序数据库对应关系、标签排序字段、数值单位和标签类型。此外，还需配置 PC 端首页和微信企业号的实时数据显示字段，以及泵房总览中的系统状态、流量状态、水质状态、供水量、用电量、水泵状态和排污泵状态。最后，配置微信企业号的曲线项目。

（3）设备台账导入及配置：根据提供的标签导入泵房设备台账资料，设备编号定义，设备位置，设备分类，管理分类，供应商以及其他信息对应关系编写并将设备与数据标签对应，在查看设备的时候可以看到监测数据。

（4）视频及门禁接入、保养计划配置、报表配置、地图数据配置：接入、配置视频和门禁信息，以及和供应商联合调试视频和门禁相关信息等，制定设备保养计划，配置泵房地图显示的数据及位置。

（5）数据统计公式配置：配置计算量统计公式，分单个泵房和高中低区泵房（泵房的综合配水和供水单耗，水泵的综合和配水单耗，消毒供水单耗，总用电量，水泵、消毒、照明、空调、除湿机、插座的用电量，供水量和平均压力）的小时数据和天数据相关公式配置和数据检查核对。

（6）报警配置：配置设备本身的安防报警、设备故障、水质报警以及液位等自定义报警规则，手机短信发送和微信接收人员配置等，配合泵验收验证数据是否准确，以及相关标签的报警推送是否正确。

（7）巡检任务配置：配置巡检项目、巡检点、巡检计划等巡检初始化工作。

（8）工艺流程图可视化界面开发：定制泵房组态画面（在组态界面配置设备的对应关系、重要实时数据、重要设备和摄像头单击弹出设备以及视频详细信息等），水泵运行状态，水流方向控制；下发设备指令控制信号配置，数据范围配置。

5.4 智慧供水管网典型应用案例

5.4.1　GIS 在资源分配中的应用案例

1. GIS 在片区划分及人力资源分配中的应用

深圳市深水光明水务有限公司辖区总面积 156.1km²，供水管网 1704km，水表（用水户）13 万块，下设光明分公司及公明分公司负责管网及客户服务业务，2016 年光明区对原有的公明、光明街道进行了重新划分，下设光明、公明、新湖、凤凰、玉塘、马田 6 个街道办事处，建立与之对应的组织架构，便于日常工作的沟通与协调。

根据供水企业现状条件，行政区划为了更好地分配人力资源，使用 GIS 在划分片区的应用案例，具体实现步骤如下：

（1）数据采集：首先将所有分公司和管理所的位置以及辖区范围的地理数据采集并录入 GIS 中，建立相应的数据库（表 5-1）。

各片区设施表 表 5-1

设施量	1 区	2 区	3 区	4 区	5 区	6 区	7 区
面积（km²）	12	11	19	20	15	21	19
水量（m³/d）	29749	48679	31717	35000	55335	75790	30000
管长（km）	151	215	186	189	200	261	292
自行维修量［单/半年（单/月）］	94（16）	379（63）	146（24）	351（59）	370（62）	224（37）	305（51）
外委维修量［单/半年（单/月）］	90（15）	123（21）	69（12）	113（19）	158（26）	72（12）	46（8）
投诉量（单）	39	93	30	194	—	75	358
水表量（块）	6315	18994	7503	15340	9289	6408	20830
消火栓数量（个）	363	631	502	297	—	424	725
漏耗（m³/月）	13384	13044	1599	31097	150005	9757	111219

（2）片区划分：根据实际情况，使用 GIS 对每个分公司和管理所的辖区进行划分，并将其制作成电子地图。可以根据优先级、管线总长度等其他要素，设置各个片区的大小和形状，划分后的设施情况见表 4-1，通过 GIS 将行政区划调整图中的 6 个片区划分为 7 个片区。

（3）分公司划分：通过对 7 个片区的重新组合，得出 2 个分公司的划分方案，通过权衡利弊，确定以下方案，其中设施量见表 5-2。

辖区公司设施表　表 5-2

设施量	公明分公司	光明分公司
面积（km²）	57	60
水量（m³/d）	160000	150000
管长（km）	752	742
自行维修量［单/半年（单/月）］	898（165）	880（147）
外委维修量［单/半年（单/月）］	440（73）	231（39）
投诉量（单）	162	627
水表量（块）	42101	42578
消火栓数量（个）	1496	1446
产销差	—	—
人员（位）	104	101
车辆（辆）	13	13

（4）人员管理：将拥有特定技能的人员（如检修专业人员、维护工程师等）和需要频繁出动的人员（如报修接待员、客服人员等）安排到离他们所负责的片区最近的分公司或管理所，2 个分公司人员分配见表 5-3。

人力资源分配表　表 5-3

公明分公司		人员（位）	光明分公司		人员（位）
行政后勤		6	行政后勤		6
财务部		2	财务部		2
数据与技术支持中心（2人）	营业厅	12	数据与技术支持中心（2人）	营业厅	11
	技术支持	4		技术支持	4
	数据分析	6		数据分析	6
片区1		15	片区4		20
片区2		17	片区6		21
片区3		17	片区7		24
片区5		19			

2. 成效分析

GIS 是一种高效的数据和信息分析工具，在人力资源分配中有着广泛的应用前景，在分公司及管理所片区划分人力资源分配中具有很大的成效，具体包括如下：

（1）空间数据可视化

GIS 可以将人力资源信息与地理位置相结合，在地图上呈现出各个片区的分布情况。通过这种方式，管理者可以直观了解各个片区的资源状况和分布密度，为合理的资源调配提供依据。

（2）分析空间联系

GIS 还能够对不同片区之间的空间联系进行分析，如距离、交通状况等。这些因素也会影响人力资源的调配，例如在距离较远或者交通不便的地区，需要投入更多的人力资源来保证业务质量。

（3）工作流程优化

由于 GIS 具有自动化分析功能，管理者可以及时掌握多个片区资源状况，合理配置资源。这样可以确保人力资源最大限度被合理利用，避免由于个别片区工作量过大而导致人员空缺或者其他问题。

5.4.2　供水业务管理系统的应用案例

1. 供水业务管理系统在工时量化中的应用案例

本文所称工时，为工作量化的计量单位，非实际工作时长。工时定额由综合工作时长和工作价值量化而得。表 5-4 为供水管理员工时定额表。

供水管理员工时定额表　　　　　　　　　　　　　　　表 5-4

管道维修工时定额表					
管径	类型	编号	项目名称	工作内容	工时
DN50（De63）及以下	维修	10101	DN50 以下包箍	定位、清洗、抛光、安装等过程	1.0
		10102	DN50 以下抢修器	定位、清洗、抛光、安装等过程	1.5
		10103	DN50 以下粘接、换配件、换管 1m 以内（PVC、钢塑、镀锌）	检查及清扫管材、切管、套丝、上零件、调直、粘结、管道及管件安装等过程	2.0
		10104	DN50 以下换管增加 1m（PVC、钢塑、镀锌）	检查及清扫管材、切管、套丝、上零件、调直、粘结、管道及管件安装等过程	0.6
	土方开挖、回填	10105	挖土 0.7m 以下（管顶距离地面）	挖土、装土或抛土于沟、槽边 1m 以外堆放，修整底边、边坡（回填）	2.0
		10106	挖土 0.7～1.2m（管顶距离地面）	挖土、装土或抛土于沟、槽边 1m 以外堆放，修整底边、边坡（回填）	3.5
	混凝土开挖	10107	破除混凝土 0.5m×1m 以内，厚度 10cm 以内	拆除、清底、运输、旧料清理成堆	2.0
	混凝土恢复	10108	恢复 0.5m×1m 以内	混凝土（拌合）浇筑、捣固、抹光、拉毛、养护	1.0

管道维修工时定额表

管径	类型	编号	项目名称	工作内容	工时
DN80～DN100 (De90～De110)	维修	10201	DN80～DN100 包箍	定位、清洗、抛光、安装等过程	1.2
		10202	DN80～DN100 抢修器	定位、清洗、抛光、安装等过程	2.0
		10203	DN80～DN100 粘接、换配件、换管 1m 以内（PVC、钢塑、镀锌）	检查及清扫管材、切管、套丝、上零件、调直、粘结、管道及管件安装等过程	2.5
		10204	DN80～DN100 换管增加 1m（PVC、钢塑、镀锌）	检查及清扫管材、切管、套丝、上零件、调直、粘结、管道及管件安装等过程	0.6
		10205	DN80～DN100 钢管焊接（仅限焊缝修补、露天面）	切管、坡口、对口、调直、焊接、找坡、找正、安装等操作过程	2.0
	土方开挖、回填	10206	0.7m 以下（管顶距离地面）	挖土、装土或抛土于沟、槽边 1m 以外堆放、修整底边、边坡（回填）	2.0
		10207	0.7～1.2m（管顶距离地面）	挖土、装土或抛土于沟、槽边 1m 以外堆放、修整底边、边坡（回填）	3.0

深圳某区水务有限公司利用供水业务管理系统，实现了"人在线、物在线、服务在线"的业务全线上化。该系统能够量化一线供水员工的工时，记录其工作类型、内容、工时及效率指标，并自动生成各类报表和分析数据，从而全面掌握员工的工时利用率和工作效率。例如，系统可生成个人工时报表和部门总工时报表（表5-5）。

工时统计表   表5-5

2. 成效分析

供水业务管理系统对供水企业至关重要，在实现员工工时量化方面发挥巨大作用，主要体现在以下几个方面：

（1）增加了工作效率

在传统的管理方式中，员工的工作量往往是难以准确预测的，而且由于缺乏有效的监督，容易导致员工的工作质量参差不齐。而采用该系统后，可以通过给予员工明确的工作任务以及相应的工作量来促进员工高效执行任务，提升工作效率，尤其是在到场及时率和完成及时率方面均有提升，如图 5-16 所示，员工到场及时率从 2017 年的52.93％升至 2022 年的99.00％，增幅约87％；到场完成率从2017年的84.34％上升至2022 年的 97.18％，增幅约 15％。

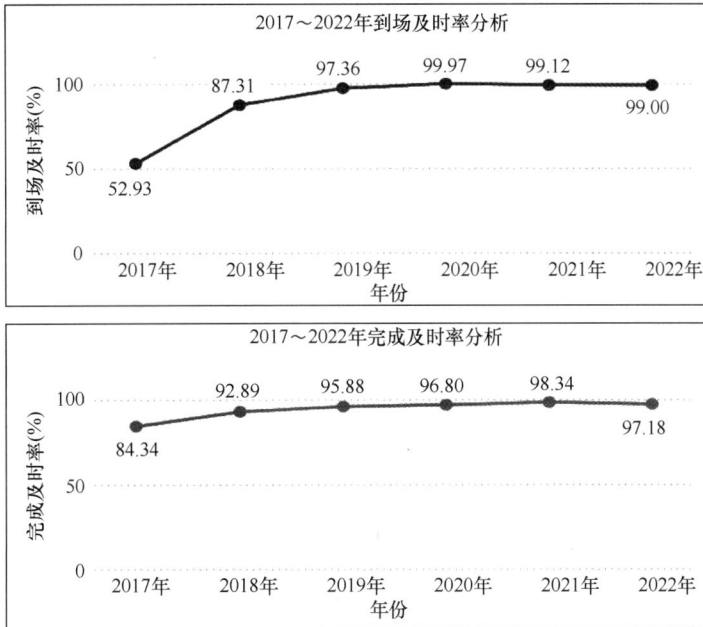

图 5-16　2017～2022 年到场及时率和完成及时率

（2）提升了员工绩效

采用该系统进行工时量化，能够清晰记录员工的工作时间、完成情况和质量等数据，并根据考核指标进行量化评估。这种量化考核方式会激励员工增强竞争意识，提高自身的工作质量、效率和改进能力，从而提升员工绩效。

（3）提高了管理者对员工的监管和引导

通过收集各项工作任务完成的数据，可以让管理者了解员工工作实际进度和执行质量的直观表现。不仅可以有针对性地开展工作安排和人员调整，还可进行有效的团队协同与合理分工，有利于管理者进行监管和引导。

5.4.3　供水管网资产评估的应用案例

1. 随机森林模型在供水管网资产评估中的应用案例

随机森林模型是通过 GIS、供水业务管理系统等多个系统的数据，再利用随机森分类方法，建立评估模型，对供水管网风险进行诊断与评估。以建立好的爆管风险模型为例，经过预测效果的评估后，即可应用于其他研究区域。当利用数值表示分类变量（0 代表未发生爆管，1 代表发生爆管）作为因变量建立随机森林模型时，预测结果可得到发生/未发生爆管的概率。预测结果示例见表 5-6。

表中 1 的概率表示管线发生爆管的概率，0 的概率表示管线不发生爆管的概率，两个值和为 1。发生破损的概率越接近于 1，管线越危险；越接近于 0，管线越健康。

预测结果示例 表 5-6

管线编号	管径（mm）	管材	管龄（年）	道路负荷等级	杂散电流	是否发生破损	0 的概率	1 的概率
315711	400	2	9	4	1	1	0.170	0.830
106787	1000	5	14	2	0	1	0.082	0.918
489678	300	6	20	0	0	0	0.946	0.054
193536	250	4	4	3	0	0	0.800	0.200
102190	200	1	16	5	1	1	0.144	0.856
110772	800	5	32	0	0	1	0.334	0.666
309219	600	2	11	1	1	1	0.080	0.920
615496	200	6	5	0	0	0	0.468	0.532
507080	300	6	7	3	0	0	0.566	0.434
109813	800	5	17	0	0	0	0.692	0.308

模型应用结果：为使评估结果一目了然，采用等间隔分类法，将状况评估结果划分为健康、较好、一般、较差、危险五个等级，详见表 5-7。

资产状况分级 表 5-7

状况等级	健康	较好	一般	较差	危险
模型结果	0～0.2	0.2～0.4	0.4～0.6	0.6～0.8	0.8～1

在 ArcGIS 软件中用不同颜色的线显示管网状态分类结果，绘制出管网风险预测专题图，通过管线系统编码与 GIS 数据联动，直观展示预测结果，如图 5-17 所示。

2023 年 1 月 23 日，发生在河心路的 DN300（水泥管）市政供水管网爆管，是风险评估图中显示的爆管风险为 0.3km 危险和 0.4km 较差管段，合计 0.7km 风险较大管段。但因管网更新改造工程还未来得及实施。根据风险评估图深圳市深水光明水务有限公司 2023 年 3 月 3 日在 0.7km 风险较大管段末端安装一套在线压力表。5 月 20 日 20时 02 分河心路在线压力表压力报警，触发该片区域的巡检工单，巡检人员于 20 时 17分及时发现了爆管。抢修队伍及时赶到后，快速完成了爆管修复，极大缩短了爆管事件的发现及处理时间，提升了光明区供水管网保障安全性。该案例表明随机森林模型的预测准确率较高，可为市政管网的爆管预测提出更新改造、加强监管等指导性意见。

图 5-17　管网风险预测专题图

2. 成效分析

生成管网风险预测图后，通过管网风险预测图显示结果（图 5-18），可知管网维修梳理逐年下降，从 2018 年的 6306 单减至 2022 年的 1882 单；预防性维修数量占比逐年

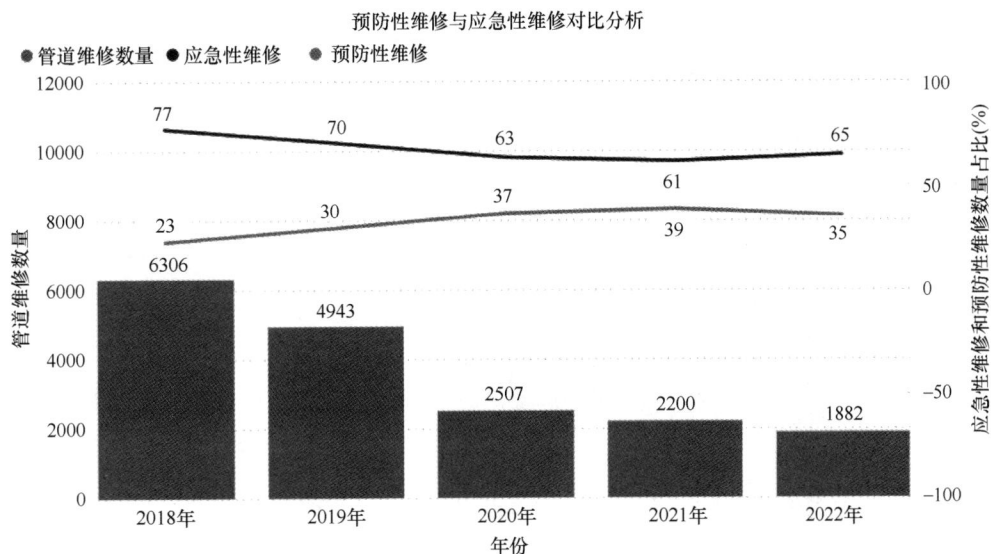

图 5-18　深圳市深水光明水务有限公司 2018～2022 年各类维修数量

上升，从 2018 年的 23％增至 2022 年的 35％；此外，应急性维修呈逐年下降趋势。

这表明利用 GIS 和供水业务系统开展的资产评估是有效的。搭配 GIS 和供水业务系统形成的管网风险预测图可指导供水企业对爆管风险较大的管网加强监管、巡查并提前进行管网更新改造，有效降低管网爆管风险，极大提高供水管网的供水保障。

5.4.4　供水模型系统的应用案例

随着物联网、互联网等信息化的快速发展，智慧系统在供水水力模型中的应用也越来越普遍和重要。其应用主要体现在以下几个方面：优化水力模型在水质管理中的应用、优化停水调度确定更合适的调度方案、优化供水管网以便更好指导城市管网规划建设、预测供水水量、分析水流分布情况及时发现漏水点以确保管网安全等。

1. 供水水力模型在水质管理中的应用案例

研究表明，自来水管道的腐蚀情况与所在系统中的位置、管道内的水流速度、管道的使用年限以及管道的外部环境情况都有较大的关系。为加强管网水质风险排查与管控，利用水力模型模拟分析得出辖区内管网水龄长、流速低的分布位置，并结合管网运维状况、管网水质投诉、盲肠管排放等基本情况，梳理出供水管网可能存在的水质风险薄弱点。

如图 5-19 所示，模拟结果显示，该地区市政供水管网整体流速偏低，平均为 0.19m/s。管网流速小于 0.1m/s 的管网（管长）占比 66.8％，流速在 0.1～0.5m/s 的管网（管长）占比 26.7％，流速大于 0.5m/s 的管网（管长）占比 6.5％。供水流向除

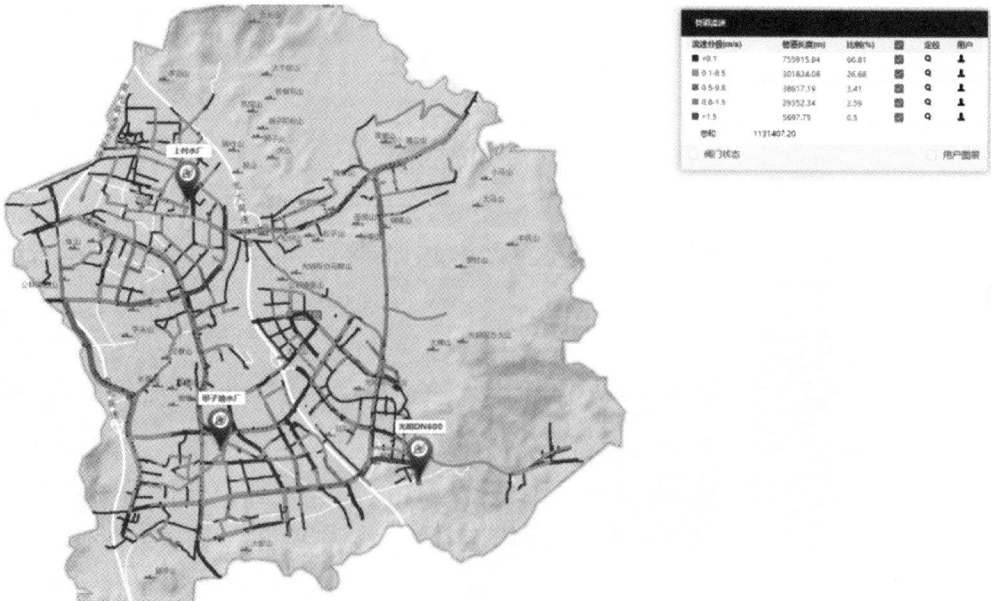

图 5-19　A 区供水管网模拟流速

在供水分界线上有波动外，其他主干管供水流向基本稳定。

该区管网流速小于 0.1m/s 的管网主要集中在关闭阀门区域、管网末梢区域，其中该区域 A 片区主要是高新技术产业园、民生工业区、楼村新村、红坳村、迳口新村、白花、新围旧村等；该区域 B 片区主要是玉律、田寮社区、下石家、李松朗旧村、富豪花园等区域。

如图 5-20 所示，模拟结果显示，该区管网水龄多在 12h 以内，水龄超过 12h 的管网主要集中在荔都路、硕泰街、民生路、西环路等周边区域。

图 5-20　A 区供水管网模拟水龄

根据模拟分析得到该区管网水龄长、流速低管段位置，再结合管网实际运维状况、管网水质投诉情况、盲肠管排放状况等，梳理出该区供水管网可能存在的水质风险点 58 处（图 5-21）。

对这 58 处水质风险点开展采样检测、内窥检测等措施，评估管网水质状况。并对存在的问题点通过日常运营管控、在线水质监测管理、局部管网改造等手段，消除水质风险，进一步提高供水管网水质。

2. 供水水力模型在停水调度中的应用案例

为配合光明区高铁工程光明站建设，需对光明水厂出厂 DN1200 给水管进行迁改，并需供水厂停产，计划停水时长 24h。由于光明水厂产能为 20 万 m³/d，是该区的主力供水厂之一，停产后将存在较大的供水缺口，影响的范围较广。为了在停产期间，提高供水保障，将停产影响降到最低，对停产期间供水调度情况以及影响进行模拟分析，具体情况分析如下。

图 5-21　A 区供水管网 58 处水质风险点

由于该区的管网互联互通还不够完善，区域之间的供水调度能力较弱，光明水厂又是该区主力水厂之一（产能为 20 万 m^3/d），在光明水厂停产后，通过有限的调度措施（甲子塘水厂增产、跨区转供等），光明区仍将有较大的缺口，导致光明区大部分时段管网压力低于消防水压，大部分区域的高楼层用户将出现停水现象，大部分区域的低楼层用户存在水压不足的情况。使用供水管网水力模型分析结果如图 5-22 所示。

通过供水管网水力模型分析（红色代表无水，黄色代表低于消防水压），除白花社区、玉律社区、新羌社区供水范围正常供水外，其他区域均为低压供水，大部分范围低于消防压力。停水影响范围较大区域：凤凰社区、塘家社区、迳口社区、碧眼社区、翠湖社区、楼村社区、圳美社区、田寮社区、将石社区、李松朗社区。

根据模拟结果，在停水实施前24h做好用户（普通、敏感、大用户）通知，制定应急供水方案，实施过程中对重点用户进行应急供水，并安排工作人员现场向受影响用户进行安抚解释等工作。

3. 成效分析

供水水力模型在运营管理上的成效主要有以下几点：

（1）提高供水系统的运营效率：通过供水水力模型的建立，能够对供水系统进行全面、精确地模拟计算，从而提高供水系统的运行效率。

（2）优化供水系统设计：利用供水水力模型可以对供水系统的各项参数和构造进行仿真分析，以便针对性地优化供水系统的设计。

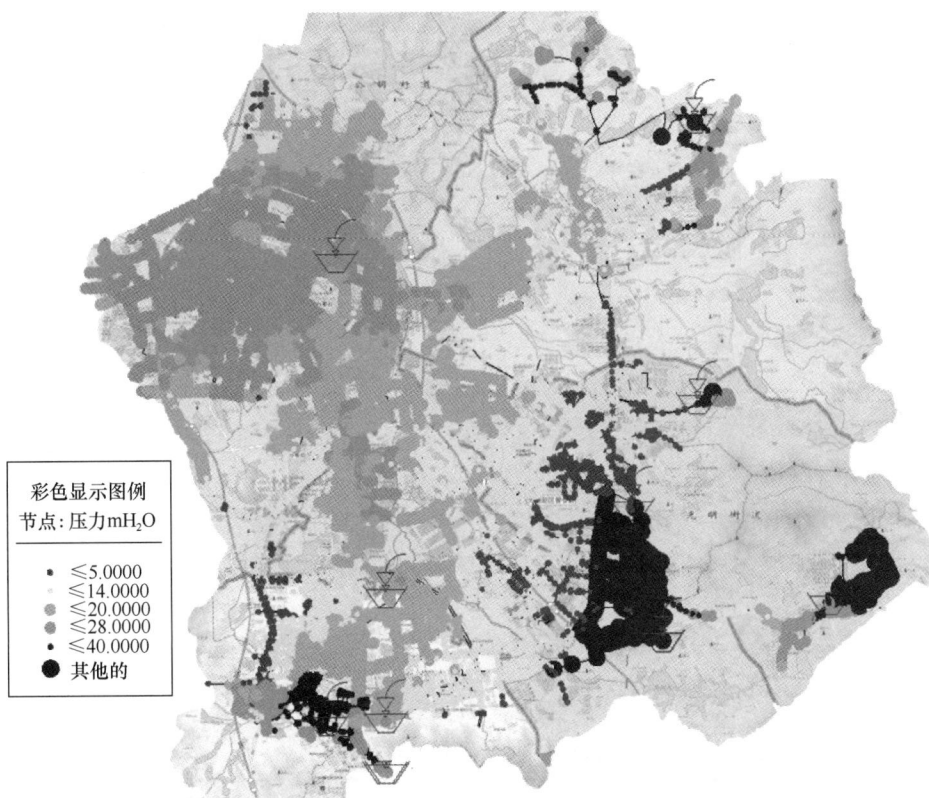

彩色显示图例
节点：压力mH₂O

· ≤5.0000
· ≤14.0000
· ≤20.0000
· ≤28.0000
· ≤40.0000
● 其他的

图5-22 光明水厂停产高峰期（9时）模拟压力分析图

（3）监测供水系统运行状态：供水水力模型可以实时监测供水系统的各项指标，如水位、流量等，及时发现并处理潜在问题，保障供水系统的安全运行。

（4）提高供水系统应急响应能力：利用供水水力模型可以预测各种突发事件对供水系统的影响，提前做好应急准备工作，以便更快地恢复系统正常运行。

总之，供水水力模型的建立可以为供水系统运营管理提供定量分析手段，全面提升供水系统的效率和安全性，也有助于降低维护和管理的成本。

5.4.5 漏损管理系统的应用案例

1. 利用夜间最小流量法判定小区漏损

利用夜间最小流量法判定小区漏损的原理是凌晨1时～4时，用水户用水量一般为低用水量甚至零用水量，因此，当区域内夜间最低流量曲线突然上升时，该区域内很可能存在漏损。

DMA小区"东区＋清怡花园"夜间最小流量呈上升趋势（图5-23，图5-24），疑似管道漏水，随即安排探漏人员前去探查，发现光明东区11栋旁边有漏点，9月20日

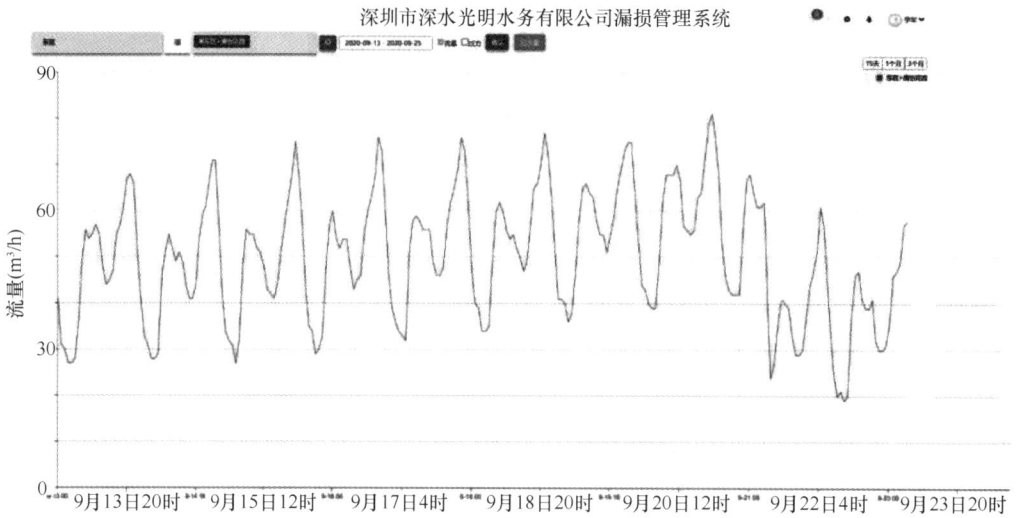

图 5-23　DMA 小区 "东区+ 清怡花园" 流量曲线

图 5-24　光明东区 11 栋旁漏点

经现场核定，漏量为 15m³/h。9 月 21 日漏点修复后流量曲线整体下降 10～20m³/h。

供水企业采用智慧化平台构建漏损管理系统，通过分析漏损管理系统的夜间最低流量曲线图，精准查找出了存在漏损的小区，这充分体现了供水管网系统智慧化在漏损控制方面的应用，有效降低供水企业的产销差，间接为企业带来经济效益。

2. 成效分析

深圳市深水光明水务有限公司于 2016 年建成漏损管理系统，建成后不断运用系统成果，有效降低漏损率和漏损水量，如图 5-25 所示为深圳市深水光明水务有限公司 2018～2022 年漏损率和漏损水量。由图可知漏损水量从 2018 年的 1010.09m³ 下降至

2022 年的 413.69m³，漏损率从 2018 年的 9.21％下降至 2022 年的 3.16％。

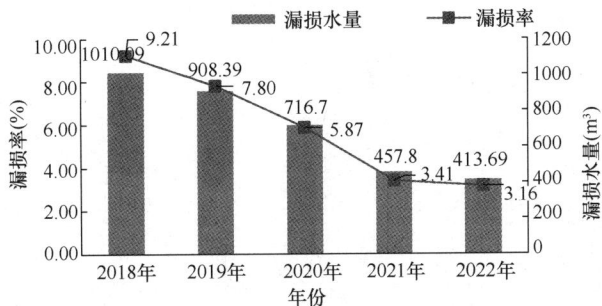

图 5-25 深圳市深水光明水务有限公司 2018~2022 年漏损率及漏损水量

此外，由图 5-26 的 2020 年全国各大城市和地区漏损比较可以看出光明区 5.87％的综合漏损率属国内前茅。近年来在光明区人口及基建都逐年上升的情况下，漏损率及漏损水量仍逐步下降，这表明光明采取的漏损控制措施是有效的，漏损管理系统是供水企业漏损控制有力的抓手，帮助供水企业降低产销差，间接增加企业收益。

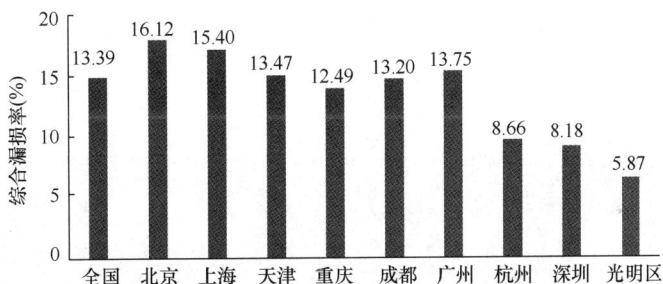

图 5-26 2020 年全国各大城市和地区漏损比较

5.4.6 二次供水管理系统的应用案例

1. 二次供水管理系统在错峰调蓄中的应用

二次供水错峰调蓄主要采用电动阀门和 PLC 控制器以及远程监控。水箱进水蝶阀加装智能型电动执行器电动控制进水阀门的打开和关闭或开度值，加装流量计实时检测用水流量，加装压力变送器检测市政管网压力。水箱安装液位变送器检测水箱液位。安装 PLC 控制柜，编程控制电动蝶阀、实时检测各项数据和阀门状态监控情况以及无线远传自来水公司 SCADA 调度系统平台，实时远程监控数据和远程参数修改。

本案例是某公司供水末端两个小区供水情况，图 5-27 为该小区实时数据相关情况，装置加装之前为 DN150 的市政管道一直进水，直到水箱自动浮球阀关闭才停水。两个小区供水量约有两个水箱容量的富裕。在小区前 A 村长期存在供水压力不足的情况，

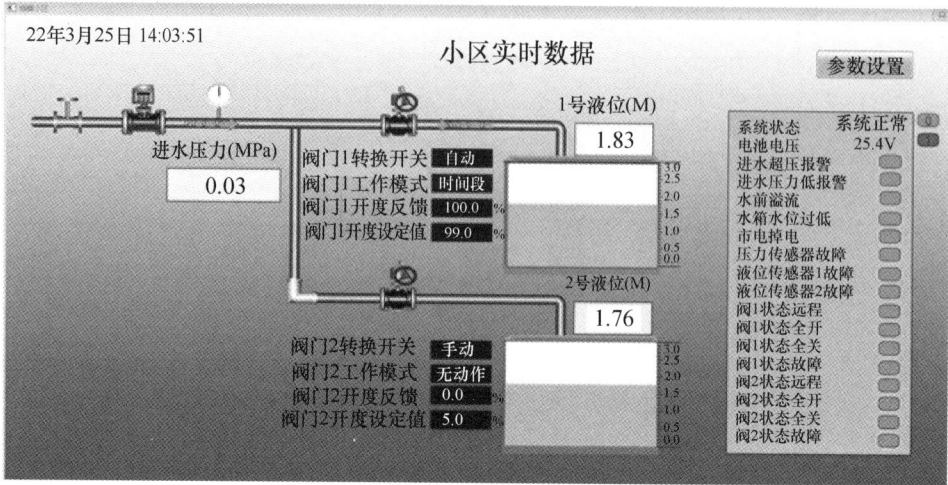

图 5-27　某小区实时数据

接到大量供水投诉。改造之后，在高峰期 6：20～10：00、11：00～13：30、17：00～23：00 水箱阀门关闭不进水，主要在夜间进水，灌满两个大水箱。保证两个小区的正常供水，同时白天 A 村的供水压力也基本维持在 0.25MPa 以上，图 5-28 为小区 PLC 进水压力变化曲线。

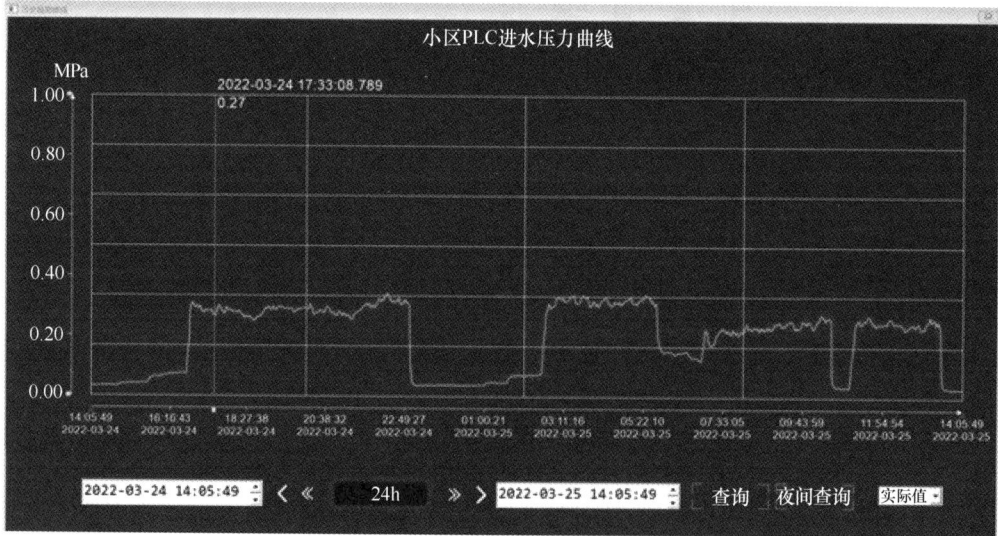

图 5-28　小区 PLC 进水压力变化曲线

2. 成效分析

与传统的二次供水管理模式相比，它的提升主要表现在以下几个方面：

（1）节约能源：传统供水系统通常采用定时启停的方式进行运作，而二次供水管理系统则通过监测系统中的压力变化等参数，按需调节泵房运行。这样可以减少不必要的能源浪费，节省资源。

（2）提升水质：二次供水管理系统能够维护供水过程中的水压平衡，保证水流稳定。同时，它可以在水流进入房间之前对水质进行筛选、消毒、软化等，以保证水质的安全。

（3）减少运营成本：二次供水管理系统能够实现自动控制和运营，从而减少人工干预。因此它具有更高的使用效率和更低的维护成本，这也是它相对传统水泵系统的重要优势之一。

（4）提高供水可靠性：二次供水管理系统是一种先进的供水系统，能够实时监测和控制供水过程，有效避免因为传统供水系统中管网老化、漏损等原因造成的供水不可靠问题。

（5）降低用水成本：二次供水管理系统采用节能技术和先进的监控设备，能够确保供水的安全、稳定，并且节约能源，降低了运行成本。此外，通过实施二次供水管理，降低起始压力，使得用水设备更加耐用，延长了使用寿命。

（6）减少人工管理：二次供水管理系统自带音视频监控和报警功能，系统会随时提示需要注意的情况。这大大提高了工作效率和管理水平，减少人工干预，防范人为疏漏，提升整个运营管理水平和效率。

（7）优化水资源利用：精密物流管理与监听到位后，系统可以依据所需沿途污染程度对各个环节进行调整，达到最佳水资源利用及真正意义上的零废水排放。

参考文献

［1］　中华人民共和国住房和城乡建设部，中华人民共和国行业标准 . 城镇供水管网漏损控制及评定标准：CJJ 92—2016. 北京：中国建筑工业出版社，2016.

［2］　中华人民共和国卫生部，中国国家标准化管理委员会 . 生活饮用水卫生标准：GB 5749—2006［S］. 北京：中国标准出版社，2007.

［3］　中华人民共和国住房和城乡建设部，中华人民共和国行业标准 . 二次供水工程技术规程：CJJ 140—2010. 北京：中国建筑工业出版社，2010.

［4］　中华人民共和国住房和城乡建设部，中华人民共和国行业标准 . 城市供水水质标准：CJ/T 206—2005. 北京：中国建筑工业出版社，2005.

［5］　司伟超 . JS 输水管网水力建模及应用［D］. 杭州：杭州电子科技学，2023.

［6］　胡良旭 . 我国城市供水管网漏损问题研究［J］. 中文科技期刊数据库（全文版）工程技术，2016，（7）：00163-00163.

［7］　江锐，王国芳，朱银慧，等 . 水力模型在供水管网运行管理中的探索与应用［J］. 城镇供水，2022，（5）：57-60.

［8］　司伟超 . JS 输水管网水力建模及应用［D］. 杭州：杭州电子科技学，2023.

［9］　何新宇 . 福州市供水管网实时在线模型的建设及应用［J］. 给水排水，2022，58(11)：146-152.

第 6 章

智慧排水管网
运营管理

6.1 智慧排水管网运营管理概述

6.1.1 定义

智慧排水管网运营是一种基于物联网理念，利用信息化和通信技术，在排水管网运营过程中，对排水管网进行监测、调度和管理，不同于传统排水管网运营的新型排水管网运营技术。

智慧排水管网运营的主要特征是结合排水管网地理信息系统，采用信息化的物联网手段，实现对排水管网运行指标（主要包括管网液位、流量、水质、泵站运行状态等）的实时监控。智慧排水管网运营技术主要应用于城镇排水领域。随着经济的发展和人民生活水平的提高，城市污水处理设施的运行负荷和要求日益增大，传统的排水管网管理方式已经不能满足城市的发展需求。因此，开发和应用智慧排水运营技术，对于保障城市排水系统的安全、经济和高效运行具有重要意义。

6.1.2 与传统排水管网运营的区别

1. 排水管网运营主要方法

排水管网系统按照进水来源和性质可分为生活污水、工业废水和雨水系统等。城镇排水管网设施主要包括井盖、检查井、雨水箅子、管道、沟渠、泵站及其附属设施，其中最主要的排水管道分为污水管道、雨水管道、合流管道、截流（初雨）管道4种。

排水管网也是城市的重要基础设施之一，承担着收集输送污水和快速排除雨水的双重功能，但因埋于地下，现场工况复杂，容易发生各种管网缺陷问题，对管网的健康运行影响较大，并增加了城市内涝、合流制溢流污染风险。所以，加强排水管道的运行维护和管理，是保证排水管网安全性和可靠性、减少内涝风险、降低合流制溢流现象、提高管道使用效率、减少建设成本的有效手段。

传统排水管网的运营主要基于传统的CAD图纸，靠人工经验判断和纸质档案进行记录，主要模式即发现问题后再处理问题，是"先病后治"的模式，缺乏预防，属于被动应急方式，即管网发生故障之后再进行应急抢修和维修。美国国家环境保护局（EPA）研究发现，对管网进行不定期的运行维护，会使管网恶化比预期更快，且与定期维护管网相比将会产生更高的更换和应急响应成本。因此，有必要通过智慧手段加强排水管网的运营管理，从被动响应变为主动响应，延长设施使用年限并减少建设投资成本。

2. 排水管网运营的瓶颈

目前，排水管网问题的治理也主要靠经验进行判断，也就是说最主要的问题是"人治"而非科学判断。排水管网运营主要通过人工管控，耗时耗力，人力物力消耗大，管控效果不佳，而且很多问题不能得到及时有效地处置，例如河道水质超标、工业污染偷排、进厂浓度低等。另外排水管网还存在底数不清、物联感知能力不够、排水问题识别不足、事件处置不及时等问题，要实现水环境全天候达标，水系统稳定健康运行，任重而道远。

大部分城市对排水管网资产疏于管理和监控，缺乏长期、动态的管理，管网底数不清，直至近些年城市内涝频发，才逐渐意识到管网"底数清楚"的重要性。此外，排水管网资产更新、修复和维护较为随意，评估过程也比较简单，甚至不评估而直接根据管龄来替换，导致资源浪费。

6.1.3　智慧排水管网运营方法及发展趋势

1. 智慧排水管网运营方法

为提高智慧排水管网运营管理水平和效率，需要从加强排水管网基础数据管理、建立科学决策工具、建立软件体系等多方面进行。排水管网运营管理的各项措施相互支撑，也可提高排水管网资产的使用效率，减少更换成本。

首先，应加强排水管网基础数据的收集和管理，建立准确、高效、统一、标准的数据库，利用地理信息系统（GIS）的空间分析和查询工具，实现排水管网的数据集成、显示、分析与管理。其次，应结合 GIS 在排水管网的关键节点布设液位计、流量计、水质设备等物联网感知设施，实现对排水管网关键节点的指标收集，为下一步系统分析提供底层数据。最后，搭建智慧排水运维平台，结合 GIS 和物联网感知数据，并利用水力模型、数据治理等技术手段，实现排水业务在线监控、事件在线处理、成效在线监督，真正做到排水管网智慧管理和综合智慧调度。

2. 智慧排水管网运营发展趋势

通过智慧排水管网运营积累海量的数据，唤醒"沉睡的数据"，利用数据进行分析及决策才是智慧排水管网运营下阶段的发展方向。

海量的数据需要建立数据中心进行储存和分类，数据中心中除了需要存储排水管网空间及属性数据外，还需要与排水管网运行维护数据库建立连接关系，掌握设施运行状况，包含监测数据、功能性缺陷与结构性缺陷等检测数据，养护维护记录数据等。同时需要建立数据库动态更新机制，在设施信息补测、运营维护或维修等原因导致数据变化时，及时对数据进行更新与修正，保持数据的现势性。

排水管网修复养护方案是指导排水管网修复养护的直接依据。如果管网修复、养护及处理方案不科学，将会直接影响整个排水系统的正常运行。未来在进行排水管网故障后果分析时，就可尽量考虑多种因素的共同影响，如人口密度、交通影响、与关键设施的邻近程度等，可基于 GIS 分析各项指标的影响程度，通过管网运行状态和故障后果相乘计算出管网故障风险。

未来，智慧排水管网运营的发展趋势是深挖数据潜力，完成经验化管理到数据化治理的转变。通过智慧手段改变用户的使用习惯，从而推动排水系统的不断迭代更新，创新出更智慧、更智能，更能解决实际问题的系统，从而真正实现数字化赋能，进而实现水务数字化转型。

6.2 排水管网运营及维护管理

6.2.1 排水管网资产管理

1. 资产信息管理

排水管网资产信息主要包括管网基础数据、管网健康状况数据、管网监测数据、管网关联性数据等，是排水管网运营管理的基础。传统的排水管网资产多以 CAD 图和台账方式进行存储统计及管理，导致管网资产底数不清，各类数据没有效集成，存在信息壁垒，且无法进行有效的数据分析。排水管网地理信息系统建设能有效整合排水管网资产，在系统中不断更新排水资产属性，补充完善管理空白区，使得排水管线资产统计结果与系统数据接近真实状况，为排水管线安全监管和运营维护提供科学依据。

2. 资产数据管理

排水管网地理信息系统（以下简称排水管网 GIS）是基于 GIS 地理信息服务平台建设的排水空间数据服务体系。该系统可以实现"一张图"水务数据的浏览、属性查询、统计分析、专题图制作等功能，为门户信息展示、排水流程信息展示和管理，以及各排水业务管理系统提供全面、准确的数据支撑。

管网基础数据是指管点（如检查井、雨水箅、排放口等点状设施）和管线（如雨水管、污水管、合流管等线状设施）组成的网状结构数据，以及这些设施自带的基础属性。

管网健康状态数据是指隐患普查数据、维抢修工单数据、管道巡查记录数据等与管网运行健康状态有关的数据。通过将隐患缺陷与基础管网数据相挂接，可以评估资产状态，给出修复建议；通过将维抢修工单数据与基础管网数据挂接，可以查询资产历史维修记录；通过将管道巡查记录与基础管网数据相挂接，可以全面掌握管网状态，做到有问题早发现，有故障及时解决。

管网监测数据是指对管道内流动的液体进行实时监测，监测方式通常采用流量计、液位计等监测设备联网进行，监测数据可以在突发事故预判预警中发挥重要作用。

管网关联性数据是将其他业务数据依据业务需求通过与基础管网唯一标识码关联，建立连接关系，提高管网运营管理水平。

3. 测绘普查管理

测绘普查是基础管网数据的主要来源，是管网数据更新完善的重要途径。测绘普查管理是指对接收的测绘成果规范化管理，通过发布数据入库标准，严格规范测绘成果的标准化。

测绘成果包含一张 CAD 成果图与一份 GIS 入库表。CAD 成果图需与 GIS 入库表在 GIS 中生成的管网图形流向、管道类别完全一致。GIS 入库表主要包含必填属性字段、每个属性字段的填写内容说明、属性值的下拉选项。测绘成果入库后需与系统内周边现状管网有效接边。

4. 巡查管理

管网巡查是指对排水管网及其附属设施及周边环境进行的定期检查与评估工作。主要目的是了解管网及其附属设施的运行状况、缺陷情况，以及周边是否存在对管线产生影响和破坏的行为，做到及时解决问题，保障管网正常、安全地运行。

管网巡查的主要内容包括：井盖和雨水箅缺损及圈压占埋情况；沿线污水外冒及雨水口积水情况；管网沿线路面开裂、沉降及坍塌情况；高位溢流井、截污井、排放口污水外溢情况；闸门、截流限流设施、止回设施等设施完好情况；跌水井、汇集井、倒虹吸等关键点的运行情况；管网周围环境变化情况和影响管道及其附属设施安全的活动和行为；错接乱排、偷排等各种违章排水行为；以及其他需要巡查的情况。

5. 清疏管理

管网清疏是指利用机械、水力或其他方法，去除管道的淤塞，疏导水流，使管网水流通畅的工作。主要目的是恢复排水管道的排水能力、限制污染物的累积、处理堵塞或恶臭、便于排水管道的检查、协助管道的维修和改造等。

管道疏通的主要方式有：推杆疏通、转杆疏通、射水疏通、绞车疏通、水力疏通或人工铲挖等，应严格按安全规程开展清疏作业，管道疏通方法及适用范围见表 6-1。

管道疏通方法及适用范围　　　　　　表 6-1

疏通方法	小型管（管径<600mm）	中型管（管径600~1000mm）	大型管（管径>1000~1300mm）	特大型管（管径>1500mm）	倒虹管	压力管	盖板沟
推杆疏通	√	—	—	—	—	—	—
转杆疏通	√	—	—	—	—	—	—
射水疏通	√	√	—	—	√	—	√
绞车疏通	√	√	√	—	√	—	√
水力疏通	√	√	√	√	√	√	√
人工铲挖	—	—	√	√	—	—	√

注：表中"√"表示适用，"—"表示不适用。

　　管网清疏的主要类型分为计划性清疏与应急性清疏。计划性清疏指定期制定清疏计划，根据计划对小区、路段的检查井及雨水口等关键节点进行清疏作业；应急性清疏对偷倒乱排或堵塞冒水的管段，采取应急性措施及时进行清疏，排除管段内的堵塞物，使管渠运行畅通。清疏效果应符合《城镇排水管渠与泵站运行、维护及安全技术规程》CJJ 68—2016 中的有关规定，管渠、检查井和雨水口的允许积泥深度宜符合表 6-2 的要求。

管渠、检查井和雨水口的允许积泥深度　　　　　　表 6-2

设施类别		允许积泥深度
管渠		管内径或渠净高度的 1/5
检查井	有沉泥槽	管底以下 50mm
	无沉泥槽	主管径的 1/5
雨水口	有沉泥槽	管底以下 50mm
	无沉泥槽	管底以上 50mm

　　疏通管渠是排水管网管理中经常性和大量性的工作，清疏是管网资产管理的核心任务。随着各项技术手段与措施的不断完善，清疏方法也在不断的改进，清疏任务的下达已由传统的发现一宗处理一宗，向科学性分析、预防性养护方向转变，以提升淤积问题的发现率与处置率。

6. 维修管理

　　管网维抢修是指在排水管网出现破损、变形或其他紧急事故时，立即组织对管网及其附属设施进行修复或更换，保障排水管网正常运行和市民出行安排的工作。管网维抢修的主要目的是及时解决管网各类突发事件，保证排水管网处于正常、安全的工作状态，使排水管网更经济、高效地运行。

管网维修的主要内容包括：排水管道及检查井、雨水口等附属设施的修理与更换；检查井内踏步、防坠落设施的更换；井室局部破损的修理；局部管渠段损坏后的修补；对于损坏严重、淤塞严重，无法清通或修复的检查井，进行整段开挖、更换与重做。

管网维抢修是管网资产管理中的关键任务，应系统检查管渠的损坏情况，有计划安排管渠的修理工作。根据《城镇排水管道检测与评估技术规程》CJJ 181—2012 管道结构性状况评估的相关规定，对管道修复指数（RI 值）进行评估并制定专项维修计划，根据 RI 值管段修复等级划分见表 6-3。

管段修复等级划分 表6-3

等级	修复指数 RI	修复建议及说明
Ⅰ	RI≤1	结构条件基本完好，不修复
Ⅱ	1＜RI≤4	结构在短期内不会发生破坏现象，但应做修复计划
Ⅲ	4＜RI≤7	结构在短期内可能会发生破坏，应尽快修复
Ⅳ	RI＞7	结构已经发生或即将发生破坏，应立即修复

我国管材的标称使用年限通常为 30～50 年，随着时间的推移，改善现有排水系统的工作将比新建排水系统更加重要，排水管网的维修已经成为排水管网资产管理的主要内容之一。

7. 检测管理

管网检测是利用先进的科学技术和设备对排水设施进行调查的工作，其主要目的是准确定位管道病态位置，评估管道健康级别，准确制定养护计划，提高养护效率，并节约养护经费。由于远程监视设备和物联网设备的引入，排水管道的质量检查技术有了进一步的提升，可以采用较经济的方式开展详细调查。

管网检查的主要方式有：QV 检查、CCTV 检查、声呐检查、潜水检查、水力坡降检查。

QV 检查、CCTV 检查是采用远程采集图像，通过有线传输方式，对管道内状况进行显示和记录的检测方法，它具有图像清晰、操作安全、资料便于计算机管理等优点，是目前国内外普遍采用的管道检查方法。

声呐检查是利用管道成像声呐检测仪对管道内部结构进行检测的技术，管道成像声呐检测仪是一种利用声音进行探测的工具。

潜水检查是对管道内进行潜水作业的检查方法，但因作业面比较狭窄，管内情况比较复杂，存在严重安全隐患，应尽量不安排潜水员进入管道内作业。

水力坡降检查是通过对实际水面坡降的测量和分析，检查管渠运行状况的一种方法。管道检查方法及适用范围见表 6-4。

管道检查方法及适用范围 表 6-4

检查方法	中小型管道 （管径≤1000mm）	大型以上管道 （管径＞1000mm）	倒虹管	检查井
QV 检查	√	√	—	√
CCTV 检查	√	√	√	—
声呐检查	√	√	√	—
潜水检查	—	√	√	√
水力坡降检查	√	√	√	—

根据《城镇排水管道检测与评估技术规程》CJJ 181—2012，排水管道缺陷主要分为结构性缺陷与功能性缺陷，对照检测成果，评估各段管道的缺陷等级，并为下一步的修复与改造提供参考，详见表 6-5。

管道缺陷等级 表 6-5

缺陷性质	等级			
	1	2	3	4
结构性缺陷程度	轻微缺陷	中等缺陷	严重缺陷	重大缺陷
功能性缺陷程度	轻微缺陷	中等缺陷	严重缺陷	重大缺陷

6.2.2 排水管网运营及维护管理

排水管网是城市的重要基础设施之一，承担着收集输送污水和快速排除雨水的双重功能，由于工况复杂，管养缺位，极易产生各种缺陷问题，增加城市内涝、水质污染等风险。如何建立科学、系统、周期性的排水管网运营管理机制，保障设施正常运行、延长设施使用年限、减少重复建设投资，已成为各地水务部门与管理单位亟需解决的问题。排水管网运营管理主要包括排水户管理、雨污分流管理、提质增效管理、干管液位管理、排水防涝管理、污水零直排建设等。

1. 排水户管理

排水户是指向排水管网排放生活、生产经营所产生的污、废水的排水单位和个人。排水户管理是通过管理措施，对排水户的行为进行规范化的管理、督导与服务。其目的是规范排水行为、减少面源污染、保障雨污分流成效、降低污染源对河流水质的影响，巩固治水成果。排水户管理主要包括排水户的分类管控以及面源污染管控两个方面。

（1）排水户的分类管控

将排水户分为一类排水户和二类排水户两类，一类排水户是指日常排水量较多或者营业面积较大，且排放污水污染物浓度较高的排水户；二类排水户是指营业面积较小或者排水量较少，且排放污水污染物浓度较低的排水户。实际工作中，可以根据管理实际，对排水户分类规定进行调整。

排水户分类管控的主要内容有：指导排水户向排水主管部门申领排水许可证或者办理排水备案，并按要求排放污水；排查排水户是否按雨污分流的要求建设内部排水设施，并按雨污分流的方式接驳市政排水管网；监督排水户定期维护预处理设施，保障正常运行；督促排水户及时开展污泥、粪渣、油渣、泥浆、毛发等废弃物的清掏、处理处置等工作。

（2）面源污染管控

城市面源的污染整治和长效治理应严格监管执法，从源头削减污染，规范排水行为。面源污染管控主要对13类排水户进行排水行为的重点监督与管理，在污染防治、监管执法、工地监管、城市环卫保洁等多个领域开展协同整治。

面源污染管控的主要内容包括：餐饮食街污染整治、汽修洗车场所污染整治、农贸市场污染整治、美容美发场所污染整治、垃圾转运站污染整治、化粪池污染整治、屠宰场污染整治、垃圾填埋场渗滤液污染整治、废品回收站污染整治、施工工地污染整治、城中村清洁整顿、城市道路清洁整顿、河道沿岸清洁整顿等。

2. 雨污分流管理

雨污分流管理指通过管理措施与工程措施，维护并保持雨污分流制排水系统的正常运行，减少雨污混接及污染物入河，提高污水处理厂进水浓度，保障城市的水环境质量、城市管理水平和城市品位，改善人民群众的生活质量。雨污分流管理主要从以下几个方面开展工作：

（1）源头管理。利用排水户与面源管理成果，对源头排水户的违法排水行为进行管理与控制，减少错接乱排点位并控制污染物排放量，记录发现的问题，涉及严重违法行为需及时报送相关执法部门。

（2）路径跟踪。运用GIS数据梳理管线连接关系，将排水户与管线节点挂接，结合现场排查，补充完善管网数据库与运行数据信息。

（3）节点监测。在排水大户、重要节点、污染源企业、污水干管、交汇井、主干管等部位设置在线水质监测点，实时监控水质突变情况。

（4）总口定期复检。晴天对雨水总口、雨天对污水总口的定期复检与观测，明确有无异常水流出，结合水质检测，对总口异常水流进行溯源排查并明确异常水流的位置、流量、污染物类型等。

（5）截流设施定期复检。建立截污设施清单并跟踪其运行状态，逐步排查，剥离上游截流污染物与混流雨水，减少污水溢流与雨水截流量，恢复截流倍数。

（6）台账管理。管道现场排查、建立问题台账、明确整治责任主体与费用出处。根据问题影响严重性，将问题划分为特别严重、严重、不严重等3个等级，建立销号制度，消除雨污混流对排水管网系统的影响。

（7）整治跟踪。落实责任片区，通过进度跟踪、质量复核、效果检验等方式对存在的问题进行整治情况管理，对于重难点问题，协同多部门共同解决。

（8）复查与考核。建立逐级检验与考核制度，以分流效果为导向，检查雨污分流管理成效，一般可通过自检、互检、交叉检等方式，做到自行监督、相互促进、快速治理。

3. 提质增效管理

污水系统提质增效管理是指通过生活污水收集设施的改造与建设、建立健全排水管理长效机制等方式，实现城市建成区基本无生活污水直排口，基本消除城中村、老旧城区和城乡接合部生活污水收集处理设施空白区，基本消除黑臭水体，达到显著提高城市生活污水集中收集效能的目的。对于排水管网管理单位，其主要任务如下：

（1）污水管网排查和周期性检测。排查污水管网设施功能状况、错接混接等基本情况，以及用户接入情况；建立排水管网地理信息系统（GIS）并完善动态更新机制；建立排水管网周期性检测评估方法；对于无主污水管段或设施，确权和权属移交。

（2）生活污水收集设施修复。实施管网混错接改造、管网更新、破损修复改造；当城市污水处理厂进水生化需氧量（BOD）浓度低于 100mg/L 时，制定"一厂一策"系统化整治方案，明确整治目标和措施。

（3）管网建设质量管控机制。提前介入排水设施工程质量监督；配合工程设计、建设单位严格执行相关标准规范，确保工程质量；参与管道工程竣工验收；开展排水管道养护、检测与修复质量管理。

（4）污水接入服务和管理。做好污水接入管理服务与效果督导，对于雨污混接错接、小区或单位内部雨污混接、错接到市政排水管网或污水直排等违法行为予以制止。配合地方各级人民政府水务、生态环境部门开展溯源和执法，建立常态化工作机制。

（5）工业企业排水管理监督。对进入市政污水收集设施的工业企业进行排查。配合执法部门，对接入市政管网的工业企业以及餐饮、洗车等生产经营性单位予以监管，依法监督管理超排、偷排等违法行为。

（6）河湖水位与市政排口协调。密切关注河湖水体水位，妥善处理河湖水位与市政排水的关系，防止河湖水倒灌进入市政排水系统。将施工降水或基坑排水纳入污水排入排水管网许可管理，明确排水接口位置和去向，避免排入城镇污水处理厂。

4. 干管液位管理

干管液位管理是指在污水管网的关键节点开展液位观测，辅以管道流速、流量、水质的预测或监测，通过智能分析监测数据，判断管道是否存在异常运行工况，并采取措施，保障管网健康运行。对于排水管网运营管理单位，主要任务有：

（1）设置监测点位。通过管段分析与现场踏勘，选取管网关键节点，在污水主干管、污水干管、重要节点、重点监控排水户、内涝积水点周边等布设监测点。监测项目指标的主控指标为液位；一般指标包括流速、流量、充满度、水质等。

（2）建立自动液位监测系统。布设重点片区关键节点的水位监测点（液位计等感知设备），制定监测方案并开展监测，收集多个正常日液位曲线，剔除异常数据管段并形成数据库，有条件可结合片区供水量一并分析。

（3）数据智能分析。统筹供水排水数据，以污水分区为分析对象，结合片区供水量，对比理论液位与实际液位的差值，以水质、流量等检测数据作为辅助措施精准锁定异常管段，对疑似发生淤积、破损、外水入侵等管段开展现场复核。

（4）溯源与整治。对异常管段进行溯源并验证分析结论，确保发现的问题及时整改；通过统筹调度，减少污水外溢风险；通过液位监测与控制，降低管段高液位运行长度，使污水管网处于健康运行状态。

5. 排水防涝管理

排水防涝是指通过水务设施合理导排雨水，防止因排水不畅引起的城市内涝，防止人民群众的生命财产损失。对于排水管网运营管理单位，关于排水防涝工作的主要任务有：

（1）落实工作责任制度。建立排水防涝管理制度，编制应急预案，统筹单位协作，落实责任片区，与各相关部门建立协同机制。开展日常防范和事前、事中、事后全过程管理。

（2）汛期24h值班值守。迅速掌握雨情、水情、涝情等相关信息，及时报告内涝积水基本情况、成因及应对措施等，出现人员伤亡等突发情况做到及时上报并及时采取应急措施。

（3）开展设施清疏养护。开展排水管网及附属设施的日常巡查、维护，定期检查雨水排口、闸门、泵站等设施；汛前完成管道、雨水口和检查井的清淤、维护；补齐修复丢失、破损的井盖和防坠落设施。

（4）安全隐患整改。排查、整改风险隐患和薄弱环节，针对下凹式立交桥、隧道、地下空间、地铁、棚户区以及城市低洼地等风险点，排查管网情况、建立隐患清单、制定整治方案并推进治理。

（5）防汛应急准备和处置。建立排水应急抢险专业队伍，配备专业抢险设备，储备和更新补充抢险物资，开展现场应急处置。在地下空间出入口、下穿隧道等位置储备必要的挡水板、沙袋等常备物资，做好应急处置与救援的各项工作。

（6）培训和宣传。将全国特大暴雨灾害作为案例纳入培训内容，开展责任人专题培训；利用媒体，开展防灾避险科普宣传；公开透明化信息发布制度，回应社会关注的各类舆情。

6. 污水零直排建设

污水零直排区指具备完善雨污分流排水管网系统、实现雨污水分流收集、无污水直排或溢流进入水体，并已实施专业化排水管理和建立长效管控机制的区域。污水零直排区的创建目标是巩固水污染治理成效，确保流域雨污水分流，提升污水收集处理效能，改善城市水环境质量。

污水零直排分为零直排小区和零直排区两级单元。零直排小区指各类小区（包括住宅、工业区、商业区、商住两用区、公共机构、城中村），以红线为边界划分为独立的污水零直排小区。污水零直排以雨水排水分区为依据，将一个或若干个相邻的排水分区划分为一个污水零直排区，面积以 $2\sim5km^2$ 为宜。污水零直排建设主要包括以下几类工作：

（1）建筑物底数调查。明确小区边界、类型、面积，建筑物栋数、平面布置，各栋建筑物的性质、建筑面积。

（2）排水户入库管理。明确排水户数量、分布、性质、排水量，明确各小区数量、性质、排水量、用地面积。

（3）排水管网基础数据调查录入。排水管网全覆盖调查；对排水管网信息进行细致梳理；对接驳及运行状态进行诊查；完成管网数据采集并录入 GIS。

（4）排水许可全覆盖。指导依法需申领排污许可证、排水许可的排水户依法取得相应许可证。

（5）排水户达标排放。完成小区内的经营性、生产性排水户的排查及评估工作，经评估认定排水不达标则限期完成整改。

（6）雨污分流问题整治。保持小区雨污分流管网运行状态；实现市政道路雨污分流管网全覆盖；完成对外水入侵、雨污错、混管及破损的老旧管网的改造。

（7）排水管理。签订移交管理协议，落实排水管理相关标准，确定监督管理、行政执法、工程整治的包干责任人，实行"三人小组"工作制。

（8）消除截污设施。消除小区、城中村、暗涵出口、支流等截污设施。

（9）雨水排口管理。排查入河、入湖、入沿河截污箱涵排放口，建立排口档案，并纳入排水设施 GIS，开展排放口监测，确保晴天无污水和废水直排。

（10）验收管理。完成创建任务的零直排区应予以验收。

6.2.3 排水管网运营及维护评价体系

排水管网运营及维护评价体系是对排水管网运行状态进行评估、数据展示以及提供工作建议的指导性文件。主要包括管网资产评价及运营管理评价两个方面。评价体系中，制订多个绩效指标，为服务效率和服务成果标准的设定提供关键信息。通过绩效评价，有利于管理单位掌握排水管网的运行状态，提高排水管网管理效率，节约管理成本，保障排水设施的安全运行。

1. 资产状态指标

（1）单位管长维抢修次数

单位管长维修次数指每公里市政/小区排水管网的维抢修次数，可按月、季、年、统计范围等不同口径进行数据统计，用于分析维修密度与管网资产状况，计算公式：

$$单位管长维抢修次数 = \frac{市政/小区排水管网总维修次数}{统计范围内市政/小区排水管网总长度} \quad (6-1)$$

单位管长可根据实际情况，调整为公里或百公里，以便于统计与对比。

（2）高危管长率

高危管段指管材脆弱、水流过载，存在严重渗漏，地下空洞、地面坍塌隐患的管段，位于被建筑物或构筑物压埋、与建筑物或构筑物贴近的管段，存在高风险等隐患的管段，以及穿越有毒有害污染区域的管段。

高危管长率是指高危管段的长度占管道总长度的比例，管理目标为0，计算公式：

$$高危管长率 = \frac{高危管段的长度}{管道总长度} \times 100\% \quad (6-2)$$

（3）水力负荷盈余管长占有率

管段的过流流量 Q 实际与其设计流量 Q 设计相比（比值也称为理论负荷因子），对管段的水力负荷进行评估。若 Q 实际≤Q 设计，表明该管段排放能力存在盈余；若 Q 实际>Q 设计，则该管段的水力负荷过大，现状过流能力无法保证顺畅排放。

水力负荷盈余管长占有率是指水力负荷盈余管长占管道总长度的比例，管理目标为100%，计算公式：

$$水力负荷盈余管长占有率 = \frac{水力负荷盈余管道的长度}{管道总长度} \times 100\% \quad (6-3)$$

（4）进厂浓度合格率

为提升城市污水处理厂进水浓度，促进管网问题的排查与整改，多地出台政策对厂前水质提出浓度要求。进厂浓度合格率是通过对 pH、COD、BOD、SS、氨氮、总磷、总氮、粪大肠杆菌等指标进行厂前检测，与各地要求的进厂浓度值进行比较。

进厂浓度合格率是指厂前水质检测合格项目数占厂前水质检测项目总数的比例，管理目标为100%，计算公式：

$$进厂浓度合格率 = \frac{厂前水质检测合格项目数}{厂前水质检测项目总数} \times 100\% \quad (6-4)$$

（5）截污箱涵晴天混流减量率

为提升雨污分流效果，减少污水入河，多地截污管、截污箱涵仍在运行。为尽快剥离外水、减少混流，对箱涵晴天水量进行分析并整治存在问题，以加快截污系统的逐步退出，恢复正常雨污分流体制。

截污箱涵晴天混流减量率是指上期截污箱涵晴天混流水量与当期晴天混流水量之差占上期截污箱涵晴天混流水量的比例，统计周期中的当期、上期时间段可为年、季、月等，管理目标为100%，计算公式：

$$截污箱涵晴天混流减量率 = \frac{上期晴天混流水量 - 当期晴天混流水量}{上期晴天混流水量} \times 100\% \quad (6-5)$$

2. 运营状态指标

（1）河道长度水质优良率

根据当地对水环境管理考核标准，定义主要河道需达到的水质标准，以Ⅲ类水质为例，根据《地表水环境质量标准》GB 3838—2002及《城市黑臭水体整治工作指南》中关于水质达标的要求，包括COD、氨氮、总磷、氟化物、阴离子表面活性剂、氧化还原电位等指标要求，制定河道长度水质优良率指标。

河道长度水质优良率指达到Ⅲ类水体的河段长度占河段总长度的比例，管理目标为100%，计算公式：

$$河道长度水质优良率 = \frac{达到Ⅲ类水体的河段长度}{河段总长} \times 100\% \quad (6-6)$$

（2）旱季污供比

污供比可以反映进入污水处理设施的外水占比情况，旱季污供比能够反映扣除雨水影响后的外水入侵情况。

旱季污供比指旱季污水处理厂处理量与污水收集片区总供水量的比值，管理目标值为1，计算公式：

$$旱季污供比 = \frac{旱季污水处理厂处理量}{污水收集片区总供水量} \quad (6-7)$$

（3）雨季雨晴比

雨晴比可以反映雨水进入污水系统的情况，将雨季典型月进厂污水量由高到低进行排序，取进厂水量最高的5d与最低的5d（排除故障运行日）的水量进行比较，制定雨季雨晴比指标。

雨季雨晴比指进厂典型月中，水量最高的5d水量与最低的5d（排除故障运行日）的水量的比值，管理目标值为1，计算公式：

$$雨季雨晴比 = \frac{水量最高的5d水量}{水量最低的5d水量（排除故障运行日）} \quad (6-8)$$

（4）城市生活污水集中收集率

住房城乡建设部发布的《关于开展城市生活污水集中收集率试统计工作的通知》中指出，自 2018 年开始增设"城市生活污水集中收集率"指标并开展统计。计算公式：

$$城市生活污水集中收集率 = \frac{生活污水处理设施进水总量 \times 进水污染物浓度}{人均日生活污染物排放量 \times 城区用水总人口} \times 100\%$$

$$\text{(6-9)}$$

$$城市生活污水集中收集率 = \frac{向污水处理厂排水的城区人口}{城区用水总人口} \times 100\% \quad \text{(6-10)}$$

（5）污水零直排创建完成率

已实现雨污分流，且同时完成创建与验收的零直排区与小区，即可认定为雨污分流管理优良，污水零直排区/小区创建完成率体现污水排放管理情况与目标进度。污水零直排创建完成率指实现了雨污分流与零直排验收的区/小区数占辖区内全部区/小区总量的比例，创建目标为 100%，计算公式：

$$污水零直排小区创建完成率 = \frac{实现雨污分流与零直排验收的小区数}{辖区内零直排小区总数} \times 100\%$$

$$\text{(6-11)}$$

$$污水零直排区创建完成率 = \frac{实现雨污分流与零直排验收的区数}{辖区内创建零直排区总数} \times 100\% \quad \text{(6-12)}$$

6.3 智慧排水管网平台构建

6.3.1 智慧排水管网系统框架

智慧排水管网系统主要由排水管网地理信息系统、排水管网外业系统、排水管网监测系统等组成，如图 6-1 所示。

6.3.2 排水管网地理信息系统

1. 建设目标

排水管网地理信息系统建设的总体目标是以 GIS 技术为核心，建设排水管网地理

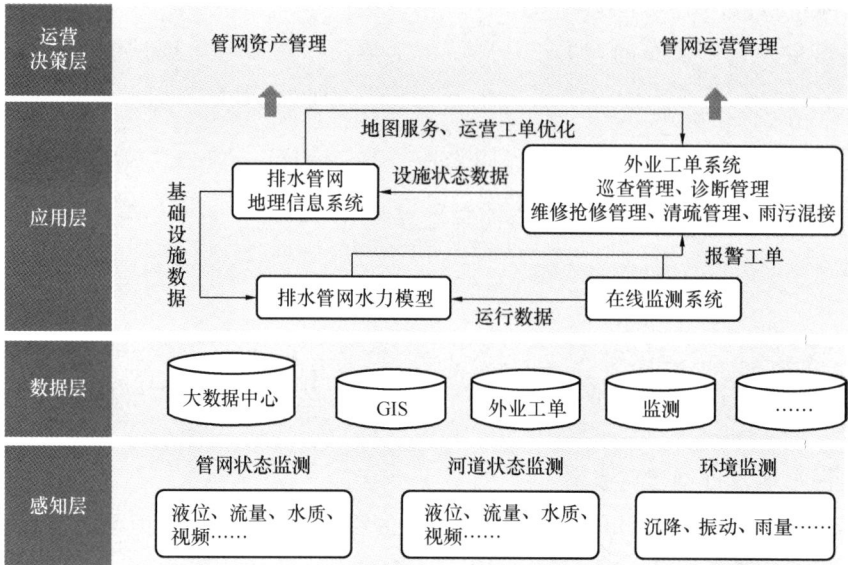

图 6-1　智慧排水管网系统框架图

信息系统。结合规范与实际，建立排水数据标准库，实现排水设施标准化；通过整合多源水务数据，绘制水务信息"一张图"，实现管网信息化；构建数据评估体系与数据清洗机制，形成高质量基础数据，提升管网精细化管养水平，为城市规划建设、管理与服务提供可靠数据支撑；利用关键技术与智能感知设备预警预测，实现水务管治智慧化；最终使决策科学高效，为解决水环境、水安全等重点水务问题提供新思路。

2. 建设内容

排水管网地理信息系统的建设内容主要包括搭建专业平台、设计数据库规范、制定数据采集标准、数据可视化展示、建立数据质量评估体系、构建数据清洗机制与发布数据共享服务，如图 6-2 所示。

（1）排水管网地理信息系统平台建设

城市排水管网是一个庞大而复杂的网络系统，它具有隐蔽性、不确定性、随机性和多源性等特点。传统的排水管理模式通常基于经验和惯例，孤立的数据库信息系统也无法实现对排水管网网络特征的分析、水力特征的模拟和可视化展示。随着信息技术的发展，基于地理信息系统（GIS）的智慧化管理成为一种趋势。

排水管网 GIS 需要对管网设施的实时使用状态进行动态跟踪，对管网进行综合管理以便提供准确的数据分析及决策支持。排水管网的分析过程也涉及诸多空间数据，如土地利用现状图、地面高程图等。因此，配套的排水管网 GIS 需具备较强的空间数据管理、整合、分析和可视化能力，除 GIS 所具备的如数据编辑、存储、查询、显示、分析、导出等基础功能外，还有数据质量检查、管网拓扑分析、管网数据输出等功能模块。

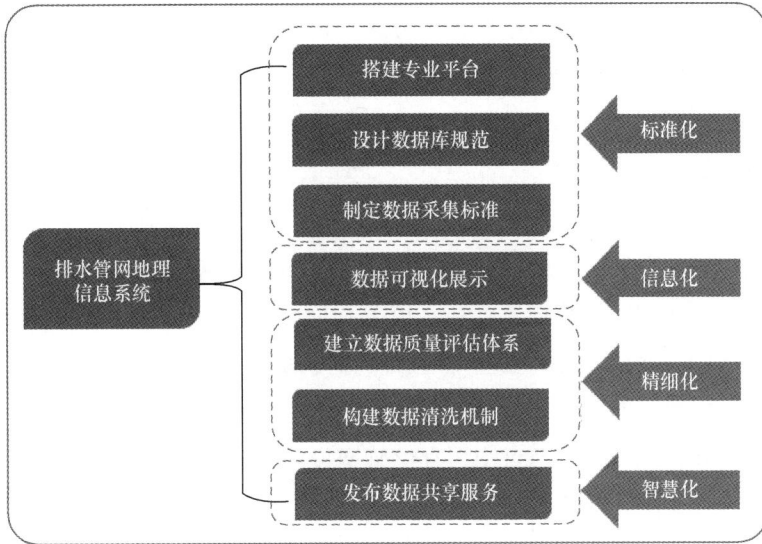

图 6-2　排水管网 GIS 架构图

1）数据质量检查

排水管网 GIS 数据涉及多个部门和单位，来源复杂，数据质量难以控制，通过设置规则模型对采集到的数据进行检查、处理和清洗，以确保其规范性、完整性及准确性，并将检查结果输出，便于数据采集人员进行检查修改。

2）管网拓扑分析

城市排水系统是由管点、管线要素组成，都具有一定的空间特征。GIS 的拓扑空间分析是对点、线、面三种基本元素之间的空间关系进行分析处理，提取其拓扑特征。基于城市排水系统的水力学原理及管网空间拓扑关系，对排水系统进行逆坡分析、混接错接分析、大管接小管分析、断头分析、溯源分析、连通性分析、横截面分析、纵剖面分析、影响范围分析、流域划分等，并将各类分析结果通过饼图、表格、文档等进行专题展示，同时在管网上高亮显示问题点，便于管理和工作人员快速系统地了解管网整体结果及定位查阅具体问题详情。

3）管网数据输出

数据输出功能能够输出 GIS 中的所有图形、图像数据，不仅可以为用户输出全要素地图，还可根据用户的应用需要，在需要体现专题信息的空间分布特征和相互关系时，输出专题地图或专题影像地图，如城市排水管网平面图、土地利用现状图等。此外，管网数据输出还可以基于管网结构分析以及基于 GIS 数据存储的属性信息，生成各管径管网平面分布图、问题密度图等。

另外，在表现统计信息、决策信息等时，可输出直方图、饼状图等统计图。若要获得属性数据的查询、统计和运算结果，也可以输出统计表格。

（2）排水管网数据库总体设计

排水管网综合数据库从总体结构上可分为两部分，即空间数据库和属性数据库。空间数据库部分一般由支持查询统计与建模分析的管网空间数据库和用于地图查询显示的基础地理信息数据库构成。属性数据库部分一般由存储管网属性信息的管网普查数据以及业务相关数据组成。

1）空间数据库设计

空间数据库包括存储了所有管网设施空间信息的管网空间数据库以及与管网地理位置密切相关的基础地理信息数据库，通常以 GeoDataBase 或 shape Files 等空间数据格式进行分层存储，以便在系统开发应用过程中灵活调用空间数据。

管网空间数据库存储了所有管网及附属设施的空间信息，根据空间信息的几何形状可分为节点图层和管线图层。节点图层存储管网设施中的节点空间信息。根据功能的不同，节点分为四种类型，即检查井、分流井、蓄水池和出水口。管线图层存储了管网中起到连接作用的设施信息。

基础地理数据库根据地理信息类别的不同分为汇水区（或服务区）图层、行政区划图层、地形图、高程图等。汇水区（或服务区）图层存储排水管网服务区的空间信息，服务区一般指污水管网负责收集的排水范围，通常结合街坊图层进行划分识别。行政区划图层一般根据实际需要对管网进行空间划分，分为运营范围、街道范围、小区范围等。地形图及高程图通常包含 1∶500、1∶2000 和 1∶10000 等不同比例尺的地形图数据、高分辨率航片数据以及数字高程数据等。

2）属性数据库设计

属性数据库通常包括普查数据、业务数据、监测数据，3 种数据具体内容和要求如下：

管网普查数据指的是排水管网普查所涉及的所有数据，主要包括节点数据表和管线数据表，数据表用于描述与记录排水设施的基础数据、位置数据、权属数据等信息。基础数据包括管径、管材、用途、管长等；位置数据包括平面坐标、高程、地址等；权属数据如权属单位、运营单位、运营年限等。一般可以通过设计与当地普查内容一致的数据表来完整存储排水管网的普查信息，在后期的数据加工处理过程中，根据应用功能的需要，进行表内容的拆分和关联设计，以提高数据的存储效率和检索效率。

业务数据指的是管网运营过程中产生的管网日常业务信息，包括排水管网日常运维和管理过程所涉及的各类信息。需要根据业务处理流程的不同，建立与实际情况相适应的业务数据结构。具体分为管线巡查数据、养护数据、检修数据、排水户数据等。巡查数据主要有巡查人员到位时间、位置、设施编码、问题描述、现场照片、记录人等；养护数据主要有养护计划、计划执行单位、执行过程、状态和结果等；检修数据主要有时间、地点、使用设备、检修人员、检修过程等；排水户数据主要有排水户名称、地址、接入节点等。

监测数据指的是物联网设备采集的对管网运行状态进行描述的数据。主要包括在线监测设备获取的水位、流量、水质等表示管网运行状态数据。考虑经济效益，监测设备并非全管网铺设，因此通常在汇水分区进水口、排水分区出水口、重要排口及主要干管上才会有此类监测数据。

（3）排水管网数据采集标准

排水管网的数据来源可分为普查数据、存量纸质数据和其他格式电子数据。对于普查数据和其他矢量数据应尽量采用批量导入的方法进行入库；对于纸质等不宜长期保存且占地较大的数据应进行扫描数字化，保存为电子格式以便于数据的存储、管理和进一步加工处理。

1）普查数据

普查数据主要有 MDB、GDB、XLS 等格式存储的文本文件以及以 DWG 格式存贮的 AutoCAD 图形文件。其中 DWG 格式的图形文件只能存储地理空间信息，管网属性信息通常是通过标注实现的，基本上采用人工描绘节点管线及手动录入属性的方式完成数据的入库。其他格式的数据可采用批量入库的方式，但需注意对数据进行标准化。

2）存量纸质数据

存量纸质数据可以采用人工录入的方式或扫描成电子图片。扫描后的电子图片需进行坐标校正，使其能与数据库的空间数据叠加显示。录入后发生丢失的数据，需进行手工绘制及属性数据的录入，以便于数据可以进行综合查询及管理。

3）其他格式电子数据

其他格式的电子数据包括各种格式的电子文档和视频等多媒体数据，需与空间数据建立关联关系，以便于用户在综合数据库中对所有电子资料进行查询和浏览。

（4）水务数据可视化

水务数据来源多样、形式丰富，常见的水务数据主要有管网、水系设施、隐患点、行政区划范围、地形地图等。对于采集的管网数据成果，依据排水管网特性，用排水管网地理信息系统进行入库，入库后即生成点线图层。系统内同步叠加行政范围线等业务图层，从而对水务数据进行综合化展示，总览城市水务设施全局，为水务规划提供可视化的信息系统（图 6-3）。

（5）排水数据质量评估体系

传统的数据质量评估基本依赖人工检查的方式进行，这种数据质量控制效果取决于数据操作员的专业性及工作状态，存在大量人为干扰。为了消除人为影响，提高排水数据的可靠性、科学性、合理性，通常设置两道质检，第一道质检在数据入 GIS 前，第二道质检在数据入 GIS 后。

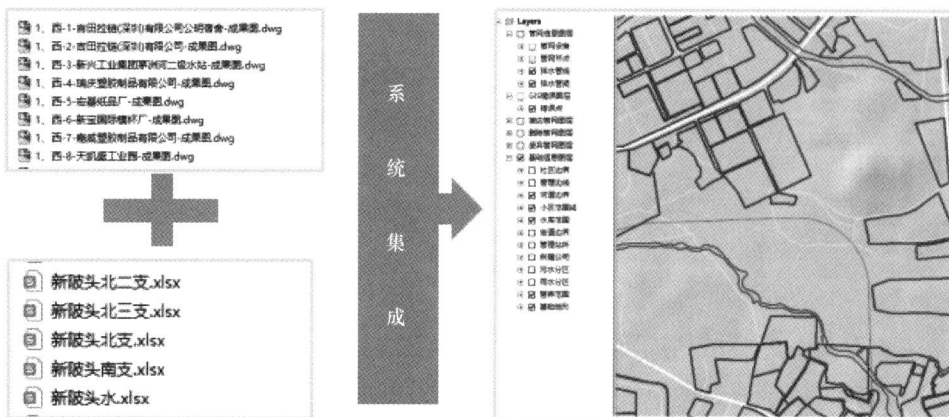

图 6-3　可视化效果图

1) 第一道质检

由于排水管网原始测绘成果中不可避免地会存在各种各样的数据填写不规范或格式错误问题,因此入库前需对入库成果进行检查和修正。

第一道质检通过设置简单的筛查规则并形成部件化的工具,对测绘成果进行质量检查,在该阶段主要检查相关数值是否超限、同一管线数据是否一致、重要属性是否缺失、对应关系是否正确、必填属性是否填写等。通过第一道质检筛查的成果方可入库。

2) 第二道质检

由于测绘成果提交主体不一,测绘范围一般按道路、小区范围或者片区划分,导致入库的管网成果非连续,存在线状缺失;且不同来源的成果入库接边后,存在管网测绘范围重复处属性不一致、高程差异大等问题。因此数据入库后需对所有的在库数据进行质量检查。

GIS质量检查一般分为拓扑检查及属性检查。拓扑检查主要是对管网的空间关系进行检查,检查内容主要有管网是否连通、是否存在孤立、是否存在断头管,同时叠加路网、建筑物、水系等矢量数据判断排口、立管、接户井的平面位置。属性检查主要检查属性数据的完整性及准确性,完整性通过属性数据是否存在缺失进行判断,准确性可通过知识库内的水力学原理、设计标准、数据标准、空间关系、基本特征进行判断。

(6) 排水数据清洗机制

对于质量评估阶段及日常工作中发现的数据质量问题,集成地形图、行政范围线、评估规则、项目经验等分析后形成清洗机制。

按照空间进行分析,开展市政、小区全空间尺度的属性及拓扑分析,筛选出异常区域,针对性开展复核工作。

按照问题类型分析,开展重要属性的问题数据分析,区分外业复核、内业修正、重点问题,并对问题数据分类分析,找出原因,制定针对性复核计划,如倒坡核查专项、混接错接核查专项、断头核查专项等。

对质量指标进行分析，利用熵权法，分析各质量评价指标的稳定程度，分析各指标数据的复核难度及对质量的重要程度，制定属性复核的优先级。

通过多方合作，专业分工，内业工程师负责数据分析、修正、派发复核任务，一线人员负责非勘测问题的复核工作，测绘工程师负责勘测问题的复核工作。多种方法结合，既有传统手工方法，将 GIS 数据与原始数据比对，结合项目经验校正，并辅以外业复核，也有地理相关法，利用管网要素的自身相关性进行修正。

（7）排水数据共享服务

排水管网数据录入、编辑、修正均在 GIS 内进行，以 GIS 内的排水数据为基础，通过数据库每周定期推送至 BS 端、App 端以及其他建设系统内，以保证各系统内数据同步、动态管理。

系统建设相对完备、数据质量较高的情况下，排水数据共享服务可满足各建设单位项目前期、工程设计、建设等阶段水务设施核查需求，提高核查工作效率；GIS 可提供排水管网查询服务，实现资源服务共享。

6.3.3　排水管网外业系统

城市地下排水管网设施量大、埋于地下且分散，如何通过强化排水管网巡检、维修、养护等外业管理，提升设施运营效率的同时降低运营成本，确保排水管网的安全稳定运行，一直是排水管网运营企业密切关注且迫切需要解决的问题。排水管网外业系统有效利用移动 GIS、无线网络通信、手持终端、工单流程管理等技术，实现排水管网及其附属设施日常运维的高效管理。基于外业工单管理，实现及时接收和处理用户反馈和投诉，快速响应和解决问题，提高用户满意度和服务质量；实现对工单执行进度的实时跟踪和监控，提高工单执行的可视化和透明化；实现对设备和人员进行合理调度和优化，减少资源的浪费和重复使用，提高资源利用效率。

1. 系统建设思路

规范化的排水管理业务流程体系是外业工单系统建立的基础，外业工单系统基于规范化的排水管理开展各类工单全生命周期管理。排水管网外业系统涵盖巡查、清疏、检测、维修等日常排水管网运营业务，外业工单系统建设包含内容如下所述。

（1）系统需求分析

建设排水管网外业系统前，需全面了解系统建设需求，以确保系统设计和实现过程中的准确性和实用性。需求调研包括但不限于以下几个方面：

1）工单创建和派发。根据不同的工单类型和优先级自动或手动创建和派发工单。工单派发可支持划定网格抢单模式以及依据排班表派单至个人等模式。

2）工单执行和监控。执行人员从前端待处理工单列表中获取工单任务，后端可跟踪工单执行进度和执行情况等。

3）工单状态和优先级管理。系统能够管理工单的状态，如工单待处理、处理中、已完成等，支持对工单优先级进行调整。

4）工单关闭与评估。工单完成后能够及时关闭工单，并进行工单的评估和反馈，了解工单处理的情况和反馈用户满意度。

5）统计和报表需求。系统能够对工单数据进行统计和分析，并生成相应的报表。包括工单数量统计、工单处理时长统计、工单执行质量评估等。

6）接口与集成需求。系统需要与其他相关系统进行数据的交互和集成，如与 GIS、在线监测系统等进行数据共享。

（2）系统架构设计

排水外业工单系统架构包括以下内容：

1）前端应用程序。包括用于创建工单、执行工单和查看工单进度的用户界面。

2）后端服务器。配置和管理服务器，接收和处理前端应用程序传输的数据；实现工单的创建、派发和关闭等业务逻辑；实现与数据库系统的交互，包括数据的存储和查询。

3）数据库系统。设计工单、执行人员、工单状态等数据表结构；设计数据表之间的关系和索引，优化数据查询性能；设置数据库的安全性和权限控制，确保数据的保密性和完整性等。

4）权限控制系统。设计用户角色和权限的管理机制，包括管理员、执行人员和查看人员等，不同角色的权限不同；实现用户登录和身份验证功能，确保只有具有权限的用户可以对工单进行操作。

（3）系统测试和部署

系统开发完成后，需要进行全面的测试，包括功能测试、性能测试、安全测试等，确保系统的稳定性和可靠性。系统部署需要在合适的硬件环境中进行，包括服务器、数据库系统和前端应用程序的搭建和配置，保证系统的可用性和扩展性。

2. 系统功能模块设计

（1）巡查任务管理

巡查任务管理具体包括巡查任务制定、巡查点管理、巡查问题记录、巡查过程监控、统计分析等功能。管理员能够根据排水网络和管线的特点制定巡查任务计划，巡查计划可包括具体巡查点位、属性以及巡查要点等信息。外业人员在巡查过程中可以在系统中标记巡查点位，上传相关照片、文字描述和其他附件。系统能够及时反馈巡查任务执行情况及相关异常情况，例如巡查延迟、问题反馈等。此外，系统可以根据巡查记录的数据生成巡查报告，包括巡查次数、巡查范围、巡查发现的问题等，帮助管理员了解排水管网的情况，及时做出相应的处理和决策。

（2）清疏任务管理

根据巡查结果、诊断情况或用户投诉情况，制定计划性清疏任务或直接派发应急性清疏工单。清疏工单全面记录清疏情况和清疏效果。计划性清疏任务制定时，管理员可自行创建清疏任务，指定清疏的时间、地点、管道类型和清疏频率等信息。外业人员清疏过程中，可以在系统中标记清疏点位，并上传相关照片、文字描述和其他附件，实现清疏过程中实时掌握清疏状态和进度。清疏功能模块能对清疏数据进行统计和分析，并可根据清疏记录的数据生成清疏报告，包括清疏次数、清疏范围、清疏结果等。

（3）维抢修任务管理

维修抢修任务来源分为巡查等自主发现，以及用户投诉等被动发现两种。来源为自主发现时，外业人员可在系统中上报管网问题，并附上问题描述和照片等信息。工单管理员收到问题上报后根据任务紧急程度进行派发。维修抢修人员接到工单后，可以在系统中记录维护与抢修工作的过程，并上传相关照片和描述。系统可对工单出发、到场、处置及完成全过程进行监管，并可以对维抢修记录的数据进行统计和分析，生成维护报告。

（4）检测任务管理

能够根据巡查结果或日常运营情况，制定检测诊断任务计划，安排人员进行检测，记录检测情况和结果。管理员可自行创建检测诊断任务，指定诊断时间、地点、管道类型等信息。外业人员在诊断检测过程中，可以在系统上传相关照片、视频等信息。当诊断过程中发现管道故障、淤堵等问题时，可对问题进行上报，并形成维修抢修或清疏工单，实现问题的闭环处置。此外，诊断检测信息与排水管网GIS融合，可实现排水管网健康状态"一张图"展示，为排水管网资产可视化管理提供有效支撑。

6.3.4　排水管网监测系统

1. 系统概述

城市排水管网隐蔽性强、复杂多变、整治困难，需要借助在线监测设备实现对管网液位、管网流量、管网水质等数据的采集，实时掌握管网内运行状况，为排水管网的运行调度、养护管理、快速响应提供有效的数据支持，以便于运营单位及时掌握管内实际状况、做好监测预警和应急处置，不断提高排水管网的运行管理水平，提升供水排水管网安全运营水平。

（1）排水管网在线监测目的

加强排水管网的监测，对保护排水设施，健全城市信息化管理具有重要意义。概括来讲，对排水管网进行监测的目的主要包括两大类，第一类是及时发现运行风险，辅助城市内涝或排水管网溢流时间的预警预报；第二类是积累排水管网的长期动态运行状况数据，用于评估与诊断城市排水管网的运行情况。

1）以城市内涝和污水溢流预警为目的

近年来，受气候变化的影响，暴雨的频率及强度呈显著增加的趋势。对排水管网进行监测，可以随时了解城市各区域的积水情况，从而进行及时预警，确保城市居民的生命及财产安全。同时，在污水管网长期高水位运行的管段和截污箱涵、截污闸板等处，对污水溢流情况进行监测，能及时预警或感知污水溢流风险及溢流水量，为水环境提升等工作提供依据。

2）以了解排水管网运行状态为目的

除城市内涝与溢流的预警监测外，将排水管网的监测常态化，即在管网中选择最具代表性的节点开展监测，掌握整个管网的运行状态，跟踪不同工况下的管网运行负荷变化。排水管网监测常态化可为排水管网评估诊断及污水处理厂运行能力提升提供有力的支撑数据，是保障排水管网及污水处理厂正常运行的有效手段，为排水系统的精细化管理提供依据。

（2）排水管网在线监测工作内容

排水管网在线监测工作包含规划布点、设备选型、仪器维护与数据采集、数据分析应用等，应根据国家、地方和行业相关标准，并结合运行管理工作实际情况，做好监测工作的建设与应用。

2. 在线监测规划布点方法

（1）监测点位的服务范围边界应清晰明确；监测点位应具备安装维护条件；监测点位选定后应进行现场踏勘和确认，对无法实施或不满足实施条件的监测点位应进行调整。

（2）监测点位的布设应基于对监测区域排水管网的服务范围、拓扑结构和历史运行数据进行分析的情况下开展；宜结合监测区域排水模型，在模型识别出的监测指标可能发生明显变化的位置，设置监测点位。

（3）监测点位的布设应形成监测布局图，采用不同的图标，对不同类型的监测设备进行监测点位的标记，并注明监测点位的坐标。

3. 各类监测设备选型

（1）在线监测设备应包括降雨监测、水量监测、水质监测、气体监测、视频监测等设备。

（2）在线监测设备应适用于排水管网实际工况，应满足易安装维护、稳定性强、可靠性高、智能报警等要求，并应建立集中统一的监测系统。

（3）在线监测设备的防护等级应符合现行国家标准《外壳防护等级（IP代码）》GB/T 4208的有关规定，可能会被水淹没的设备防护等级应为IP68，室外安装设备的防护等级不应低于IP65。

（4）在检查井等密闭空间内安装的在线监测设备应采用防爆型监测设备，防爆等级宜为本质安全型。

（5）在含有腐蚀气体环境下安装的在线监测设备应满足防腐要求，其防腐等级应根据腐蚀环境的分类选用。

（6）在线监测设备供电系统应安全可靠，设备供电方式应符合国家相关标准的规定。当无法采用公共电网供电时，供电方式应符合相关规定。

（7）在线监测设备应具备掉电保护功能，在外部电源突然中断时，应能保证已有监测数据不丢失。

（8）在线监测设备应保证传输通信的稳定性和可靠性，宜采用无线网络通信方式，在易于接入有线网络或无信号覆盖的区域，可采用有线网络方式。

（9）监测设备采用电池供电时，应满足长期数据采集的功能。本机存储180d以上的监测数据，可自动传输到数据中心，通信中断时应自动缓存数据，在通信恢复后应自动上传历史数据。

4. 监测设备安装维护与数据采集

（1）设备安装与维护

1）设备安装时应记录监测点位、监测内容、监测方法、上下游管网运行工况、设备巡检和校验等信息。

2）在线监测数据应每日进行检查，对数据异常情况进行诊断和现场处置。

3）在线监测系统的巡检时间间隔应小于1个月，故障设备宜在48h内修复或替换。

4）在线监测系统应定期清洗在线监测设备，清洗时间间隔宜小于1个月，雨季宜适当缩短清洗时间间隔。

5）在线监测系统应定期校验监测设备，校验时间间隔应小于6个月。

6）在线监测系统应根据监测设备的电池工作状态，确定电池的更换周期。

（2）监测数据采集

1）降雨监测设备和水量监测设备的采集数据间隔宜设定为1～15min。

2）采用原位监测方式的水质监测设备的采集时间间隔宜设定为5～15min，采用分流监测方式的水质监测设备的采集时间间隔宜设定为15～120min。

3）在降雨期，在线监测设备的采集时间间隔和通信时间间隔应适当缩短，最小通信时间间隔不应低于最小采集时间间隔。

4）在非降雨期，在线监测设备的采集时间间隔和通信时间间隔应适当延长，最大通信时间间隔宜不超过120min。

5. 监测数据的分析与应用

（1）监测数据的分析应用应根据监测目标和监测区域的具体问题针对性开展，应为排水防涝、控源截污、提质增效、模型建立和排水管理等工作提供依据。

（2）在数据应用前应开展数据质量分析评价，对监测数据的及时性、完整性和准确性给予客观评价，评价合格的监测数据方可用于管网运行状态及预警分析。

（3）应基于监测目标和监测点位预警报警的实施情况，在后台监测管理软件中及时调整预警和报警的阈值。

（4）在线监测系统应能根据用户权限通过多种方式及时给相应的用户发布预警报警信息。

（5）应跟踪在线监测数据变化情况，与外业平台等系统直接挂钩，根据预警报警信息自动派发工单，并持续反馈现场处理措施的效果。

6.4 排水管网运营典型应用案例

6.4.1 排水管网地理信息系统在排水管网数据质量提升中的应用

排水数据是排水管网地理信息系统建设的基础，高质量的排水数据是数据分析的前提条件，数据质量的好坏更直接决定了水务数字化运营进程。下文以深圳市某区的排水数据质量提升工作为案例，直观体现排水管网地理信息系统的作用。

1. 排水 GIS 数据质量评估体系建设

（1）建立排水数据建库标准

综合深圳市水务局发布的《室外排水设施数据采集与建库规范》与深圳市水务（集团）有限公司发布的《深圳市水务（集团）有限公司管网及附属设施数据标准》，同时考虑该区本身的运营条件，因地制宜建立一套基本适用深圳各类规范的管网入库标准，见表 6-6。

部分属性标准表　　　　表 6-6

序号	字段	是否必填	对应图层	填写内容
1	本点号	必填	—	污水管网的管点点号均以字母 W 开头的自然数表示，雨水管网的管点点号均以字母 Y 开头的自然数表示，各管点点号必须唯一
2	地面标高	必填	点图层	数值型，人工录入，若为泵站填写地平高程，单位：m
3	管道级别	必填	管线图层	填写"干管、次干管、支管"

（2）建立数据评价指标与评估规则

结合业务需求与相关经验，选取关键属性字段为评估指标，设立对应规则，以此量化排水数据质量。同时将各指标的数据质量按多维度、多用途可视化展示并输出，便于后续的数据分析及清洗工作高效开展。部分评估规则见表6-7。

部分评估规则表 表6-7

类型	问题代码	管线/管渠
重点问题	Z1	断头管：无下游出路
	Z2	混接：雨水入污水或污水入雨水
	Z3	错接：大管接小管（渠接管除外）
	Z4	倒坡（高位溢流管、压力管除外，指是否为特殊管段） Z4-2：终点管底标高-起点管底标高之差大于0cm小于5cm Z4-4：终点管底标高-起点管底标高之差大于或等于5cm小于20cm Z4-5：终点管底标高-起点管底标高大于或等于20cm

（3）开发配套质检工具

以GIS为框架，开发配套的入库质检工具、全库质检功能。其中，全库质检功能主要包含数据属性检查、图形拓扑检查、问题点可视化、问题台账输出、问题量统计等模块。

1）入库质检工具

工具设置为离线模式，不依赖GIS，可单机运行，方便数据提交主体进行数据自检，提高数据质量。入库质检工具主要检查测绘成果是否满足建库标准，包含属性填写规范性、完整性与合理性，是把控数据质量的第一道关卡（图6-4，表6-8）。

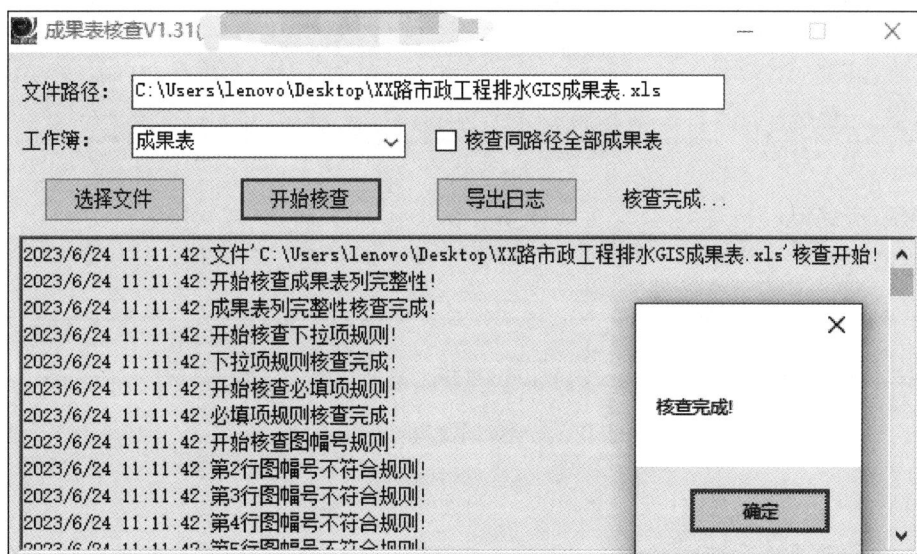

图6-4 入库质检工具展示图

部分核查规则表　　　　　　　　　　　　　　　　表 6-8

	管道类别/渠道类别	管网类型	所属排水户	小区类型	所在位置	井类型
规则	市政公用	市政/接户	不填写	不填写	主干道/辅道/人行道/绿化带/工地内/其他	不应出现"用户井"
	小区配套	用户	填写相应小区名称	住宅区/工业区/商业区/商住两用区/公共机构	小区内	不应出现"市政井"
	村集体共用	用户	填写相应城中村名称	城中村	自然村内	不应出现"市政井"

2）全库质检功能

全库质检功能需在 GIS 内进行，且由于数据交互量大、评估指标与输出因素多，因此对网络、电脑配置要求较高。全库质检主要检查关键属性，例如排水 GIS 数据入库接边后上下游的拓扑完整性、合理性，是数据质量提升的主要工具，更是开展数据清洗工作的重要分析手段（图 6-5，图 6-6）。

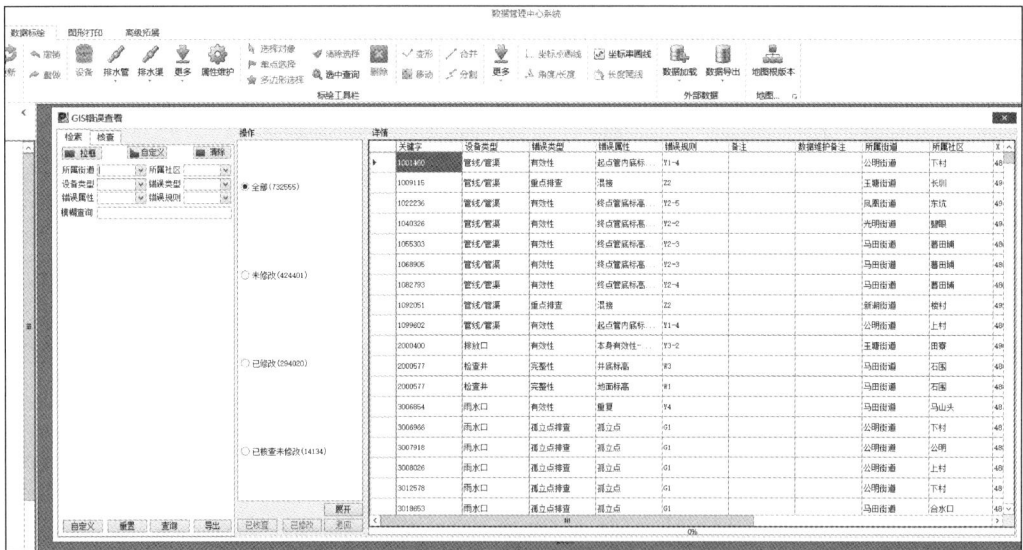

图 6-5　全库质检功能展示图

（4）开展质量提升工作

1）制定数据清洗流程

将输出的问题按内业分析、外业复核进行分类。内业分析类问题如管网建设年份、排放口本身有效性、检查井所在位置等，由工程师先结合施工设计图、竣工图、地形图

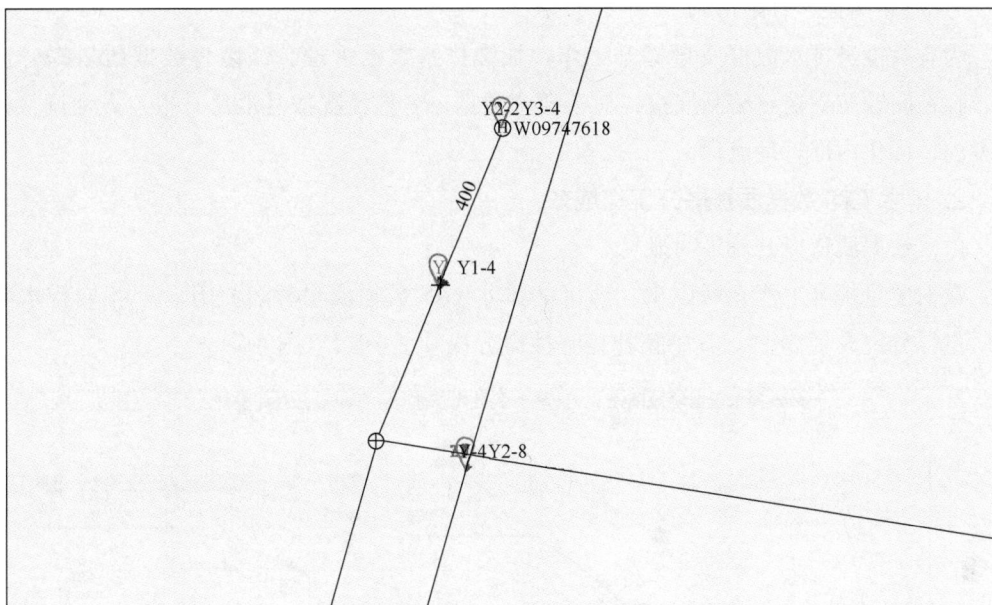

图6-6　问题点可视化展示图

等资料并进行批量修正，若无法找到相关图纸资料则派发工单由一线人员外业复核。外业复核类问题如管网错接、混接、断头、高程有效性等，要求一线人员必须现场复核并利用GIS上报佐证材料，数据问题工程师核查材料无误后在GIS实时修正，现场复核发现的问题由工程师汇总并形成问题台账，后续上报相关部门进行整改。

2）建立考核制度

将排水管网质量量化为数据质量得分，以网格为单位，依托日常业务运营，考核各网格排水数据质量及普查情况，依据考核排名设立奖惩方法。

排水管网数据质量得分取自设施完整性、属性完整性、拓扑完整性三项得分的加权平均值。设施完整性指GIS内管网长度（系统）与测绘成果移交接管管网长度（台账）的比值，用于评估GIS中管网是否全覆盖，对于空白区需及时上报补勘。属性完整性指GIS内管网属性完整且有效的数据长度与管网总长度的比值，用于评估管网关键属性有无缺失、是否符合规范标准，对于有误数据及时开展复核修正。拓扑完整性指GIS内管网空间有效连接的数据长度与管网总长度的比值，包含污水溯源及连通长度、雨水溯源及连通长度。污水溯源及连通长度指污水管网由水质净化厂往上游溯源及连通的管网长度；雨水溯源及连通长度指雨水管网由排放口往上游溯源及连通的管网长度，用于评估管点管线的空间连接是否合理、有无断头、有无流向错误。

普查情况根据一线人员上报的有效工单量进行考核。依据各网格的管网长度合理设置工单目标值，一线人员按网格范围现场复核管网属性并利用GIS上报现场情况，同时设置考核附加分激励普查工作开展。

3）建立周报、月报机制

为有效推进排水数据质量提升工作，加强排水数据管理。该区将数据质量提升进度、存在问题按周更新编制周报；对于普查数据、考核情况按月汇总月报，方便调整整体方向，优化内部管理流程。

2. 排水 GIS 数据质量提升工作成效

（1）数据质量提升效果明显

数据质量提升工作开展以来，该区的排水 GIS 数据质量显著提升，一年内排水数据质量得分提升了 38%，其中拓扑完整性得分提升了 76%（图 6-7）。

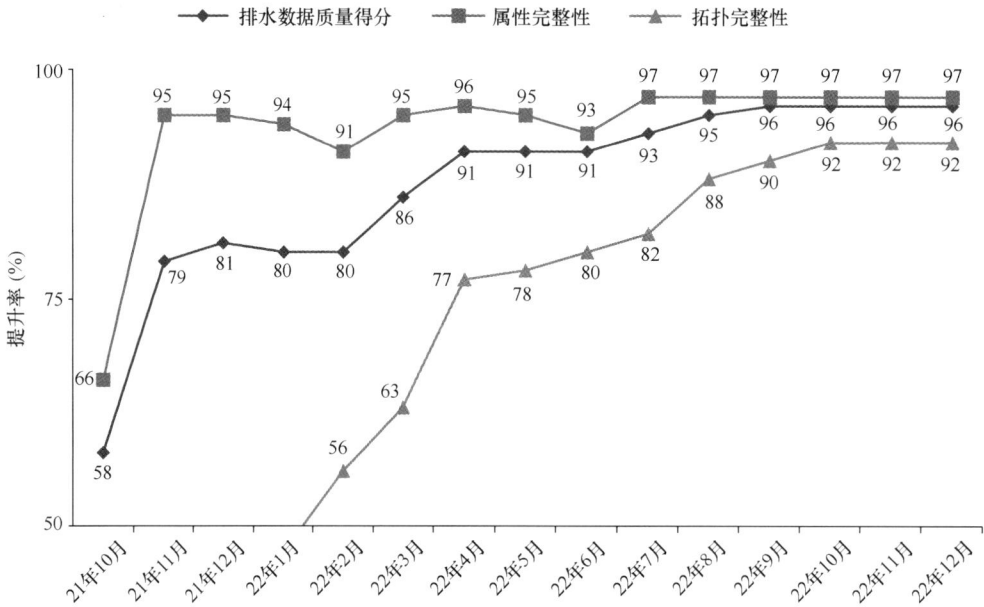

图 6-7　排水 GIS 数据质量提升折线图

（2）排水数据管理模式科学化

在数据治理工作过程中，既规范了排水管网数据从接收、入库、质检，到普查修补测的全流程管理，也规范了各个相关技术岗位的工作职责与任务。通过 GIS，分析管网健康状态及其变化情况，科学制定普查计划，提高工作效率。通过不断总结、提炼 GIS 数据质量提升工作的经验和做法，形成了可推广复制的 GIS 质量提升管理体系。排水数据管理完成了由经验模式向规范模式的转变。

（3）水务数据效益有效发挥

高质量的排水数据，为水务建设及城市设计、规划管理等行业提供有力支撑。通过数据共享服务，避免工程项目重复建设、重复投资，节约了企业运营成本。同时也有利于排水运营部门量化评估效益，及时改善设施运行状况，提升群众满意度。

6.4.2 外业工单系统在排水运营管理中的应用

排水管网是城市基础设施的重要组成部分，直接关系城市的防洪、环境等方面。排水管网的运营管理是一项复杂而繁琐的工作，涉及多个部门、多个环节、多人员的沟通协作。传统的排水管网运营管理方式存在诸多问题，如信息不畅、效率低下、考核难以实施等，给排水管网的维护和管理带来很大的困难。

为了解决上述问题，提高排水管网的运营管理水平，排水管网外业工单系统应运而生。排水管网外业工单系统是一种基于物联网、云计算、大数据、人工智能、GIS等技术的信息化系统，能够实现排水管网的业务流程化、工单全生命周期管理和业务协同功能。排水管网外业工单系统主要包括巡查管理、管网养护管理（包含清疏、维修、管网诊断、管线勘测）、量化考核等模块，为排水运营管理提供有效的支撑。

排水管网外业工单系统在排水运营管理中的应用主要包括以下方面：

1. 排水管网外业工单系统在巡查工作中的应用

巡查工作是排水管网运营管理的基础工作，它是对排水管网的日常监测和检查，需要周期性开展，目的是及时发现和处理各种异常情况，保证排水管网的正常运行。

排水管网外业工单系统引入巡检模块，并根据业务需求为巡查工作设定巡查范围、巡查内容、巡查周期及关键必达点等。结合管网GIS数据，可将关键设施设置为关键必达，避免漏检。巡查人员按照系统设定的内容收到巡查任务后，可以通过移动终端设备（如手机或平板电脑）接收和处理工单，并将处理结果及时反馈给系统。系统会根据反馈结果进行下一步动作（例如现场处置、数据分析和统计等）。

使用排水管网外业工单系统，巡查工作方面可以做到提高巡查效率，内外业一次性完成；巡查结果准确，现场拍照上传避免了漏检、错检、假检等现象；巡查数据及时，便于事件处置，数据分析和决策支持；巡查过程透明，能够有效考核单个及整体巡检任务的完成情况，有效监督和考核巡查人员的工作质量和效率；巡查资料丰富多样，除了文字支持外，巡查人员可以上传图片、视频及语音等多媒体资料（图6-8）。

2. 排水管网外业工单系统在管网养护工作中的应用

管网养护管理是排水管网外业工单系统的另一个重要功能，主要包括清疏管理、维修管理、管网诊断管理、管线勘测管理等模块。通过管网养护管理，可以精细化管理管网养护工作，助力管网的畅通和完好。

具体来说，排水管网外业工单系统可以根据不同类型的养护维修项目如清疏、维修、诊断、勘测等，设计合理的工作流程及填报表单，将养护维修任务分配给相应的外业人员和设备。外业人员在执行养护任务时，可以通过移动终端设备接收任务信息，定位养护点位，采集养护数据（如照片、视频、语音等），上传养护结果，并实时与后台

图 6-8　排水管网外业工单系统巡检模块

系统进行交互。系统内嵌审批流程，各级人员可根据各自权限对养护任务结果进行审批，以达到较好的质量管理。后台系统可以实时监控外业人员和设备的位置和状态，必要时可对养护任务进行及时干涉。

排水管网外业工单系统可以有效提高外业人员工作效率和设备的利用率，减少养护成本，同时通过应用不同的派单机制也可以增强对外业人员激励机制，促进外业人员的主动性和责任感。排水管网外业工单系统利用管网 GIS 及其数据为基础服务组件，可以为相关工作人员提供现场设施信息查询。管网养护任务可挂接至具体的养护设施，形成完善的管网设施养护信息，为管网资产管理提供基础数据来源。排水管网外业工单系统获取的养护数据，可进行分析和处理，形成完整的排水管网运行状况和历史数据，为管网评估和优化提供依据。排水管网外业工单系统通过对到场及时率、处置及时率等服务指标的把控，有效提升排水管网运营单位和维护人员的工作效率和客户满意度（图 6-9）。

3. 排水管网外业工单系统在量化考核中的应用

量化考核是一种客观、公正、科学的考核方法，可以有效激励员工的积极性和主动性，提高员工的工作效率和质量，促进员工的个人发展和团队合作。

排水管网外业工单系统在量化考核中可以通过工时量化来实现，具体可分为：

1）对任务的拆解。根据排水管网维护工作的特点，将任务分为不同的类别，如巡检、清淤、维修、检测等，不同类别的任务下又可以细分为不同的类别。每个类别可根据实际情况区分出不同的难度级别，每个分类及级别都有相应的编号和名称，便于识别和管理。

2）量化每件工作的工时。根据历史数据和现场经验，对每个类别和级别的任务设

86

图6-9　排水管网外业工单系统维修模块

定一个合理的标准工时，即完成该任务所需的平均时间。标准工时应该定期更新和调整，以适应排水管网维护工作的变化和发展。

3）按照实际完成情况，按照所完成的工时进行绩效考核。排水管网外业工单系统可以套用工时量化表，从而计算出每个员工每天的计算工时。员工的收入可以和计算工时挂钩。实际工时与计算工时相比较，也可以得出每个员工每天的绩效指数。

排水管网外业工单系统在量化考核中的应用，可以提高排水管网维护工作的管理水平和服务质量，增强员工的责任感和使命感，促进员工之间的竞争与合作，激发员工的创新能力和潜力。

4. 排水管网外业工单系统在排水外业工作中应用

排水管网外业工单系统是一种利用移动互联网技术，实现排水外业工作管理的系统。该系统可以有效提升排水外业工作质量。

（1）利用数字化管理手段提升工作质量

通过排水管网外业工单系统，可以实现排水外业工作的全程记录和监控，记录内容包括工作内容、工作时间、工作地点、工作照片等信息，确保了工作的真实性和完整性。同时，该系统预设的标准和规范，提高了工作的规范性和一致性。

（2）信息化技术助力提升工作效率

通过排水管网外业工单系统，可以实现排水外业工作在线派单、接单、反馈、审核等流程，大大减少人工操作和沟通成本，提高工作效率和响应速度。同时，该系统还利用地理位置信息，智能分配最优的工作人员和资源，避免重复作业和空驶现象，节约时间和成本。

（3）多维度进行工作评价

通过排水管网外业工单系统，实现排水外业工作的数字化和可视化，排水外业工作的各项指标和绩效，为排水外业工作的评价和改进提供依据和参考。同时，该系统还可以根据工作质量和效率，对工作人员进行激励和奖惩，提高工作人员的积极性和责任感。

6.4.3 排水管网在线监测系统在排水运营管理中的应用

城市排水管网监测体系应具备基本的展示、设备与数据质量自控、监测数据分析应用等功能。基于日常排水运营管理与风险管控的目的，充分发挥在线监测系统的监测感知功能。

1. 监测设备一张图

地形图、路网、GIS管线设施、重要厂站范围等信息是监测系统"一张图"展示的底层信息。通过叠加在线监测设备的分布，"一张图"展示城市排水管网在线监测各类传感器的分布情况，形成监测"一张图"，快捷查看运营关键点、风险点的监测覆盖情况（图6-10）。

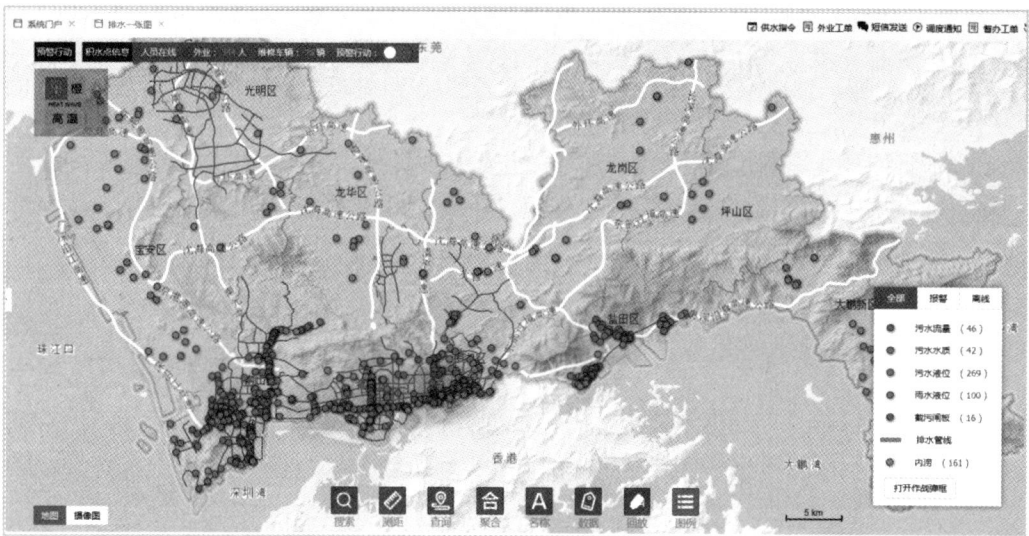

图6-10 监测设备 "一张图"

2. 监测设备与数据管理

监测点本身的设备健康管理和数据质量管理，是监测系统和数据应用的基础。监测系统开发时，应将相关质量评估算法纳入平台，对设备故障（如电池没电、探头损毁、通信中断等）、数据质量偏离（如数据为0、持续为空、数据突变等）能进行自评估，以便使用单位筛选后再开展数据分析与应用（图6-11）。

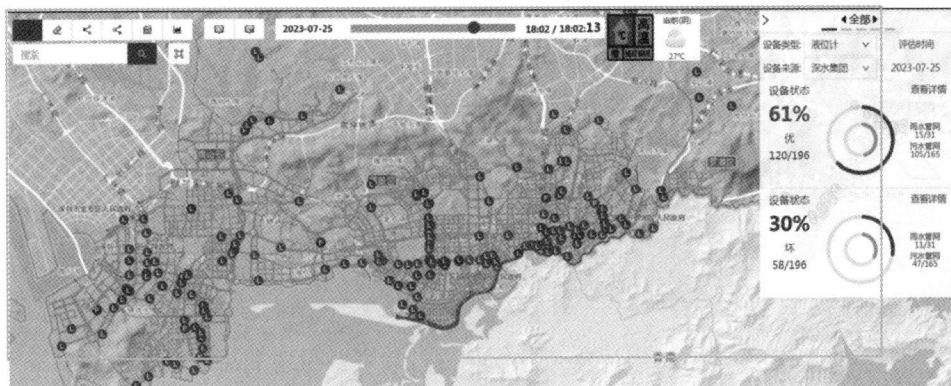

图 6-11　监测系统设备和数据质量评估结果展示图

3. 运行状态评估

根据排水管网实时在线监测数据，可对日常管网运行负荷、负荷的变化规律进行分析；针对不同降雨强度下，管网运行负荷、检查井冒溢情况进行统计；还可通过长期数据积累，判断在过去几年中，排水系统运行情况整体变化趋势。

（1）长期运行规律分析

通过长期在线监测数据的积累，可直观查看监测点的长期运行变化规律曲线，从而了解排水管网运行状况的变化趋势（图 6-12）。

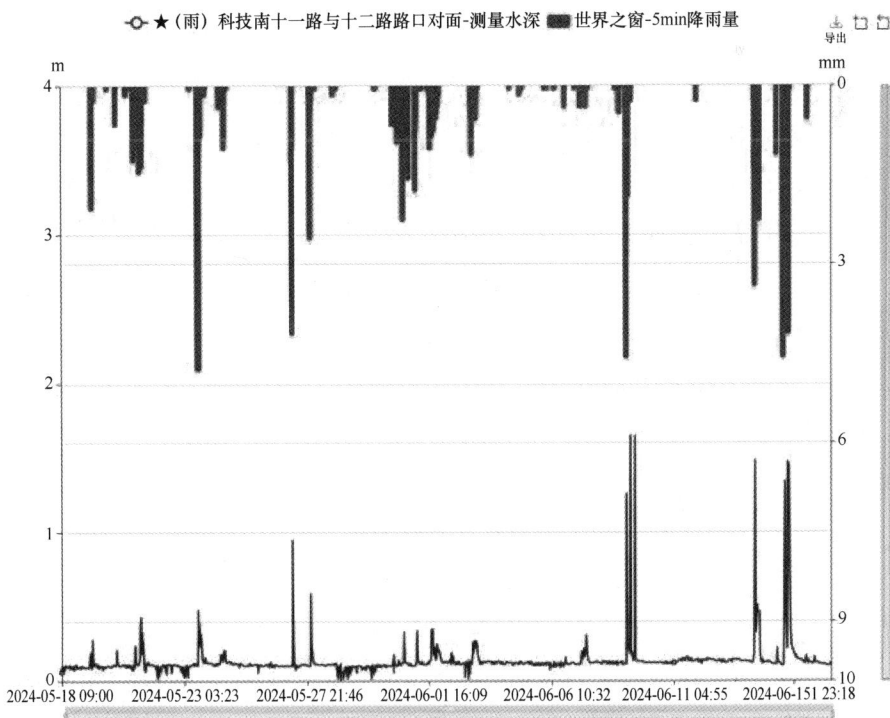

图 6-12　监测点数据运行曲线图

（2）管道运行负荷分析

对节点液位数据采用不同的方式进行统计和分析，以查看排水管网运行负荷的变化趋势和规律（图6-13）。

图6-13　基于液位监测数据的管网充满度分布图

（3）运行规律统计

以时间、空间作为变化因素，统计监测点不同时段（如早晚高峰、平常与周末、节假日）、不同位置（如干支流、上下游）的排水系统运行规律变化及差异（图6-14）。

4. 外水入渗分析

由于管网破损、错接或者管网堵塞等原因，导致入流入渗水量进入污水管网系统，特别是降雨导致的入流入渗，使得污水管网系统、污水处理厂运行负荷增加，系统容量下降，增加了污水处理厂运行成本，严重时还会发生溢流，进而污染环境。为了评估和解决入流入渗对污水系统造成的影响，需定性定量地分析污水系统中入流入渗量，从而提出经济可行的改造方案。

（1）数据收集阶段

降雨和流量数据是分析污水管网系统入流入渗量的基础。同时还需要研究区域内污水管网系统水文水力数据，包括服务区面积、检查井、管线、泵站等。为了获取高质量的监测数据，需要制定合理可行的监测方案，监测时间不能太短，至少需要一个月以上的时间，获得有效旱天天数不能少于7d（不受降雨影响的且周一至周日均有），同时也不能全是旱天，或者没有典型降雨事件，因此可以选择在春季进行。根据研究范围，划分好监测服务区，同时根据现场条件确定监测区域以及监测点位。所以，开展较长时间

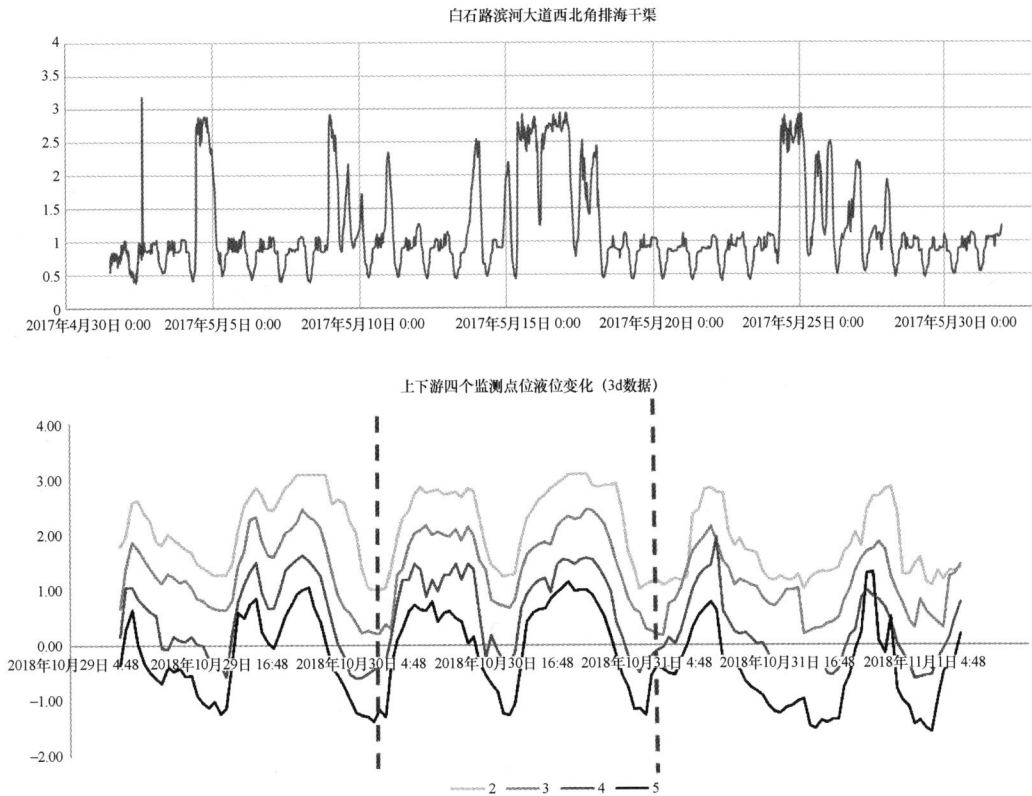

图 6-14　单点液位监测时间变化与上下游液位监测对比图

的监测，获得足够的有效数据，有利于开展分析工作。

基于监测数据的污水管网入流入渗检测与评定工作，一般包括资料收集、现场踏勘、监测方案编制、现场监测、入流入渗评定、重点区域识别、报告编制等内容，如图 6-15 所示。监测开展前应编制相应的监测方案，现场监测工作宜分阶段开展。

（2）外水入渗分析

有可靠的监测降雨和流量数据之后，首先根据降雨数据，明确没有受到降雨影响的日期，作为旱天，分析系统旱天日均流量、管网运行负荷、日变化模式（工作日、周末）等。

计算地下水入渗的方法分为两种，一是根据服务区内用水量来估算基本污水量，用监测到的流量减去这部分流量，得到地下水入渗量；二是用最小夜间法来估算，一般在凌晨流量最小时，扣除一部分必要的生活和生产废水后，剩下的即是地下水入渗量。

雨季外水计算则是根据降雨数据，得到降雨开始、结束时间、降雨总量、降雨强度、降雨的级别等信息，通过降雨期间内监测到的流量数据减去已识别的旱季流量，即得到降雨导致的入流入渗量。

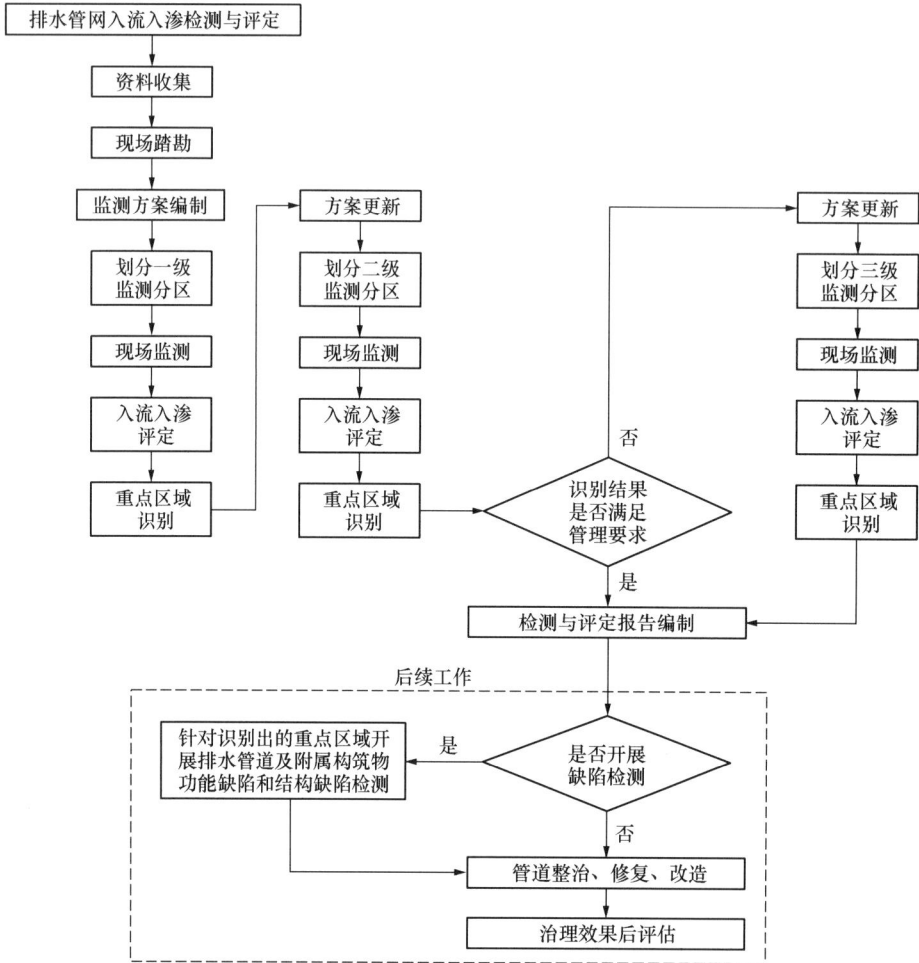

图 6-15　基于检测数据的外水检测与评定技术路线图

5. 淤积分析

如果输送到污水处理厂或者泵站的某节污水管道出现淤积、堵塞、坍塌、破损的情况（例如由于流速过慢沉积淤堵或地质塌陷造成管道错位挤压），开始时可能仅表现为下游水量变小，上游液位增加的情况。随着时间推移，由于传输受阻，越来越多的管道沉积物在此处堆积，排水空间几乎被封死，造成管道堵塞的恶性循环，则可能会造成以下问题：①液位高峰造成路面污水冒溢；②上游管网水压剧增，造成局部管网破损，污水在地下开始下渗，威胁地下水的安全；③外渗的积水使路基长期浸泡，引发路面坍塌；④污水处理厂收纳的水量下降，严重情况时可能低于污水处理厂的水量负荷下限，污水处理厂的正常运行受到限制。

6. 分析预警及事件复盘

基于在线监测数据，可准确记录事故或典型事件发生的完整过程曲线，不仅可对事故进行预判，还可对事故进行回溯分析，以便于下次对类似的事故更快地制定出具有针对性和有效性的措施。

（1）内涝事故的预警预报

当积水深度达到15cm（即与道路侧石齐平）时，车道可能因机动车熄火而完全中断，将影响交通和产生其他灾害，即发生城市内涝。智慧排水系统可根据各地降雨及控制的实际需求，设置预警报警的阈值，对溢流、内涝等事件进行全过程监控和动态预警预报，提前感知风险，辅助应急处置，降低甚至避免内涝事故的发生。

（2）其他事故预警

1）井盖安全的监控

对井盖位移进行实时监测，对井盖状态定期上传，当井盖发生移动、异常时，及时进行安全报警，对异常状况进行通知和提醒，并对井盖位置进行跟踪定位。

2）管道坍塌

基于长期液位在线监测数据，可得到某节点正常的日变化曲线，将实时监测数据与历史正常变化规律曲线的差异进行对比，当液位明显偏高时，下游管道可能发生阻塞或坍塌；当液位明显偏低时，则可能是上游管道阻塞或坍塌，进而辅助发现排水管网的事故隐患，提前进行预警。

3）外部事故

排水管网是城市排水系统的关键设施，但由于管道处于地下空间，排水管网的运行事故不易被察觉。现代城市的地下空间非常复杂，给水、排水、电力、煤气、通信等各种管道密布，任何一种管道出现事故，不仅可能对周边其他管道产生影响，还可能带来更大的安全隐患。利用排水管网在线监测数据，可发现外部因素导致的管网运行负荷变化。

（3）事件复盘

依托在线监测设备的长期持续监测，可以准确记录事故发生的完整过程曲线，同时叠加泵机启闭、闸门开关等历史调度动作进行事故回溯分析，对潜在问题和隐患进行分析识别，对事故发生原因进行深度挖掘和分析，对内涝的成因及改造方案提供数据支撑，还可评估排水系统对水环境的影响（图6-16）。

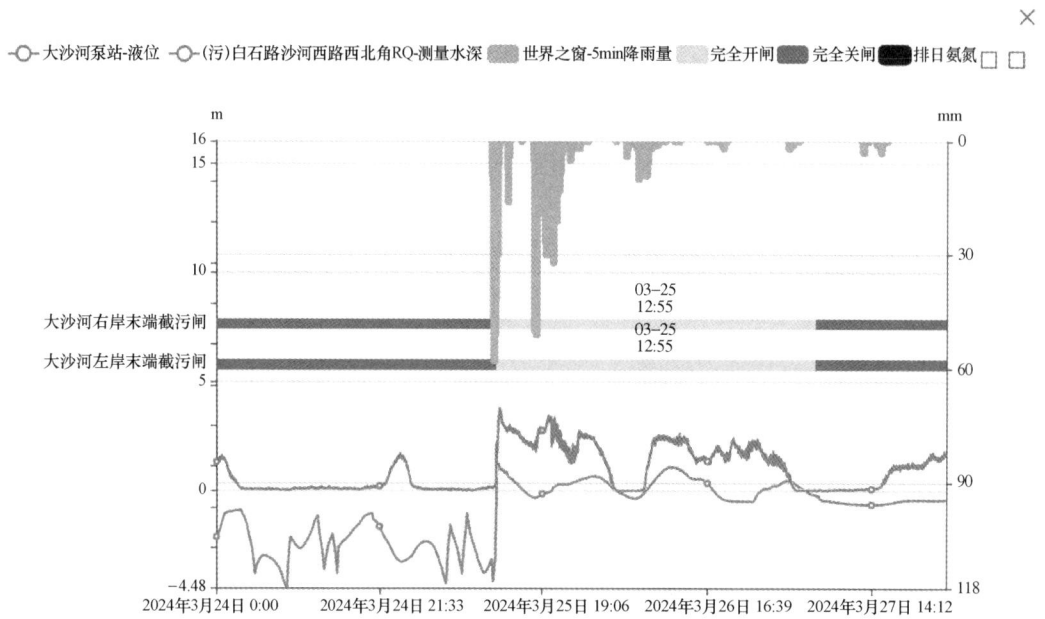

图 6-16　复盘过程图

参考文献

［1］　朱军，章林伟．排水管道养护与管理［M］.北京：中国建筑工业出版社，2021.

［2］　瑞斐拉·马托斯，艾德里安娜·卡多索，理查德·阿什利，等．排水服务绩效指标体系手册
　　　［M］.北京：中国建筑工业出版社，2013.

［3］　谷俊鹏，何维华．城市排水管网运营综合评估方法的探讨［J］.给水排水，2018，54（S2）：
　　　244-251.

［4］　中国工程建设标准化协会．城镇排水管网在线监测技术规程：T/CECS 869—2021［S］.

智慧水务建设与运营全过程探索及实践

深圳市光明区环境水务有限公司　编著

4

智慧供水排水一体化调度

中国建筑工业出版社

图书在版编目(CIP)数据

智慧供水排水一体化调度 / 深圳市光明区环境水务
有限公司编著. -- 北京 : 中国建筑工业出版社，2025.
5.--(智慧水务建设与运营全过程探索及实践).

ISBN 978-7-112-30929-0

Ⅰ. TU99-39

中国国家版本馆 CIP 数据核字第 202573KJ18 号

本书编写委员会

《智慧水务建设与运营全过程探索及实践》

主　　编：李宝伟

副 主 编：李　婷

编写成员：（按章节顺序排名）

　　　第 1 册（第 1 章）李　旭　张炜博

　　　　　　（第 2 章）王　欢　李　婷

　　　第 2 册（第 3 章）肖　帆　王文会　吴　浩

　　　　　　（第 4 章）廖思帆　朱信超　消浩涛

　　　第 3 册（第 5 章）顾婷坤　姜　浩　吕　勇

　　　　　　（第 6 章）潘铁津　郭　姣　张素琼

　　　第 4 册（第 7 章）单卫军　范　典　李羽颀

　　　　　　（第 8 章）解　斌　曹玉梅　邱雅旭

　　　第 5 册（第 9 章）郭　琴　赵　旺　彭　影

　　　　　　（第 10 章）罗　伟　戴剑明　符明月

审　　稿：杜　红　李绍峰　王　丹　金俊伟　汪义强

　　　　　戴少艾

前　言

近年来,国内水务的发展历经了自动化、信息化阶段,正逐步向数字化、智能化方向发展。国家、地方、行业各个层面陆续出台一系列政策,在顶层愿景、目标和发展战略层面,为水务行业数字化转型提供了明确的方向指引和强有力的支撑,营造了良好的发展空间。随着数字中国建设的兴起,物联网、大数据、5G、人工智能等数字技术蓬勃发展,不少供水企业将数字技术运用到智慧水务建设中,不断构建水务数字化运营场景,改变传统以人工为主的运营模式,加速推动智慧水务发展新格局。尽管水务企业在智慧水务发展方面取得了长足的进步,如生产更加精益、管理越发高效、服务趋向便捷、决策逐渐智能,但仍面临着行业创新发展、转型方向、业务与信息融合、长效发展保障等诸多挑战。

在数字经济与生态文明深度融合的时代背景下,深圳市光明区环境水务有限公司以"打造全球水务创新管理新典范"为使命,通过战略性数字化转型重塑传统水务行业格局。作为中国供水排水领域改革的先行者,该公司以"一网统管"为核心理念,构建了覆盖供水、排水、水厂、管网、河湖库的全要素智慧水务体系,成功实现从"传统运营"向"互联网＋环境水务"现代化企业的跨越式发展。通过智慧水务系统和管控平台建设、组织架构调整、薪酬优化,实现环境水务设施"一网统管",即"线上通力配合,线下高效协同处置",以组织架构构建智慧平台,提供"一中心一平台"运营支撑,实现"供水排水一体化、厂网河湖库一体化、涉水事务一体化",于2023年实现数字化转型,完成全业务人在线、物在线、服务在线。其"供水业务管理系统项目"获得2018年地理信息科技进步奖,"智慧水厂建设项目""光明区智慧水务一阶段项目""智慧水质净化厂建设项目"先后入选2022、2023年度住房城乡建设部智慧水务典型案例。2024年获得DAMA China国际数据管理协会-中国分会数据治理最佳实践奖、广东省政务服务和数据管理局2024年"数据要素 x"大赛广东分赛城市治理赛道优秀奖。

本书围绕国家相关数字化转型要求,结合水务行业实际发展需求和数字化发展水平,针对智慧水务全过程建设与运营理论多、实战体系化经验少的现状,总结了涉水事务一体化企业多年来在运营管理创新模式和供水排水全业务一体化智慧运营的长期投入和实践成效,以期为国内外水务行业相关技术人员、运营管理人员、职业技能院校提供借鉴参考。

本书包括5册,分别为:智慧水务概述与IT技术、智慧供水排水厂站建设与运营、智慧供水排水管网运营、智慧供水排水一体化调度、智慧供水排水水质监测与营销服务。

针对智慧水务建设与运营全过程，从智慧水务发展趋势切入，总结相关智慧水务要求和IT技术；从厂站网建设与运营出发，系统阐述供水排水市政设施数字化从无到有、从有到用、从用到好用的实战经验；以水质水量的高效监督管理与保障服务为初心，详细阐述数字化在水质监测与管理、供水排水一体化调度、供水排水营销与服务等方面典型应用案例与成效。全书各篇章从技术方案、实施路径等方面提供了详细的方法论，同时分享了各个场景下的典型应用案例，以期为国内外同行提供借鉴参考。

本书由深圳市光明区环境水务有限公司组织编写，深圳市水务（集团）有限公司、深圳职业技术大学参与编写。

本书的编写工作得到了陈铁成、贾志超、李辉文、唐树强、钟豪、黄捷、陶剑、谷俊鹏、黄梦妮、谢端、于宏静、龙昊宇、吴浩然、姜世博、郑军朝的支持和指导，在此谨表示衷心感谢！

由于本书内容主要来自涉水事务企业一体化智慧运营与数字化转型的实地总结，部分技术和应用仍有待于完善和丰富，加之编者水平有限，不足之处，敬请读者批评指正。

编者
2025年4月于深圳

目　录

第 7 章

智慧供水
一体化调度

供水调度是城市供水管理的核心，也是供水企业运营的重要部分。供水调度涉及取水、制水、输配水等各环节，旨在实现供需平衡和供水安全。本章系统介绍了供水系统的组成、供水调度分类与组织管理、智慧供水调度平台构建、供水调度案例等内容。

7.1 供水调度概述

7.1.1 供水系统概念

1. 基本定义

供水系统，作为城市基础设施的重要组成部分，承载着为居民和企事业单位提供安全、可靠、优质用水的重任。其基本定义涵盖了从水源地取水、净化处理、储存、输配到用户终端的完整流程。供水系统不仅涉及水资源的合理利用与保护，还与城市的经济发展、社会进步及居民生活质量密切相关。

2. 系统组成

供水系统是由多个关键部分组成的综合体系，主要确保按一定质量要求向不同用水部门提供所需的水资源。以下是供水系统的主要组成部分：

水源：供水系统的起始点，包括江河、湖泊、水库和地下水等多种自然水源。

取水构筑物：用于从水源提取水的设施，可能包括水井、取水头部、取水塔等，以确保水能有效进入供水系统。

输水管道：连接取水点和处理设施的大型管道或隧洞。

净水设施：自然水源取水后，需通过一系列的工艺处理过程去除杂质、微生物和污染物，确保水质符合标准。净水设施包括混凝、沉淀、过滤、消毒等处理单元。

配水管道：经过净化处理的水通过配水管道网络被输送到各个用户点。这些管道遍布于城市或社区，确保水能够到达每个用户。

加压设备：如水泵或水塔，用于提升水压，确保水流顺畅到达所有用户并维持所需水压。

控制系统：包括用于监测、管理和控制整个供水系统运行的各种设备和系统，如压力传感器、流量计、阀门以及自动化和遥控系统。

这些组成部分协同工作，确保供水系统能够高效地从水源取水，经过必需的处理流程，并通过配水网络将水安全地输送至每个用户。在这一过程中，控制系统持续地监控和管理着系统的运行状态，以保障供水的稳定性、安全性和效率。

7.1.2　供水调度概述

1. 基本定义

供水调度是指在既定的供水资源条件下，通过科学地组织、计划与控制，实现水资源的合理分配与高效利用，以满足不同区域、不同时段、不同用户的用水需求。供水调度不仅需要充分考虑水源地的水量、水质状况，结合供水系统的运行特点，制定合理的调度方案，还需要密切关注用户用水需求的变化，及时调整调度策略，以应对可能出现的供需矛盾。

2. 调度范围

供水调度工作全面覆盖输配水管网及其相关配套设施，包括管网系统内的增压泵站、清水池和供水厂（本章中简称为水厂）出水泵房等。调度的任务包括制定调度计划、发出调度指令，协同水厂、泵站和管网管理部门处理管网运行过程中的突发事件，并编写应急处理报告。调度计划涵盖月度和每日计划，调度员需据实调整并发布相应指令，以实现合理调整管网供水压力，同时进行干管阀门的动态管理。在用水量的分布、时间和类别基础上，调度员需构建用水量和管网压力的分析模型，从而保障优化调度工作的实施。

3. 总体目标

供水调度的目标在于，在保证安全供水和优质服务的前提下，通过调控供水过程中的生产运行参数，对整个供水系统从原水、水厂、泵站、管网到用户的运行进行科学合理的预测、监控和调整，以最大限度地降低水厂和泵站的运营成本，保障管网的安全稳定运行。供水调度目标主要体现如下：

（1）确保供水安全且持续稳定：供水安全作为供水调度的核心使命，旨在保障供水的连续性与稳定性。通过实施科学严谨的调度策略，及时发现并化解潜在的安全风险，从而确保供水安全无虞，有效防范因设备故障、水源污染或其他突发事件导致的供水中断现象。

（2）追求提质增效与节能减排目标：在保障供水安全的基础上，致力于实现提质增效与节能减排的双重目标。提质方面，主要指提升供水水质，确保水质符合甚至超越既定标准，满足广大用户对优质水源的需求。增效方面，通过优化调度流程、提升设备运行效率等措施，降低供水过程中的能耗和物耗，实现供水效益的最大化。同时，也特别注重节能减排，减少供水过程中的碳排放和水资源浪费，推动供水行业的绿色可持续发展。

（3）精细化压力管控降低产销差：产销差作为供水企业面临的关键问题，主要由管网漏损、计量误差等因素引发。采用精细化的压力控制技术，在确保用户正常用水需求得到满足的前提下，降低管网的运行压力，从而减少因压力过高导致的管网漏损现象。

7.1.3 智慧供水调度

近年来，随着通信技术、计算机技术、自动化技术和网络技术的迅猛发展，相关数据采集、传输和通信设备日益稳定可靠，成本逐渐下降，供水系统信息化和自动化成为供水行业不可避免的趋势。集成上述技术的远程监控调度系统广泛应用，实现了线上运行模式，数据采集与企业信息数据库相互支持，逐步建立各类管网和数学模型，形成专家决策系统，为实现科学调度的目标奠定基础。

智慧供水调度作为一种利用先进的供水管网水力模型结合 SCADA 系统实时数据的技术，以水量预测技术为主导，构建了一套科学严谨的决策体系。这套体系通过合理地运行，能够在最短时间内提供精确的调度决策，同时制定出多种供水调度方案。其目标是提升供水企业的经济效益和社会效益，并为城市供水系统的优化运行提供有效的支持。

7.2 供水调度管理

7.2.1 调度分类

通常，供水调度可以被划分为两个主要的类别：厂站调度和管网调度。对于厂站调度，可以进一步被细分为原水调度、水厂调度以及加压泵站的内部调度。对于管网调度，可以将其划分为水泵调度与阀门调度。此外，基于时间响应特性的差异，供水调度也可以被分为日常调度以及应急调度。

1. 实时调度

实时调度是依据用户在各个时段的用水需求，及时地对供水系统进行调整，以确保系统始终维持稳定的运行状态。实时调度有助于提供高效、可靠的供水服务，从而满足人们日常生活和工业生产对用水的需求。实时调度工作涉及诸多方面，其关键要素主要包括以下内容：

（1）原水调度

原水调度是供水管理的核心部分，涵盖了在同一水厂采用多个水源进行生产的情况下，对不同水源的水量和水质进行有效调配的过程。其目的是实现取水和送水的平衡，确保供水过程的顺利进行。在多水源供水的情况下，需要根据需求和水质变化进行合理调配水量。尤其在汛期和枯水期，不同水源的水质波动较大，需通过调整各水源的取水量以获取最适合水厂生产的原水，以保证供水水质。

（2）水厂及泵站调度

水厂及泵站调度是日常供水管理中的关键任务，其主要目标是通过精确调控水厂和加压泵站中水泵的开停和频率，以实现供水管网中的压力均衡，从而满足用户对水量和水压的需求。在供水调度工作中，供水调度人员需根据管网的实际情况，包括供水工作压力和需水量，灵活地调整二级泵水泵的设置，在保持供水管网压力稳定的同时，满足用户对水量和压力的双重需求。

（3）管网阀门调度

管网阀门调度指通过科学合理地控制和调节供水管网中的阀门，以确保供水系统的高效运行和水资源的合理分配，从而实现管网运行处于均衡状态。这一过程涉及对供水管网的实时监控、数据分析和阀门操作，旨在优化供水压力、流量和水质，保障居民和工业用户的用水需求。

（4）二次供水及大用户调度

在用水高峰期，居民用水需求集中导致水厂流量剧增。若此时二次供水水箱补水，管网压力会下降，可能造成用户压力不足。因此，二次供水实施错峰调度措施是必要的。通过在用水低谷期蓄水，高峰期利用蓄水量使管网稳定水压，可有效避免供水压力降低，解决供水困难和供水不足问题。

在城市供水系统中，大客户用水的稳定性和可靠性对系统运行至关重要，尤其是在用水高峰时段，通过大用户调度可以有效解决供水困难、水压不足和水质问题，保障供水系统稳定，确保居民用水可靠。在制定大用户调度方案时，应深入了解大客户用水需求和规律，收集分析数据，提出优化方案，以避免管网压力问题。

2. 计划调度

计划调度是在特定时间段内制定供水事件的调度计划，然后根据计划执行调度，以确保供水系统在预定时间段内以一定的稳定性运行。计划调度的目标在于为实时调度提供指导、评估和工具，从而增强实时调度的操作能力。

（1）原水检修计划调度

在外部原水检修导致水源供应减少或停止的情况下，为避免因水库水位过低而引发水质问题，水厂需要制定原水检修生产计划。通过调整水厂压力控制和调节管网阀门等调度措施，实现有计划的水厂取水和生产调整，以确保供水系统的正常运行。

（2）水厂减停产计划调度

某水厂因工艺改造或市政干管迁改等原因需要实施水厂计划减停产，这可能导致部分区域的用水量出现明显缺口。为了应对这种情况，供水企业需要根据减停产方案制定合理的计划调度，通过提升其他水厂产能、区域间阀门调度以及区域外调水等调度措施，最大限度地减少用水缺口，从而确保用户用水的可靠供应。

（3）管网计划停水调度

在管网建设和设施维护过程中，不可避免地需要进行计划停水操作，这会影响部分区域的供水。为了有效应对这种情况，供水系统需要依据计划开展停水关阀方案，制定合理的管网调度措施，水厂与其他相关部门协同开展生产调度，通过多种调度手段来减少停水范围以及降低对用户的影响。

3. 应急调度

应急调度是在突发供水事件发生时，采取紧急的调度措施，以确保供水系统在一定程度上继续运行。应急调度的目标在于应对突发事件对供水系统的影响，通过紧急调配资源来保障用水，以维护供水系统的稳定运行。

（1）水厂应急减停产调度

在原水水质突变、水厂断电、供水设施异常或出厂管道爆管等突发情况下，可能导致供水停产或供水异常。为了应对这些突发情况，供水企业应立即启动应急预案，成立应急指挥部，制定应急调度方案。通过采取外部调水、提升水厂产能、区域间阀门调节等一系列调度措施，尽可能弥补应急事件带来的水量缺口，以提升用户用水保障。

（2）管网爆管应急调度

由于管网爆管等突发情况，可能导致部分区域的用水受到影响，需要紧急关阀停水进行抢修。为了应对这种情况，需组织制定应急调度方案，采取水厂调压、管网调阀等一系列调度措施，尽最大能力弥补应急事件导致的水量缺口，提升用户用水保障。

（3）管网水质异常应急调度

由于供水管道水力状态变化等，可能导致部分区域管网水质出现异常情况。为了迅速应对此类情况，需尽快制定阀门调节和应急排放方案，减少管网异常水质的扩散。同时，结合应急方案进行调度，尽可能减少对用户用水质量的影响。

7.2.2　调度组织管理

1. 组织架构

供水调度涉及产、供、销等多个环节，各环节间存在着密切的相互依赖和联系。其核心调度管理可分为三个方面：生产调度、供水调度和管网调度，生产调度受供水调度制约，而供水调度又受管网调度制约。然而，单独的生产调度并不能保证足够的制水量，其他调度也需要协同工作。因此，每个系统的调度不能孤立存在，必须在一个机构的协调下共同存在，即中心调度（又称总调度）。按照职能进行划分，调度可以分为一级调度和二级调度。一级调度指的是公司级别的调度，即中心调度；而二级调度分为水厂调度和管网调度。其中，水厂调度的工作涵盖了生产调度和供水调度。

生产调度涉及制水计划的制定，其目标是合理安排水厂的生产，以满足供水调度和管网调度的要求。供水调度负责协调各个水厂的供水计划，以确保供水系统的正常运行。管网调度则关注于管网的运行状态，通过合理调控管道阀门和水泵等设备，实现供水系统的平衡与稳定。

这些不同层级的调度相互关联，共同构成了供水企业整体的运行体系。中心调度在此过程中具有至关重要的作用，它协调各级调度之间的关系，确保各项调度措施的顺利执行，以维护供水企业的稳定运营和用户用水质量（图 7-1）。

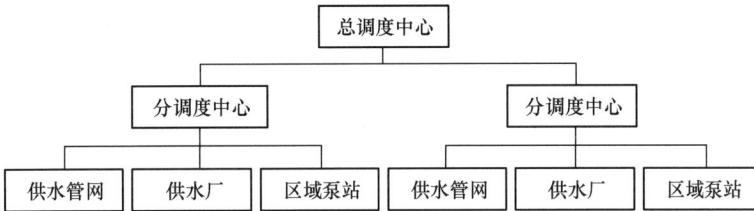

图 7-1　供水调度组织架构图

2. 职能划分

（1）中心调度

中心调度是供水企业运作的核心，承担了计划、生产、统计、信息反馈等多重功能。其管理职能旨在根据供水系统的工作状况，协调生产和供水两大环节，努力维持水量和水压的动态平衡，以满足用户需求。中心调度管理在供水企业中扮演着至关重要的角色，其职能涵盖多个方面，以协调和优化供水系统的运行，确保用户用水的稳定和优质。主要职能包括：

1）动态分配供水资源：基于用户客观需水量的动态变化，中心调度应合理分配各水厂的供水量与水压，以及加压站（库）的开机方案。通过编制月、日调度计划，制定不同情况下的应急措施和方案，确保供水系统灵活应对变化。

2）水厂任务制定：中心调度按照计划供水量，制定水厂的生产任务，预测全年最高日、最高时和平均供水量，为供水企业的生产计划提供依据。

3）管网控制压力提议：中心调度提议管网服务点的控制压力指标，并经过批准后，将其作为考核依据，以保障管网运行的稳定性。

4）运行记录与分析：中心调度负责填写运行报表和调度日记，同时利用计算机程序软件记录管网压力、天气预报等资料，为运行分析和决策提供支持。

5）优化水厂组合与机组运行：在保证管网水压的情况下，中心调度动态优化水泵组合，决定供水机组的开停，以实现供水系统的经济运行和综合平衡。

6）管道检修计划与通知：中心调度制定管道检修的方案，保障检修工作不影响企业和居民的正常运行。对于需要持续供水的用户，将提前通知停水信息。

7）调度例会与沟通：中心调度召开调度例会，加强调度人员之间的沟通，分享信息、经验和问题，从而不断提高调度的效率和水平。

（2）水厂调度

水厂调度员负责控制取水、送水机组及地下水源的生产井和送水机组，管理提升泵站、净水工艺原材料投加、沉淀、过滤和消毒等环节。主要任务是根据生产计划和用水需求，协调生产控制，确保水量稳定和供水质量。此外，调度员还需合理调配送水机组，控制出口水压。水厂调度管理确保生产过程顺利高效，保障供水系统稳定性和用水质量。主要职能包括：

1）机组开停与制水调节：根据中心调度的指令，水厂调度员开启或关闭机组，并根据需求调整制水量，同时控制出口水压，以满足供水系统的需求。

2）制水调配：根据下达的生产指标计划，水厂调度员合理调配制水量，确保实际制水与实际需求相匹配。

3）设备状态监控与维护：水厂调度员了解设备的运行状况，及时进行预防性检查，制定应急抢修计划，并监督其实施。水厂调度员还需要掌握送水机组的运行情况，保障其正常运行，确保生产不受干扰。

4）净水原材料管理：水厂调度员掌握净水原材料的存储情况，与物资部门保持联系，确保生产所需的原材料充足，从而保证生产的正常进行。

5）运行效率测定：定期组织技术人员对水泵机组的运行效率进行测定，为水厂的经济运行提供依据，优化制水过程，提高生产效率。

6）生产情况汇总记录：水厂调度员汇总生产情况，记录关键数据和操作过程，形成完整的生产记录，以备日后参考和分析。

7）故障抢修与紧急处理：水厂调度员组织故障抢修工作，在最短时间内恢复正常生产，保障供水系统的稳定运行。

8）指令传达与执行：水厂调度员负责将指示上传下达，组织实施，确保各项调度措施得以有效执行。

（3）管网调度

管网调度管理的主要职责涵盖了服务水压确定、用水需求满足、管网平衡运行以及故障抢修指挥等多个方面。通过合理的调度和及时的抢修，管网调度员为供水系统的稳定运行和用户的用水质量提供了关键支持。管网调度旨在保障供水管网的正常运行和稳定性，确保用户能够获得高质量的供水服务。主要职能包括：

1）设备保养与维护：负责定期保养管网设备，包括阀门、排气阀、测流和测压设施，以及消火栓等。通过保障设备的正常运行，确保供水系统能够随时应对各种情况。

2）管网控制点检测与分析：定期检测管网控制点，进行管网平差分析，绘制管网压力特性图，以优化管网的水压分布，减少富余水头的产生。

3）用水户情况掌握：掌握较大用水户的用水情况和用水规律，从而更好地预测用水高峰和低谷时段，进行合理的管网调度。

4）流量调控与平衡：基于分区流量计数据，掌握并调整市政供水管网的流向和流量。通过平衡调度，确保管网服务压力在各个区域均衡分布。

5）故障抢修指挥：负责指挥管网故障的抢修工作。在管网发生异常情况时，需要迅速调度维修人员，确保管网的安全和正常运行。

3. 调度实施流程

（1）实施逻辑

供水调度主要是对厂、站、网关键指标进行预报预警和调度控制。具体如下：

1）水量：是衡量供水系统能力的关键指标。在日常调度中，调度人员需要密切关注水量的变化情况，根据实际需求进行调度。例如，在用水高峰期，可以通过增加供水量来满足用户需求；在用水低谷期，则可以适当减少供水量，以节约能源和降低运营成本。

2）水压：是反映供水系统运行状态的重要指标。水压过低可能导致用户用水不便，而水压过高则可能对供水设施造成损坏。因此，在日常调度中，调度人员需要时刻关注水压的变化情况，并根据实际情况进行调度。例如，在发现水压异常时，可以及时调整水泵的运行状态，以确保供水系统的稳定运行。

3）水质：是保障用户用水安全的关键因素。在日常调度中，调度人员需要严格监控水质指标的变化情况，确保供水水质符合相关国家标准。同时，还需要加强对供水设施的维护和管理，防止因设备故障或操作不当导致水质问题。

（2）调度流程

在供水管理工作中，供水调度作为确保供水安全、稳定、高效运行的关键环节，发挥着举足轻重的作用。供水调度主要包括日常调度、计划调度和应急调度三种类型，每种类型都有其特定的实施流程和注意事项。下面对这三种供水调度的实施流程图进行详细地阐述。

1）日常调度

日常调度是保障供水系统稳定运行和满足用户的基本用水需求。在实施日常调度时，供水管理部门需要密切关注水源地的水质、水量变化情况，以及供水系统的运行状态。同时，还需要根据用户的用水需求和用水规律，合理安排供水计划和调度策略。在实施过程中，供水管理部门需要制定详细的调度方案，明确各岗位的职责和任务，确保供水系统的稳定运行和供水质量的稳定提升（图 7-2）。

2）计划调度

计划调度是供水调度的重要组成部分，旨在根据供水系统的长期发展规划和用户需求预测，制定科学的供水计划和调度策略。在实施计划调度时，供水管理部门需要充分考虑供水系统的实际情况和未来发展需求，制定具有前瞻性和可操作性的供水计划。同时，还需要结合用户的需求预测和用水规律，制定合适的调度策略，确保供水计划的顺利实施。在实施过程中，供水管理部门需要加强与相关部门和单位的沟通协调，确保供水计划的顺利实施和供水系统的持续优化（图7-3）。

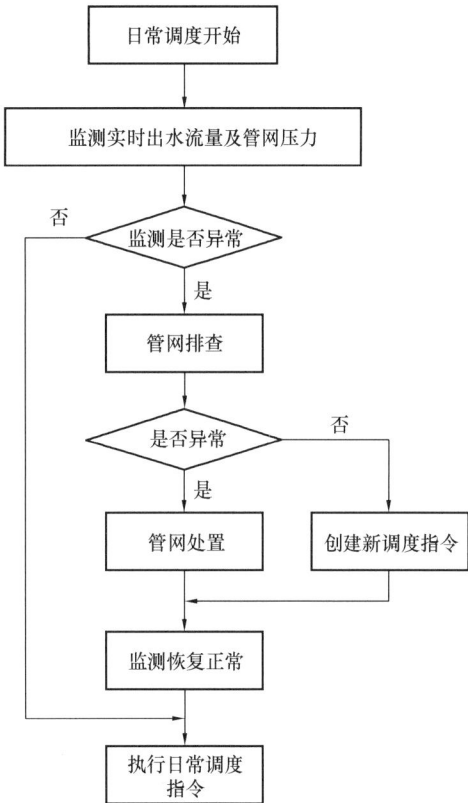

图 7-2　日常调度实施流程图

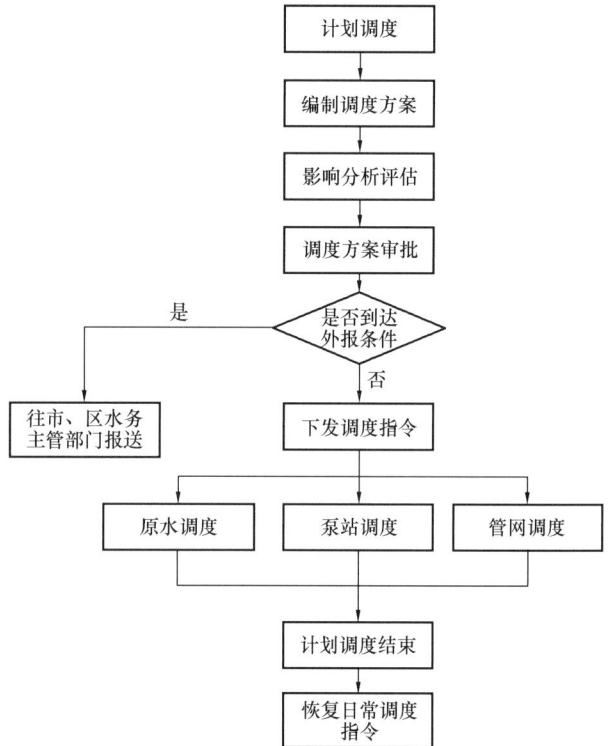

图 7-3　计划调度实施流程图

3）应急调度

应急调度是供水调度中的特殊类型，旨在应对突发事件和异常情况，确保供水系统的安全和稳定运行。在应急调度中，供水管理部门需要迅速响应、果断决策，采取有效的措施应对突发事件和异常情况。同时，还需要加强与相关部门的联动和协调，形成合力应对突发事件的局面。在实施过程中，供水管理部门需要建立完善的应急调度机制和应急预案，提高应对突发事件的能力和水平（图7-4）。

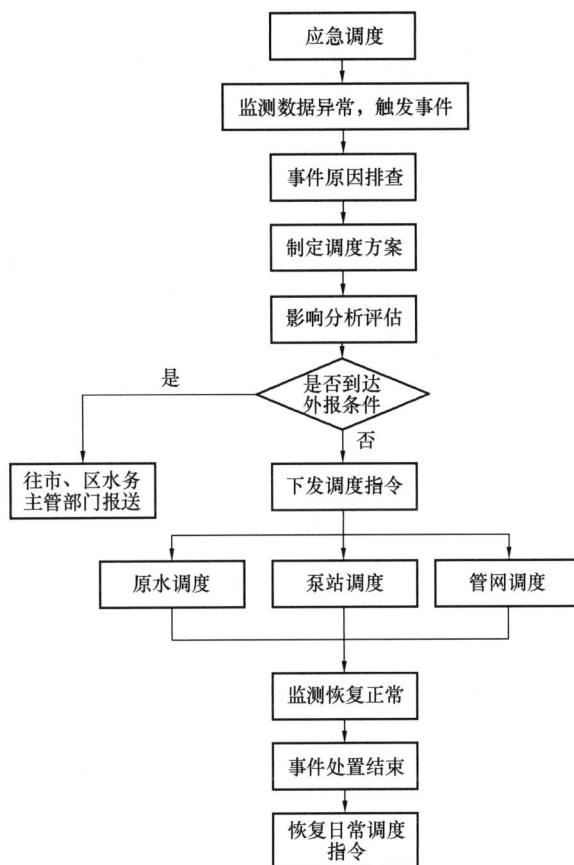

图 7-4　应急调度实施流程图

7.2.3　调度评价指标

在供水调度决策系统中，建立合适的评价指标体系至关重要。供水调度涉及复杂的系统和过程，因此评价指标体系需要具备多目标性和多层次性的特点，以便为多目标状态的评价提供有效的依据。在供水调度中，可靠性、安全性和经济性是主要的约束条件，因此评价指标体系的建立需要充分考虑这些方面。

基于供水科学调度的要求，制定了一套综合评价指标体系，该体系从水力性能、水质性能、经济三个方面进行全面评价。主要内容包括：

1. 水力性能评价指标

在供水管网中，流量、水头与流向是反映供水管网水力特性的基本水力要素。包括管段流量、管段压降、管道压力以及管道流向等，这些参数之间的关系反映了供水管网的水力特性。从整体供水调度系统的角度来看，用户和供水系统的服务水平直接关联管道水头和管段流量，这两者是评价供水系统性能的关键指标，能直接体现供水调度方案

11

的优劣。

在给定管网情况下，管段流速与流量成正比，可作为评价供水调度方案的参数。同时，在供水调度过程中，水流瞬态变化导致的压力波动会影响服务水平，并可能引起漏失和爆管。因此，水力性能评价中选取了 4 个关键指标：

（1）管道压力

管道压力是供水系统中一个重要的水力参数，它直接影响用户的用水体验和供水系统的稳定性。在评估供水调度方案时，必须确保管道压力在合适的范围内，且水压的达标率需要达到既定的要求，以满足用户的基本用水需求。

无论是基于经验的供水调度系统，还是依赖计算机辅助的科学调度系统，管道压力是关键水力参数之一，必须在调度决策中加以充分考虑，通过设定管道压力评价标准有助于评估供水服务水平。在供水管网系统中，每根管道都具备最小服务水头（h_{min}）和最大服务水头（h_{max}）。最小服务水头是确定管网水压和计算水泵扬程的关键参数。它代表了为满足用户需水量而需要的最低压力。而最大服务水头则是对管网安全的保护，以防止过高的压力导致水量漏失或管道破裂。

此外，管网水压合格率是评估供水系统稳定性和可靠性的重要指标。一个高的水压合格率意味着用户可以获得持续稳定的水压，满足其日常用水需求。定期监测和统计水压合格率，有助于及时发现并解决潜在问题，确保供水的连续性和安全性，避免因水压异常给用户带来的不便。

（2）管道流速

管段流速作为流量的代替参数，反映了水在管网中的运行速度。管段流速的合理控制有助于保障管网的稳定运行，确保供水系统的性能达到最佳状态。合理的流速控制不仅能够确保供水系统的稳定性，还能够降低水泵的能耗，提高整个供水系统的效率。管道流速过快可能导致管网的磨损加速，甚至引起管道破裂等严重后果。反之，管道流速过慢则可能导致管道沉积物的积累，进而影响供水质量和管网的正常运行。不同管材和管径的管段，在管道流速的最大和最小限制方面存在差异。在一些设计规范中，通常会指定设计流速的参考值。这些参考值可作为管段流速评价的参考标准，也可以依据经验公式来确定。

（3）管道压力波动系数

管道压力波动系数是评估供水系统稳定性的一个关键指标，它综合了压力变化的幅度、频率和持续时间等因素。计算该系数通常采用标准差或变异系数，其中标准差反映了压力值与平均值的离散程度，而变异系数则加入了平均压力的影响，便于比较不同平均压力下的波动情况。

供水调度过程实际上是一个水力瞬态变化的过程，而流速的变化会直接影响用户压力的波动。在供水调度中，爆管、送水泵站或加压泵站的启停、管网控制阀的启闭等，这些操作都会引发压力的波动。从水力的角度来看，供水管网中各节点的水压可以在一定程度上随时间产生波动。然而，这种波动必须保持在特定的允许压力波动范围内，否则，过大的压力波动将会对供水系统的服务水平产生不利影响，同时还会增加管网的漏失水量，甚至引发严重的管道爆破事故。

（4）24h供水管道流向反向次数

在监测和分析供水管道的流向时，24h供水管道流向反向次数是一个关键指标。这不仅关系到供水系统的稳定运行，还与供水安全息息相关。因此，对供水管道流向的实时监测和数据分析变得尤为重要。供水管道流向反向可能会对供水系统造成不利影响。当流向反向时，管道中的水流速度和压力可能会发生变化，这可能会导致管道中的杂质和污染物被冲刷起来，从而污染供水。此外，流向反向还可能导致管道破裂或漏水，从而浪费水资源并造成经济损失。

为了准确监测供水管道流向反向次数，可以采用一系列技术手段。比如，在管道关键节点安装流量和流向监测设备，这些设备能够实时监测水流的流量和流向，并将数据传输到数据中心进行分析。同时，还可以通过建立数学模型，对供水管道的流向进行预测和模拟，以便及时发现潜在的问题和风险。

2. 水质性能评价指标

城市供水系统须保证持续供应足够的水量、稳定的水压和合格的水质。氯作为常用消毒剂，维持适宜的余氯水平有多重优势：它能抑制大肠杆菌复活，预防水质二次污染；控制生物膜生长，避免管网内滋生；降低病原菌活性。同时，余氯水平还能预警水质安全，监测水质变化并及时采取相应的应对措施。此外，适宜的余氯有助于控制管道结垢，防止铁释放和三价铁还原。但余氯过高会加剧铁的腐蚀，因此必须严格控制其浓度。

供水管网内的水流停留时间、流速变化和管网水力特性是影响管网水质的主要因素。氯的消耗速度与时间有关，而水在管网内的停留时间是一个重要的影响因素。过长的停留时间可能导致水质下降，引发锈蚀和生物膜形成。停留时间可以用节点"水龄"来衡量，表示水从出厂流经管网至各节点的时间。节点"水龄"的长短反映了各节点上水的"新鲜"程度，对于水质安全性具有重要意义。管段流速是影响节点"水龄"的关键参数，可以通过供水管网的水力模型来获得。

此外，管网水质合格率是评价供水系统水质安全性的重要指标。通过监测水质参数，如余氯、总大肠菌群、重金属等，可以判断供水是否符合卫生和饮用水标准。高水质合格率表明管网供水水质达标，从而保障用户的用水安全。定期评估管网水质合格率，有助于及时发现水质问题，采取措施提升供水水质，降低水质风险。管网水质合格率的计算公式为：

$$P_L = \sum_{i=1}^{n} \frac{L_i}{\frac{L}{100} \times E_i} \qquad (7\text{-}1)$$

式中 P_L——管网 n 个取水水样点，年度 L 项（$L=42$、$L=6$）检测加权平均合格率（%）；

L_i——管网 i 取水水样点在年内共检测 L 项中，合格项目的累计总和；

E_i——管网 i 取水水样点在年内按月检测 L 项的年频率数；

n——管网取水水样点总数。

3. 经济评价指标

在供水调度过程中，经济评价指标至关重要，因为供水系统的经济效益直接影响着供水企业的可持续运营。以下是供水调度中常用的经济评价指标：

单位原水成本：单位原水成本是不同水源地之间的成本差异，通过对不同水源的成本进行比较，可以调整原水的调度方案，使得供水的原水成本最小化。这有助于降低生产成本，提高供水系统的经济效益。

泵组电单耗和配水单耗：泵组电单耗和配水单耗是供水系统经济调度的重要指标。泵组电单耗反映了水泵输配水环节的电耗情况，而配水单耗则与管网规模、地理高程和机泵效率相关。较低的水泵电单耗和配水单耗意味着更高的能源效率和运行效益。

泵组效率：泵组效率直接反映了水泵的能源利用情况和管理水平。优化的机泵效率可以减少能源消耗，降低运行成本。高效的机泵管理也可以延长设备寿命，减少维护成本。

7.3 供水调度智慧平台构建

供水调度智慧平台是一种集成了物联网技术、传感监测、地理信息、人工智能（AI）以及模型算法等多种先进技术的综合数字化体系。它以城市供水安全调度应急指挥为中心，解决了供水保障、水质安全、预警预报、应急指挥等生产管理难题，构建了多维感知、精准预测和高效处置的供水管网风险监测预警体系。该平台的应用场景包括监测、预警和处置，目标是实现"能监测、会预警、快处置"。通过确保供水管网系统的安全、稳定和高效运行，智慧平台实现了科学调度决策，为城市居民提供更智能、高品质的供水服务。

7.3.1 建设目标

智慧供水调度平台旨在有效保障城市居民的用水需求，包括水压、水量和水质，同时进一步提升城市供水系统的运行效率和管理水平。该平台建设目标如下：

实现供水系统全流程在线感知：通过在供水全流程布设传感器和监测设备，实时采集水厂、泵站、管网、二次供水及用户等关键节点的运行基础数据，以便实时感知供水全流程系统的运行状况。

实现供水系统智能分析决策：通过对采集的数据进行清洗、整合和处理，结合管网水力模型和数学模型的构建，对供水系统进行全面模拟。为供水企业提供综合评价、风险评估和分析决策等支持，提升供水系统的科学规划和应急响应能力。

实现效率、服务与效益最大化：通过开发各类应用，实现供水系统的监测、预警、预报、调度等业务功能，为日常高效运营管理提供支持。同时，在保障水压稳定、水质符合标准、正常供水的基础上，利用监测信息构建预测模型，预测未来需水量。结合供水管网分析模型与优化调度决策模型，综合考虑经济、安全等因素，制定科学调度方案，实现社会经济效益最大化。

7.3.2 建设内容

供水调度智慧平台的体系架构是一个综合性的系统，结合目前最新的信息化技术和未来的技术发展趋势，以实现良好的实用性、先进性、扩展性和开放性。供水调度智慧平台总体技术架构如图 7-5 所示。

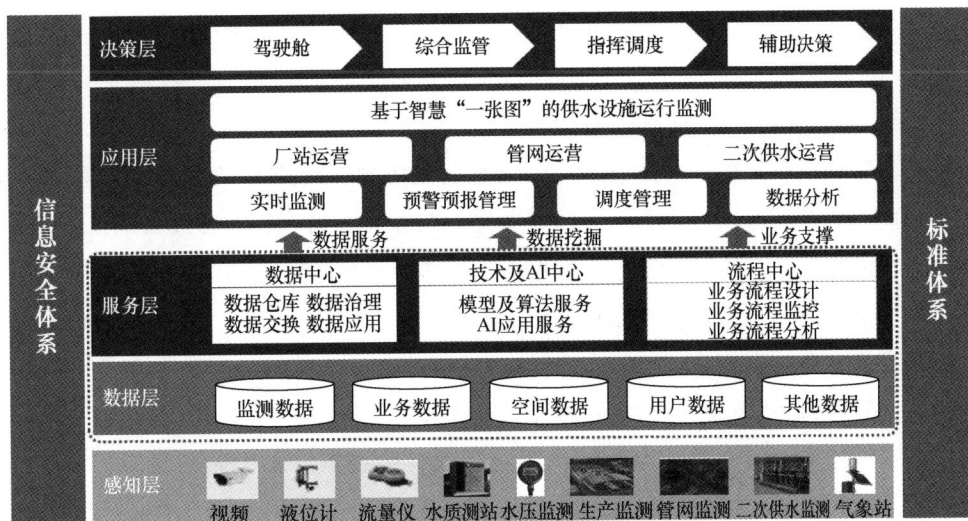

图 7-5 供水调度智慧平台体系架构图

智慧供水调度平台的技术架构构建涵盖了感知层、数据层、服务层、应用层和决策层五大部分，各部分共同协作以实现平台的高效运作。以下是对这五大部分的详细描述：

感知层：感知层是智慧供水调度平台的基础，它通过部署各种物联网监测设备，覆盖原水、水厂、泵站、管网全过程。这些监测设备收集实时的水压、水量、水质等关键数据，为调度人员提供全面的感知信息。平台与这些设备进行实时数据对接，确保及时获取最新的监测数据。

数据层：数据层是智慧供水调度平台的数据仓库，用于存储来自感知层的数据。这包括实时监测数据、设备异常报警数据、历史记录数据以及调度业务数据。经过标准化规整和异常处理后，数据按照一定的规则进行存储。实时监测数据使用时序数据库存储，而普通业务数据采用通用的关系型数据库存储。

服务层：服务层为智慧供水调度平台提供数据服务支持、智能计算支持和业务流程支持。这一层提供了数据、服务和接口等技术支持，供其他部分调用。通过服务层，平台能够获取所需的技术支持，为平台正常运作提供必要的基础。

应用层：应用层是智慧供水调度平台的核心，包含平台的关键系统功能。这部分涵盖了调度综合展示、调度实时监控、调度业务管理、调度数据分析等功能。调度人员可以通过应用层进行调度的各项工作，从综合展示到实时监控，再到业务管理和数据分析等，实现全方位的调度工作。

决策层：决策层是智慧供水调度平台的展示层，涵盖了驾驶舱、综合监管、指挥调度以及辅助决策等功能。这一层的主要目的是将各类信息和数据以可视化的方式呈现给决策人员，以帮助他们做出准确的决策。驾驶舱用于展示关键指标和数据总览，综合监管用于监控系统运行，指挥调度用于实时调度指令，而辅助决策则提供数据支持以辅助决策制定。

1. 感知层建设：一体化在线监测体系

为构建智慧供水调度平台的感知层，供水企业将物联网技术与现代信息化相融合，以实现全面、实时的城市供水管网运行状态感知与监测。这一层将通过数采仪、无线网络等在线监测设备，从水厂、泵站、管网等关键节点获取实时数据，然后以可视化方式整合，从而形成一个高效的供水企业"物联网"。

（1）在线监测体系构成

1）厂站在线监测设备

厂站在线监测设备涵盖了泵站内的各类仪表、传感器，用于监测水质、水压、流量、液位等关键参数。同时，送水泵组的控制与管理由现场 PLC 与下位端 SCADA 系统完成，并通过光纤接口与调度中心连接，实现远程监测报警和实时控制。

水厂 SCADA 系统在智慧供水调度平台中扮演执行层角色，通过采集分布于水厂、供水节点、加压站、管网测压点和大口径水表的各类数据，提供最佳调度和控制方案，以指令控制出厂水流量、管网压力等参数，从而实现调度工作。

2）管网在线监测设备

供水管网运行监控设备涵盖了在线压力计、区域计量流量计、小区入口考核流量计、大用户贸易结算流量计、水质监测仪、智能消火栓、智能水表等设备。这些设备采用电池供电，通过 GPRS 或 NB-IoT 等方式上传数据至调度中心的远程数据平台。

这些设备使得供水管网状态能够实时监测，有效掌握城市供水关键节点的压力、流量、水质等情况。根据压力指标及时调整水厂供水量，保障城市居民，尤其是高层住户的用水需求。同时，基于获取的流量数据，对区域内的供水流量进行计量，为供水调度、管网规划和漏损核算提供重要依据。

（2）管网在线监测布置

在布置监测点时，需要综合考虑监测点数量和位置。监测点数量与密集程度直接关系着监测的准确性，但也与投资和管理成本相关。因此，布置监测点需在科学合理的位置，以达到反映管网运行情况的目的。

1）管网在线压力数量与布置

根据《城镇供水管网运行、维护及安全技术规程》CJJ 207—2013 的规定，对于在线压力监测点的数量设定，管网压力监测点应根据管网供水服务面积设置，每 $10km^2$ 不应少于一个测压点，管网系统测压点总数不应少于 3 个，在管网末梢位置上适当增加设置点数。

在管网系统中，测压点的布局应当均衡且具有代表性，以便全面反映整个管网的供水压力状况。一旦发现管网压力分布不均，需立即调整各水厂的供水量和扬程，以经济高效的方式优化供水压力分布。这种布局合理的测压点，对于提升管网调度的服务质量至关重要，能够确保管网压力满足用户需求，避免因压力过高或过低而导致的供水量不足或能源浪费。在设置测压点时，通常遵循以下原则：

① 城市管网中的控制点应设测压点，所测压力通常是用水高峰时水量调度的重要指标，累积这些数据又是供水系统改造和扩建的必需资料。

② 在多水源给水系统中，在供水分界线附近的测压点应设置稍多一些，使其能更明显地反映出分界线推移的变化，为合理调整供水分区提供依据。

③ 一般情况下，测压首先是为了观察、分析整个给水管网现有的输水能力，制订经济合理的调整方案，并为今后的管网改造与规划提供数据，故测压点宜设置在大管径干管的交叉点附近。

④ 测压也是为了考察配水管网的供水能力，提高供水的服务质量，故还应在确保供水的地区、经常发生水压不足的地区或能考察调度质量的地区设置测压点。此时测压点一般设置在中、小管径的配水管网上。

2）管网流量监测数量与布置

管网流量监测点作为监测管网运行状态的重要设备，其服务的目的主要有：流量结算、流量校核、区域流量统计、流量调度等。其数量与布置遵循以下原则：

① 在供水管网的关键节点，如泵站、水厂、主要分支管道等位置应设置在线流量监测设备，以全面掌握管网的流量变化。

② 对于流量变化较大的区域，应加密设备布置，以便及时发现和解决。

③ 将测流点布置在需测定的某干线上的前端，测定其负荷状况。

④ 将测流点设在任压区域的有关连接管或卡脖子管段处可兼测其水压。

⑤ 测流孔应设置在直管段上，其前后管段的长度应为管道直径的 30～50 倍，且该范围内不应有支管、弯头、阀门、排气阀等设备。

2. 数据层建设：调度业务数据组成和整合

在构建智慧供水调度平台的数据层时，以一体化在线监测体系为基础，实现实时智能调度的需求，必须采集企业各项生产经营活动的数据。为实现数据共享和资源整合，标准化和全面性显得尤为重要。

（1）调度业务数据的组成

调度业务数据主要由以下部分组成：

1）实时监测数据

整合来自 SCADA 系统、厂站监测系统以及管网监测设备的实时数据，以实现实时监测查询与展示等功能。实时监测数据存储于监测终端，例如 SCADA 系统监测和厂站监测通过实时方式传送数据，时间间隔可达 1min。实时监测数据库的存储期限可以根据业务需要进行设置，最长可以保留 3 年以上（取决于硬盘空间）。

2）异常报警数据

基于实时监测数据进行异常判断，按照报警级别进行异常处理，并以供水调度数据中心的统一格式存储异常报警数据。此类数据可以在地图上定位监测对象的报警信息，通过弹窗、列表等多种展示方式提示报警信息。

3）历史记录数据

历史记录数据对实时数据库的数据进行规范处理后，长期保存，为后续的数据分析和挖掘提供支持。保存数据的时间间隔可以根据需要设置为 5min。

4）调度业务数据

调度业务数据是经过处理的业务指标和统计汇总数据，如管网压力合格率、供水量、电量和电耗等数据。

5）气象环境数据

为辅助调度需求而保存的气象数据，包括天气、温度、降雨、风向等，可用于未来的水量预测和数据分析。

6）系统配置数据

配置信息数据库用于存储各类数据量的元数据，包括数据种类、来源、类型、编码、计量单位、存储位置、与其他数据及业务的关系，以及数据的业务规则等。

以上数据均来源各业务系统，一般来说，业务系统具体对接数据内容如下（表 7-1）。

业务系统对接数据表　　　　　表 7-1

序号	系统名称	说明
1	SCADA 系统	能够实现 SCADA 系统监测对象的动态更新，能够从 SCADA 系统中获取实时监测数据；监测对象主要包括：管网测压点压力、管网流量计的流量、管网在线水质仪的余氯、电动阀门的开关操作
2	厂站监控系统	能够实现厂站关键运行数据的整合，实现数据的实时监测。主要监测对象包括：水厂出厂压力、出厂流量、出厂余氯；水厂二级泵房吸水井水位；市政泵站的进口流量、出口流量、出口压力、出口余氯；市政泵站泵房吸水井水位；市政泵房水库水位；水泵的开关操作；变频水泵的频率
3	二次供水监测系统	能够实现二次供水的关键运行数据的整合，实现数据的实时监测。主要监测对象包括：二次供水出口压力、出口流量、出口余氯；二次供水水箱水位
4	管网地理信息系统（GIS）	管网 GIS 能够提供标准的 GIS 数据服务给综合调度管理系统调用，实现管网地理信息类数据整合。管网 GIS 基本属性：包含管网对象的各种属性，包含管段、阀门、消火栓等，如管段包含管段编号、所在图幅号、本点号、上点号、管段类别、管径、管材、接口形式、接口填料、生产厂家、埋设日期、外防腐材料、内防腐材料、埋设深度、地面状况、所在路名、施工单位、施工员、资料员、所在工程编号、竣工图编号、详图、备注
5	管网管理系统	实现管网业务管理系统的数据对接，能够及时了解管网运维人员的位置、管网维修工单、管网巡检工单的状态
6	客户服务系统	实现客户服务监控系统的数据对接，能够及时了解客户投诉、咨询的基本情况以及客户位置信息
7	视频监控系统	系统能够读取部分重要的水厂、泵站关键监控点（大门、加氯间、取水头部、变电所）视频数据进行厂站监控视频展示

（2）调度数据的标准化

在处理涉及调度的业务数据时，通常以水务对象（如管网、水厂、分区、阀门、压力/流量监测设备、事件等）为核心，构建了水务全流程数据标准。这些对象都具备以下属性：

1）资产属性（静态数据）：包括类型、名称、型号、材料、年代等信息。

2）数据属性（动态数据）：包括当前状态、当前数值等实时数据。

3）关系属性（关系数据）：涵盖以下四种类型的关系：

空间关系：描述位置和连接关系；

计量关系：在连接关系的基础上，增加了计量层级的关系，以实现更精细化的管理，可用于量化和考核；

拓扑关系：描述水务对象之间的拓扑关系；

环节关系：如供水环节、管网环节、生产环节、排水环节等。

4）事件/业务属性（业务数据）：涉及这些对象所产生的业务、服务、流程以及指标考核等。

在构建调度大数据中心时，基于上述水务对象模型，建立了从水源、水厂、管网、分区到用户等水务企业管理范畴内各种对象设施的资产信息、动态数据以及它们之间各种关系、空间连接属性的描述。这个模型是多维度的，包括空间维度、层级维度、计量维度、供水维度和连接维度，还有类型分类（资产）维度。水务企业可以根据各模型对象之间的各类事件/业务（服务）高效地进行管理。这个标准化模型有助于确保数据的一致性、准确性和可用性，以支持智慧供水调度平台的运行和决策。

3. 服务层建设：数据中心、技术及 AI 中心、流程中心

（1）调度数据中心建设

为实现供水调度智慧平台的功能应用，调度数据中心建设必不可少，它可实现调度应用相关系统和应用数据的共享和交互，提高数据运营能力，提升调度信息整合能力，提升调度决策指挥能力。

调度数据中心的主要目标是完成数据的接入、存储、转换和输出，由一系列中间件、服务、接口以及数据库管理、存储、备份系统组成。其核心组件包括数据库、数据交换平台、数据管理、服务管理、BI 平台等。

调度数据中心可以完整、正确、安全地存储数据信息，灵活、方便地提供数据接入和共享。调度数据中心是供水调度智慧平台中至关重要的一环，采用时序数据库存储方式，支持海量数据存储，主要包含秒级的数据存储、资产树、数据分发和报警事件处理等功能。

调度数据中心可以为供水调度智慧平台提供以下支持：平台数据的完整性和准确性，平台信息统一性和数据一致性，打通"信息孤岛"，实现信息资源共享。提高数据的利用率，变数据为资源，实现数据的开发利用与增值。便于数据的集中统一管理，提高数据的安全性和管理的有效性。提高信息系统的防灾能力，实现平台可持续发展。

其中，需特别强调调度数据的数据治理。监测数据的可靠度和质量直接影响后续数据分析应用的效果，是供水智能调度管理必须保障的一环，有必要在数据应用之前对其可靠度进行评估。数据常见问题包括数据零值、数据缺失、数据恒定不变、异常波动或超出合理范围等。对于海量的监测数据来说，可以通过建立科学的评估算法，来对数据质量进行高效评估，建立监测设备质量 KPI 评价体系。评估结果反馈至相关设备维护人员，辅助其日常设备维护巡检计划的制定。数据质量评估算法的建立通常是依托于一系列的数值统计指标和方法，从数据的完整率、波动性、相关性等方面综合评估监测数据质量；这些数值统计指标常见的包括相关系数、平均误差、滑动平均数等。针对不同的监测指标，需要建立不同的评估算法逻辑。

（2）数据分析与应用

在数字化时代背景下，数据已成为企业运营和决策不可或缺的核心要素。为了有效管理和利用数据，企业不仅需要建立统一的数据接口和数据服务，实现数据的整合和共享，还需要进行数据的有效治理，确保数据的准确性和可靠性。然而，仅仅拥有这些数据并不足够，如何将这些数据转化为有价值的信息和见解，并将其应用于业务中，才是数据分析与应用的关键。

为了实现这一目标，供水企业需要借助先进的工具，如商业智能（BI）工具。BI工具能够利用先进的数据分析和可视化技术，将数据中心中的大量数据转化为直观、易于理解的图形和图表。这些图形和图表不仅能够帮助企业快速获取数据中的关键信息，还能够揭示数据之间的关联和趋势，为企业的发展提供有力支持。

此外，BI工具还具备高度的灵活性和个性化特点。用户可以根据自己的需求和喜好，自定义仪表板的布局、样式以及数据展示方式。这意味着每个人都可以根据自己的工作特点和业务需求，创建出符合自己需求的个性化仪表板。这种个性化的数据展示方式不仅能够提高工作效率，还能够提升决策质量，帮助用户更加精准地把握业务发展的方向。

通过BI工具实现数据可视化后，企业可进一步将这些数据应用于实际业务中。以水厂运营为例，企业可利用BI工具深入分析生产成本、供水工况及用户用水压力保障等关键指标间的内在联系。通过对比不同时间段、不同区域的数据差异，企业可揭示生产成本的变化规律，发现供水工况与用户用水压力保障之间的潜在关联。基于这些深入的分析结果，企业可针对性地调整生产计划、优化调度策略，从而提升供水效率与服务质量，实现企业的可持续发展目标。

（3）技术及 AI 中心

模型及算法服务，在供水调度领域，模型和算法发挥着重要的作用。供水调度模型可以分为机理模型和数据模型两类。机理模型，也称为白箱模型，是根据供水对象和生产过程的内部机制或物质流传递机理精确建立的数学模型。其优势在于模型参数具有清晰的物理意义，参数调整相对容易，模型适应性强。随着大数据技术的发展，大数据分析模型也得到广泛应用。这些模型包括基本的数据分析模型（例如回归、聚类、分类、降维等基础处理算法模型）、机器学习模型（如神经网络等，用于进一步识别、预测数据）以及智能控制结构模型。大数据分析模型更注重从数据本身出发，强调数据间的相关性，而不是过于关注机理原理。

1）用水量预测模型

用水量预测模型是供水智能调度决策系统中的关键组成部分，旨在预测调度时段内的用水量，包括用水量预测和用水量分配两个方面。这一模型为调度决策提供了基础依据。用水量预测模型通过考虑供水量的变化趋势、气候条件、季节性变化、用水时间特征等因素，进行调度时段用水量的预测。其方法多样，可以借助多种算法的组合来实现。用水量分配则根据各个用户的用水模式为其分派相应水量，并计算出各节点的用水量。用水量预测模型扮演着供水智能调度的基石角色，其准确性直接影响优化调度的可靠性和实用性。

了解用水量及其变化规律是供水智能调度系统的基本要求。系统必须适应用水量的变化，但不能改变用水量本身。因此，只有通过准确地预测不同时段的用水量，才能制定出最佳的调度方案。用水量预测涵盖时用水量和日用水量的预测。这依赖于合理的数学模型和方法，通过研究城市用水量随时间的变化趋势，分析在线监测数据，进行下一个调度时段的用水量预测。

用水量预测的方法通常可分为两类：解释性预测方法和时间序列分析方法。解释性预测方法，也称为回归分析方法，假定输入变量的变化会导致系统输出变量的变化，即存在某种因果关系。该模型将用水量与气象因素、节假日、工商业分布以及居民活动等相关联。这种模型对输入变量的精确性要求较高，特别是在进行离线控制时，需要对次日全天的用水量进行预测，因此对次日的天气、居民活动等预测数据的准确性要求较高。

时间序列分析方法将系统视为"黑箱"，不考虑其他影响因素，仅关注观测和预测结果，其预测过程仅依赖于一些历史观测数据。常见的时间序列分析方法包括指数平滑模型、自回归（AR）模型、滑动平均（MA）模型、自回归滑动平均（ARMA）模型、灰色预测模型等，以及这些方法的组合预测方法。这类方法通常使用历史数据模式来进行预测，其实现较为简便。

2）水泵泵组搭配优化数学模型

水泵机组在供水系统中的优化调度是一个涉及复杂约束的大规模、动态、时滞较大、非线性的优化问题，其处理相当复杂。优化水泵机组的组合搭配也是供水领域优化调度节能运行的重要组成部分，它要求在一个调度周期内（通常为 24h），根据管网压力负荷的预测，在满足供水流量平衡、功率平衡、启停限制等多重约束条件下，优化选择各时段内运行的机组，确定机组的启停时间，从而在总能耗（包括运行能耗和启动能耗）最小的前提下，获得最优化分配和更大经济效益。

组合优化问题通常可以通过枚举法来解决，然而随着问题规模的增加，组合优化问题的搜索空间迅速扩大，这使得枚举法很难或甚至不可能获得精确的最优解。为此还尝试了多种机组优化组合算法，如优先顺序法、动态规划法、拉格朗日松弛法等。然而，由于机组优化组合涉及的变量和约束条件较多，这些算法的计算精度受到不同程度的限制。鉴于一些传统算法在解决机组优化组合问题方面难以达到预期效果，可以考虑运用遗传算法来进行机组优化组合的研究。

在应用遗传算法解决水泵机组优化问题时，处理约束条件至关重要。处理约束条件通常采用两种方法：一种方法是通过罚函数将约束条件转化为目标函数的惩罚项；另一种方法是结合贪心算法来改善染色体的解码过程。

3）管网水力水质模型

供水管网水力模型系统综合了 GIS 的静态信息和 SCADA 系统的动态信息，结合用水量的预测、估算和分配，根据水力学理论对供水系统进行水力建模与模拟计算。该系统能够在线跟踪供水系统的水力运行状态，实时计算出所有管道的流量、压降、流速，以及水厂和用户节点的压力等水力信息，从而为供水系统的科学调度和管理提供必要的依据。供水管网模型与供水调度密切相关，它是调度决策的水力约束条件，其准确性直接影响着决策方案的可靠性和实用性。在建立管网水力模型时，需要完成以下几个关键步骤和工作：

① 收集管网信息：这包括获取供水管网的静态属性信息和运行时的动态信息，确保模型所需数据的全面性和准确性。

② 管网建模：根据模拟的目标和建模的目的，对供水管网进行建模，简化管网拓扑关系图。输入供水系统管网的静态和动态信息，并根据管网基本方程建立水力计算的基本方程组。同时，设置模型的工作条件和边界约束信息。

③ 模拟仿真计算：通过求解管网模型方程组，利用在不同工况下的用水量分配数据对供水管网进行模拟计算。这能够得出在不同工况下各管段、节点、水源以及泵站等的水力动态参数。

④ 模型校核检验：通过比较水压监测点数据或历史工况与模型仿真计算值之间的误差，对建立的模型进行校核和验证，确保模型符合实际情况和精度要求。模型的校核还需要考虑节点用水量、管段粗糙系数或阻力系数、供水系统模型数据信息和图形信息，以及管网设备工作特性曲线等方面的校核。

⑤ 模型水力分析：在进行管网模型校核和模拟计算后，可以根据计算结果进行水力分析，从中得出结论或提出解决方案。这包括通过管段的水力负荷分析，判断管段流速是否满足经济流速要求；同时，进行节点水压分析，判断水压是否满足最小的服务水头标准，或者是否存在水压过高的情况。

利用微观水力模型构建的管网水质模型，能在各管网节点精确模拟水龄、余氯等关键水质参数，实时监测水质变化，以确保管网水质安全。为提高模型的精度，需收集管网中间节点和末端节点的余氯等监测数据，并据此对模型进行校准。随着水质模型的持续优化，对管网水质状况的理解将愈加深入，从而对管网水质风险进行更加科学地评估。通过采集和分析各个节点的水质数据，可预测潜在的水质风险并采取相应措施预防。这不仅有助于管网管理者优化管网运行策略，降低水污染事故的风险，还能提升管网水质安全。此外，基于管网水质模型的实时监控功能，能提前发现水质异常状况，及时采取措施进行修复，确保管网水质安全。在未来，随着技术的不断发展，还可将水质模型与其他管网管理系统集成，实现管网的综合管理。

4）智能调度数据模型

智能供水调度数据模型是一种利用算法和数据分析技术进行水资源优化分配和调度的模型。通过实时监测、分析和预测水资源的供需情况，结合水源、供水网络、用户需求等多种因素，实现智能化的调度和优化。

该模型充分利用多样数据源，包括水源水质监测数据、供水管网流量数据、用户需求预测数据等。借助算法和机器学习技术，实现水资源的合理分配和调度。在满足用户需求的前提下，考虑水源水质、供水压力、用户需求等多重因素，确保供水的稳定性和可持续性。

智能供水调度数据模型的优势有：

① 资源优化：基于实时数据和需求预测，智能调度水资源，最大限度地提高供水资源的利用效率，减少浪费和损耗。

② 灵活应对：根据供水管网状态和用户需求的变化，实时调整供水计划，确保持续供水并维持稳定性。

③ 协同管理：模型与各水源、供水管网和用户需求协同管理，提高供水系统整体运行效率。

④ 风险预测：通过数据分析和模型预测，提前识别供水系统中的潜在问题，预防供水紧张和供水事故的发生。

智能供水调度数据模型的实施，通过数据分析和算法技术，实现了水资源的智能化分配和调度，以提高供水系统的运行效率和资源利用率，同时确保供水的可持续性和稳定性。

5）智能调度算法模型

智能供水调度算法模型是一种利用人工智能和数据分析技术来优化供水系统调度的方法。通过该模型，可以根据供水网络的实时数据，如水源、水质、用户需求等，实现智能化的水资源调度和分配，以提高供水系统的效率和可靠性。该模型基于大数据分析和机器学习算法，能够自动分析海量数据，并预测供水系统的未来状况。通过优化算法，可以确定最佳的供水策略，既满足用户需求，又降低能耗和成本。

在实际应用中，智能供水调度算法模型结合传感器网络和实时监测系统，即时获取供水系统状态和用户需求。基于这些数据，模型能够自动地进行优化和调整，以适应不同的供水需求和外部环境变化。通过应用智能供水调度算法模型，可以有效提高供水系统的供水量和水质，减少能耗和成本，提升供水系统的可靠性和响应能力，更好地满足人们对水资源的需求。

① 技术路线

智能调度采用宏观水力模型和历史调度模型设计供水调度优化算法。在模仿人工调度行为的基础上，优化出厂压力和控制机泵能耗，并验证算法的可行性。

② 智能调度场景

智能调度场景包括以下四个核心步骤：

筛选水泵状态变化方案：从历史调度方案库中筛选出历史同期可行的水泵开停或水泵转速突变策略，以建立水泵状态变化历史数据库。

模拟水泵状态变化方案：运用机器学习算法构建宏观水力模型，将每个可行的水泵状态变化方案代入其中，预测每个方案执行后的结果，包括出厂压力、能耗等。

评估水泵状态变化方案：设计评分函数，针对出厂压力、能耗等指标，评估和比较每个方案的执行结果，获得综合评分最高的方案。

生成调度指令：根据最优方案及实际流量或压力数据，生成调度指令。

（4）调度流程中心建设

调度流程中心是以流程的方式对调度业务的全生命周期进行分解、整合，旨在实现统筹协调的目标。通过调度流程中心，能够全面掌控资源组织和运行效率，消除企业内部管理职能的重叠以及业务重复的问题。这样的管理方式有助于缩短流程周期，节约运作资本，从而提升企业效率。

调度流程中心依托于强大的工作流引擎，不仅支持基本的顺序流程，还包括分支、合并、子流程等更为复杂的流程场景。通过流程中心的设置，可以实现各种复杂情景下的流程控制。例如，调度流程、水力模型应用流程、停水流程等，都可以在流程中心中以低代码形式进行配置、生成和应用。

流程中心的灵活性使组织的工作流程更加高效，且能够适应不断变化的业务环境。这种系统化的过程极大地提升了平台的运营效率，也提高了员工的工作效率。通过建设智能调度流程中心，水务企业能够更好地应对调度业务的挑战，实现资源优化和业务流程的精细化管理。

4. 决策及应用层建设：调度应用与管理

（1）调度实时监控

实时调度监控系统将覆盖水源至供水网络的全流程，从水源地到水厂，再到管网。此系统可监控水源地的取水情况和水厂出厂的关键性能指标（如压力、流量、水质等），以及管网中的压力、流量、水质等参数。监测信息通过表格、曲线、图形、视频等多种方式展示在供水调度管理平台上。

水源地监控：通过视频和在线监测设备实时监测水源地的水质和水量变化。

水厂运行监控：实时监控各水厂水泵的开关机状态、电流、电压等参数，同时监测清水池水位、进出厂水流量、压力、水质等关键指标。视频监控可以覆盖水厂的重要区域。

管网输配水监控：监控管网中的压力监测点和重要节点的压力和流量，同时关注管网中的水质参数如余氯、pH、浊度等是否存在异常。

1）基于地图实时展示：供水调度应用系统将以电子地图为基础，在接口上与管网GIS对接。这样的设计能够直观地呈现管网的基本信息，各水厂、泵站、管网监测点的压力、流量、水质等设施可以作为图层显示在地图上。

2）水源实时监测：基于地图展示水源地的水质状况以及二级泵房（也称二泵房）和加压站机组的运行状态、进出水压力、流量和水质等信息。

3）管网运行实时监控：在地图上实时展示管网各个SCADA系统监测点的压力、流量、水质等数据，并根据图层进行分类管理。点击监测对象能够在地图上快速定位，同时查看最新的监测数据，在曲线列表中则能够显示最近一段时间的历史监测数据。

通过这样的实时调度监控系统，水务企业能够更好地掌握供水系统各个环节的运行情况，及时发现问题并做出相应的调度决策，从而提高供水系统的运行效率和可靠性。

（2）供水运行报警预警

根据实时监控管网的压力和流量数据，通过与多个监测点的相关性比对分析，能够及时发现管道上的异常情况。例如，当管网的压力、流量和水质发生异常时，系统可以在地图上醒目地发出报警信息，帮助技术人员快速定位故障发生的位置和原因。管网运行人员可以根据实时报警信息派遣人员前往现场确认，及时排除异常报警，避免对供水安全造成更大影响。

报警预警系统可以使监控中心内的操作人员第一时间获知运行过程中产生的设备故障报警和可能将要发生的生产事故信息。设备故障报警：一旦运行过程中的设备发生故障，相应区域将会闪烁显示，并伴随报警语音提示，同时显示一组设备报警，提醒维修人员及时前往现场进行维修和保养。报警预警设有优先级管理，各类报警预警进行精确判断，实现设备故障自动报警、生产事故自动预警，并展示所有报警预警列表和详细信息。当事故发生时，可以通过语音播放、短信通知等形式来通知各级人员。

该系统能够使管网管理人员及时察觉管网中的突发事件，从而提高城市供水安全性，为水务运营企业的精细化管理提供重要的工具。

1）在线监测报警：通过实时监测水厂和供水管网的数据，进行实时报警。在关键节点安装物联网传感器以实时监测水厂和管网的运行状态，包括压力、流量、水质等。设置各类监测指标的阈值，一旦达到或超过预警阈值，系统将记录并发出报警，提醒管网运维人员系统可能存在风险。供水调度人员能够远程监测全市供水管网的压力、流量、水质等情况，从而科学指导水厂设备的启停，维护供水压力平衡，并及时发现和预测各类事故。

2）分析预警：通过对管材、管龄、埋设年限、季节等静态因素，以及供水管网的压力、流量、水温等动态数据进行分析，结合主成分分析和Cox生存分析等方法，建立供水管网爆管风险预测模型。这个模型能够在供水管网出现爆管风险时进行预警，通过SCADA系统动态压力、流量数据，并结合管道材料的腐蚀、老化等因素，进行分析计算，包括管网腐蚀计算、正常压力、流量模拟仿真计算、校验计算等，从而得出最终的模拟结果，输出供水管网爆管模拟报告。此外，还可以根据管网泄漏的规律，结合历史泄漏数据，建立相应的泄漏预警模型，预测渗漏的可能性，为采取运行维护措施提供依据。

（3）调度指令与日志管理

1）调度指令

调度指令模块的核心在于调度中心向不同的执行站点发送任务指令，以实现运营需求。这些指令类型可以管理压力、流量、泵和阀门等各项运行参数。调度中心监督指令的发送、执行情况和反馈。通过记录和展示各水厂、增压站的开关指令及其执行情况，调度员能够在任意时间段内进行检索查询，了解各站点的运行状况，确保供水调度工作的安全稳定。

指令的流程涉及中心调度室和执行站的协同。中心调度室负责生成和发送指令，而执行站负责接收并应答本站的指令。系统会记录指令的下发和回复时间，以评估指令的执行情况。

2）调度日志

值班日志、调度日志或事件日志是记录当班期间发生且需要记录的所有信息的综合记录。该系统支持记录供水调度人员与水厂、泵站值班人员之间的工作和操作指令，包括水泵开停操作、管网运行情况、水质事件等重要信息。

调度日志管理模块允许用户选择日志类型、录入时间、日志内容等。此外，用户还可以根据日志类别追加调度日志的内容。系统保留完整地填报信息，并跟踪执行进度，以及统计执行效率。查询操作时，用户可以按照时间、填报人等条件进行搜索，也可检索日志内容，从而方便地查找和分析所需信息。

（4）调度应急指挥

该系统具备辅助应急调度功能，使调度中心初步具备应急调度指挥能力。调度应急指挥系统与"供水服务系统"建立接口，借助物联网监测设备采集现场数据和信息，调度人员能够分析和判断应急事件的级别。根据企业制定的应急调度处置规定，调度人员进行影响范围和程度的分析。最终，通过供水服务系统，调度中心能够向用户传达相应的通知，以应对不同的应急情况（图 7-6）。

1）事故来源：数据来源包括实时监测系统数据、实时报警数据以及调度数据。

2）事故分析与判断：根据事故判断规则，调度人员通过对事故来源数据进行分析，识别发生的事故级别、可能的影响范围和程度。未来还可借助管网水力模型进行进一步分析，提升事件判断的准确性。

3）应急调度处理：识别出的事故将进行相应处理。根据事故的分类、程度等条件，查询应急预案库，提供适用的应急预案，然后实施相应的应急调度。

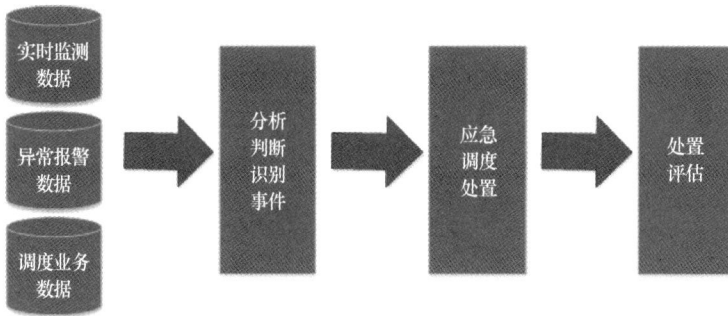

图 7-6 调度应急指挥流程图

4）处置效果评估：根据处置评估标准，对已处理的事故应急调度进行评估，以验证处置的有效性。

5）应急预案与事件管理：基于历史经验和不同事件类型，制定应急调度预案，并进行编辑和管理，以备将来使用。

（5）调度指挥一张图

1）供水总览一张图

提供综合的供水总体情况，利用三维地图效果呈现。主要内容包括：原水、制水、供水全流程监控；热线、工单、巡检、突发事件等情况的综合展示。

2）生产调度一张图

利用二维 GIS 底图服务，展示供水生产调度的情况。主要内容包括：水厂监控、增压泵站监控、管网监控、用水分析、运维保障、紧急工单、调度指令等。

① 水厂监控

实时展示各供水厂的主要工艺参数，包括原水瞬时流量、原水浊度、沉淀水浊度、滤后水浊度、滤后水余氯、清水池液位、清水池可用时长、出厂压力、出厂瞬时流量、出厂浊度、出厂余氯、加药投率、主控点压力等。报警阈值触发时提供报警提示。

② 泵站监控

实时展示各增压泵站的主要工艺参数，包括进站瞬时流量、进站浊度、进站余氯、清水池液位、供水压力、出站瞬时流量、出站浊度、出站余氯等。报警阈值触发时提供报警提示。

③ 管网监控

通过滚动地图方式，实时展示管网主要压力、流量、水质监测点的监测情况。报警阈值触发时提供报警提示。

5. 未来展望

随着科技的飞速发展，供水调度正在数字化与模型化的坚实基础之上，逐步迈向更高层次的智能化与自动化。这一转型预示着供水行业将迎来前所未有的技术革新，未来的供水服务也将实现更高效、更可靠、更可持续的运营。

在智能调度系统中，模型的在线化应用至关重要。通过实时数据采集与传输，模型能够在线更新与校准，确保与实际供水系统紧密匹配。这种在线化的模型应用使得调度决策更加精准与及时，有效应对各种突发情况。同时，智能水表在智能调度中发挥着举足轻重的作用。它能够实时监测用户的用水量与用水模式，为供水调度提供宝贵的数据支持。通过对这些数据的深入分析与挖掘，能够更精准地理解用户需求，优化供水策略，从而提升供水效率和服务质量。

智能 AI 的应用更是将智能供水调度推向了新的高度。AI 算法能够对海量数据进行高效处理与分析，自动学习并优化调度策略。通过智能 AI，能够实现对供水网络的自适应调节，根据实时数据与预测结果动态调整供水方案，确保供水系统的稳定运行与高效供水。

此外，新的智能调度系统还能通过理论计算与计算机模拟生成最佳调度预案。利用管网动态水力模型结合历史数据与智能经验系统，在不同时段与气候条件下模拟不同机台组合的情况，选择最优方案。调度员将根据自动生成的预案进行操作，必要时进行修正或重新计算。这种人机协作的模式保证了调度过程的一致性与连续性，同时充分发挥了调度员的专业知识与应变能力。

不仅如此，系统的自我学习与优化能力也在持续加强。通过自动监控与记录所有调度操作与结果，评估每个预案的执行效果，并通过人工智能算法进行自我学习与改进，使得新一代综合调度系统不断提升自身的性能与效率。

在技术不断进步的推动下，未来的供水调度系统将更加智能、高效与可持续。例如，用户水表的全面联网将实现对供水流量的全面管理；自动化调度将依赖机器人提高操作准确性；卫星遥感技术将用于构建安全供水预警系统以及时发现隐患。这些技术的发展与应用将与模型在线化、智能水表和智能 AI 等共同助力供水企业提升服务质量，更好地满足用户需求。

7.3.3　供水调度智慧平台实例

某市水务（集团）有限公司供水调度平台主要建设内容和应用效果如下：

平台总体建设以"统一管控、业务联动、融合共享、广泛协同、智能决策、主动服务"为内涵，以"事件清、人物明、处置快、管理好、服务优、保障足"为目标驱动，实现从数据零星分散向大数据资源集中、从独立设备向物联网互联互通、从系统孤岛向系统全面集成、从业务需求支撑向决策分析支持的转变（图 7-7）。

一个平台是供水综合调度平台：支撑水务运营业务，打通各大板块业务和各层级的管理的需求；集成接入了集团本地生产、管网、泵站（房）、视频、GIS、人员、车辆

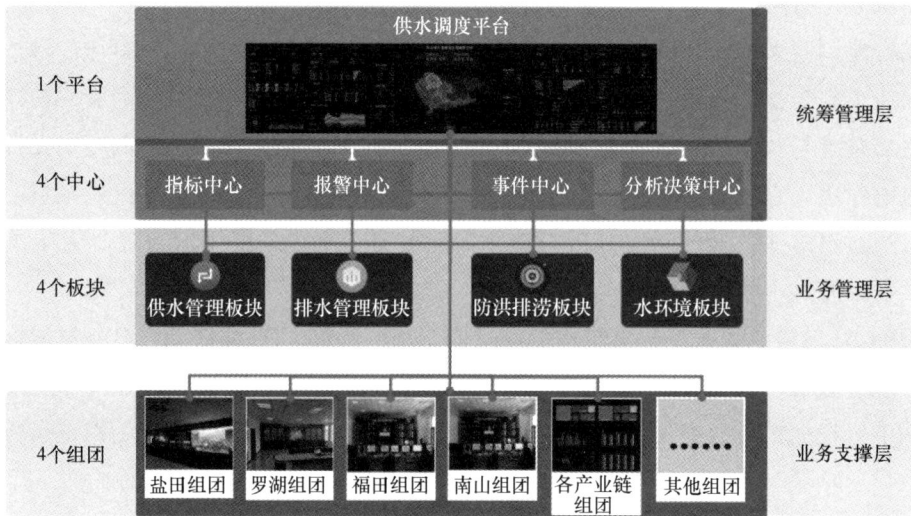

图 7-7 供水调度平台功能架构图

等业务运行数据及政务资源共享数据；同时接入集团各分公司区域运行平台及二级企业综合调度平台；四个中心：汇聚集团运营、报警、事件情况的指标中心、报警中心、事件中心及以模型算法分析为主的分析决策中心；四大板块：供水管理板块、排水管理板块、防洪排涝板块、水环境板块；从而总体上为集团给供水、排水、防汛、水环境、应急调度指挥提供总揽全局、决策指挥的数字化支撑，为各业务部门、分公司提供协同作战、高效处置的作战平台。

1. 指标中心建设

集中展示各业务系统的绩效数据，对供水、应急等关键指标用一张图的方式统一展示在系统首页上，直观地呈现个性的视角，让决策人员能够迅速定位和了解相关指标情况，做出全方位的决策安排。

指标中心能对一个业务主题进行多视角（时间、部门、类别、性质、项目等）的分析。只需简单地选择维度和指标，即可即时生成相应的分析结果，并提供多种数据处理方式，如指标间运算、预警、排序、统计图、数理统计等。将不同角度的信息以不同方式展现在用户面前，全面了解每个业务主题的现状及未来的发展趋势（图 7-8）。

2. 报警中心建设

选择单个报警信息后可快速出现报警界限示意图及故障自动 GIS 定位，同时在左下角查看报警的统计信息。

针对相关报警可以从系统中进行报警维修派单等，通过派单功能即可将相关维修信息通过移动办公端（手机系统）推送至相关检修人员，并进行跟踪及提醒。维修人员可将现场处理结果通过移动办公端（手机系统）将照片、视频或文字记录进维修处理系统中。

报警类型设置功能多样化，报警有效时间可自定义，报警通知方式多样化可选择。

每月看板

图 7-8 指标中心功能界面

系统报警时可以通过移动设备方式通知到相关人员，并且针对预警的管段或者设备可查看影响的范围及用户（图 7-9）。

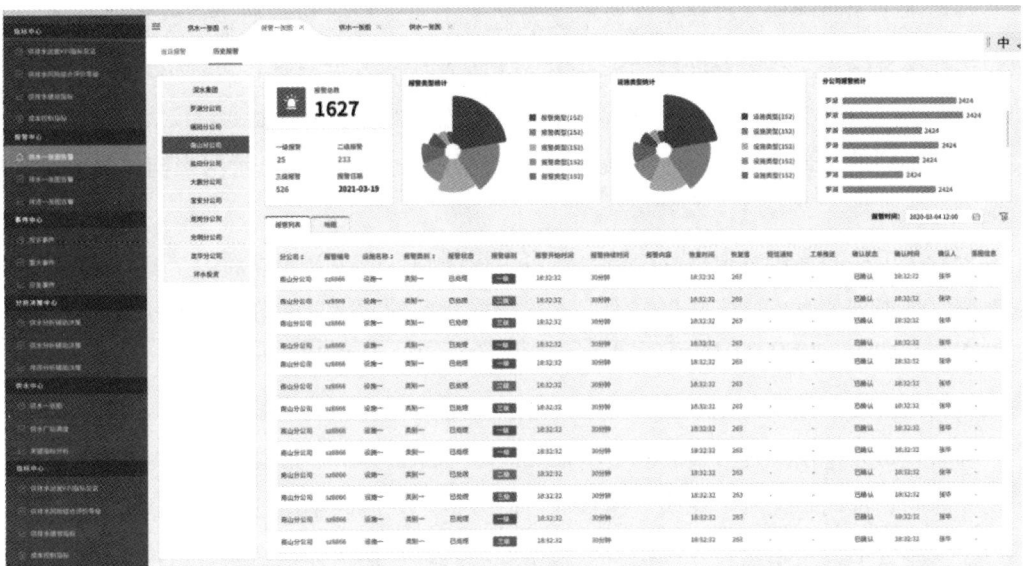

图 7-9 报警中心功能界面

3. 事件中心建设

提取供水业务管理系统的外勤地理位置、轨迹信息和工单信息，在地图上进行展示和实时跟踪，同时展示每个外勤的工单处理情况。

以事件卡片方式滚动显示最新发生的事件，包括处理中、已处理、未处理事件等实时滚动更新。对发生的事件可以标记，跟踪，转发，设置提醒等，如上报人和处理负责人可以进行在线消息互动，随时了解事件发生最新状况（图7-10）。

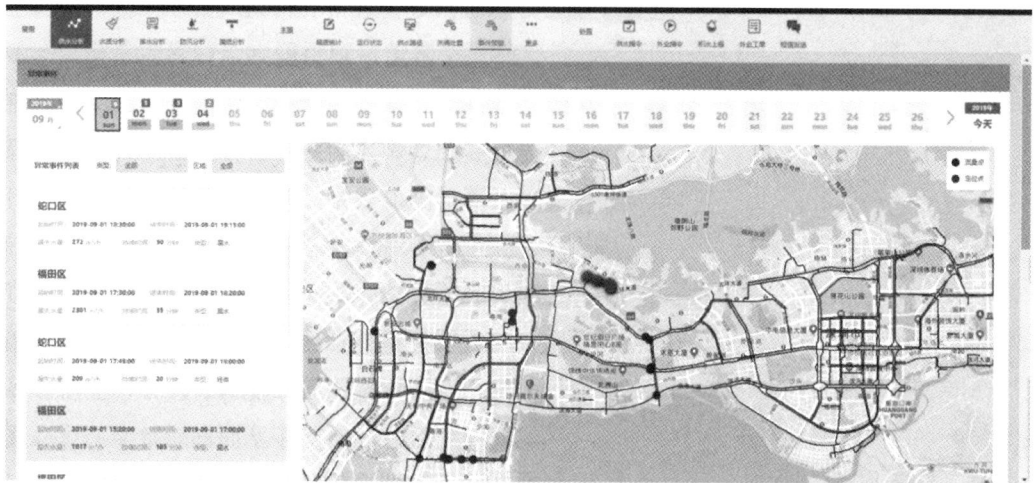

图 7-10　事件中心功能界面

4. 分析决策中心建设

分析决策中心能够通过技术把数据变为艺术，实现实时数据监控，掌握业务动态，更全面地呈现结果，将静态展示无法容纳、无法表现的各类数据，以图形化方式呈现，让枯燥单一的数据变得更加具有灵活性和绚丽震撼的视觉效果。如通过仪表盘、曲线和柱状图等不同的图形化展示不同维度的指标数据，形象地反映出管网当前的数据运行情况。

分析决策中心通过数据推动决策，将多个视图整合在交互式界面中，突出显示和筛选数据，将展现关系串联成叙事线索，讲述数据背后的原因。如可通过不同类型的报警点发生的时间来决策某段时间下整个供水情况可能发生的问题，并结合曲线分析更好地为决策提供支撑，完成问题产生、问题定位及问题处理的相关决策。

即席分析方便用户进行猜想式、求证式的数据探索分析，能对一个业务主题进行多视角（时间、部门、类别、性质、项目等）的分析。只需简单地选择维度和指标，即可即时生成相应的分析结果，并提供多种数据处理方式，如指标间运算、预警、排序、统计图、数理统计等。将不同角度的信息以不同方式展现在用户面前，全面了解每个业务主题的现状及未来的发展趋势（图7-11）。

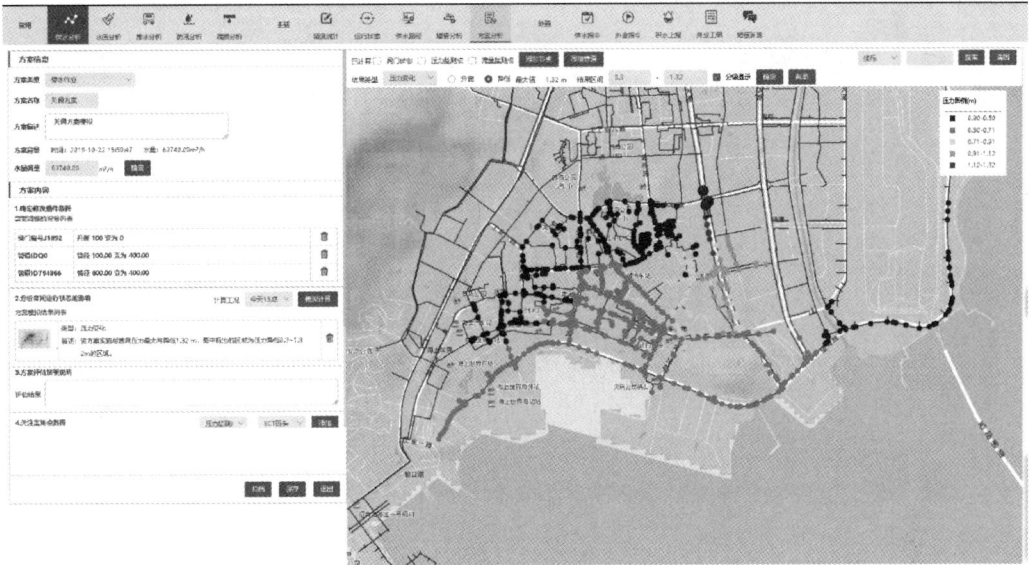

图 7-11　分析决策中心功能界面

5. 供水全流程管理

通过集成供水各业务系统数据信息以及物联网设备运行数据,全面实现对供水板块的生产经营状况开展实时监测,主要包括 SCADA 系统监测数据、水厂生产运行数据、原水管网 GIS 数据、供水管网 GIS 数据、水质监测数据、管网水量水压数据、漏损数据、营收数据、产销差数据、终端服务数据及应急抢险抢修数据等的综合分析展示,形成水厂、加压站、管网等供水设施运行情况的一体化在线监控和联动管理。构建从源头到龙头优质饮用水全过程数字化监控的集成平台,打通原水、生产、管网、二次供水、客服业务领域,对优质饮用水全过程的不同业务环节进行数据集成及可视化展示。纵向推动业务流程管理规范、衔接有序、指挥高效,横向促进业务节点的资源整合、信息共享、协调一致,实现一体化运作,围绕优质饮用水全过程的生产管理、运营管理、KPI 展示、突发事件处置、应急指挥等功能进行建设(图 7-12)。

6. 应急指挥建设

应急指挥调度从事前、事中、事后三段式的应急逻辑出发,功能包括:应急管理相关资料库、应急指挥工作联络网、应急基础资料库、应急预案库、专家资料库、应急物资储备资料库、预警预报、应急预案管理、预案调阅、应急事件记录、隐患点管理、布防方案管理、应急物资管理、历史事故数据对比分析进行可视化展示。重点关注信息总集成,整合视频图像、语音通信、物联传输数据和地理环境等信息,实现应急预案的有序执行与远程的指挥调度,实现快速应急响应(图 7-13)。

33

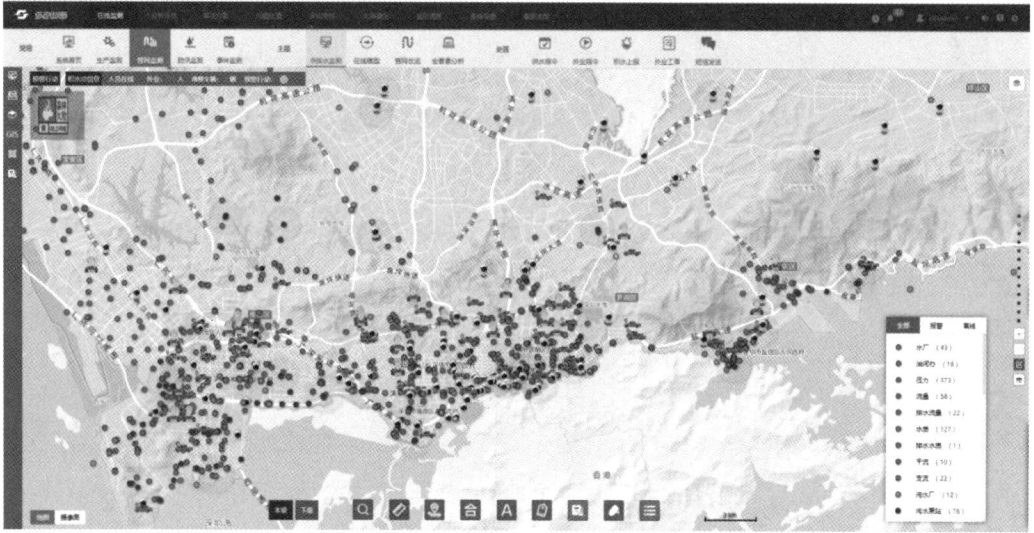

图 7-12　供水全流程管理功能界面

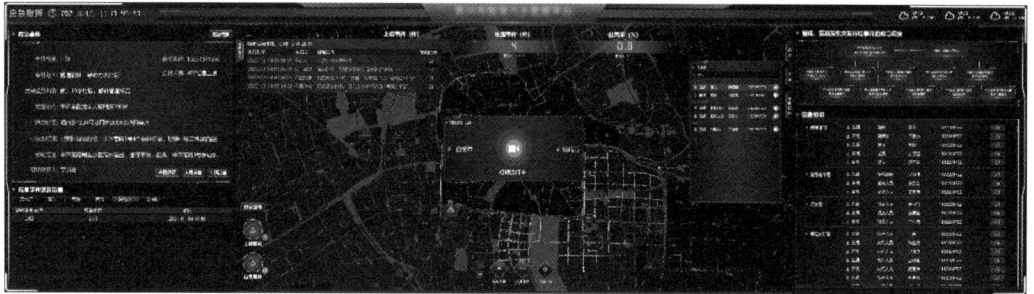

图 7-13　应急指挥功能界面

7.4 智慧供水调度典型应用案例

7.4.1 基于管网在线水力模型的应用场景案例

　　目前在线模型系统在运行中有以下主要应用场景。①设备状态管理；②运行监管：基于设备、监测点和阀门启闭信息最新上传数据进行实时模拟，并比对模拟值与监测值的差异，评估设备和模型运行状态，对异常点进行报警；③辅助调度决策：在模型中调整阀门、水厂及泵站运行状态并通过模型模拟评估调整前后管网水力状态变化，建立运行方案，辅助管网管理和调度操作。

（1）设备状态管理

某市目前有在线测压点 456 个，在线测流点 358 个，大量的监测设备在起到监管管网运行作用的同时也带来了设备维护的挑战，智慧水务运营必然要面对设备故障和数据偏差等问题，传统的设备管理系统采用设备完整率和及时率的方法进行判断，而不易发现具有异常数据的设备。

图 7-14（a）所示的设备，该设备的数据完整率和及时率都正常，实际上设备数据已发生异常。图 7-14（b）所示的设备是最常见的断数据的问题，断数据设备需要人为估数统计产销差，然而人为估数往往根据经验和历史数据，可靠性难以保证。水力模型可以提供模拟值作为可靠参考，降低人为判断误差。

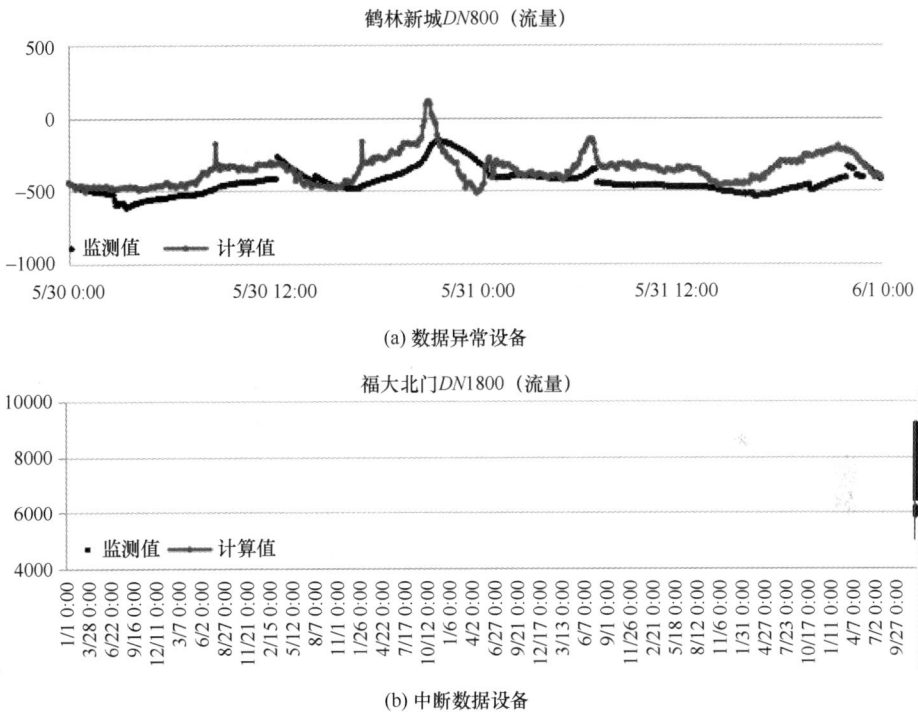

(a) 数据异常设备

(b) 中断数据设备

图 7-14　故障设备监测数据与模型计算数据比对

（2）运行监管

传统的调度系统，只使用监测数据来报警。现在由于在线系统中高精度模型的存在，可以利用模型的计算结果来判断现场信息是否正确。

下面以爆管预警及阀门管理为例来说明在线模型进行运行监管的特点。

1）爆管预警

2021 年 12 月 27 日上午 8 时，供水服务四公司位于福峡路与南三环路交叉口的 DN400 管道由于第三方施工影响发生爆管。

由于相关 4 个测压点同时发生，监测值与模拟值的误差超过 2m，触发模型系统产生爆管报警,如图 7-15 所示。在爆管警报发生后生产调度人员结合报警压力点附近的流量监测点的监测值与模拟值进行简单的对比分析便能很快地定位爆管区域。

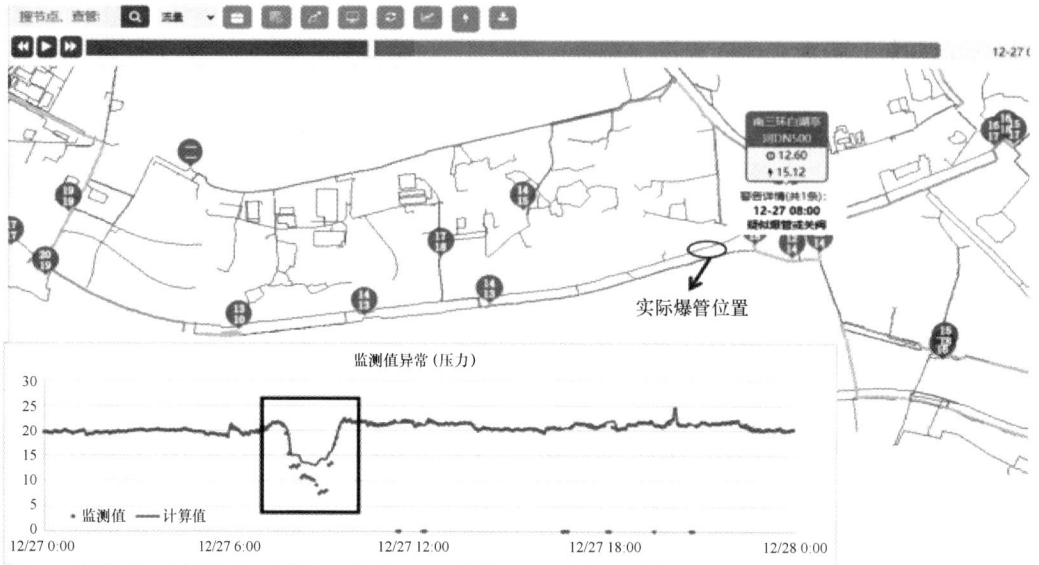

图 7-15 关联爆管报警与爆管定位

2)阀门管理

目前业内所说的在线管网模型大多指的是 SCADA 系统的监测数据实时更新,尚无法实现阀门启闭状态的实时更新。然而,阀门的启闭状态更新是在线管网模型精度的关键因素,大部分供水企业采用月报表的形式储存,影响在线管网模型的准确度和使用。某自来水有限公司通过阀门管理 App 实时更新现场阀门状态,在线水力模型通过阀门管理模块实时获取阀门启闭信息后进行计算,增加了模型的准确性,并可追溯阀门的操作历史。这个功能也起到监管作用,促进现场阀门管理的规范性。

2021 年 8 月 12 日 8:20 某市金洲南路由于地铁建设进行管道改迁施工,按照计划现场需关闭 1 号 DN800 阀门,但是现场距离该阀门 20m 处另有 2 号 DN1000 阀门。由于现场阀门没有标示,工作人员阀门启闭出现错误,这导致附近流量计监测值与模型模拟值发生偏差并触发警报。指导现场人员进行阀门启闭纠正,在 10:20 时监测值与模拟值重新拟合,如图 7-16 所示。

(3)辅助调度决策

模型是将经验转化为理论运算从而解决调度问题的工具,借助模型可模拟设定工况下的管网运行情况,为日常调度、应急调度和跨区域调度提供决策支持,是从经验调度转向科学调度的核心。某市在线水力模型系统上线后历经几次水厂停产和大型阀门启闭工况的运行模拟,大部分模拟工况的监测点模拟值与监测点实际值压力误差在 $\pm 1.5 m$ H_2O 以内,可以有效指导生产调度的日常工作,目前在线水力模型已成为调度管理的

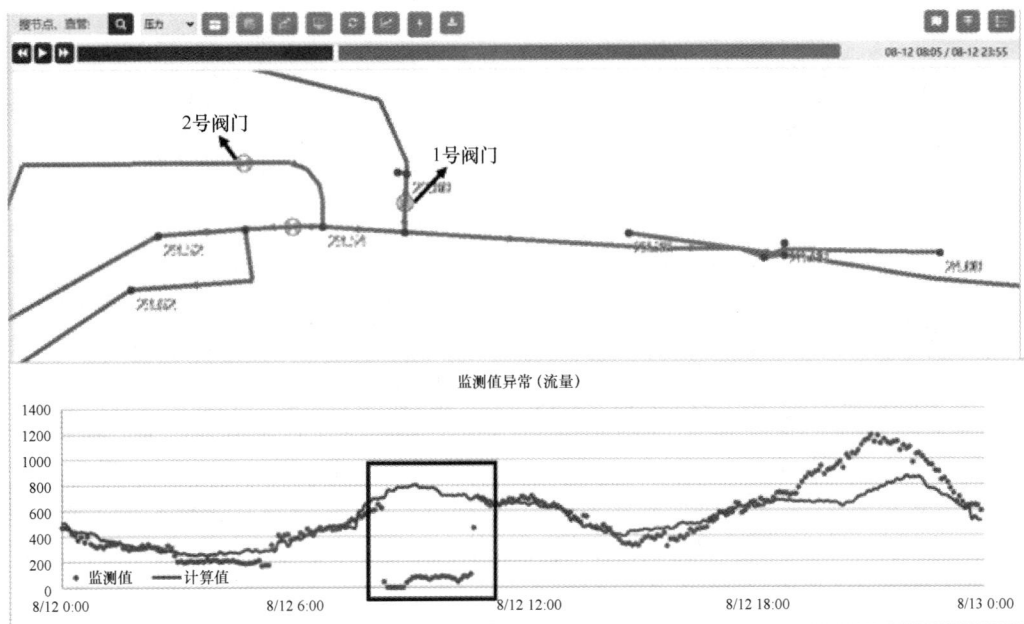

图 7-16　阀门关闭造成的流量异常报警

重要辅助决策系统。

以 2021 年 9 月 17 日上浦路加装 $DN1800$ 阀门为例，加装该阀门需关闭上浦路（$DN1800$）、凤湖路（$DN1800$）、金山大桥（$DN900$、$DN600$）阀门，因关闭阀门影响西区水厂二期出厂主通路，为降低工程影响，调度部门利用在线模型制定和分析工程期间供水生产应急调度方案。

1）关阀影响分析

由于该工程持续时间预计超过 24h，关阀后模型计算结果如图 7-17 所示，此次工程在高峰时会造成大面积的压降，影响最大的为台江片区、金山片区、南台路周边片区，分别达到 5m、4m、2m 压力的下降。

2）调度方案

针对模拟结果使用在线水力模型进行调度方案的快速制定。

根据在线模型的主干管变化和水厂出流量的变化，调整水厂边界阀门，并通过提升西区水厂压力 3.0m、东区水厂压力 2.0m、飞凤山水厂 3.0m、东南区水厂 1.0m，控制水厂供水范围和供水水量，达到缓解低压区压力的目标。根据模拟结果继续对水厂压力进行微调，让各片区压力更加合理。根据片区压力变化情况最终确定调度方案。

3）模拟结果

模拟结果显示，压力方面，模型压力计算结果如图 7-18 所示，台江片区压降由关阀后的 5m 降低至 1m 左右，片区压力基本维持在 22m 以上，金山片区及仓山片区基本维持在与关阀前压力一致，调控后不会造成某些片区压力发生明显变化而影响用户用水体验。

图 7-17　模型关阀后管网压力变化分布

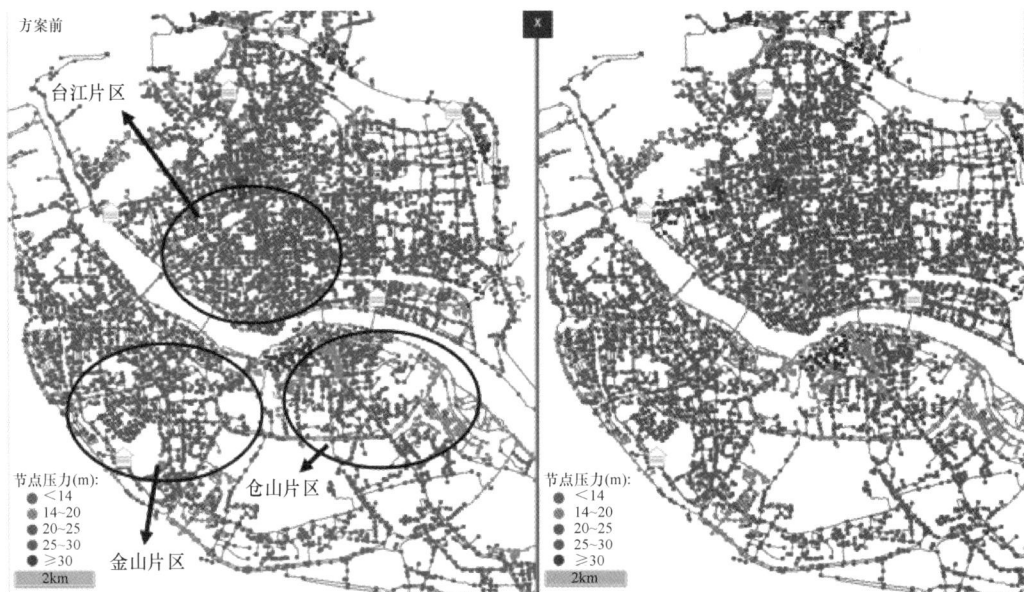

图 7-18　供水边界调整和水厂提压后压力的变化

　　水厂出厂流量方面,模型水厂出流量计算结果见表 7-2,西区供水厂出厂水量的降低大部分由飞凤山水厂进行补充,在高峰时(流量由原来的 $4518m^3/h$ 增加至 $7\,588m^3/h$),按飞凤山供水规模 15 万 m^3/d 来计,不会突破水厂产能,其他水厂出流量变化不大,均在水厂产能范围之内。

　　片区内监测点模拟值与实际值压力误差在 $\pm1.5m\ H_2O$ 以内,水厂出厂流量的模拟值与实际值偏差基本在 3%～8%，可以满足生产调度需求。

模拟前后结果 表 7-2

水厂	名称	调度前	调度后模拟值	实际值	实际值与模拟值差值
西区水厂	出厂流量（m³/h）	21767	16662	16732	70
	出厂水头（m）	28.32	30.82	30.82	0
北区水厂	出厂流量（m³/h）	4122	3442	3098	−344
	出厂水头（m）	35.41	35.41	35.41	0
东三环	出厂流量（m³/h）	4059	4022	4088	66
	出厂水头（m）	34.33	34.33	34.33	0
东厂往市区	出厂流量（m³/h）	11882	11361	11262	−99
	出厂水头（m）	34.12	35.12	35.12	0
飞凤山水厂	出厂流量（m³/h）	4518	7588	7076	−512
	出厂水头（m）	28.1	30.6	30.6	0
城门水厂	出厂流量（m³/h）	6608	6585	6856	271
	出厂水头（m）	34.03	34.03	34.03	0
东南区水厂	出厂流量（m³/h）	1610	2630	2759	129
	出厂水头（m）	27.17	28.17	28.17	0

7.4.2 基于 Power BI 数据分析工具，开展泵组优化调度

（1）背景与现状分析

水厂的供水能耗主要来自送水泵的电力消耗，因此及时开展能耗数据挖掘分析对行业的引领至关重要。通过 Power BI 数据分析工具，针对某水厂的低压送水泵进行了能耗分析，特别关注水泵的配水单耗随时间的变化规律，以及与水泵组合和运行频率之间的关联性。旨在寻找最优的泵组搭配模式，从而降低能耗并提升水泵运行效率。

某水厂拥有 4 台额定流量为 3700m³/h、额定扬程为 24m 的低压送水泵，它们的性能一致。尽管在凌晨时段，出水压力相较其他时段较低（8～10m），但该时段的出水流量变化系数约为 1.2，表明低压供水呈现恒流模式。目前，该水厂在全天各时段仅运行一台水泵，即便如此，也能够满足片区用水压力需求。然而，经过评估，现状下的水泵运行模式导致水泵效率低，能耗较高。

（2）计算方法

输配水环节电耗与管网规模大小、所在地高程和机泵效率有关，采用比能统计，机泵效率高低与管理水平相关，可采用综合单位电耗进行评价。

供水电单耗（e），即千吨水单位电耗，单位为 kWh/1000m³。可用于类比各家水厂

生产环节电耗的高低，供水电单耗只与扬程和机泵效率有关。机泵效率的高低直接反映水厂管理水平的强弱，当水泵选型和安装到位后，其效率高低的主要影响因素为水泵维护性能，机泵搭配的好坏主要由管理因素决定。

$$供水电单耗 = \frac{水厂供水送水泵用电量}{水厂供水量} \times 1000 \qquad (7\text{-}2)$$

配水单耗（e'）体现机泵效率，单位为 kWh/($1000m^3 \cdot$ MPa)，配水单耗与机泵效率的倒数呈正相关关系，因此，配水单耗越低则表示机泵效率越高，即机泵管理水平越高。

$$配水单耗 = \frac{配水用电量}{\sum_{每小时}\left[供水量 \times \left(平均压力 + \dfrac{标高 - 平均水位}{102}\right)\right]} \times 1000 \qquad (7\text{-}3)$$

（3）问题分析

某水厂的低压配水单耗异常高，显示出水泵运行效率低下的问题。通过 Power BI 数据分析工具，绘制了配水单耗随时间变化的曲线，将全天划分为 6 个时段，分别计算配水单耗。数据分析表明，在凌晨时段，配水单耗最高，达到 468.63kWh/($1000m^3 \cdot$ MPa)。尤其在 2022 年 1 月，配水单耗高达 433.61kWh/($1000m^3 \cdot$ MPa)，相较其他水厂的配水单耗明显偏高。这表明，水泵运行工况处于低效区域，揭示了水厂电耗管理存在不足（图 7-19）。

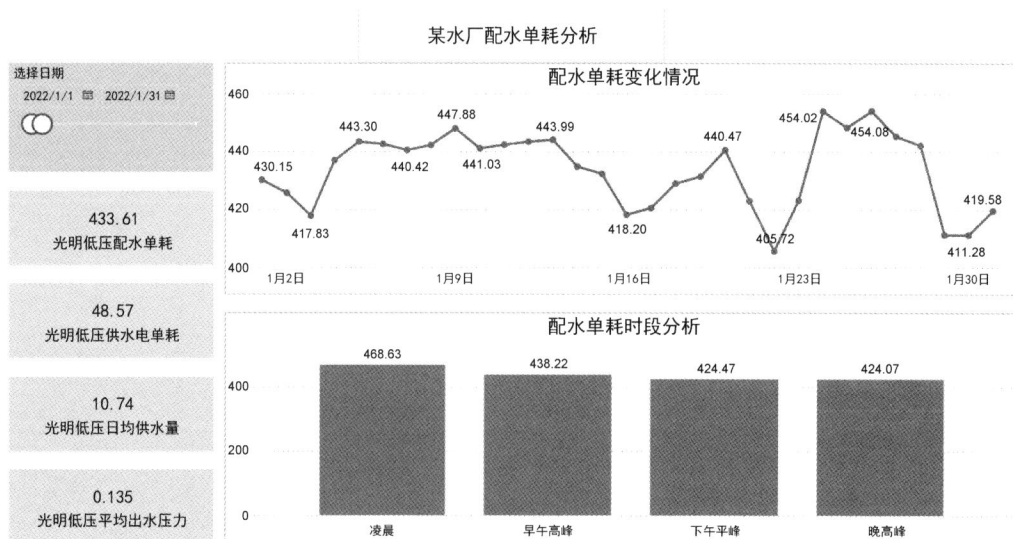

图 7-19　某水厂水泵配水单耗分析　[kWh/ ($1000m^3 \cdot$ MPa)]

（4）数据分析挖掘

通过使用 Power BI 数据分析工具，对配水单耗与水泵运行工况之间的关系进行了深入分析。分析过程如下：

1）在 2 月份，发现在凌晨时段，配水单耗最高，但只有一台水泵运行，水泵频率约为 35。随后进行了 2 台水泵搭配运行测试，结果显示凌晨时段平均配水单耗降至 376 kWh/(1000m³·MPa)，环比上一周下降了 24.8%（图 7-20）。

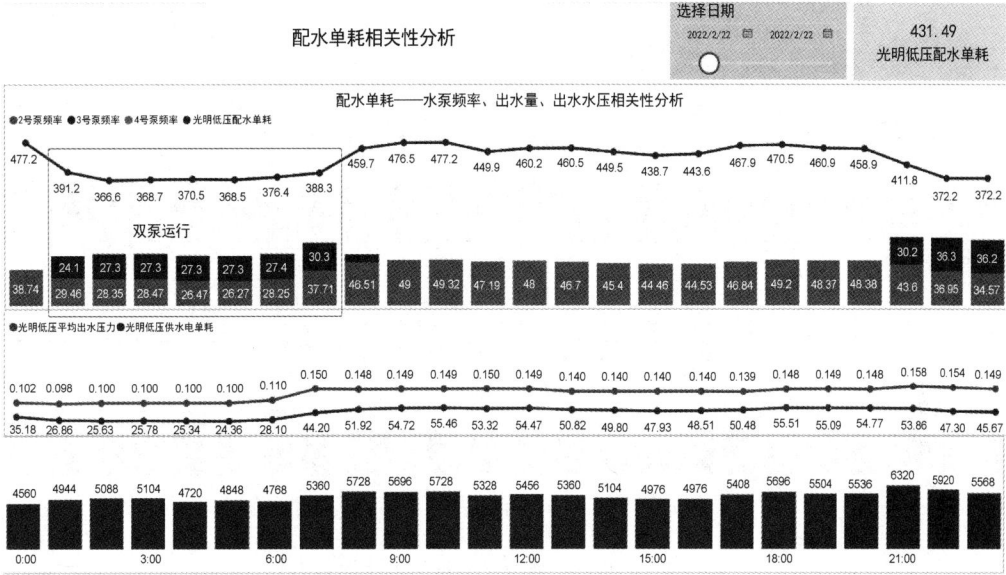

图 7-20 某水厂水泵配水单耗相关性分析

2）在 3 月 13 日，发现 13:00～18:00 配水单耗高于其他时段，且仅开启 1 台水泵。基于此，进行了 2 台水泵全天运行测试。

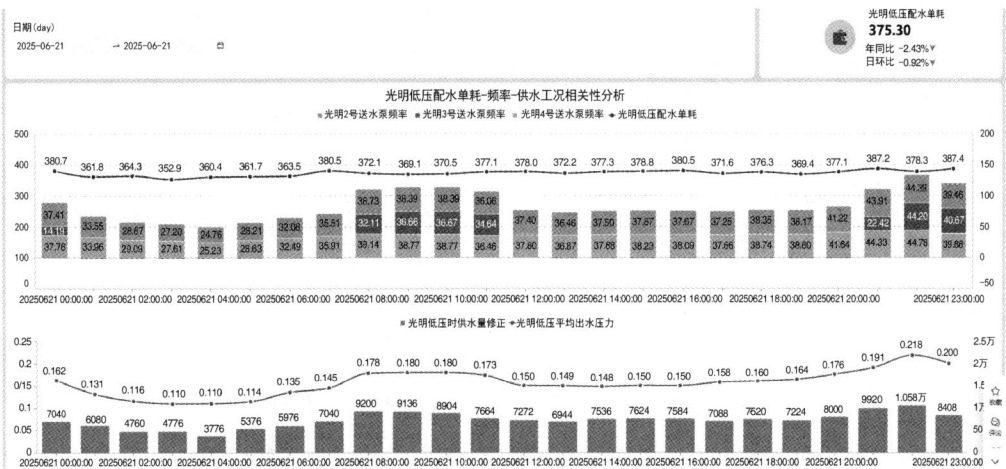

图 7-20 某水厂水泵配水单耗相关性分析

3）3 月 16 日，分析表明，2 台水泵的运行频率差异超过 10，从而导致高配水单耗。因此，通过调整水泵频率，让 2 台水泵的运行频率更接近，1 周后，配水单耗下降至 384.8kWh/(1000m³·MPa)，环比下降了 8.24%。

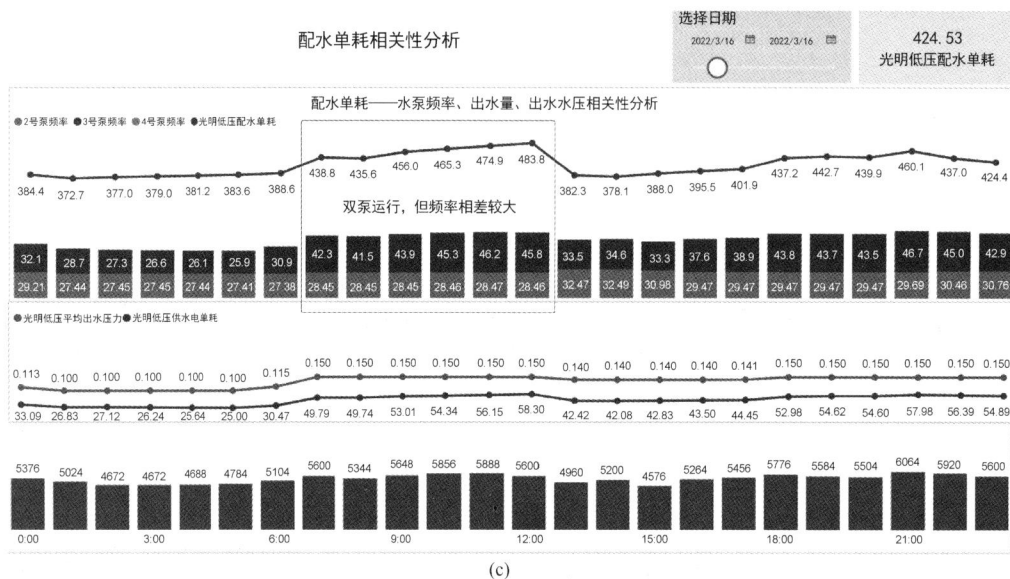

图 7-20 某水厂水泵配水单耗相关性分析

（5）结果与总结

水厂泵组优化搭配分为 3 个阶段：

1）调整凌晨时段的水泵搭配为 2 台；

2）全天使用 2 台水泵搭配；

3）进一步降低 2 台水泵的运行频率差异，从而降低配水单耗。

因此，根据水厂供水量和出水压力，建议的水泵泵组优化搭配策略是：在凌晨低峰时段，由于用水较少，可以开启 2 台水泵，并逐渐调整水泵频率，以保持全天 2 台水泵运行的频率接近。

（6）成效分析

通过使用 BI 工具开展泵组优化搭配研究，并提出最优搭配策略，有效降低了水泵的配水单耗。通过采用 2 台水泵搭配运行的模式，大幅度降低了配水单耗，提高了水泵的运行效率，减少了能量损失。

在 3 月 26 日至 12 月 31 日，该水厂的配水单耗从 435kWh/(1000m³·MPa) 降低至 378.06kWh/(1000m³·MPa)，降幅为 13.1%。该地区总体供水电单耗从 107.6kWh/(1000m³·MPa) 降低至 103.01kWh/(1000m³·MPa)，降幅为 4.6%，相当于每日节省了约 1500kWh 的电量。显然，通过送水泵泵组优化，可以实现明显的节能效果。

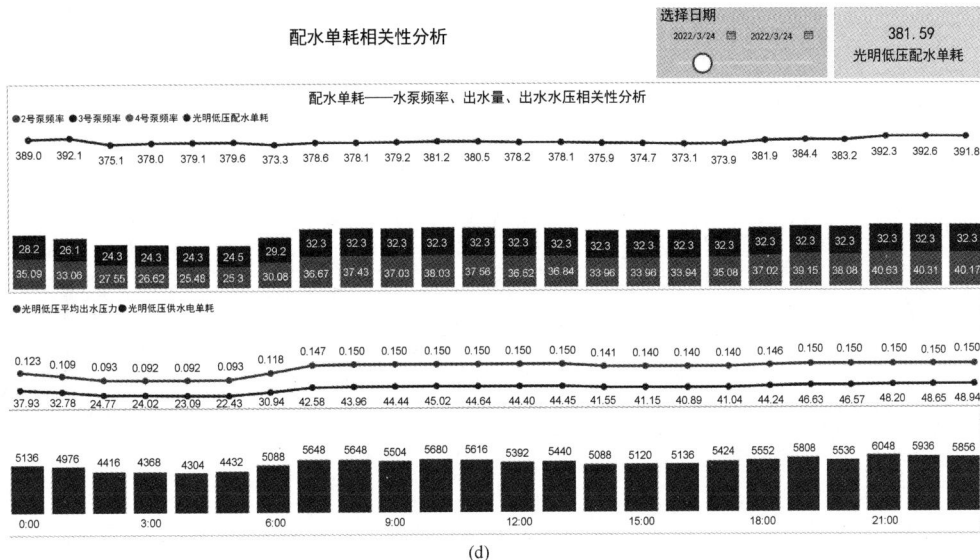

(d)

图 7-20　某水厂水泵配水单耗相关性分析

参考文献

[1]　尹兆龙，信昆仑，项宁银，等．城市供水系统优化调度现状与展望研究[J]．环境科学与管理，2014，39(1)：51-55.

[2]　仇丽．供水智能化调度系统的建立、优化及应用[D]．南京：东南大学，2016.

[3]　金晓静，王金辉，毛丽萍．基于管网模型的多水源供水科学调度系统实践与应用[J]．给水排水，2020，56(S1)：942-944.

[4]　南京水务集团有限公司．供水调度工基础知识与专业实务[M]．北京：中国建筑工业出版社，2019.

[5]　张金松，王全，顾婷坤．城镇供水管网水质安全运行管理技术应用手册[M]．北京：中国建筑工业出版社，2022.

[6]　徐杨．供水智能化调度系统策略优化探析[J]．山东工业技术，2017(11)：158.

[7]　焦洋．基于 SCADA 的供水调度管理系统的设计与实现[D]．哈尔滨：哈尔滨理工大学，2019.

[8]　中华人民共和国住房和城乡建设部．城镇供水管网运行、维护及安全技术规程：CJJ 207—2013 [S]．北京：中国建筑工业出版社，2014.

[9]　李晓娜．不确定环境下城市需水量预测及多水源联合供水调度研究[D]．邯郸：河北工程大学，2018.

[10]　黄良沛．城市供水系统的优化调度与智能控制研究[D]．长沙：中南大学，2005.

[11]　何新宇．福州市供水管网实时在线模型的建设及应用[J]．给水排水，2022，58(11)：146-152.

[12]　郭杨，张雪，蒋福春，等．基于碳达峰碳中和目标下供水节能降耗技术研究及管理探讨[J]．给水排水，2022，58(7)：11-15.

第 8 章

智慧排水
一体化调度

排水系统调度是城市排水系统正常运转的重要支撑，是解决水环境污染和水资源有效调配的重要手段之一，本章系统介绍了排水系统组成及分类、排水调度原则及目标、排水调度场景及组织管理、智慧排水调度平台构建、排水调度案例等内容。

8.1 排水调度概述

8.1.1 排水系统概念

1. 基本定义

城市排水系统是处理和排除城市污水和雨水的工程设施系统，是城市公用设施的组成部分。城市排水系统是指污水和雨水的收集、输送、处理、再生和处置设施以一定方式组合成的总体。随着经济社会的不断发展，排水系统不仅是排除雨水、污水及保护城市环境和公共水域水质的基础设施，更应升华为维系城市健康水循环和良好水环境、实现水资源可持续利用的人类社会生命线工程。

2. 分类组成

目前，根据排水性质不同，排水系统一般可划分为污水系统、排水防涝系统及再生水利用系统三类，每类排水系统均有各自不同的组成，具体如图 8-1 所示。

污水系统通常由排水管渠、排水泵站和水质净化厂（也称污水处理厂）组成，不同排水机制下污水系统的运作模式各有不同。在实行污水、雨水合流制的情况下，雨水和污水由同一条管道进行运输，系统中会设置截留井，在降雨发生时，超过截留井截留能力的混合污水会直接排入水体；在实行污水、雨水分流制的情况下，污水由污水管道收集，送至水质净化厂处理后，排入水体或回收利用。总的来说，污水系统不仅保证了城市居民的健康生活，还发挥着保护城市生态环境、减少城市及其周边水体污染的作用。

排水防涝系统是指由下渗、蓄滞、收集、输送、处理和利用雨水的设施以一定方式组合成的总体。具体来看，排水防涝系统涵盖从雨水径流的产生到末端排放的全过程，由雨水排水管网工程（小排水系统）、内涝防治工程（大排水系统）以及城市防洪工程组成，包括雨水管渠、河道、水库、湖体、调蓄池、水闸、排涝泵站等设施。排水防涝系统对城市的健康发展和人民的生活水平有着重要影响，排水防涝系统的顶层规划和应急处置体系的完善以增强城市排水韧性为现阶段的重点工作。

再生水利用系统一般由再生水厂、再生水泵站、再生水输配系统等部分组成。与前两者不同，再生利用系统是一个复杂的非传统排水工程，既具有排水系统的特征，又具有供水系统的特征，但又与两者有较大区别。再生水利用的"供水系统"属性，使再生利用系统环节多，对水质安全性和可信赖性保障要求高，在处理过程中，需对污水再生利用系统的系统构成、处理技术、水质要求、管网系统以及可信赖性等进行整体优化。随着我国城市再生水开发利用系统的快速发展，以及再生水系统合理的规划布局和优化配置的深入研究，再生水利用系统成为缓解城市水资源危机和水体污染的一种有效途径。

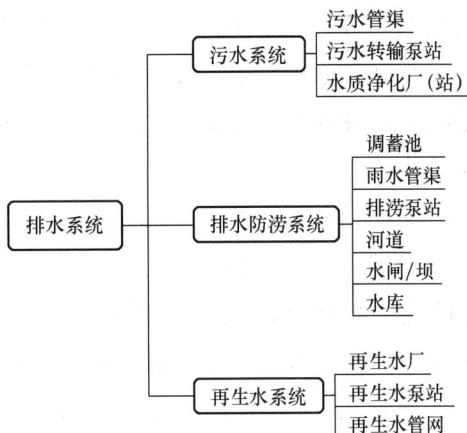

图 8-1　排水系统的分类

8.1.2　排水系统调度

1. 基本定义

排水调度是将污水系统、排水防涝系统、再生水利用系统中的排水设施，通过联合调度各种设施对污水量、雨水量、再生水量的时空分布进行调节的过程。排水调度通过最大限度地利用设施的输送、调蓄、处理能力，减少污水溢流，优化现有设施的运行管理，从而充分发挥排水设施的效能。

污水系统、排水防涝系统、再生水利用系统在排水调度过程中会相互影响、相互制约，只有系统间相互协调，才能保障整个排水系统的稳定、安全、经济运行。

2. 总体目标

排水调度的主要目的是保障水安全，保护水环境安全，主要管理任务是组织、指挥、指导、协调各排水设施的运行、操作和事故处理，按照资源优化配置的原则，实现优化调度。排水调度的目标及意义主要体现在以下方面：

（1）助力提质增效，实现节能降耗减排

通过排水调度，有效降低排水管网运行液位，增加管道流速，减少管内淤积和沉降，做到管网全收集、全转输，一方面提高水质净化厂进水的污染物浓度，从而有效避免因污染物浓度过低而影响污水处理效率的现象；另一方面优化不同水质净化厂的水量分配，实现水质净化厂的最经济高效运转。同时，通过排水泵站的控制液位和机组搭配，降低系统运行能耗。

（2）减轻城市洪涝灾害，保障人员设施安全

排水调度是顺利开展专项防汛工作的重要支撑，通过统筹调度科学有力开展汛前、汛中、汛后专项防汛工作。依托调度组织和调度流程，汛前可大力推动专项检查、腾空

水库防洪库容、隐患整改、应急演练等工作，极大减少隐患风险；汛中可有力加强人员巡查、值守和信息报送，优化工作流程和处置方案；汛后可推动专项整治和总结提升，改善应急处理水平。总体而言，通过排水调度，可以一定程度上增加城市防汛韧性，提高安全保障。

（3）提升河流水质，打造亲水生态景观

对流域而言，排水调度可通过旱季控制入河污染量、雨季控制污水溢流等，削减入河污染量，确保河流断面水质达标，最大限度发挥厂网河治水提质协同效用。同时，通过对流域内再生水或水库补水调度，补给或维持河道水量，改善河道的生态环境和功能，在缓解城市水资源供需矛盾、减轻水环境污染方面发挥重要作用。

3. 主要原则

围绕排水系统及排水系统调度在城镇基础保障设施中的主要用途，排水调度一般遵循以下4点原则：

（1）以人为本、科学调度。切实把确保人民生命安全放在首位，密切关注灾害性天气的预警预报，切实细化防范和应急措施，提前做好预防性维护工作，使调度组织科学有序。

（2）统一调度，分级管理。遵循流域、区域、城市统筹、上下游兼顾、团结协作和局部利益服从全局利益的整体原则。

（3）统筹兼顾，突出重点。统筹处理好防洪与排涝、防洪与水环境的关系，坚持防洪安全第一的原则，水环境调度应服从防洪要求。

（4）兼顾效率与安全。在确保人员和生产运营安全前提下，降低设施运行能耗，提高运行效率。

8.1.3 排水系统智能调度

在社会经济和科技进步的推动下，几乎所有水务运营企业都面临着如何提升调度决策效率的挑战。在国内，新型的调度决策模式和方法的研究持续进步，从依赖个人经验和知识的传统人工调度，逐步过渡到以智能调度为主的调度方式。

目前，我国正积极促进水务行业的数字化转型。随着经济社会数字化转型的深入发展，排水调度作为水务工作的关键领域，也在向智能化调度迈进。

1. 基本定义

传统排水调度以人工经验为主，通过部分物联感知设备（液位计、流量计、水质站、视频等）和人工方式反馈信息，以电话或书面方式下达调度指令，存在信息逐级反馈慢、信息整合困难、不能精准调度的难点。智能排水调度通过GIS、视频系统、水质水力模型分析系统、工单系统等构成多个系统集成统一的调度平台，实现信息的采集、预警，并通过系统下达调度指令，实现信息综合展示、调度过程反馈、辅助决策等功能。

2. 主要特征

与传统排水调度相比，智能排水调度系统主要包括以下几点显著特征：

（1）实时监测智能感知。通过物联感知设备（流量、压力、液位、水质、视频等），将排水系统的关键运行数据采集至数据中心，保障数据的实时性，及时全面掌握设施的运行状态，为智能分析提供感知数据。

（2）高效联动智能预警。设定仪表自动报警规则、分级标准，改变原单一的上下限值报警模式，从仪表报警向事件报警转变；并打通预警系统与工单系统，实现线上线下的高效联动。

（3）综合评估智能分析。结合物联网的大量动态感知数据、静态数据和业务数据，基于传统机制模型、新的大数据模型和运营优化算法，实时总结分析降水、水位、流量和水质监测信息，提供预警、预案及决策支持。

8.2 排水调度管理

8.2.1 调度分类

排水调度可根据调度对象及目标、响应时间、组织形式等进行分类。

（1）按调度对象及目标，排水调度可分为污水调度、防洪排涝调度和水环境调度。污水调度主要指以污水管渠、污水泵站、水质净化厂（站）为调度对象，以实现污水收集系统提质增效、减少污水溢流为目标进行的调度；防洪排涝调度主要指以雨水管渠、排涝泵站、河道、水库、调蓄池、水闸等为对象，以保障防洪排涝安全为目标进行的调度；水环境调度主要指以再生水泵站、再生水管网、水闸、排涝泵站、水库等为对象，以实现河道水环境和水生态为目标进行的调度（表8-1）。

以排水调度对象及目标进行分类，也是目前常见的调度场景。

排水调度场景分类 表8-1

分类	污水调度	防洪排涝调度	水环境调度
目的	以实现污水系统提质增效，减少污水外溢为目标	以保障防洪排涝安全为目标，减少因积水内涝带来的损失，减轻河道防洪压力	以实现水环境及水生态为目标

分类	污水调度	防洪排涝调度	水环境调度
对象	污水管渠、污水泵站、水质净化厂（站）等	雨水管渠、排涝泵站、河道、水库、调蓄池、水闸等	再生水泵站、再生水管网、水闸、排涝泵站、水库等

（2）按调度业务的时间响应特性来划分，排水调度又可分为日常调度和应急调度，其中日常调度又分实时调度和计划调度。

实时调度根据排水的水量、水质、水位波动变化，动态调整水质净化厂（站）工艺运行参数或设施运行状态。

计划调度是指设备或构筑物等因维修保养或清淤、排空等原因导致减产、停产进行的调度，计划性减停产时应上报相应的减停产方案，方案包括减停产原因、时间、施工方案等内容，经审批同意后实施。排水设施计划性减停产一般安排在非汛期、凌晨或非节假日等水量较少的期间进行。

应急调度是指因设备故障、水质异常、断电、自然灾害等突发事件引起的减停产或防洪排涝调度。应急调度具有突发性、紧急性、时效性等特点，是排水调度的重点和难点。

（3）按调度组织形式，排水调度可分为中心调度、区域调度和现场调度，又称分级调度，也是目前各排水公司大多采用的调度组织形式（表8-2）。

分级调度管理内容 表8-2

分类	中心调度	区域调度	现场调度
日常调度	宏观上对各排水设施进行监管，实时跨区域调度	对本区域内各排水设施联调联动	执行区域调度的指令，做好厂站网排水调度
应急调度	对突发应急事件进行跨区域协调和上传下达	对本区域突发应急事件进行内部协调调度，做好与中心调度和现场调度的上传下达	突发应急事件时做好现场抢修

8.2.2 调度组织管理

1. 调度职责

污水调度的职责主要包括：了解排水管网运行状态，分析各路进水干管液位、水质、流量；监控排水泵站液位、流量等；监控水质净化厂各工艺环节的生产，确保预处理段、生化段、深度处理段等工艺段出水水质达标；掌握进出水水质异常、断电、地陷、防洪排涝等应急预案，出现紧急情况能熟练处理；根据调度指令，合理控制水质净化厂的电耗、絮凝剂、助凝剂和碳源用量等。

防洪排涝调度的职责主要包括：了解气象实时信息，监控河道、水库、排涝泵站、积水内涝点等关键信息，掌握防洪排涝应急预案，熟练掌握人员值守情况、设备车辆物资调配、视频监控点和隐患风险点分布。

水环境调度的职责主要包括：监控河道实时水质变化和排放口排污情况，掌握河道日常、考核采样计划和数据结果，分析水质变化趋势及原因；掌握与河道关联设施，如水闸、排涝泵站、调蓄池等操作规程；合理调度相关设施，满足水环境的生态和水质要求。

中心调度的职责主要包括：制定排水生产计划和考核控制目标，下发排水调度管理制度和流程，审核各区域调度规程和调度方案，监控重点排水设施的状态，统筹协调跨区域排水调度和重大事件，合理处置排水突发事件等。

区域调度的职责主要包括：统筹本区域内排水调度管理工作，编制调度方案，下发排水调度指令，监督调度执行情况。

现场调度的职责主要包括：执行排水调度指令，反馈执行情况；监控各排水设施的运行情况（液位、流量、水质），做好设施维护保养工作，确保设施正常运行。

2. 管理内容

排水调度管理内容主要包括在线设施管理、调度优化管理及调度培训和考核等内容。

（1）在线设施管理。排水调度需要通过物联感知设备采集信息，来实现对排水全过程的控制和管理。在线设施管理包括项目建设、验收、运营维护等全过程，明确在线设施选型、布点、安装及验收标准，在运营维护中对设施在线率、设施完好率、设施故障率等进行监管评价。

（2）调度优化管理。编制调度管理办法、调度规程、减停产管理办法等，明确调度工作架构、各单位调度职责、调度流程以及各排水设施运行控制参数或范围。因外部环境变化或排水设施变化或调度控制指标变化，需要优化调度。通过综合评估智能分析，优化调度流程、设施运行参数、操作控制等，并同步完善调度平台功能，实现线上线下同步优化。

（3）调度培训和考核。每年应制定调度培训计划和考核方案。调度培训对象包括调度员、调度工程师及相关参与单位人员，培训内容含排水基础理论、专业知识及操作技能、智慧水务技术应用和调度平台使用等。考核方案包括对各参与单位或个人考核，按月度或季度定期开展，考核结果纳入绩效。

3. 监管评价

排水调度应通过关键调度指标反映评估调度工作开展的效果和水平。

关键调度指标可以从量、质、效三个维度设置。从量的维度上，表征排水设施的处理能力和控制能力，常见的关键调度指标有处理水量、处理负荷、污水溢流量、溢流次数等；从质的维度，常见的关键指标有水质综合达标率、单指标合格率等；从效的维度，常见的关键调度指标有工单响应及时率、工单处置及时率、调度指令执行率、单位电耗、单位药耗等。根据排水调度三大场景，分别建立各自的调度评价指标。

8.2.3 调度实施

1. 污水调度

（1）原则目标

1）调度原则

污水调度遵循"晴天低液位、小雨不溢流、中雨收浓弃淡、大雨防洪"的调度原则，一是全力发挥设施处理能力，确保各治污设施尽最大产能运行，严控出水水质。二是强化雨前管网降液位和关键排水设施、管渠畅通工作，尽可能降低排水管网液位。三是降雨期间精准调度，控制截污泵站污水提升量，优先保证区域污水全收集、全处理。

2）调度目标

污水调度的目标是对城镇排水系统的水质净化厂、排水泵站和排水管网进行统筹协调运行，充分发挥排水设施的处理能力和调蓄能力，以保证整个排水系统的运行安全和高效。

（2）调度组织

污水调度常见组织架构按照区域为单位进行，各区域内设置分调度中心，负责直接承担区域内厂、站、网的日常及应急污水调度工作；集团设置总调度中心，负责组织编制相关管理制度，监督和指导各区域的污水调度工作，统筹协调跨区域的调度工作（图 8-2）。

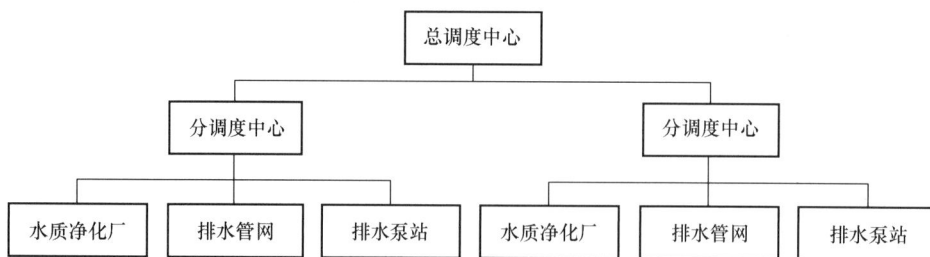

图 8-2 污水调度组织

（3）实施流程

1）实施逻辑

污水调度主要是对厂、站、网三者的关键指标进行预报预警和调度控制。主要指标：

① 水量。调度控制：可有效利用排水泵站和排水管网的调蓄能力和跨区域调度的设施，充分保障城镇内各水质净化厂水量均衡、高效、平稳运行。

② 液位。调度控制：水质净化厂、排水泵站的泵坑水位应按设计水位生产运行，遵循"晴天低液位、雨前降液位"运行原则。预警预报：结合厂、站、网实际运行情况，设置"一点一策"液位预警，通过智慧化手段形成联动工单，厂、站、网联动降液位。

③ 水质。调度控制：水质净化厂可去除的常规污染物的浓度不宜超过设计能力，当发现进水水质超过设计标准，应启动源头溯源。预警预报：在排水泵站、排水户的排口等部位安装在线水质监测装置或进行人工采样检测，发现水质超标及时发出预警通知下游水质净化厂，并配合执法部门进行管控处理。

2）调度工况及措施

① 晴天：污水调度以出水水质达标、提升进厂 BOD_5 浓度为主，厂、站、网以低液位运行、预留管道调蓄空间，全量处理污水，收集系统来水。

② 小雨（24h 降雨量＜10mm）：污水调度以出水水质达标为主，兼顾进厂 BOD_5 浓度，水质净化厂按 KZ 值满负荷运行；污水（截污）泵站满负荷运行。

③ 中雨（10mm≤24h 降雨量≤25mm）：雨前各水质净化厂、站提前调度，加大抽排规模，保障污水管道低水位运行，腾出管道空间调蓄部分污水。水质净化厂按 KZ 值满负荷运行，污水泵站满负荷运行。截污泵站按收浓弃淡原则进行调度，最大程度消减污水溢流造成的污染，充分发挥水质净化厂对污染物的消减作用，减少污水溢流污染。

④ 大雨暴雨：流域内降大雨及暴雨时，切换到防洪排涝调度，污水调度以优先保证城市排水防涝水安全为主，兼顾断面水质恢复时间、进厂 BOD_5 浓度要求。水质净化厂在 KZ 值内运行；污水（截污）泵站收浓弃淡，必要时及时泄洪。

（4）评价指标

污水调度从质、量、效率三个维度开展评价，梳理出 7 类 13 项指标，详见表 8-3。

污水调度评价指标一览表　　　　　　　　　　　　表 8-3

调度分类	指标名称		指标含义	计算公式	单位
污水调度	单位电耗	单位污水转输电量	指污水泵站转输单位体积污水的用电量	污水转输用电量/污水转输量	kWh/m³
		单位污水处理电量	指水质净化厂处理单位体积污水的用电量	污水处理用电量/污水处理量	kWh/m³
	生产变动成本		指水质净化厂处理单位体积污水的电费和药剂费之和	（电费＋药剂费）/污水处理量	元/m³

53

续表

调度分类	指标名称		指标含义	计算公式	单位
污水调度	溢流控制	溢流体积控制率	指通过雨污分流、截流、调蓄、处理等措施削减或收集处理的雨天溢流的合流污水体积与总溢流体积的比值	合流污水体积/总溢流体积	%
		溢流频次	指年度溢流的次数	—	次/年
		溢流水量	指年度溢流的总污水量	—	m^3/年
		溢流浓度	指年度溢流总水量的平均氨氮浓度	$\sum C_i Q_i / \sum Q_i$	mg/L
	管网液位控制	泵房液位控制率	指旱季时,水质净化厂进水泵房运行液位在设计控制范围内的时间比值	达标控制时长/旱季时长	%
	污水处理量		指水质净化厂一年的出水水量	—	m^3
	污水负荷率		指实际每天污水处理量与污水设计规模的比值,表征污水处理能力大小	污水处理量/污水设计规模	%
—	调度响应执行	工单响应及时率	指到场及时的调度工单数与总调度工单的比值	到场及时调度工单数/总调度工单数	%
		工单处置及时率	指处置及时的调度工单数与总调度工单的比值	处置及时调度工单数/总调度工单数	%
		调度指令执行率	指按指令执行的调度工单数与总调度工单的比值	按指令执行的调度工单数/总调度工单数	%

2. 防洪排涝调度

（1）原则目标

1）调度原则

基本原则是保障人民群众生命、财产安全，保障水务设施安全。对于防洪调度，发挥河道行洪能力和堤防防洪能力，调节河道水闸，适时利用水库山塘调蓄池拦蓄错峰，蓄滞洪区削峰滞洪，进行补偿调节，充分发挥调蓄能力；对于排涝调度，发挥雨水管渠输送和排涝泵站抽排能力，减少积水内涝点的面积，有效应对流域内的标准内洪水，降低内涝点水深和缩短涝水排除时间。

2）调度目标

以雨水管渠、排涝泵站、河道、水库、调蓄池、水闸等为对象，通过水工程设施统一调度，以保障防洪排涝安全。

（2）调度组织

常见的防洪排涝应急响应组织架构图如图 8-3 所示，主要包括总指挥、常务副总指挥、副总指挥、防汛防风指挥办公室、各成员单位。总指挥、常务副总指挥、副总指挥根据调度分级不同，承担防洪排涝调度指挥职责；办公室负责防洪排涝相关信息（气象、工情、水情等）上传下达及组织协调，各成员单位按职责分工做好相应的工作。

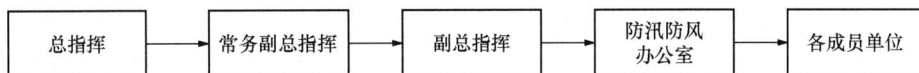

图 8-3　防洪排涝应急响应组织架构图

（3）实施流程

防洪排涝调度属应急调度，重点关注调度的流程、分级及具体举措。

1）实施逻辑

防洪排涝以流域内"不淹、不涝"，雨水管渠畅通，水闸、坝、排涝泵站正常运行，河道泄洪通畅，确保流域防洪排涝安全为目标。

根据降雨量大小、河道、水库、泵站前池和外江水位高低等情况，结合气象预警预报信息，排水设施开展相应的运行调度。雨水管渠易淹易涝点提前清疏，排涝泵站格栅提前清理垃圾，水库控制库容，清理溢洪道，巡视河道堤防易出险区域，实时监测河道水位，根据液位启闭排涝泵站、水闸和橡胶坝等配套设施，将雨水排放至下游（图 8-4）。

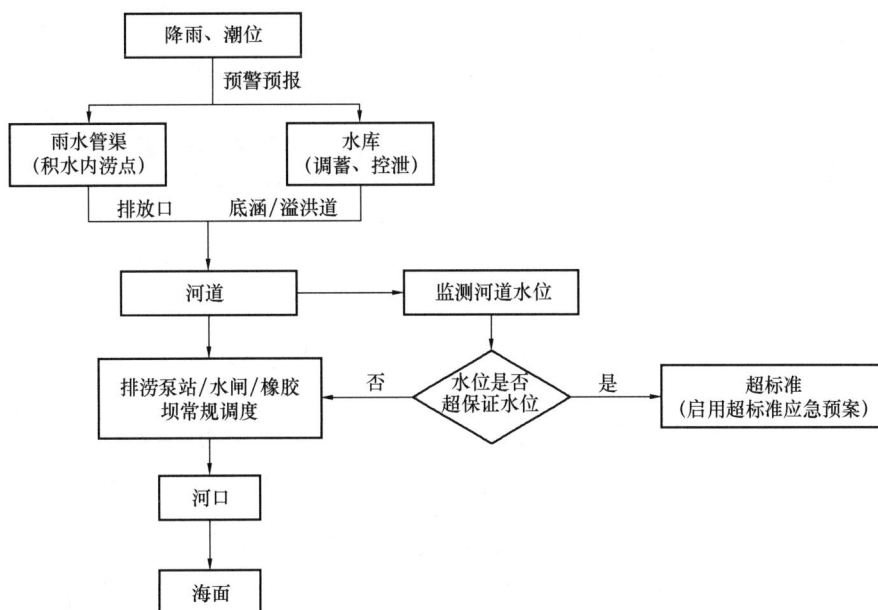

图 8-4　防洪排涝调度流程图

2）调度分级

与其他调度相比，防洪排涝调度较为特殊，在实施调度前需准确判断应急响应风险，根据应急响应等级对应采取相应的调度措施。应急响应等级根据暴雨预警信号降雨量不同进行分级，以深圳为例，防洪排涝调度分五级，分别为关注级、Ⅳ级、Ⅲ级、Ⅱ级、Ⅰ级，响应条件和对应标准见表8-4。

深圳暴雨预警信号对应雨量统计表

表8-4

应急响应	暴雨预警	启动条件	对应标准
关注级	黄色预警	暴雨黄色预警信号发布时自动启动（6h内本地将有暴雨发生，或者已经出现明显降雨，且降雨将持续）	＜5年一遇
Ⅳ级	橙色预警	当预测预报可能或已经发生以下情况之一时，由指挥部结合实际情况决定是否启动： ① 当市气象局发布暴雨橙色预警信号时（在过去的3h，本地降雨量已达50mm以上，且降雨将持续）； ② 流域干流达到5年一遇以上（含5年一遇）洪水位时； ③ 市内多处发生积水内涝时	5（含）～20年一遇
Ⅲ级	红色预警	当预测预报可能或已经发生以下情况之一时，由指挥部结合实际情况决定是否启动： ① 当市气象局发布暴雨红色预警信号时（在过去3h，本地降雨量已达100mm以上，且降雨将持续）； ② 流域干流将达到（已达）20年一遇以上（含20年一遇）洪水位时； ③ 发生洪涝灾情，局部区域生产生活受到较大影响时	20（含）～50年一遇
Ⅱ级	红色预警	当预测预报可能或已经发生以下情况之一时，由指挥部结合实际情况决定是否启动： ① 市气象局发布暴雨红色预警信号，预报（实测）降雨频率达到50年一遇（即降雨量满足以下任意一种情况：3h内降雨量达到200mm、6h内降雨量达到270mm、24h内降雨量达到410mm）； ② 流域干流将达到（已达）50年一遇以上（含50年一遇）洪水位时； ③ 发生严重洪涝灾情，低洼地区大范围受淹时	50（含）～100年一遇
Ⅰ级	红色预警	当预测预报可能或已经发生以下情况之一时，由指挥部结合实际情况决定是否启动： ① 市气象局发布暴雨红色预警信号，预报（实测）降雨频率达到100年一遇（即降雨量满足以下任意一种情况：3h内降雨量达到240mm、6h内降雨量达到320mm、24h内降雨量达到460mm）； ② 降雨导致小型、中型水库即将发生溃决或坍塌险情时； ③ 流域干流预报（实测）达到100年一遇以上（含100年一遇）洪水位时； ④ 全市发生非常严重内涝灾情，城区大面积受淹时	≥100年一遇

3）具体措施

调度措施主要分为工程调度措施及非工程调度措施。工程调度中，基于应急响应的调度分级不同，工程调度措施可分为 5 类 18 项，具体见表 8-5。在应对各级风险的调度措施中，均涵盖了对排水管渠、排水泵站、水闸、河道、水库等要求。

防洪排涝工程调度措施一览表　　　　　　　　　　　　　表 8-5

应急响应	暴雨预警	工程调度	对应标准
关注级	黄色预警	1. 排水管渠系统正常运行； 2. 排涝泵站、水闸、橡胶坝等正常运行； 3. 河道、水库安全运行	＜5 年一遇
Ⅳ级	橙色预警	1. 排水管渠系统达设计标准； 2. 排涝泵站、水闸、橡胶坝等正常运行； 3. 水库预腾空泄洪、河道安全	5（含）～ 20 年一遇
Ⅲ级	红色预警	1. 排水管渠系统超标准； 2. 水库控泄、安全运行； 3. 二级支流基本超设计标准； 4. 泵站、水闸等全速运行	20（含）～ 50 年一遇
Ⅱ级	红色预警	1. 排水管渠系统超标准运行； 2. 水库控泄、安全运行； 3. 一级支流基本超设计标准； 4. 泵站、水闸等全速运行	50（含）～ 100 年一遇
Ⅰ级	红色预警	1. 排水管渠系统超标准； 2. 水库控泄、安全运行； 3. 干流基本达设计标准； 4. 泵站、水闸等全速运行	≥100 年一遇

非工程措施是工程措施的重要支撑，主要包括值班值守、巡检巡查和信息报送三个模块。

值班值守是指汛期期间，梳理统计出所辖区域内的值班值守点位，建立"现场＋管理在岗"的双值班值守机制，根据不同响应级别启动值班值守。

巡查巡检是指开展排水设施隐患排查和巡查工作，重点排查排水管渠积水内涝点周边管网情况，河道险工险段情况，水库大坝、底涵及溢洪道三大件情况；组织涉河在建工程停工，落实在建涉河工程施工围堰、基坑等重点部位防御措施，劝离河道范围内的游人。

信息报送是指雨情、风情、水情、工情、排水设施运行调度情况及风险情况报送，信息报送分为雨中报送和雨后报送。雨中根据响应等级进行报送，不同等级报送时间间隔不同。雨后报送是对本场降雨或台风进行总结，包括基本情况（雨情、风情、工情）、防汛工作开展情况、存在的问题、下一步工作计划等，雨后结束 24h 内完成报送。

（4）评价指标

防洪排涝调度主要以效率指标进行评价，初步梳理出降雨积水阈值、响应及时性、信息报送、调度响应执行等指标，各指标意义、计算公式见表8-6。

防洪排涝调度评价指标一览表 表8-6

调度分类	指标名称		指标含义	计算公式	单位
防洪排涝调度	降雨积水阈值	最大一小时滑动雨量	评估排水管网积水抵御能力，以开始产生降雨积水点的最大小时暴雨强度表示	—	mm
	响应及时性	值守到位率	指当预警信号发出后，在规定时限内达到值守点的数量与总值守点的比值	规定时限内达到指定值守点的数量/总值守点	％
	信息报送	信息报送完整性	指应进行信息报送的内容完整性，若发现漏报、瞒报，信息报送不完整	—	
		信息报送及时性	指信息报送应在规定时间内完成	—	
		信息报送准确性	指信息报送的准确性，不得出现错误	—	
—	调度响应执行	工单响应及时率	指到场及时的调度工单数与总调度工单数的比值	到场及时调度工单数/总调度工单数	％
		工单处置及时率	指处置及时的调度工单数与总调度工单数的比值	处置及时调度工单数/总调度工单数	％
		调度指令执行率	指按指令执行的调度工单数与总调度工单数的比值	按指令执行的调度工单数/总调度工单数	％

3. 水环境调度

（1）原则目标

1）调度原则

水环境调度实行统一领导、分级负责、流域统筹、优化调配、确保重点、兼顾一般的原则。调度以流域为单元整体考虑，按流域内多目标、多设施联合调度模式实施。水环境调度应服从防汛抗旱调度、水源供水调度。在应急调度的情况下，应坚持"响应及时、快速处理"的原则。

围绕生态基流、水质达标、景观水面等目标，按照先再生水补水，后水库水补水顺序进行调度。

2）调度目标

水环境调度目标主要是实现河道生态基流、断面水质及景观水位达标，其中，优先满足干流、一级支流河道断面水质达标和景观需求，而二、三级支流以生态基流需求为主，水质达标为辅。

（2）调度组织

水环境调度组织架构常以流域为单位进行调度，由流域中心负责统筹协调，负责干流及跨流域调度，编制各流域水环境调度方案；各区域设置分中心，负责支流范围内设施的调度（图8-5）。

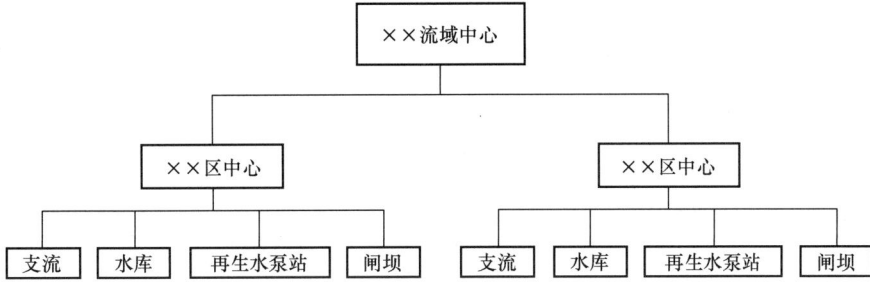

图 8-5 水环境调度组织

（3）实施流程

水环境调度是根据流域管控断面水质、流量、水位进行调度，下面重点介绍调度流程、调度工况及措施（图8-6）。

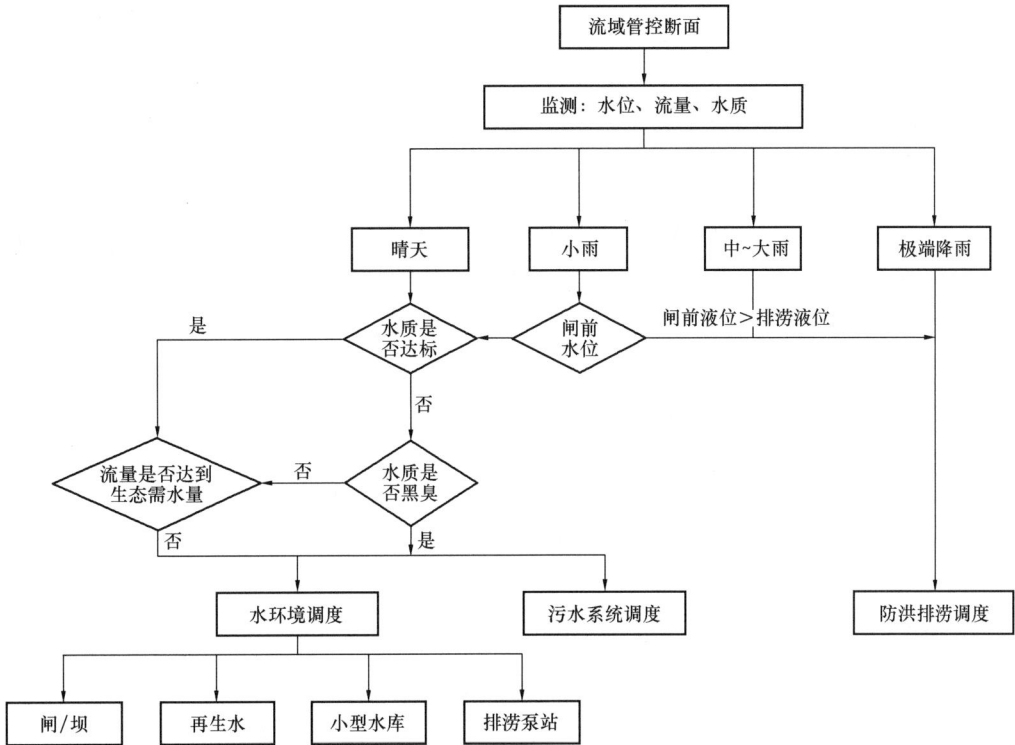

图 8-6 水环境调度流程图

59

1）实施逻辑

监测管控断面的水位、水质、流量等关键指标，结合气象及降雨情况，如断面水质不超标，维持生态基流；如断面水质超标，晴天及小雨时以再生水及闸坝调度为主；中大雨及暴雨时以防洪排涝调度为主，雨中减少再生水补水，在雨后转为水环境调度，及时恢复再生水补水，必要时辅以水库补水，加快河道水质恢复速度。

2）调度工况及措施

水环境调度结合气象及重要活动进行，调度工况及措施如下：

① 晴天：水环境调度以维持河道生态基流为主，保障景观水位较高的河道液位，再生水泵站根据水质净化厂的尾水量及河道水质运行。

② 小雨（24h 降雨量＜10mm）：水环境调度以水闸控制和再生水补水为主，再生水泵站满负荷运行，加快河道水体流动，并保障断面水质达标。

③ 中雨（10mm≤24h 降雨量≤25mm）：以再生水补水和水闸控制为主，再生水泵站满负荷运行，重点关注超标河道断面，雨后通过补水阀门或补水泵站调度，加大超标河道补水水量，必要时雨后辅以水库补水，缩短河道水质恢复时间。

④ 大雨及暴雨：流域内出现大雨或暴雨时，以防洪排涝调度为主，利用闸坝及排涝泵站将上游混流雨水尽快排放至下游河道，并在降雨结束前尽可能降低污染雨水在河道内的积存量。雨中再生水补水泵站减产或停产运行，雨后再生水补水泵站满负荷运行，必要时雨后辅以水库补水，加快河道断面水质恢复速度。

⑤ 重要活动或赛事。流域内如有重大水上活动（龙舟赛、观景、划船等），优先满足该流域补水要求，再生水泵站或水库均进行补水。

（4）评价指标

水环境调度可从质、效率维度开展评价，质维度选取河道水质恢复时长指标，效率维度选取补水能耗、再生水利用效率、调度响应执行等指标，具体见表 8-7。

水环境调度评价指标一览表　　　　　　表 8-7

调度分类	指标名称		指标含义	计算公式	单位
水环境调度	河道水质恢复时长		指降雨或发生污水入河事件，河道水质恢复到考核要求的时长	—	h
	补水能耗	单位补水用电量	指补水泵站用于加压单位体积再生水的用电量	用电量/补水水量	kWh/m³
	再生水利用效率	补水效率	指通过补水泵站的再生水总量占补水规模的比值，在旱季时，水质净化厂水量降低，补水效率可用补水量占水质净化厂处理量的比值	补水量/补水规模或补水量/处理量	%
		再生水收益性利用率	指用于收益性利用的再生水总量占污水处理总量的比值，再生水主要用于工业用水和城市杂用	（用于工业生产冷却的再生水＋城市杂用水再生水利用量）/污水处理总量	%

续表

调度分类	指标名称		指标含义	计算公式	单位
—	调度响应执行	工单响应及时率	指到场及时的调度工单数与总调度工单数的比值	到场及时调度工单数/总调度工单数	%
		工单处置及时率	指处置及时的调度工单数与总调度工单数的比值	处置及时调度工单数/总调度工单数	%
		调度指令执行率	指按指令执行的调度工单数与总调度工单数的比值	按指令执行的调度工单数/总调度工单数	%

8.3 排水调度智慧平台构建

排水调度智慧平台是一种信息技术平台，旨在利用数据采集、分析、建立模型、模拟计算等方式，帮助排水管理部门进行排水调度和管理。它采用物联网、大数据、GIS、水力水质模型等技术建立平台。平台接入多样化监测设备数据并以“一张图”形式呈现，打通各业务系统，构建调度支持模块，成为构建排水运营管理和应急指挥的信息大脑。

8.3.1　建设目标

智慧排水调度平台旨在提高城市排水系统的运行效率和管理水平，应对洪涝灾害和水环境问题。平台的建设目标如下：

实现对城市排水系统的全面感知。通过部署各类传感器和监测设备，实时采集排水管网、水质净化厂、泵站、河道、水库、调蓄池、闸门、雨量站等关键设施的运行数据和环境数据，形成水环境“一张图”。

实现对城市排水系统的智能分析。通过构建水力模型，同时建立数据仓库和数据湖，对收集的数据进行清洗、整合、挖掘和可视化，提供数据能力支持，对城市排水系统进行模拟、预测、优化和决策，提供智能能力支持。

实现对城市排水系统运行的高效管理。通过开发各类应用，实现排水系统的监测、预警、预报、调度等业务功能，提供业务支撑能力。

实现对城市排水系统事件决策的科学化。通过构建决策层，为政府部门、运营企业和相关单位提供排水系统的综合评价、风险评估、规划建议等决策支持，提高城市排水系统的规划水平和应急响应能力。

8.3.2　建设内容

排水调度智慧平台技术体系架构需基于目前最新的相关信息化技术，同时考虑未来的技术发展，使得系统具备良好的实用性、先进性、扩展性及开放性。

智慧排水调度平台包括基础设施、立体感知、水务大数据、智慧水务应用、智慧决策应用及能力支撑中心的六层技术架构和标准制度、信息安全两大保障体系。

排水调度智慧平台总体技术架构如图 8-7 所示。

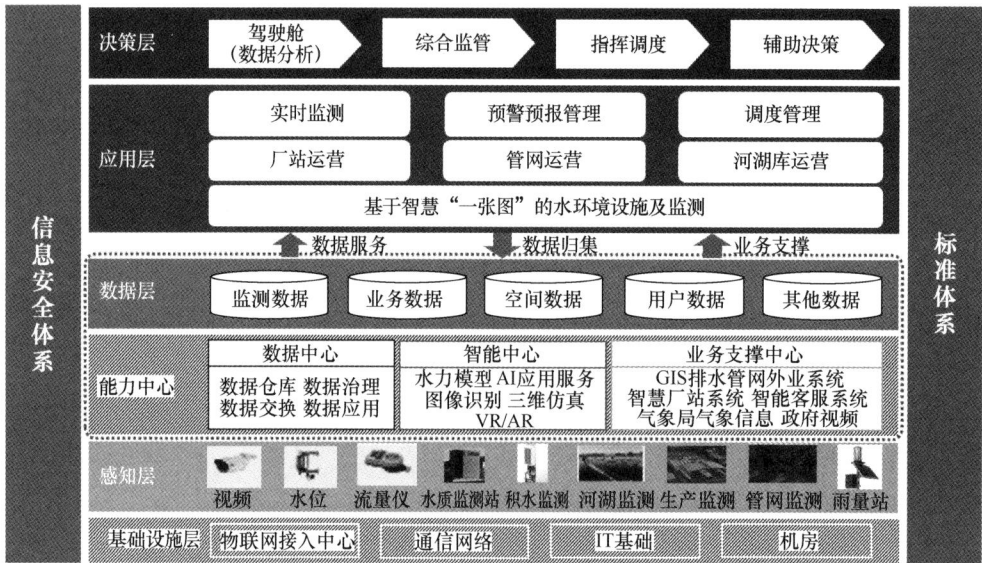

图 8-7　智慧排水调度技术架构图

基础设施层：重点建设物联网接入中心、通信网络、IT 基础和机房四大板块项目。基础设施层建设可以独立于智慧排水调度平台，并为智慧排水调度平台提供有力支撑。

感知层：以排水保障全链条监测需求为导向，基于人工监测和在线监测相结合的全面监测，建设形成关键点位智能感知体系。可对排水户、排水管网、泵站、水质净化厂、调蓄池、河道、水库、内涝点等监测，提供排水保障，为综合运营提供数据支撑。

能力中心：以数据中心、智能中心和业务支撑中心为核心。能力中心可以单独建设，它为平台建设提供数据服务支撑、智能应用支撑和业务应用支撑，平台采用调用数据、服务及接口等的形式获取相关的能力支持。

数据层：包括实时监测数据库、业务数据库、空间数据库、用户数据库以及其他各类型的数据库。

应用层：包括实时监测、预警预报管理、调度管理、厂站运营、管网管理、河湖库管理、水环境"一张图"等应用。

决策层：决策层主要包括驾驶舱（数据分析）、综合监管、指挥调度及辅助决策等功能。

标准体系：标准规范是智慧水务建设的重要保障和支持，构筑智慧水务标准规范，使得智慧水务建设有据可依，有规范约束，保证智慧水务建设成果符合规划要求和规划目标。

信息安全体系：满足国家法律法规要求，完善基础安全、自控安全和数据采集安全规范。具备网络安全防御能力，形成主动防御、内控严密、协同运营等安全能力网络安全保障体系。

1. 一体化监测体系

排水设施通过安装在线监测设备，实时掌握各类排水设施的运行状态。使用物联网技术构建排水设施监测网，收集和传输监测数据，并通过报警系统或其他措施对异常情况进行及时响应。

（1）一体化监测体系构成

1）设施层：负责采集水务全要素信息，由各类感知设备构成。感知设备类型有液位计、流量计、水质站、视频、积水尺、雨量计及人员及车辆位置传感器等。

根据排水系统的特点在设备选型方面推荐使用小型化、低功耗等便于安装、维护的设备。设备类型方面应优先选择技术较为成熟的设备。设备需支持现有主流的无线通信方式以便数据回传至后端服务器，数据采集除了检测数据之外，还应采集设备状态的指标例如电压、设备设置、故障代码等。同时，设备需支持远程和现场诊断、配置功能。

设备应有数据存储能力并具备断点续传功能，可设置数据传输频率。

依据广东省标准《城镇排水管网动态监测技术规程》DBJ/T 15—198—2020设备的选型可参考如下要求：

① 水位计可采用超声波水位计、雷达式水位计、声波水位计等，宜采用非接触式，同时增加补盲功能或设备。

② 流速仪可采用多普勒流速仪、雷达波流速仪等，宜采用接触式和非接触式流速仪。

③ 流量计可采用多普勒超声波流量计。

④ 雨量计宜采用翻斗式雨量计。

⑤ 水位计、流速仪、流量计、雨量计采集模块应具有频次调整、召测、电压比、通信诊断等设备自我感知能力。

⑥ 水质仪器设备选型宜采用水质在线自动监测仪，根据监测指标可选 COD_{Cr}、氨氮（NH_3-N）、总磷、pH、水温等多参数在线自动监测仪；水质在线自动监测仪应具有：a. 具有仪器基本参数贮存和断电、断水自动保护功能；b. 具有仪器故障自动检测

自动报警功能；c. 宜具备定期自动校准功能；d. 具有密封防护箱体及防潮功能；e. 宜具备自动分档量程，可全量程自动切换等功能。

⑦ 视频设备选型应遵循下列规定：

摄像机宜采用低照度高清网络高速智能球机；摄像机选型应满足监视目标的环境照度、安装条件、传输、控制和安全管理需求等因素的要求；视频监控系统应能实现监视、录像、回放、备份、报警及浏览等功能；应符合现行国家标准《视频安防监控系统工程设计规范》GB 50395 的相关规定；井下摄像设备应能够适应排水管网井下工作条件，并具有照片抓拍功能。

2）传输层：负责将设施层采集数据实时、自动、全面传输到统一平台管理，不能在采集到传输过程中做任何修改。

水位计、流速仪、流量计、雨量计、水质站等现场终端的通信装置应考虑通信网络兼容性，采用 NB-IoT、SG 通信方式，兼容 GPRS、3G、4G 等通信方式，传输中需确保通信安全。

（2）在线监测点的布置

排水系统监测体系包含排水管网、排水厂站池、河道、水库等的监测。各类型监测设备布点应参考表 8-8。

设备布点选择 表 8-8

设备类型	水环境系统	布点要求
水位监测点	排水管网	1. 宜布设在干管接入主干管的检查井、主干管交汇的检查井； 2. 沿干管或主干管，水位监测点间隔不宜超过 1000m； 3. 在水质净化厂进水口与中途提升泵站之间的主干管上应至少布设一个监测点； 4. 沿河敷设的排水管道，应在管道和河道中成对布设水位比对监测点，相邻比对监测点间距不宜超过 500m，同时应在出现水位突变位置增设水位比对监测点； 5. 污水截流井、初雨截流井宜布设监测点，监测前后水位变化； 6. 在沿河雨水终点泵站和重力流出口以及对应的河道宜布设监测点； 7. 在低洼地区、下穿立交等易积水和易冒溢区域的检查井宜布设监测点； 8. 排水泵站和提升泵站的站前和站后管渠内宜布设监测点； 9. 运营中其他不利点位
	河道	1. 湖泊、水库、河口的主要入口和出口； 2. 较大支流汇合口上游和汇合后与干流充分混合处，入海河流的河口处，受潮影响的河段和严重水土流失区； 3. 水文测量断面； 4. 其他运维中不利点位
	湖（库）	1. 进水区、出水区、深水区、浅水区、湖心区、岸边区，按水体类别设置监测点位； 2. 湖（库）区若无显然功能区分，可用网格法匀称设置监测垂线
	厂站	可采集厂站内在线仪表监测数据
	内涝点	应放置在内涝区域内最低洼点位

续表

设备类型	水环境系统	布点要求
流量监测点	排水户	在污水量较大的排水户的接管井宜布设流量监测点
	排水管网	1. 应在分区流域污水干管汇入水质净化厂主干管处布设流量监测点； 2. 各类提升泵站处应布设流量监测点； 3. 各分支截流系统在汇入截流主干系统处； 4. 疑似有河水进入、地下水渗入量大、市政管道错乱接、截流井等可能有较大异常水量进入或水质突变的管道区段的检查井宜布设流量监测点
	河道	1. 湖泊、水库、河口的主要入口和出口； 2. 较大支流汇合口上游和汇合后与干流充分混合处，入海河流的河口处，受潮影响的河段和严重水土流失区； 3. 其他运维中不利点位
	厂站	可采集厂站内在线仪表监测数据
水质监测点	排水户	工业聚集区总排放口接入公共排水管网的检查井应布设水质监测点，监测指标宜选择：pH、COD_{Cr}、水温、电导率，若上述四项出现异常，则自动留样
	排水管网	1. 宜在分区流域污水干管汇入水质净化厂主干管布设水质监测点，监测指标宜选择：氨氮（$NH_3\text{-}N$）、COD_{Cr}，若上述两项出现异常，则自动留样； 2. 提升泵站宜布设水质监测点，监测指标宜选择：氨氮（$NH_3\text{-}N$）、COD_{Cr}，若上述两项出现异常，则自动留样； 3. 疑似有河水进入，地下水污水渗出量大、市政管道错乱接区域、截流井等可能有较大异常水量进入或水质突变的管道区段的检查井宜布设水质监测点，监测指标宜选择：氨氮（$NH_3\text{-}N$）、COD_{Cr}，若上述两项出现异常，则自动留样； 4. 雨水管网水质监测指标宜选择：氨氮（$NH_3\text{-}N$）、COD_{Cr}、悬浮物（SS），若上述三项出现异常，则自动留样
	河道	1. 湖泊、水库、河口的主要入口和出口； 2. 较大支流汇合口上游和汇合后与干流充分混合处，入海河流的河口处，受潮影响的河段和严重水土流失区； 3. 其他运维中不利点位
	厂站	可采集厂站内在线仪表监测数据
	湖（库）	1. 进水区、出水区、深水区、浅水区、湖心区、岸边区，按水体类别设置监测点位； 2. 湖（库）区若无显然功能区分，可用网格法匀称设置监测垂线
视频监控		1. 在重要的排水泵站、提升泵站、水闸、排放口、溢流口、影响通行的易涝点宜布设视频监控点； 2. 城市内涝点、下穿地道或隧道、重要水浸黑点宜布设视频监控点； 3. 在邻近排污口的检查井，或重要的检查井宜布设井下视频监控点； 4. 河道监测断面或人员密集区； 5. 湖（库）周边、大坝等

（3）监测设备数据质量管理

监测数据的可靠度和质量直接影响后续数据分析应用的效果，是智慧水务管理必须保障的一环，有必要在数据应用之前对其可靠度进行评估。

数据常见问题包括数据零值、数据缺失、数据恒定不变、异常波动或超出合理范围等。对于海量的监测数据来说，可以通过建立科学的评估算法，来对数据质量进行高效评估，建立监测设备质量 KPI 评价体系。评估结果反馈至相关设备维护人员，辅助其日常设备维护巡检计划的制定。

数据质量评估算法的建立通常是依托于一系列的数值统计指标和方法，从数据的完整率、波动性、相关性等方面综合评估监测数据质量；这些数值统计指标常见的包括相关系数、平均误差、滑动平均数等。针对不同的监测指标，需要建立不同的评估算法逻辑。

2. 水环境监测 "一张图"

水环境监测"一张图"可以将水务设施及其监测设备的位置和数据在 GIS 地图上展示出来，结合地图显示形成一个动态的、全面的、直观的水环境监测信息功能。用户可以随时随地查看任意区域或点位的水环境监测数据，进行数据分析和相关性比较，发现异常情况和潜在风险，及时采取应对措施。

建设和应用水环境监测"一张图"，首先需要建立排水设施及监测点位的基础信息数据库，记录其位置、属性、功能、运行状态等信息；其次采集并处理各类实时和历史监测数据，按照统一的标准和格式进行存储和管理；再次利用 GIS 技术，将水务设施及其监测数据进行关联，生成各种业务种类专题图层；最后在水环境监测"一张图"的用户界面，提供多种查询、分析和展示功能，如按照区域、类型、时间等条件进行筛选，生成统计报表、趋势图、预警信息等。

水环境监测"一张图"是一种基于 GIS 技术的水环境监测方法，它可以有效地辅助提升水环境的质量和相关单位管理效率，为水环境保护和治理提供有力的技术支撑。

3. 排水模型构建及应用

调度就其本质而言其实是一种决策过程，是排水企业天然的需求产物；决策目标基本上是为了满足排水系统更安全、更合理、更加优化的运行需求，用于决定对管网中的水量通过哪些设施来进行怎样的调配。

随着社会经济、科学技术的发展，信息采集、物联通信、分析技术、决策方法等方面也与时俱进，几乎所有水务运营企业都存在如何提高调度决策水平的问题。就国内情况而言，新的调度决策的模式与方法的研究一直在不断地发展着，从传统的人工基于个人经验和知识的调度逐渐转化为通过水力模型辅助的调度。

排水水力模型是利用数学方式来模拟城市排水系统中的水流、污染物和能量的传输和变化的工具，它可以为工程师和管理者提供科学的依据和方法，来进行城市排水系统的分析、设计、优化和管理。根据模拟对象的不同，排水水力模型可以分为三种类型：污水水力模型、雨洪模型和水质模型。

（1）一般建模流程

模型构建是一项系统性的工作，从确立建模目标，到数据收集，再到建立模型、模型校核及应用，都要求工程师对排水管网系统有系统性的认识。构建模型的主要步骤包含如下：

1）确定建模目标

主要是确定研究区域的范围和边界，制定模型的应用目标，从而进一步明确模型构建的详细等级，根据目标导向，可以明确需要收集的数据有哪些。

2）数据收集

明确建模目标后，根据自身的建模需求收集建模数据，常用的建模数据包含管网数据、泵站堰等排水设施资料、水量数据、在线监测数据等。当然，根据建模目标的不同，所需收集的数据也是不同的。

3）建立模型

完成数据收集后，开始进入利用软件构建模型的阶段。通常在将收集的数据导入之前，需要对这些数据进行检查和处理。建模的软件操作过程主要包含数据导入、泵闸堰设置、水量分配、边界条件设置、模拟计算。对于泵闸堰等排水设施，对排水系统的运行尤为关键，因此需要重点关注这些设施的运行方式。

4）模型校核

首次搭建完成可以运行的模型，并不意味着建模过程的完成，因为模型中的很多参数取值都是根据经验而来，无法保证模型的运行结果能够符合实际情况，因此模型校核工作是模型应用前很重要的一步。模型校核过程则需要用到大量的监测数据，不断比对实测值与模拟值，调整模型参数，从而最终得到精度满足应用需求的模型。

5）模型应用

校核后的模型可根据自身需求用于实际生产，如内涝评估、溢流污染评估、海绵规划设计等，模型应用是真正体现模型价值的关键所在，也是体现模型生产力的重要方式。

（2）模型分类分级

模型建设与应用单位应当以业务需求为出发点，通过必要的调研分析，明确建模目标和应用场景，合理选择拟构建的模型等级与类别。不同等级和类别的模型决定了不同的基础资料收集要求和建模方法。

1）按分析对象的排水体制分类

分为污水模型、雨洪、合流三大类型。合流制排水系统数学模型应同时包含污水和雨水要素；分流制排水系统应在对应的模型类型中考虑污水系统和雨水系统的关联，正确处理水量来源和边界；部分地区混流比较严重的情况下也建议同时将雨污系统要素纳入模拟范畴。

2）按模型的应用及运维的场景来分类

分为离线模型和实时在线模型两种；离线（静态）模型是以历史数据和人工设计数

据为基础和边界通过手动运行的方式进行数值模拟计算；通常用于排水系统的现状评估、规划及调度方案的复核及优化等。而实时在线模型通过对接气象、监测、泵闸操作工况等实时数据，进行实时自动地模拟计算和评估分析；通常用于实时内涝预警、辅助实时运维及厂网调度等场景。

3）按评估对象的建设/存续状态分类

分为现状评估模型和预测评估模型两类；对已建管网的离线和在线评估都属于现状管网类的评估；而新规划改造管网的评估复核以及对管网未来状态和趋势的评估都属于预测类的评估。

4）按建模对象的尺度分类

分为干管模型、区域模型和小区/地块级别模型。这类模型的分级目的是确定排水设施在模型中的概化程度和服务目标。根据不同的模型分析目标，可以实施不同的模型概化方案，从而影响数据的搜集以及建模的方式方法。

（3）污水/雨洪/水质模型应用

1）污水系统模型

污水系统模型主要模拟城市污水系统中水流的运动规律。它可以帮助我们分析和设计污水收集、输送和处理系统，评估系统的运行效率和安全性，以及预测系统的未来发展趋势。

校核后的模型可以开展以下几方面的应用：

① 基于校核后的模型掌握系统运行状况。通过模型计算，可以得到管网中水深、流量、流速等水力要素，从而了解系统的运行状况。这有助于评估系统的效率和安全性，发现和解决潜在的问题。例如，可以通过模型分析污水流量的变化趋势，优化系统的运行策略和节能措施。

② 模拟突发事件影响。通过模型模拟可以预测降雨、管道破裂、泵站故障等情况下的污水流动情况，分析系统的应急能力和风险程度，制定相应的应对措施和预案。这样可以在发生突发事件时，及时调整系统的运行参数，保证系统的正常运行和环境保护。

③ 报警预警功能。通过模型与实时监测数据的结合，可以对模型理论计算和实际监测数据规律不符的情况进行报警预警，例如可以通过模型预测污水液位的正常范围，与实时监测数据进行对比，如果发现有异常偏差，就可以提前发出预警预报，提示可能存在的问题和原因。这样可以在问题发生前进行预防和排查，避免造成更大的损失和影响。

④ 指导规划设计工作。通过模型分析污水系统的性能、优化管网布局、评估水质净化厂的负荷、预测污水溢流等方面，可以为污水系统规划建设提供重要的指导意见。这可以提高污水系统的运行效率、节约投资成本。

总之，模型作为科学评估的工具和手段，可以帮助排水管理者更好地管理和维护城市污水系统，提高系统的效率和安全性。

2）雨洪模型

雨洪模型是一种用于模拟城市地表径流和排水管网内径流的过程和结果的数学模型。它根据降雨特征和地表特性，利用产汇流理论和管网流动理论，建立方程组并进行数值求解，从而分析和设计城市防涝排涝系统，评估系统的防洪能力和风险，以及预测未来可能发生的洪涝灾害。

雨洪模型所需的信息，包括降雨数据、地形数据、土地利用数据、植被覆盖数据等信息，以及管网平面图、管段长度、直径、材质、粗糙度、坡度、连接方式等信息，以及各节点的地理位置、高程、类型（如出入口、泵站、闸门等）、流量等信息。

雨洪模型有着广泛的应用领域，主要有以下几个方面：

① 洪水频率分析：通过使用雨洪模型，可以根据历史降雨数据或设计降雨数据，计算不同重现期的洪水流量和水位，为洪水控制和防洪工程提供依据。

② 水库调度优化：通过使用雨洪模型，可以预测未来一段时间内的入库流量和出库流量，根据水库的功能和约束条件，制定最优的调度方案，实现水库综合效益的最大化。

③ 流域水文平衡分析：通过使用雨洪模型，可以估算流域内各个水文要素（如降水、蒸发、入渗、地下水、径流等）的量级和变化趋势，分析流域内水资源的供需状况和变化规律。

④ 水环境影响评价：通过使用雨洪模型，可以模拟不同情景下（如自然状态、开发利用状态、污染排放状态等）的径流过程和水质变化过程，评价人类活动对水环境的影响程度和范围。

总之，雨洪模型是一种强有力的水力学分析工具，它可以帮助我们更好地认识和利用水资源，保护和改善水环境。

水环境/水质模型是一种利用数学方法来描述和预测水体中物质运动和变化规律的工具，它可以帮助我们了解水环境的现状和未来的趋势，为水资源的保护和管理提供科学依据。本文将从水环境/水质模型的构建和应用两个方面，介绍一些基本的概念和方法。

应用水环境/水质模型主要可以实现以下几个目标：

① 分析污水水质的现状和问题。通过运行模型，可以得到水体中各种物质的分布和变化情况，从而揭示水环境的特征和规律，识别水质污染的来源、途径和影响范围，评估水环境的健康状况和风险等级。

② 预测污水水质的变化。通过改变模型中的输入条件（如气候变化、人类活动等），可以模拟不同情景下水体中各种物质的变化趋势，从而预测水环境的未来状态和

发展方向，为制定长期规划和目标提供参考。

③ 评价水环境管理措施的效果。通过对比不同管理措施下模型的输出结果，可以评价各种措施（如减排、截污、生态修复等）对改善水环境的效果和成本效益，从而为制定合理有效的管理方案提供依据。

总之，水质模型是一种强有力的分析和预测工具，它可以帮助我们深入理解水环境的复杂性和动态性，为保护和利用好宝贵的水资源提供科学支撑。

4. 排水运行报警预警系统

排水运行报警预警是指在排水系统运行过程中，通过监测报警和分析预警等手段，及时发现并解决可能导致排水设施运行异常的问题。下面将分别介绍监测报警和分析预警方面。

（1）排水运行监测报警体系

排水管网是基于管网水力学的系统，其自身的水位、流量、水质在常态运行下有其自身的规律。目前排水系统上的关键节点（水厂、泵站、管网关键点和排口）会布设一些监测设备，其数据在正常工况下应该遵循某个趋势的波动，或是受外部因素影响，液位会呈现相关的波动变化。另外，特定距离内的上下游监测点位之间可能存在一定的关联关系，会互相影响变化。通过对这些监测数据进行长期观测和分析，可以建立一种宏观数据模型，即用统计方法描述各点位变量之间的关系和联系，从而跟踪和识别管网工况的动态变化。这种模型是基于"黑箱理论"的思想和方法，不需要考虑管网系统的复杂结构和细节。

基于宏观数据模型，可以实现一些数据的延伸分析和调度应用，如基于设定阈值的液位超限报警。阈值的设定是根据历史数据分析和总结，对特定点位常态运行状态的感知和理解。当发生异常事件时，液位会超过常态波动的范围，触发报警信号。例如，为了预防内涝，可以建立液位跟地面积水之间的关系，将这种关系抽象成警戒液位值，当液位超过警戒值时，就会发出内涝预警信号。如图8-8所示，为某监测数据平台的内涝事故预警预报示意图。这种方法可以将调度人员从海量的监测数据中解放出来，只关注有预警信号的对象。但是这种方法也有其局限性，它只能根据当前实测数据进行事件判断，不能对未来液位变化趋势进行可量化的预测。为了更有效地应对内涝风险，还需要建立未来降雨量跟液位上涨趋势之间的关联关系，从而提前采取应急措施。

排水系统管理者可以使用水位传感器、流量计、水质监测仪、视频监控等设备来监测排水系统的运行情况。在实际应用中，这些设备可以互相补充，形成一个完整的监测网络。不同类型的监测设备可以根据需要自由选择，以便快速监测排水系统的运行状况，并在必要时通过报警的方式通知相关人员。这样可以使排水系统管理者及时发现问题，快速采取措施，从而保障排水系统的正常运行。

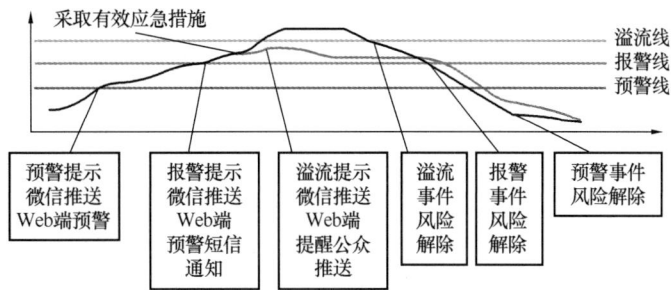

图 8-8　某监测平台内涝事故预警预报示意图

（2）排水运行预警体系

随着近几年水力模型技术的发展，模型也开始作为一种辅助决策的手段被引入到调度决策流程中。水力模型是一种基于水力学的科学分析工具，具有一定精度的水力模型能够比监测系统更为全面地反映系统现状问题，从而提供更多信息给调度人员。通过建立水力模型，可以模拟排水系统在不同情况下的运行状况，预测可能出现的问题，并进行预警。

通过模型与实时监测数据的结合，可以对模型理论计算和实际监测数据规律不符的情况进行报警预警，例如可以通过模型预测污水液位的正常范围，与实时监测数据进行对比，如果发现有异常偏差，就可以提前发出预警预报，提示可能存在的问题和原因。这样可以在问题发生前进行预防和排查，避免造成更大的损失和影响。

从数理模型的角度来看，排水系统预警模型可以建立在数理模型的基础上。数理模型是通过对排水系统的数据进行分析和建模，预测排水系统未来运行情况的模型。利用数理模型，可以预测可能出现的问题，并进行预警。

建立数理模型首先需要收集排水系统历史数据，包括水位、流量、水质等参数的数据，并进行清洗和整理。然后利用统计学方法或机器学习方法，建立数理模型，包括回归模型、时间序列模型、聚类模型等。基于建立的数理模型，预测未来可能出现的问题，并进行预警。建立的数理模型需进行验证和优化，提高预测准确性和可靠性。

总之，建立排水系统预警模型需要考虑水力模型和数理模型两个方面。通过建立预测模型，可以预测可能出现的问题，并进行预警，为排水系统的运行管理提供有力支持。

5. 排水调度管理

排水事件调度处置系统，包括事件确认、事件登记、事件处置、事件调度信息流转、事件闭环信息获取和事件处置评价功能；利用信息化处理手段使处置效率提升，降低事件影响范围和程度，提升运维单位运营效率和稳定性；实现持续精细化记录、分析与管理，可对业务流转效率及流程进行不断优化和提升。排水事件调度处置按照调度的组织形式可以分为一般性事件调度和专题事件调度。

（1）一般性事件调度管理

一般性事件调度处置指的是常规性的、非紧急性的事件处置工作，主要包括对事件的登记、分类、调查、处理和跟踪等步骤。在进行一般性事件调度处置时，排水管理部门应注重事件信息的准确性和及时性，并依据规定的流程和标准进行处理，保证处置工作的高效性和质量。

在进行一般性事件调度处置时，排水管理部门需要依据规定的流程和标准进行处理，通常包括以下几个步骤：

事件确认：接到事件信息后，需要对事件进行确认，对事件进行初步的判断。事件信息的来源包含热线电话、公众上报、巡检巡查及系统报警等渠道。

登记事件：事件信息确认后，需要对事件进行登记，依据系统设定的内容项目登记事件的基本信息，包括事件内容、发生地点、发生时间、类型、严重程度、事件的类型、处置人员等。

处理事件：处置人员依据处理方案，组织人员和资源进行处理工作。

跟踪事件：对处理过程进行跟踪，确保处理工作按时进行，并对处理结果进行评估。

一般性事件通常可以根据其性质和发生的原因分为计划性事件和应急类事件。计划性事件是指那些可以预见并提前安排的事件，它们通常按照预定的时间表和计划进行，目的是维护和保障设施的正常运行。例如，各类巡检事件，它们可能是日常的、定期的检查，也可能是为了特定的预防性维护而进行的。这些巡检有助于提前发现潜在的问题，从而避免未来的故障或事故。

此外，应急类事件是指那些突然发生且不可预测的事件，它们可能是由设施故障、自然灾害等因素引起的。处置类事件就是应急类事件的一种，它们要求运维团队采取行动，解决问题，并尽量减少对正常运营的影响。

（2）专题调度管理

1）防洪排涝专题

城市内涝是由于排水系统和水道的排水能力不足造成的。借助信息化手段可以提升城市内涝的应对能力。防洪排涝专题调度可分为以下几个模块内容。

充分挖掘数据结合雨洪模型建立完善的内涝预警模型。

高精度的模型可以提供灾害预测，为决策提供了足够长的提前期并可以根据预报情况，利用模型评估可能的应急预案，辅助应急方案的优化。

利用全方位多手段的监测体系，构建内涝险情"一张图"。

防汛管控"一张图"是基于GIS技术，整合多源数据形成综合的全局化的信息呈现。

利用在线监测设备的监测数据，全局化呈现河流、水库水位、积水、管道运行态势、调蓄池工况、水质净化厂状况等水情信息和水务设施的运行状况。接入气象局发布的天气预报、气象预警、实时降雨数据、降雨估测云图，从而实时掌握气象情况。

现场视频能最及时最直观反馈现场的情况，可以接入重要设施和积水点多方位的监控视频。目前城市中有各类的监控视频，可以申请接入到水务信息化系统中，最大限度地利用现有资源。另外，车辆的车载视频及单兵视频也可以接入，作为移动一线视频源。

人员位置轨迹通过单兵定位系统回传平台，车辆位置信息通过行车记录装置回传，对物资信息统一进行维护。

基于预案及现场情况实时调度人员物资。

依据气象预警信息启动对应防汛预案并执行。系统通过内置防汛预案，将气象预警与应急响应按等级关联，根据预警自动或人工手动触发响应预案，系统预警预案自动派发防汛任务，操作员通过手持App联动，实现防汛人员值班、值守管理及现场管理；现场值守人员通过手持App进行到位打卡、现场情况上报及险情上报。

根据现场情况进行实时调度。预案的执行是依据已知信息对不利点位进行专人值守的措施，为应对临时发生的险情调度中心人员可利用"一张图"及视频实时查看研判现场态势，并通过指令、事件系统，对水务设施、现场人员、车辆、物资进行联动指挥，实现防汛事件实时调度。

自动生成汛期快报，满足信息报送需要。

当前防洪排涝工作为排水工作中的一项重要工作，为及时掌握汛情，各级单位会要求在规定时间内报送格式化的汛情及处置情况报告。信息系统依据报告格式汇总各方信息生成讯中简报、讯后快报，信息员做少量调整后即可报送。防汛过程中，系统可以按照固定化模板，自动生成讯中简报，降雨结束后，自动生成讯后快报，并及时发送相关人员，获取最新的汛情总览。事后，进行快报分析，形成整改任务，通过事件模块形成闭环。

2）水环境调度专题

水环境调度是以流域为单元，以河道管控断面水质达标为目标而进行的综合性调度。信息化手段可为水质达标保驾护航。水环境调度专题可分为以下几个模块内容。

利用全方位多手段的监测体系，构建水环境监测"一张图"。

如前所述水环境监测"一张图"是以监测设备及监测数据为支撑，以构建全面的水环境监测体系为目标，整合多源数据形成综合的全局化的信息呈现。它可以按照业务的相关性分为河湖水库专题、再生水利用专题及初雨系统等专题。

充分挖掘数据结合雨污水力模型建立完善的报警预警模型。

通过充分挖掘和分析城市雨污水系统的历史数据，可形成数理模型。校核后的水力模型掌握系统正常运行状况，并预测未来的运行状态，结合监测设备的实时监测数据，可以建立完善的报警预警模型。

基于预案及现场情况实时下发调度指令。

调度人员综合各类信息进行研判，发布指令进行实时调度。指令派发可以依据预案也可以是调度人员综合研判后的指令。指令通过系统流转到执行人员手中，执行完成后在系统中反馈形成闭环。所有派发指令存档后形成指令库可供类似调度场景参考执行。

6. 驾驶舱（数据分析）

数据是人类社会第五大生产要素，提升运营管控和发展的重要抓手，是数字化改革的核心。驾驶舱主要的面向对象是决策者。数据分析可以从构建数据模型，搭建数据仓库入手，并选用适当的工具开展工作。

（1）构造数据模型，搭建数据仓库

数据模型是一种描述数据之间关系和结构的抽象表达方式，它描述数据的含义和用途，以及如何有效地存储和查询数据。数据模型的构建需要分析数据的来源、类型、质量、业务规则等，然后设计合适的实体、属性、键、约束等，以及选择合适的数据模型类型，如关系模型、维度模型、图模型等。

水务企业数据模型可以按照业务功能划分为三个层次：核心业务、辅助业务和运营支持。核心业务又可以按照不同的业务链条从源头到末端构建。运营支持是水务企业为保障正常运行而进行的内部管理，如采购管理、物资管理、信息技术等。辅助业务是水务企业为提高核心业务效率和质量而开展的相关活动，如人力资源、行政后勤、财务管理等。

数据仓库的建设基于数据资源体系而优化，它不仅是一种信息化技术，更有助于全面系统地做好从采集、处理、传输到使用数据的规划，并为业务部门提供业务数据分析、辅助领导决策支持奠定数据资源体系基础。

数据仓库建设重点在于建立数据资源体系、优化数据治理、建设数字化应用体系，分为标准和管理规范建设、平台治理及业务治理，以保证数据的准确、及时、完整、一致。同时，通过数据资源体系规范化的管理，建设高质量的数据环境，实现各种管理信息系统间的协调和信息流的通畅，真正意义上消除"信息孤岛"，为实现应用系统集成奠定坚实的基础。

数据仓库规划建设应先梳理数据实体，然后根据不同的数据实体内容分类建立数据主题，再针对不同的业务需求创建数据指标，最后进行数据部署并同步开展数据治理工作。

（2）利用数据分析工具

数据分析是指通过收集、清理、转换、模型和可视化数据来获得有价值的信息的过程。在进行数据分析时，通常会使用特定的工具来帮助处理数据并发现有意义的趋势和模式。这些工具可以是软件，也可以是编程语言或者其他方法。部分常用的数据分析工具有：

1）Excel：这是一款功能强大的电子表格软件，可以用来进行简单的数据清理和可视化。

2）SQL（结构化查询语言）：这是一种用于访问和操作数据库的标准语言，可以用来提取数据并进行分析。

3）R 和 Python：这是两种流行的编程语言，可以用来进行复杂的数据分析。R 语言特别适合统计分析，而 Python 则更适合数据挖掘和机器学习。

4）Power BI 和 Tableau：这是两款流行的数据可视化工具，可以帮助使用者将数据转换为图表和图像，以便于理解和探究。

5）SAS 和 SPSS：这是两款专业的数据分析软件，提供了丰富的统计分析功能和数据挖掘工具。

使用适当的工具可以帮助数据分析工作事半功倍。这些工具基本应用步骤基本相同，本文以 Microsoft Power BI 来举例说明。Microsoft Power BI 是一款数据分析工具，可以帮助使用者收集、清理、可视化和分享数据。它提供了一系列可视化工具，可以帮助使用者将数据转换为图表和图像，以便理解和探究。使用 Power BI 进行数据分析的一般流程包括以下几步：

1）准备数据：需要分析的数据可以是来自不同来源的数据，包括 Excel 电子表格、数据库、Web API 等。

2）导入数据：使用 Power BI 的"查询编辑器"功能，将数据导入到 Power BI 中。这个工具可以帮助使用者清理数据并将它们转换为可用于分析的格式。

3）建立模型：使用 Power BI 的"数据模型"功能，将数据分组并建立关系。这样可以帮助使用者更容易地查询和分析数据。

4）创建可视化：使用 Power BI 的"报表"功能，创建图表和图像来展示数据。这可以帮助使用者快速理解数据的趋势和模式。

（3）数据分析结果呈现

数据分析结果呈现是数据分析的重要环节，它可以帮助数据分析师向不同的对象传达数据的价值和意义。从面向对象来说，数据分析结果呈现可以分为：

1）面向决策者的呈现：这类呈现的目的是帮助决策者做出合理的决策，因此需要突出数据的关键信息，简明扼要地展示数据的结论和建议，避免过多的细节和技术性的内容。

2）面向专业人士的呈现：这类呈现的目的是与同行或相关领域的专业人士交流和讨论，因此需要展示数据的完整性和准确性，详细地说明数据的来源、方法、过程和限制，以及可能存在的问题和改进方向。

3）面向公众的呈现：这类呈现的目的是普及数据的知识和价值，提高公众对数据的兴趣和信任，因此需要用通俗易懂的语言和形式，展示数据的背景、意义和影响，以及引起公众的共鸣。

7. 未来展望

随着科技的不断进步，排水系统也在逐步实现数字化、智能化和自动化。这一转型预示着排水行业将迎来前所未有的技术革新，未来的排水服务也将实现更高效、更可靠、更可持续的运营。

在排水调度智慧系统中，模型的在线化应用至关重要。通过实时数据采集与传输，模型能够在线更新与校准，确保与实际排水系统紧密匹配。这种在线化的模型应用使得调度决策更加精准与及时，有效应对各种突发情况，如暴雨、污水系统水量异常等。

智能监测设备在一体化调度中发挥着举足轻重的作用。它能够实时监测排水设施的运行状态和雨水、污水排放情况，为排水调度提供宝贵的数据支持。针对这些监测数据的实时报警，可以更快地发现问题，提高效率。对这些数据的历史积累进行深入分析与挖掘，能够更精准地了解排水系统运行状况，优化排水策略，从而提升排水效率和服务质量。

智能 AI 的应用或许可将智慧一体化调度系统推向新的高度。AI 算法能够对海量数据进行高效处理与分析，自动学习并优化调度策略。通过智能 AI，能够实现对排水网络的自适应调节，根据实时数据与预测结果动态调整排水方案，确保排水系统的稳定运行与高效排水。

此外，排水调度智慧系统还能通过理论计算与计算机模拟生成最佳调度预案。利用排水动态模型结合历史数据与智能经验系统，在不同天气条件和水量情况下模拟不同设施组合的情况，选择最优方案。调度员将根据自动生成的预案进行操作，必要时进行修正或重新计算。这种人机协作的模式保证了调度过程的一致性与连续性，同时充分发挥了调度员的专业知识与应变能力。

在技术不断进步的推动下，未来的排水调度系统将更加智能、高效与可持续。例如，排水监测设备的全面联网将实现对排水流量的全面管理；自动化调度将依赖机器人提高操作准确性；卫星遥感技术将用于构建排水安全预警系统以及时发现隐患。这些技术的发展与应用将与模型在线化、智能监测设备和智能 AI 等共同助力排水企业提升服务质量，更好地满足城市排水需求。

8.3.3 排水调度智慧平台实例

某区智慧水务指挥调度平台建设及应用情况。

1. 项目背景

近年来，在国家生态治理大背景下，该区水污染治理成效显著，但在项目实施前，该区繁多的水务设施主要通过人工管控，耗时耗力，效果难以保障；同时，配套的管理机制尚不完善，尤其排水管理问题错综复杂，涉及部门多，造成水务事务处置效率不高，"长制久清"达标任务难以保障。

基于以上现状，该区率先启动水务设施一体化管理改革，有效整合区内环境水务资源，由一家单位负责全区水务设施运营管理。同时立项建设本项目，通过完善智能发现网，共建共享水务数据，建设一个区级智慧水务综合管控平台，推进落实涉水事务一体的管理新模式，提升水务管理水平。

2. 项目总体情况

项目是针对全区的水务设施、水务业务，建设一个城市智慧水务综合管控平台。覆盖区域面积 156.1km²，服务人口 100 余万人，管控对象包含：主要河流 16 条，水库 18 座，供水排水管网 7500 余千米，自来水厂 4 座，水质净化厂、站 5 座，排水户 57000 余户等。

项目主要建设内容包括：一张基础智能感知网、一套业务应用体系、一套业务管理体系、一座水务数据中心、一个智慧水务集成平台。其中物联感知设备方面：新建和利旧共 700 多套，初步实现全区水务设施全要素覆盖。业务应用方面：包含一个领导驾驶舱，四个业务管理平台（设施管控平台、三网调度平台、考核评价平台、政务服务平台），基本涵盖了区水务局、运营公司在设施管理、事件处置、监管考核和综合调度等方面的功能需求。

3. 项目技术路线

项目开发基于水务行业最新 SOA（面向应用）架构应用集成，系统具备高度开放型数据及业务流接口，通过接口规范化和数据标准化，使各业务系统高度融合。构建从设施层、数据层、平台层、应用层到展示层的五层架构，以及信息安全、标准规范两大保障体系，形成"五横两纵"的系统总体框架（图 8-9）。

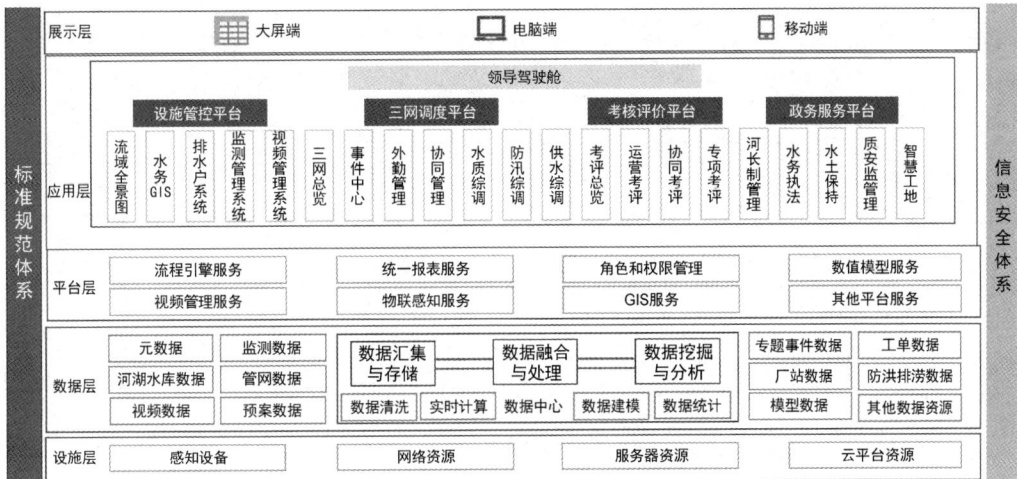

图 8-9 某区智慧水务系统总体框架

其中业务应用模块，主要包括一套驾驶舱及四大平台：

领导驾驶舱：是全区水务运行情况的集中管控中心，可以支撑相关人员掌握水务管理的总体、实时情况。该模块主要分为3部分：运行态势、处置总览、考核评价。

设施管控平台：详细呈现了全区水务设施详细分布，结合物联感知，实时掌控设施运行态势。本模块主要分为2个方面：1）流域全景图：详细展示了各设施的空间分布、运行状态及统计分析总览等；2）GIS：依托于GIS软件，构建的全区水务设施GIS，具备增、删、改、查、分析等功能，管控粒度可具体到具体管段、检查井的详细属性信息及运行关联台账。

三网调度平台：实现全水务事件发现、处置、协同、执法、销单的闭环管理。主要分为3个方面：1）事件管理：实现全水务事件全流程闭环，事件管理涵盖运营公司、区水务局、社区、街道及市、区相关职能部门，实现一网协同；2）防汛综调：综合展示防汛相关设施预警情况，根据实时气象预警，触发应急预案，实现值班、值守、巡检等动态管理。通过与App联动，实现综合调度；3）水质综调：按照排水体系，分为3个子模块（初雨综调、补水综调及污水综调）。依托水务设施之间的拓扑关系，应用污水水力模型及相关算法，为排水系统的运行分析提供决策基础；同时通过派发指令联动，提供调度抓手。

考核评价平台：实现对运营、协同及专项的综合考评。主要有：运营考评、协同考评及专项考评。

政务服务平台：该模块是按水务主管部门政务需求，拓展管理外延，辅助行政管理而建设，主要包括河湖长制模块、质安监模块、执法管理模块、水土保持模块、智慧工地模块等（图8-10，图8-11）。

图8-10　某区防汛管控 "一张图"

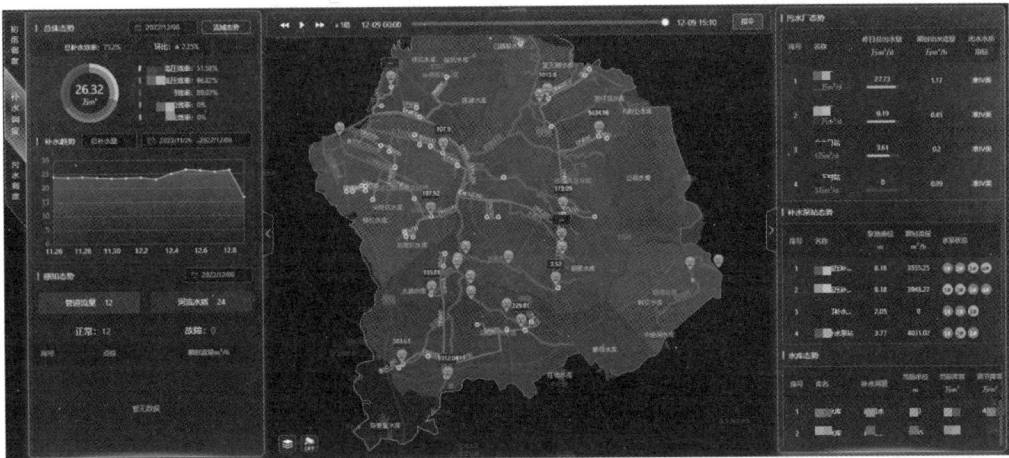

图 8-11 某区补水综调专题 "一张图"

4. 项目技术亮点

本项目依托区政务云资源部署运行环境，采用目前市场最新的开发技术完成系统开发。项目充分调研实际，深挖需求，再造流程，形成一套业务管理体系、一套业务应用体系。项目具体亮点，主要体现如下：

(1) 政企联动，"三网"融合

本项目建设的目标用户，从定位上即包含了政府部门和运营公司。建设的系统以"发现网""整治网""执法网"三网融合为内核，将水务事件分为供水、排水、河湖、面源四大类 365 子项，实现水务事件全覆盖。针对每类事件，通过流程梳理和再造，使每个事件实现闭环处置，并全程留痕。

除此之外，水务事件流转流程涵盖了运营公司、主管部门、社区、街道、市、区相关职能部门的各个机构，实现真正"一网统管"（图 8-12）。

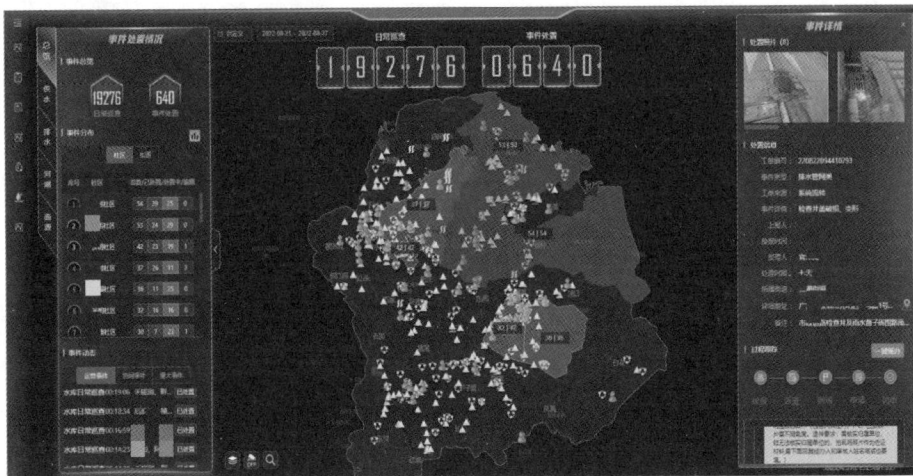

图 8-12 某区 "三网" 调度事件总览 "一张图"

（2）水务设施一体化智慧监管

系统基于GIS，结合在线感知监测，详细呈现全区厂、网、泵、站、池、泥、河、库、湿地等全要素水务设施分布，实时展示各设施的运行态势。智能感知监控方面，引入自动无人机巡航，打造无人自动巡河；引入鹰眼视频，实现大范围全景式高清监控等；在智慧分析方面，应用污水系统水动力数值模型，实现污水系统冒溢、淤积、外水入侵等常见而复杂问题的预警、识别和处置预测分析（图8-13）。

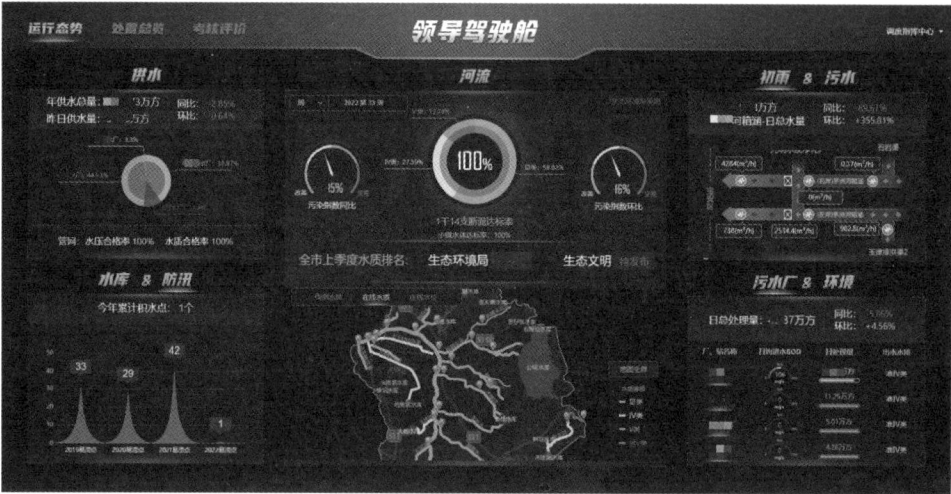

图8-13　某区水务设施一体化智慧监管 "一张图"

（3）水务管理全面信息化赋能

构建社区水务管理网格，形成水务部门行政监管、水务网格专业化运维的水务管理责任体系。以此为基础，搭建在线考评模块，实现运营考评、协同考评及针对设施管理成效、巡检、维修管理过程的专项考评功能。其中运营考核，涵盖了水环境管理、排水管理、安全管理、内涝防治等方面（图8-14）。

图8-14　某区水务事件管理系统图

另外，本项目根据各部门的政务需求，建设了河湖长制、质安监督管理、执法管理、水土保持、智慧工地等政务服务模块，有效推动水务管理的数字化转型。

8.4 排水智慧调度系统应用成效及应用案例

8.4.1 排水智慧调度系统应用成效

智慧水务排水调度平台利用信息技术和物联网技术，对城市排水设施进行实时监测、智能控制。它可以有效提高城市排水管理能力，减少污染物排放的影响，降低运维成本，提升服务水平。

在线监测及时发现排水设施运行异常情况，并做处理。智慧水务排水调度系统通过安装传感器和监测设备，对设施进行实时数据采集和上传，实现对设施的运行状态的掌握。这样可以及时发现设施异常，并及时采取相应的措施，避免造成更大的损失。

基于 GIS 技术更直观地呈现设施及设施运营状态。智慧水务排水调度系统通过 GIS 技术，将设施的位置、属性、状态等信息在电子地图上进行可视化展示，形成一个动态的排水设施运营图。这样，可以更加直观地了解设施的分布、连接、运行情况，方便进行查询、分析、调度和管理。

基于数据分析结果为指挥决策提供辅助支持。智慧水务排水调度系统通过将收集到的大量数据进行存储、处理、挖掘和分析，提取出有价值的信息和知识，为辅助决策提供支持。

预警预报技术，提前预判异常情况，并做相应对策。智慧水务排水调度系统通过预警技术，利用历史数据和实时数据，结合数学模型、水力模型和人工智能算法，对可能发生的问题进行预测和预警，并及时通知相关人员和部门，以便提前应对。

工作流程规范化，提高工作效率。智慧水务排水调度系统通过工作流程规范化，规范各个环节的职责、权限、标准、方法等要求，提高工作效率和质量。

8.4.2 水质达标的流域化调度管理

1. 项目概况

某区环境水务公司是一家区域内涉水事务一体化管理的公司，公司运营的排水项目涉及污水系统、雨水系统、初雨系统、补水系统、河道、水库及湿地等。目前正在探索以河道水质达标为目标的流域化调度管理机制的建立。

为辅助河道水质达标，该公司利用区域内建成的智能感知网及信息化平台开发流域化调度管理功能，系统建成后以综合信息及指令调度为主要功能。该系统功能目前有初雨系统调度、补水系统调度及污水系统调度。

2. 项目设计

该项目以排水在线监测感知设备网为基础，通过综合外部气象数据、视频数据，并结合地图服务进行综合信息展示，结合实际进行报警，经由调度员综合研判后产生调度指令，提高智慧化调度能力。

（1）初雨系统调度模块

初雨系统调度的功能主要组成有"一张图"、调度指令管理及预案库管理。

"一张图"综合气象信息、以液位为主的初雨管的监测信息、河道监测数据、泵站运行数据、区域内净水厂及调蓄池运行态势结合 GIS 信息进行综合"一张图"信息提供（图 8-15）。

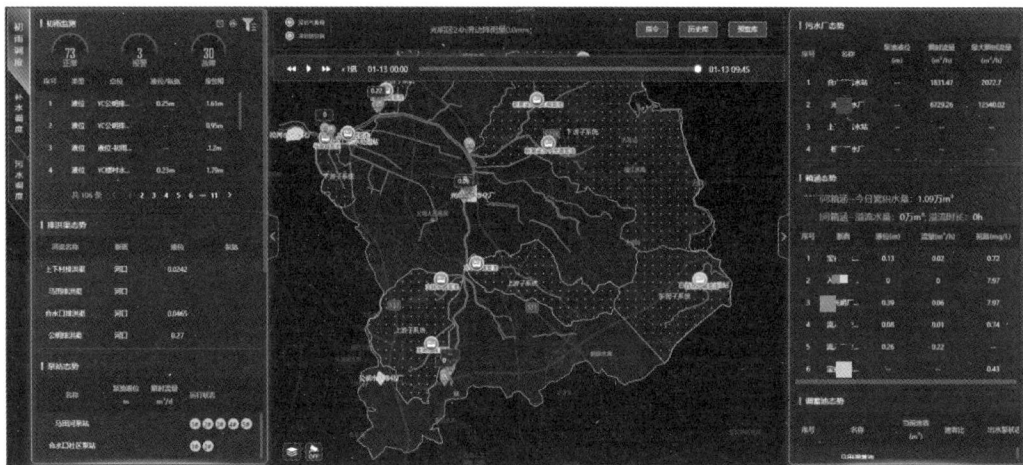

图 8-15　初雨系统调度

调度指令为闭环管理。预案库管理可对制定的预案进行管理，并对应到相应的事件。

（2）补水系统调度模块

补水系统调度的功能主要组成有"一张图"、调度指令管理及预案库管理。

"一张图"综合气象信息、补水管网的流量、压力监测数据、河道水质监测数据、区域内净水厂运行态势及补水泵站运行相关信息结合 GIS 信息进行综合"一张图"信息提供。

调度指令管理为闭环管理。预案库管理可对制定的预案进行管理，并对应到相应的事件（图 8-16）。

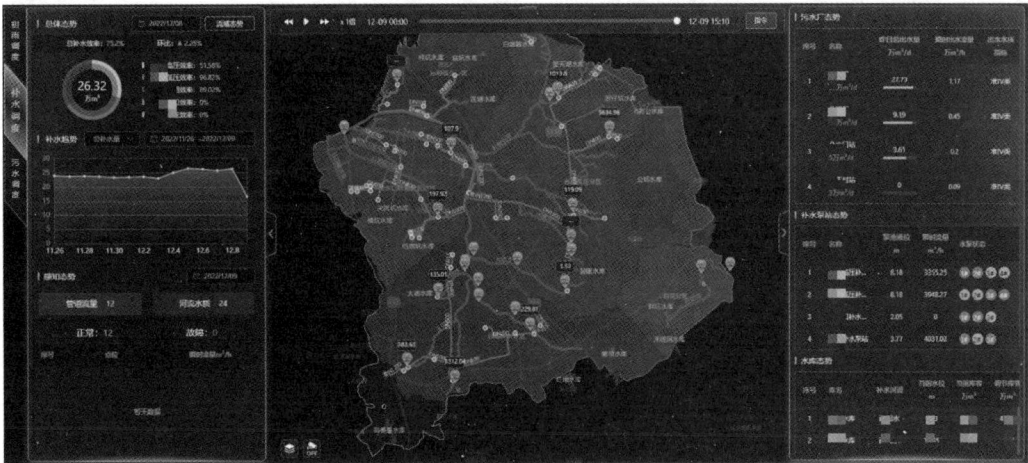

图 8-16　补水系统调度

（3）污水系统调度模块

污水系统调度以在线污水水力模型为驱动，结合污水系统相关监测数据及"一张图"展示实现模型仿真预测指导调度的功能。

利用水力模型和数据分析算法，实时评估污水系统运行状态，识别预测系统运行问题。主要功能有：

实现对大量监测设备运行状态的评估。利用算法自动评估设备状态，结果分为设备正常（蓝色），设备异常（橙色），设备故障（灰色）；正常运行的设备才会进入报警分析和状态评估流程。

实时评估污水系统运行状态。利用监测数据驱动模型计算，实时评估污水系统管网运行状态，形成专题图并展示。

预测污水系统潜在风险。基于长历时的模拟结果，预测污水系统运行的潜在风险，包括冒溢风险和淤积风险；高冒溢风险的检查井对抗过量污水以及雨水冲击的能力较弱，需要重点关注；高淤积风险的管道则是清淤工作的重点关注对象。

实时侦测污水系统运行问题，触发报警。结合模型和数据分析算法，侦测污水系统运行问题，触发系统报警，包括液位警告、淤积/塌陷警告、外水警告（图 8-17）。

实现对污水调度方案以及管网改造方案的评估。可对厂水量转输调度方案、临时性工程措施或是管道规划改造方案进行预评估，分析方案的可行性和合理性。

水质达标综合调度系统软件架构采用 B/S 架构＋App 模式，结合排水模型，提高了调度的效率，实现调度研判及管理。

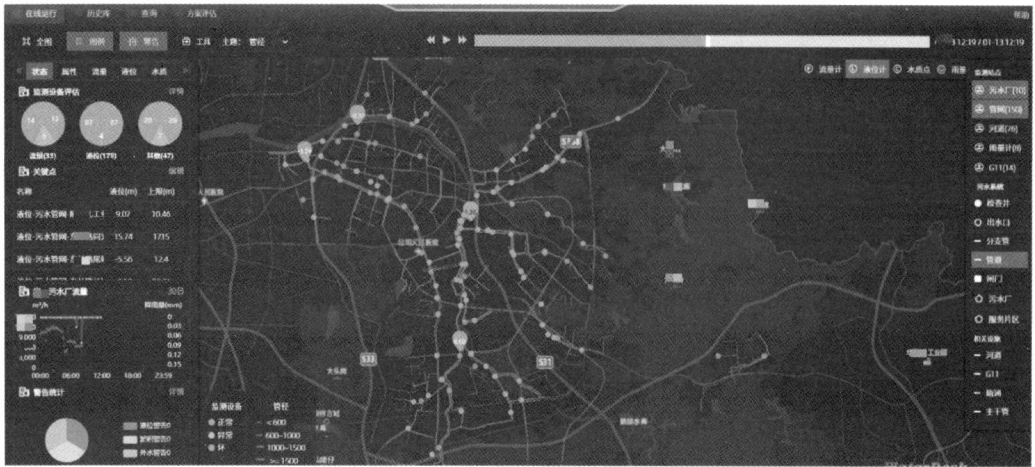

图 8-17　污水系统调度

8.4.3　基于水力模型的内涝预警及辅助决策

1. 项目概况

某水务集团目前正在探索水力模型辅助内涝风险预测机制的建立，基于此建设系统，聚焦内涝风险预测，利用气象预报数据，通过城市内涝模型演算实现内涝预警。目前已初步实现了模型线上化工作，为后续实时在线模型计算和预测预警工作奠定了基础。

自 2018 年开始，陆续完成了四个行政区的排水系统离线水力模型；2020 年在现有平台基础上，推动模型线上工作，进行了实时/预报数据对接和在线计算功能的开发，并将预测结果进行发布和展示。

2. 项目设计

项目以排水在线模型为核心计算引擎，通过与综合调度系统和外部气象接口的对接，获取地图和实时数据服务，利用气象预测数据提前进行灾害模拟仿真和预警，将预警结果进行展示并反馈给现有防洪排涝调度平台，融入现有业务信息化流程。最大限度地利用了当前的数据资源，提高智慧化决策能力（图 8-18）。

系统软件架构采用 B/S 架构，把排水模型从工具性软件，发展成服务性的系统，使用场景从偶发性的需求，变成日常工作，大大提高了模型的使用频率，拓展了模型在排水行业的应用空间，提高了排水系统的智慧化。

3. 项目实际应用及效果

该系统于 2021 年底基本搭建完成，并接受了汛期的试运行考验。汛期来临时，当系统接收到气象局的黄色暴雨预警信号时，自动触发内涝预警模块。系统根据预测降雨量，以及河道和管道上关键点的水位，驱动后台运算，计算出"风险点"的积水概率，

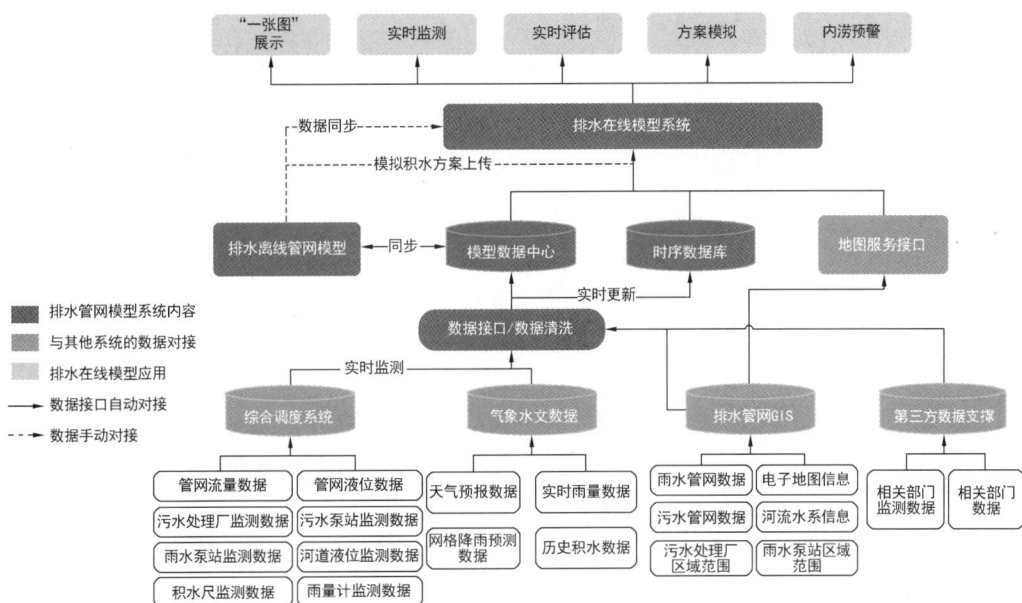

图 8-18　项目技术框架

推算出片区内涝风险。内涝风险高的区域将高亮显示，管网分公司可从 KPI 看板中查看区域当前时刻、未来 2h，以及今明后 3d 的内涝风险等级和预测积水量，合理制定内涝防治应急方案，有效开展内涝值守工作部署。

　　在某次防汛行动中，系统根据预测降雨数据，通过内涝模拟仿真，预测出某区在近两天均处于内涝高风险状态，且区域内有积水事件发生，及时通知防汛相关部门。根据预测结果，提前制定防涝预案，并做好相关防涝工作的部署（图 8-19）。

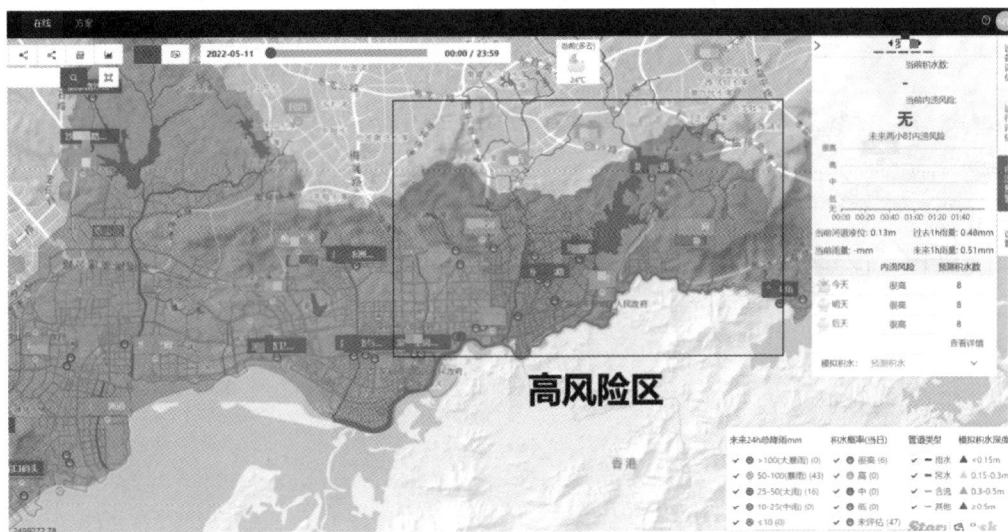

图 8-19　内涝模拟仿真

某日 1:00，系统接收到黄色暴雨预警信号，自动启动后台模型仿真计算，根据预测降雨，模拟出区内可能发生积水的位置、面积和深度；并将预测信息推送给该风险点的值守人员，要求其做好排涝准备工作（图8-20）。

图 8-20　内涝模拟仿真

当日凌晨降雨期间，值守人员上传现场积水照片，该区某处地面已有明显积水，车辆通行严重受限。事后复盘显示，内涝实际积水点位与模拟预测结果基本吻合，内涝预测相对准确。但内涝预测的精度与降雨预测精度关联性极高，降雨预报的准确性还存有提升空间。总体来说，系统自运行以来，内涝预测准确率达到了88％。

参考文献

［1］ 闫明，王红武，刘志刚，等．城镇排水系统运行效能评价指标体系的构建与研究［J］．环境工程学报，2023，17(10)：3124-3136.

［2］ 南京水务集团有限公司．供水调度工基础知识与专业实务［M］．北京：中国建筑工业出版社，2019.

［3］ 张自杰．排水工程（下）［M］．北京：中国建筑工业出版社，2015.

［4］ 中国测绘学智慧城市工作委员会．智慧水务应用与发展［M］．北京：中国电力出版社，2021.

［5］ 程彩霞．城镇排水与污水处理行业监管指标体系构建与优化［M］．北京：中国建筑工业出版社，2021.

［6］ 瑞斐拉·马托斯，艾德里安娜·卡多索，理查德·阿什利，等．排水服务绩效指标体系手册［M］．北京：中国建筑工业出版社，2013.

［7］ 广东省住房和城乡建设厅．城镇排水管网动态监测技术规程：DBJ/T 15—198—2020［S］．北京：中国建筑工业出版社，2020.

智慧水务建设与运营全过程探索及实践

深圳市光明区环境水务有限公司　编著

5

智慧供水排水水质监测与营销服务

中国建筑工业出版社

图书在版编目(CIP)数据

智慧供水排水水质监测与营销服务 / 深圳市光明区
环境水务有限公司编著. -- 北京 : 中国建筑工业出版社，
2025. 5. -- (智慧水务建设与运营全过程探索及实践).
ISBN 978-7-112-30929-0

Ⅰ. TU99-39

中国国家版本馆 CIP 数据核字第 2025DR0260 号

本书编写委员会
《智慧水务建设与运营全过程探索及实践》

主　　编：李宝伟

副 主 编：李　婷

编写成员：（按章节顺序排名）

第1册（第1章） 李　旭　张炜博

　　　　　（第2章） 王　欢　李　婷

第2册（第3章） 肖　帆　王文会　吴　浩

　　　　　（第4章） 廖思帆　朱信超　肖浩涛

第3册（第5章） 顾婷坤　姜　浩　吕　勇

　　　　　（第6章） 潘铁津　郭　姣　张素琼

第4册（第7章） 单卫军　范　典　李羽颀

　　　　　（第8章） 解　斌　曹玉梅　邱雅旭

第5册（第9章） 郭　琴　赵　旺　彭　影

　　　　　（第10章）罗　伟　戴剑明　符明月

审　　稿：杜　红　李绍峰　王　丹　金俊伟　汪义强

　　　　　戴少艾

前　言

近年来，国内水务的发展历经了自动化、信息化阶段，正逐步向数字化、智能化方向发展。国家、地方、行业各个层面陆续出台一系列政策，在顶层愿景、目标和发展战略层面，为水务行业数字化转型提供了明确的方向指引和强有力的支撑，营造了良好的发展空间。随着数字中国建设的兴起，物联网、大数据、5G、人工智能等数字技术蓬勃发展，不少供水企业将数字技术运用到智慧水务建设中，不断构建水务数字化运营场景，改变传统以人工为主的运营模式，加速推动智慧水务发展新格局。尽管水务企业在智慧水务发展方面取得了长足的进步，如生产更加精益、管理越发高效、服务趋向便捷、决策逐渐智能，但仍面临着行业创新发展、转型方向、业务与信息融合、长效发展保障等诸多挑战。

在数字经济与生态文明深度融合的时代背景下，深圳市光明区环境水务有限公司以"打造全球水务创新管理新典范"为使命，通过战略性数字化转型重塑传统水务行业格局。作为中国供水排水领域改革的先行者，该公司以"一网统管"为核心理念，构建了覆盖供水、排水、水厂、管网、河湖库的全要素智慧水务体系，成功实现从"传统运营"向"互联网＋环境水务"现代化企业的跨越式发展。通过智慧水务系统和管控平台建设、组织架构调整、薪酬优化，实现环境水务设施"一网统管"，即"线上通力配合，线下高效协同处置"，以组织架构构建智慧平台，提供"一中心一平台"运营支撑，实现"供水排水一体化、厂网河湖库一体化、涉水事务一体化"，于2023年实现数字化转型，完成全业务人在线、物在线、服务在线。其"供水业务管理系统项目"获得2018年地理信息科技进步奖，"智慧水厂建设项目""光明区智慧水务一阶段项目""智慧水质净化厂建设项目"先后入选2022、2023年度住房城乡建设部智慧水务典型案例。2024年获得DAMA China国际数据管理协会-中国分会数据治理最佳实践奖、广东省政务服务和数据管理局2024年"数据要素 x"大赛广东分赛城市治理赛道优秀奖。

本书围绕国家相关数字化转型要求，结合水务行业实际发展需求和数字化发展水平，针对智慧水务全过程建设与运营理论多、实战体系化经验少的现状，总结了涉水事务一体化企业多年来在运营管理创新模式和供水排水全业务一体化智慧运营的长期投入和实践成效，以期为国内外水务行业相关技术人员、运营管理人员、职业技能院校提供借鉴参考。

本书包括5册，分别为：智慧水务概述与 IT 技术、智慧供水排水厂站建设与运营、智慧供水排水管网运营、智慧供水排水一体化调度、智慧供水排水水质监测与营销服务。

针对智慧水务建设与运营全过程，从智慧水务发展趋势切入，总结相关智慧水务要求和 IT 技术；从厂站网建设与运营出发，系统阐述供水排水市政设施数字化从无到有、从有到用、从用到好用的实战经验；以水质水量的高效监督管理与保障服务为初心，详细阐述数字化在水质监测与管理、供水排水一体化调度、供水排水营销与服务等方面典型应用案例与成效。全书各篇章从技术方案、实施路径等方面提供了详细的方法论，同时分享了各个场景下的典型应用案例，以期为国内外同行提供借鉴参考。

本书由深圳市光明区环境水务有限公司组织编写，深圳市水务（集团）有限公司、深圳职业技术大学参与编写。

本书的编写工作得到了陈铁成、贾志超、李辉文、唐树强、钟豪、黄捷、陶剑、谷俊鹏、黄梦妮、谢端、于宏静、龙昊宇、吴浩然、姜世博、郑军朝的支持和指导，在此谨表示衷心感谢！

由于本书内容主要来自涉水事务企业一体化智慧运营与数字化转型的实地总结，部分技术和应用仍有待于完善和丰富，加之编者水平有限，不足之处，敬请读者批评指正。

编者

2025 年 4 月于深圳

目 录

第 9 章

智慧供水排水
水质监测与管理

9.1 智慧供水排水水质监测与管理概述

9.1.1 水质监测与管理定义及内容

1. 基本定义

水质监测与管理涵盖对河流、湖泊、水库、地下水等各类水体的全面系统性监督与调控工作，以既定的环境标准为基准，旨在确保符合各类用水需求。在市政供水排水领域，水质监测贯穿取水、制水、输配水以及污水收集、输送、处理后的排放和再利用等各个环节，实现全方位全生命周期的水质监测。而水质管理则侧重于供水排水全过程中水质的管控策略，包括定期的水质评估和水质异常时的应急处置等。本章节主要对市政供水排水的水质监测与管理进行阐述。

2. 基本内容及目标

传统水质监测与管理主要涵盖对水源、供水厂、供水管网、二次供水、用户终端、排水管网、污水处理厂（也称水质净化厂）及河道等关键环节的监督与管理。在供水全流程中，通过系统性地对水源地、供水厂、供水管网、二次供水设施以及用户终端等各环节进行水质监测与管控，确保自来水供应的持续、稳定与优质。相应地，在排水全流程中，则集中对排水管网、污水处理厂及河道等关键环节进行严密的水质监测与管理，从而确保水环境质量达到既定标准与要求，进一步促进水环境生态平衡和水资源的可持续利用。

9.1.2 水质监测与管理发展趋势

针对传统水质监测与管理，在水质监测及报警环节，主要依赖人工采样与实验室人工检测，数据反馈较为滞后；在数据集成与分析方面，手动整理数据不仅效率低下而且容易出错；而在水质管控方面，过于依赖人工经验，水质监测与管理作业缺乏标准化和流程化，导致应急处置滞后，难以形成有效闭环管理。

随着科技进步，水质监测与管理正朝着信息化、数字化、智能化方向迈进。在水质检测感知层方面，智慧化、少人化的检测趋势已显现，显著提升了监测效率与数据质量。在数据分析层面，通过信息系统高效交互，实现监测数据的快速获取。而在数据应用层面，通过信息系统高效交互，实现全流程水质线上闭环管控，从而大幅提升城市供水排水系统的水质安全与可靠性。

9.1.3　智慧水质监测与管理

1. 目标及意义

智慧水质监测与管理运用先进传感器技术、大数据分析、人工智能及高效信息交互等手段，旨在解决传统人工检测效率低下、数据处理能力不足、应急响应迟缓的问题，从而全面提升城市供水排水系统在实时监测、数据分析、水质闭环管控及应急处置方面的效率，实现水质的有效监管、高效应对和智能化决策。

2. 主要内容

目前，智慧水质监测与水质管理体系主要涵盖底层水质监测感知技术、水质数据管理及信息化管理平台等方面。

底层水质监测感知技术已由传统的化学检测法、传感器检测法，逐步发展至光学检测技术，并与人工智能算法相结合，构建出更为精准的感知系统。随着场景需求演变，现已开发出在线仪器仪表、全自动实验室或监测站、遥感式无人机、全天候无人船等多样化的检测方式。这些方式利用新一代通信技术、高分遥感卫星以及人工智能等先进手段，提升了监测设备的自动化与智能化水平，从而打造出实时在线的环境监测监控系统，实现了水网的全覆盖、高精度、多维度及安全监测。

在构建智慧水质监测与管理数据层时，以实验室和在线水质监测数据为基础，借助LIMS 系统、物联网平台等工具，实现对供水排水水质数据的采集，进而实现水质的实时在线监测。此外，监测数据可通过互联网实时传输至监测中心或相关部门，以便及时发现并解决水质问题，从而使监测工作更为便捷高效。

智慧水质监测与管理平台依托于不同信息系统间的高效交互，实现了水质数据的"线上监测＋线下检测"管理模式，同时还实现了对关键控制点的全面管控，提供实时预警、工单快速响应及闭环处置等智能化全流程管理，从而大幅提升水质管理效率。

9.2　全流程水质监测与管理

9.2.1　标准与规范

1. 供水相关标准及规范

生活饮用水水质应符合《生活饮用水卫生标准》GB 5749—2022 中的基本要求，即不应含有病原微生物；化学物质不应危害人体健康；放射性物质不应危害人体健康；感官性状良好；应经消毒处理；应符合水质常规、扩展指标对应的限值要求等。除国家标准外，《城市供水水质标准》CJ/T 206—2005、《城镇供水水质在线监测技术标准》CJJ/T 271—2017 等行业标准，以及某些地区发布的地方标准，对生活饮用水水质均作出了明确要求。

此外，水源水质也应符合相关标准。当采用地表水源时，水质应符合《地表水环境质量标准》GB 3838—2002 的要求；当采用地下水源时，水质应符合《地下水质量标准》GB/T 14848—2017 的要求。

供水水质指标的检测方法参照《生活饮用水标准检验方法》GB/T 5750—2023 执行。

2. 排水相关标准及规范

江河、湖泊、运河、渠道、水库等具有使用功能的地表水水质，应满足《地表水环境质量标准》GB 3838—2002 水环境质量相关指标及限值。水质评价、水质项目的分析方法和标准的实施与监督也应符合该标准。

污水处理厂出厂水水质则须符合《城镇污水处理厂污染物排放标准》GB 18918—2002、《污水综合排放标准》GB 8978—1996、《污水监测技术规范》HJ 91.1—2019 等标准的要求。

目前排水水质指标的检测方法参照《水和废水监测分析方法》（第四版）、《水和废水标准检验法》执行。

9.2.2　监测及预警

水质监测范围十分广泛，包括地表水、供水厂、供水管网、二次供水设施、用户终端、排水管网、污水处理厂等。目前，水质监测按检测方法可分为实验室检测和在线监测两类。

1. 实验室水质检测

传统实验室水质检测主要依赖于人工检测。人工检测主要按照采样、根据相关标准规范进行检测并判定水质结果、进行数据审核并上报等方法流程，人为完成水质监管过程闭环。在检测过程中，往往需要借助光谱分析仪器（如紫外/可见光谱光度计和质谱仪）、电化学分析仪器（如 pH 计和电导率仪）等设备获取水质数据。

供水系统水质检测指标按水质标准主要分为微生物指标、毒理指标、感官性状和一般化学指标、放射性指标四大类。排水系统水质检测项目则按照排污许可证、污染物排放（控制）标准、环境影响评价文件及其审批意见、水环境质量标准及其他相关环境管理规定等明确要求的污染控制项目分为两大类，一是反映水质状况的综合指标，如温度、色度、pH、电导率、悬浮物、溶解氧、化学需氧量和生化需氧量等；二是毒害性指标，如酚类物质、氰化物、砷化物、重金属和有机农药等。

常见的水质检测方法按检测手段区分，可分为化学分析法、仪器分析法及微生物培养法三大类。在水质监测中，往往需确定水样中所含待测对象物的浓度，故更多采用化学定量分析法，其中又以滴定分析法为主。高锰酸盐指数、化学需氧量、总碱度、总硬度、氯化物等指标，均可选择滴定分析法进行测定。

仪器分析法种类繁多，总体上可分为光学分析法、电化学分析法、色谱分析法。分光光度法、原子荧光法、发射光谱法等均属于光化学分析法。水质中的总氮、总磷、氨氮、硝酸盐氮、亚硝酸盐氮、正磷酸盐、硫化物、铝、锰、六价铬、石油类、阴离子表面活性剂、游离氯、总氯、重金属等指标的测定均可选择光学分析法。电化学分析法多应用于 pH、溶解氧、五日生化需氧量、电导率、氟化物等指标的测定。色谱分析法多应用于消毒副产物、农残等指标的测定。

微生物培养法常用的方法有平皿计数法、滤膜法、多管发酵法、酶底物法等，主要应用于菌落总数、总大肠菌群、耐热大肠菌群、大肠埃希氏菌的检测。

2. 在线水质监测

在线水质监测是一个综合性的实现在线自动监测、预警、数据采集的监测系统。与传统实验室检测相比，水质在线监测可以实现水质的实时连续监测和远程监控，达到及时监控水质状况、预警预报水质突变或污染、自动处理上传监测数据等目的。在线监测在一定程度上提高了数据的准确度，避免了传统方法的主观性、监测范围局限性、难以应对突发性水质污染等问题。

常见的供水排水在线监测项目主要有水位、流量、水温、pH 等。此外，常见的供水在线监测项目还包括浊度、游离氯、总氯、电导率、氨氮、总锰等。排水在线监测项目主要包括溶解氧、电导率、化学需氧量、总有机碳、总磷、总氮、硝酸盐、金属离子等。具体监测项目的选择主要根据供水水质特征和污（废）水排放类型，参照国家标准结合实际需要确定。

水质在线监测系统在设计与维护过程中需要考虑以下几点：

（1）系统结构。系统要能够达到设计期望目标，经过功能提升和性能扩展最终投入到实际水质监测中去，同时还需要考虑成本节约问题。

（2）传感器选择。传感器种类繁多，功能存在差异，根据不同功能选择不同型号传感器尤为重要。

（3）节点放置。在能够保证其既能够准确检测到指标数据又不会使药品腐蚀或被水流冲击而破坏的位置放置节点。

（4）系统的抗干扰能力。衡量系统的好坏的一个重要指标是系统监测精度，而影响系统精度的一个重要原因是自身或者外界干扰，所以抗干扰能力在水质监测系统非常重要。

（5）系统功能的扩展。需要考虑系统性能的升级和功能的扩展，在系统硬件设计时需要考虑给予硬件一些扩展余地。

（6）系统采用无线通信的方式进行数据传输。有线传输需要排布大量电缆，从设计或维护角度上都十分困难，因此尽量采用无线的方式。

在线监测仪表分析方法的选择应该以国家标准方法为主，首先应考虑方法的可靠性和稳定性，其次再考虑方法的先进性和实现成本。分析方法的选择对检测结果影响较大，不同方法之间存在较大差异，因此，为了便于对比水质数据，应尽量选择国家标准相关方法。

3. 水质预警

水质预警是有效预防和控制水质突发事件，最大限度减少可能造成的损失的重要手段。水质预警通过研究区域内水质数据，分析其变化趋势并预测下一阶段水质的变动状况，明确水质变化趋势，进而为后续水质问题以及其他综合性状况的规划提供借鉴与参考，达到出现问题时能够第一时间采取措施加以处理的目的。

水质预警主要分为供水和排水两类。供水水质预警范围覆盖水源地、供水厂及供水管网。其中，水源地通过理化指标和生物监测等途径实现数据监测及预警；供水厂利用在线仪表监测及模型等技术，实现对关键水质指标的报警，并分析判断水质事故的影响范围、危害程度、持续时间等，实现水质预警；管网以水力模型为基础，模拟不同指标在管网中的变化，从而实现预警。

排水水质预警在全年出水在线监测数据变化规律的基础上，建立预警阈值确定方法，综合分析排水系统泵站、污染源和污水处理厂进水水质特征，构建综合预警模型。

9.2.3 风险识别与管控

水质管理与社会水循环密切相关，通过对社会水循环中水源、供水厂、供水管网、二次供水、用户终端、排水管网、污水处理厂、河道各环节进行全流程水质监测与管控，保障城市水资源的开发利用，维护水质的健康和安全（图9-1）。

1. 水源水质风险与管控

（1）水源水质风险

水源分为地下水源和地表水源两大类。地下水源包括潜水（无压地下水）、自流水（承压地下水）和泉水，地下水水源水质不得低于《地下水质量标准》GB/T 14848—2017的要求。地表水源包括江河、湖泊、水库和海水，需满足《地表水环境质量标准》GB 3838—2002的相关要求。不同水源存在的水质风险不尽相同，这些风险对整个给水系统的组成、布局、投资及维护运行等方面产生重大影响。

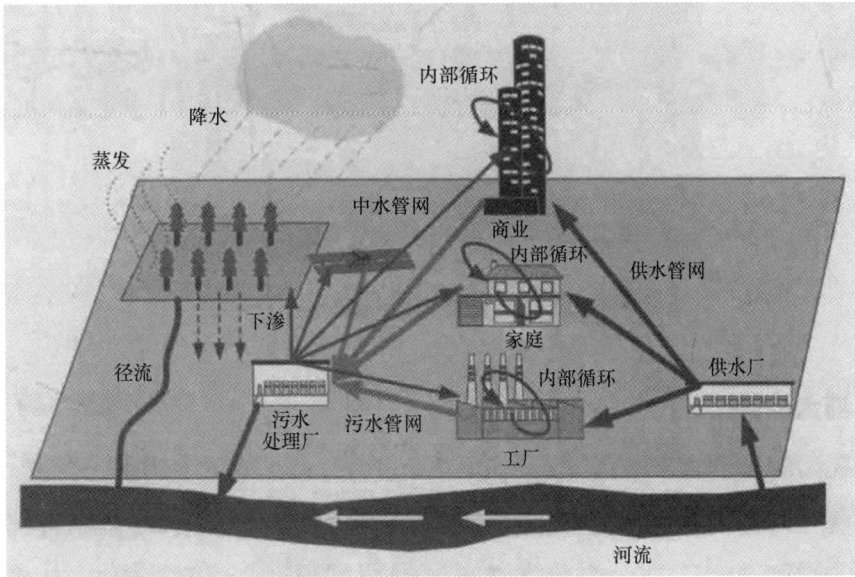

图 9-1　城市水循环示意图

1）地表水源水质风险

大部分地区的地表水源流量较大，由于受地面各种因素的影响，易受到地表环境污染，其水质水量呈现明显的季节性变化特征，存在浑浊度、嗅味化合物、含盐量偏高，色、臭、味变化较大等水质风险。

江河水受自然条件影响，水中悬浮物和胶态杂质含量较多，浑浊度较高。另外，受工业废水、生活污水及各种人为污染的影响，江河水的色、臭、味变化较大。

湖泊及水库水由于其流动性小、透明度高，给水中浮游生物特别是藻类的繁殖创造了良好条件，夏季气温高时，江河和湖库边易滋生红虫（红虫是摇蚊的前身），其中受污染的水尤其有利于摇蚊幼虫的繁殖和生长。由于湖水不断得到补给又不断蒸发浓缩，因此湖水含盐量比河水高，干旱地区内陆湖由于换水条件差、蒸发量大，含盐量往往更高，微咸水湖和咸水湖含盐量在 1000mg/L 以上甚至数万毫克每升。

海水含盐量高，一般高达 6000～50000mg/L，而且所含各种盐类或离子的质量比例较固定。其中，氯化物含量最高，约占总含盐量的 89%，硫化物次之，再次为碳酸盐，其他盐类含量极少。海水须经淡化处理才可作为居民生活用水。

2）地下水源水质风险

大部分地区的地下水由于受形成、埋藏和补给等条件的影响，具有水质澄清、水温稳定、分布面广等特点，尤其是承压地下水（层间地下水），其上覆盖不透水层，可防止来自地表的渗透污染，具有较好的卫生条件。

水在地层渗滤过程中，大部分悬浮物和胶质已被去除，水质清澈，且水源不易受外

7

界污染和气温影响，因而水质、水温稳定。由于地下水流经岩层时溶解了各种可溶性矿物质，因此水的含盐量通常高于地表水（海水除外）。地下水径流量较小，有的矿化度和硬度较高，部分地区可能出现铁、锰、氟、氯化物、硫酸盐、硝酸盐、各种重金属或硫化氢等物质含量较高的情况。

（2）水源水质管控

针对地表水水源的管控措施主要包含以下5个方面：

1）政策上完善水源保护相关法律法规，制定当地水源地保护规划，对水源地进行分级保护，建立严格的环境保护制度和水质排放标准，加强对农业面源污染、工业废水排放等污染源头的监管和治理。

2）建立流域管理机构，协调各部门和利益相关方，制定综合整治方案，深入治理流域内的污染源。

3）加强水源水质监测及预警，构建水源水质监测预警体系，提高水污染事件应对能力。

4）开展水体生态修复与保护，建立生态保护区，保护和恢复水体生态系统的功能，提高水质自净能力。

5）针对某些特异性水源水质问题，可以通过水源调度、应急药剂投加、扬水曝气等措施针对性地削减水质风险。

针对地下水水源的水质管控措施包含以下5个方面：

1）采取源头控制措施，如建立和完善工业和农业污染物排放标准，加强对污染源的监管。

2）地下水保护区管理，例如划定地下水保护区域，并制定相应的管理办法和措施，限制非法开采和占用，保护地下水资源。

3）加强地下水监测与预警，通过建立地下水监测网络，采取定期监测和分析，建立预警机制，及时发现和应对潜在的水质问题。

4）对深层地下水开采进行合理规划，制定严格的管理措施，避免深层、浅层水体的交汇和混杂。

5）针对地下水污染问题，采取适当的污染治理和修复措施，如原位氧化、生物修复等技术，恢复水质稳定。

2. 供水厂水质风险与管控

（1）供水厂水质风险

供水厂是给水工程的重要组成部分，其根本任务是以比较先进的技术和合理的成本，保证供水水量、水质、水压能够最大限度地满足城镇生活、生产用水需求。原水经供水厂工艺处理后，水质需满足《生活饮用水卫生标准》GB 5749—2022 的要求。若当地有发布地方标准，还需满足当地水质要求，例如深圳、上海等地均已发布地方水质标准。供水厂水质风险主要来自外部水源水质变化及内部供水厂运维管理不当等方面，易对出厂水水质造成不利影响，引发出厂水水质超标风险。

1) 外部水源水质季节性变化或突发性水质污染，对供水厂处理工艺冲击较大。例如，原水微生物、藻类、桡足类等大量繁殖，易引发出厂水微生物、嗅味等指标异常；原水铁、锰、pH、重金属等指标超标，易引发出厂水色度、pH 等指标异常。

2) 内部供水厂运行净水药剂存储不规范或药剂质量不合格，关键设备设施操作或维护管理不当，事故应急能力不足等，均会影响出水水质。例如，加药设施、排泥设施、自动控制系统故障等，导致水处理设施无法发挥效能；净水药剂重金属超标，导致供水厂水质二次污染。

（2）供水厂水质管控

在供水厂运营过程中，水质管控对于确保出厂水安全达标具有至关重要的作用。供水厂在结合原水水质特性选择适当的处理工艺基础上，从水质监管角度，应构建一套科学、系统的水质管理体系，从制定严格的水质管理制度、加强全流程监测预警、做好设备管理及维护、强化工艺控制以及提升应急管理能力等方面，全面提升水质管控水平，确保出厂水的安全稳定供应。

1) 制定并执行严格的水质管理制度，涵盖明确各级管理人员的水质管理职责与分工，实现任务到人、责任明确。同时，规范化水质管理工作的标准操作流程，确保所有环节均遵循行业规范与标准，最大化降低操作过程中的不确定性，进而为供水厂实现智慧化生产运营夯实基础。

2) 强化生产全流程水质监测与预警系统建设。通过实施在线监测技术，实时追踪原水、过程水及出厂水的关键水质指标，确保及时发现并应对潜在的水质风险。同时，建立完善的预警响应机制，以便在水质发生异常时能够迅速启动紧急预案，有效控制风险扩散。

3) 在设备管理层面，应制定全面的设备管理制度，涵盖设备档案记录、定期巡检计划、维护保养流程等诸多方面，以确保所有水处理设备均处于良好的运行状态，为水质安全提供坚实的硬件保障。

4) 针对不同原水水质特性，实施精细化的工艺控制措施，包括调整预处理药剂的投加策略、优化混凝与消毒工艺参数，以及合理设定排泥与滤池反冲洗周期等。通过科学、精准地操作提升水处理的效能，确保出厂水水质稳定与可靠。

5) 强化供水厂应急管理，制定应急预案和应急处置方案，并定期组织应急演练，提高应急处理的响应速度和准确性，确保在突发事件发生时能够及时有效地应对。

3. 供水管网水质风险与管控

（1）供水管网水质风险

供水管网是指将处理好的水送至用户的管道及附属设施。自来水经过供水管网系统到达用户要经历复杂的过程，出厂水水质调控不当、供水管材选择不当及管龄过长、供水管网运行维护不当等，均会对管网水质造成不利影响，引发"黄水""黑水"等水质事故，造成管网水质污染。

1）出厂水水质对管网水质的影响。出厂水 pH、碱度、腐蚀性阴离子等水质参数是铁质管道腐蚀的重要影响因素，如调控不当则会加速铁质管道腐蚀，促进供水管网中铁的释放，严重时甚至引发"黄水"现象。若出厂水中锰含量过高，在管网中被氧化成二氧化锰并沉积于管壁，形成粒膜状泥渣，当管网的水力条件发生变动时，则可能导致泥渣剥落而产生"黑水"问题。若出厂水有机物含量过高，或加氯量不够，则可能导致管网中细菌、大肠杆菌等微生物大量繁殖，从而影响管网水质。

2）供水管材管龄对管网水质的影响。无论是何种管材，随着管道运行时间的增加，管道都会发生不同程度的腐蚀、结垢或其他物理、化学、生物反应，导致污染物从管壁释放到水中，影响供水水质稳定，严重时甚至造成水质污染事件。一般来说，当管网水质属于低碱度、低硬度的腐蚀性水质时，金属管材腐蚀易引发"黄水"问题；非金属管材对供水管网水质的影响主要表现为部分污染物质的析出，例如塑料管中化学物质的析出。

3）供水管网运行维护对管网水质的影响。管道的运行维护主要包括供水调度、停水管理、管网冲洗以及维修抢修等，操作不当容易引起管网内水流方向改变以及二次水质污染，导致水中金属氧化物、颗粒物、浊度等含量急剧上升，出现"黄水""黑水"等水质事故。

（2）水质管控

针对供水管网存在的水质风险，可采取的管控措施如下：

1）加强出厂水水质管控，为管网水水质变化保留一定裕度。

2）通过供水管网更新改造等工程措施降低因管网布局不合理、管材使用不当等引起的管网水质风险。在管网更新改造中，应合理控制流速，尽可能避免出现"盲肠管"等水力滞留管段。大口径供水管道宜进行管网模拟计算，优化管道的空间布置、走向及管径大小。供水管材应根据现场环境选用卫生性能好的优质管材，同时在施工过程中做好质量控制、安全控制、并网管理、水质后评价等。

3）管网运行管理方面，应充分利用信息化手段实现供水管网的科学布局，合理规划在线监测点，监测指标一般应包括浊度、pH、余氯、压力、流量等。同时，应优化供水调度、强化停水管理以及管网冲洗。其中，管网冲洗是目前预防和处理管网水质事故的主要手段之一。

4）强化供水管网水质应急管理，例如制定应急预案和应急处置方案，并定期组织应急演练，提高应急处理的响应速度和准确性，确保突发事件发生时，工作人员能够及时有效应对。

4. 二次供水设施水质风险与管控

（1）二次供水设施水质风险

二次供水是当民用与工业建筑生活饮用水对水压、水量的要求超过公共供水管网能力时，通过储存、加压、消毒等设施经管道供给用户的供水方式。二次供水设施的存在，会延长自来水的停留时间，并且由于设施本身的因素，例如管道及贮水装置材质选用不当，设施设计或施工不规范、管理不善等原因，可能造成污染物渗入，对用户端的水质安全造成不利影响。

1）管道材质、贮水装置材质选用不当。采用易腐蚀金属材质，除可能引发铁锈释放导致的"黄水"问题外，还容易引起设施的爆裂渗漏，水质极易受到污染。

2）设施设计或施工不规范，贮水设备结构不合理。例如，贮水池进水口与出水口不宜设在同一位置，否则容易使水池的另一端成为死水端，导致微生物大量繁殖，造成二次污染。

3）二次供水设施管理不善，未开展水质监测管理，按规范进行清洗、消毒，致使水质逐步恶化。例如，屋顶水箱缺乏维护，水箱盖板长期打开，没有定期的治理措施；贮水设备的配套不完善，如人孔盖板密封不严密，埋地部分无防渗漏措施等，都极易导致外来污染物渗入以及微生物的生长繁殖，影响水质稳定。

（2）水质管控

针对二次供水存在的水质风险，可采取的管控措施如下：

1）规范二次供水设施的设计和施工，建设满足行业、地方有关标准要求，并规范施工过程管理。

2）加强二次供水水质监测与运行管理，宜建立水质在线监测预警系统，对其水质实施在线监测，当水质未达标时，能自动报警，充分利用信息化手段实现二次供水设备（施）的智能化巡检，并以人工巡检为辅助。

3）强化二次供水水质应急管理，例如制定应急预案和应急处置方案，并定期组织应急演练，提高应急处理的响应速度和准确性，确保在突发事件发生时能够及时有效应对。

5. 用户终端水质风险识别与管控

（1）用户终端水质风险

用户终端是供水全流程的最后一个环节，可能因内部供用水设施的建设及维护不当引发色度、浑浊度、肉眼可见物、臭和味等水质指标超标，引起居民感观不适。

1）二次供水水箱至用户终端管网施工不规范、管材不合格、设施老化。

2）家用生活饮用水因管道内产生虹吸、背压回流而受污染，非饮用水或其他液体混入生活给水系统。

3）不注意用水点环境卫生，用水设备日常维护不当等。

（2）水质管控

针对用户终端存在的水质风险，可采取的管控措施如下：

1）用户前端输配管网水质应满足标准要求。

2）用户供水管网及附属设施的建设及供水材料选择等方面应满足国家行业及地方有关标准与要求。

3）供水管网及其附属设施应妥善维护，保证用户端的生活饮用水安全、卫生。

4）行业主管部门应加强用户安全用水宣传，引导用户科学用水。

6. 排水管网水质风险与管控

（1）排水管网水质风险

排水管网系统是收集和输送废水的设施，把废水从产生处收集、输送至污水处理厂或出水口。因企业生产废水排放不当、排水系统故障以及排水管网体制差异等原因，导致不符合水质标准的污废水排入排水管网，将对后续污水处理厂工艺造成冲击，或对受纳水体造成污染。

1）企业生产废水排放不当。例如生产废水未经处理直接排放、污水处理设施运行异常、企业发生风险事故应急排放等原因，导致排水管网水质异常，无法满足后续污水处理厂进水水质要求，对净化厂工艺造成冲击。

2）排水系统发生损漏、雨污混流或河水倒灌。例如部分城镇排水管线沿河铺设，因城市景观河水水位上涨、排水管线破损等原因，造成雨水、河水等灌入城镇排水系统，造成COD、氨氮等污染物浓度大幅度下降，影响污水处理厂生化系统运行。

3）不同的排水管网体制，均可能会对受纳水体造成污染。例如合流制排水管网由于长期有污水流动，降雨强大时可能导致合流制溢流，雨污混合物进入水体；而分流制在小雨时会将初期雨水排入河道，进而影响受纳水体水质。

（2）水质管控

针对排水管网存在的水质风险，可采取的管控措施如下：

1）通过采取清污剥离、管道修复、错接整改等工程措施，解决排水管网系统结构问题。

2）加强排水管网运营管理，主要包括排水户管理、雨污分流管理、提质增效管理、干管液位管理、排水防涝管理、污水零直排建设等内容。

3）加强全过程监测与管控，通过安装监测装置和建立监测网络，对排水管网的水质进行实时监测和控制，及时发现水质异常，采取一定措施调整运行方式。

4）强化排水管网水质应急管理，例如制定应急预案和应急处置方案，并定期组织应急演练，提高应急处理的响应速度和准确性，确保在突发事件发生时能够及时有效应对。

7. 污水处理厂水质风险与管控

（1）污水处理厂水质风险

污水处理厂是指采用各种技术与手段，将污水中所含的污染物质分离去除，实现资源化回收利用；或将其转化为无害物质，使污水得到净化。污水处理厂水质风险主要来自外部排水管网水质变化及内部污水处理厂运维管理不当等方面，易对污水处理厂出水水质造成不利影响，引发污水处理厂出水水质超标风险。

1）外部排水管网水质不满足排放要求，导致污水处理厂污染物进水浓度异常。以 A2/O 系统为例，进水 pH 过高或过低，均会影响微生物正常生长；COD 浓度过高导致碳氮比失衡，而氨氮浓度过高会抑制硝化菌生长，影响脱氮效率。

2）内部净化厂药剂存储不规范或药剂质量不合格、关键设备设施操作或维护管理不当、事故应急能力不足等，均会影响出水水质。

（2）水质管控

针对污水处理厂水质管控主要分为两类：

1）在设计阶段，应根据进水水质特点及出水水质标准要求，选择合适的工艺技术路线。

2）加强污水处理厂的运行管理，主要包括以下方面：①制定水质管理制度，明确水质管理责任与分工，规范水质管理工作的流程和操作；②加强生产全流程水质监测及预警；③加强设备管理与维护，建立设备管理制度，包括设备档案管理、巡检记录、维护保养计划等，确保设备的正常运行和维护；④强化工艺控制，如进水水质异常或出水水质异常时，分别采取对应运行调整措施；⑤强化污水处理厂应急管理，例如制定应急预案和应急处置方案，并定期组织应急演练，提高应急处理的响应速度和准确性，确保在突发事件发生时，供水厂工作人员能够及时有效应对。

8. 河道水质风险与管控

（1）水质风险

污水经过净化处理后，排放水体是污水的自然归宿。由于水体具有一定的稀释与净化能力，使污水得到进一步处理，是最常用的出路。点源及面源污染是导致河道水质超标的主要因素，会降低水体的净化能力，造成生态系统破坏。

1）点源污染。例如，污水处理厂出水水质超标；区域污水管网互联互通保障性不足、污水处理应急处置保障能力偏低、排水管网本身结构性缺陷等造成排水管网高水位和污水渗漏，污水溢流入河；河道偷排导致污水入河等造成水体污染。

2）面源污染主要指农田径流带入的肥料、农药对河流、水库的污染，以及随大气扩散的有毒有害物质，由于重力沉降或雨淋进入水体等，面源污染均会造成水体污染。

（2）水质管控

针对上述水质风险，可采取如下措施加强河道水质管控：

1）加强河道巡查，巡查范围包括河道的水域、排口、河床、补水口、初雨箱涵闸门、沿途涉河工程等，同时针对河道水情、河道偷排现象、污水或黄泥水入河现象进行重点排查。

2）加强水质水量监测，按要求对重要监测断面及重点监测指标进行监测。

3）统筹排水调度，当巡查和监测中发现河道水质超标，配合工程类整改，采取高效联动厂网河库站池进行排洪渠调度、补水调度、调蓄池调度方式，使得河道水质快速达标，实现河道水质长治久清。

4）加强河道水质超标应急处置，具体包括应急流程及时限设置、制定应急措施等。应急措施采取原则为尽可能减轻或消除污水入河的影响，防止污染进一步扩大，具体包括溯源排查、封堵排污口、抽排或倒排、清淤、应急补水/水体交换、应急监测等技术手段。

9.2.4 应急管理

水质应急管理是指为应对供水排水处理、经营，以及对用户的健康安全造成严重威胁或影响的水质突变事件、事故或灾害所采取的应急管理措施。

根据突发事件的预防、预警、发生和善后四个发展阶段，水质应急管理可分为预防与应急准备、监测与预警、应急处置与救援、事后恢复与重建四个过程。水质应急管理应与智慧水质监测与管理平台联动，利用自动、实时的在线水质监测系统与水质模型为应急管理工作赋能。

1. 预防与应急准备

预防与应急准备工作包含建立健全突发事件应急预案体系、建设水质突变应急基础设施、排查和治理突发事件风险隐患、组建培训专兼职应急队伍、开展应急知识宣传普及活动和应急演练、建立应急物资储备保障制度等。

水务企业应当对企业内部水质突变事故进行风险辨识，掌握可能发生的水质突变事故，建立高效、快速的应急处理反应机制，最大限度地减少事故可能造成的损失，保护人民生命财产安全，维护社会稳定，保障经济发展。

2. 监测与预警

水务企业应当根据风险辨识结果，建立水质风险点监测与预警体制机制、在线水质监测系统、水质模型以及水质应急指挥中心。其中，在线水质监测系统及水质模型应用于水资源循环利用的各个环节，实现对水质的实时连续性监测。该系统应具备能及时掌握水质状况、预警重大或突发性水质污染事故、保障水质安全、控制污水达标排放等功能，能够为湖泊、河道、厂区等水质应急管理提供数据分析和决策依据。

水质应急监测与预警指挥中心要开展多维耦合分析工作以实现"能监测、会预警、快处置"的目标。特别是前端感知点数据、预警数据、处置数据等，通过汇聚水质突变风险感知点数据、预警数据、处置数据，支撑水质应急管理"一盘棋、一张网"的大数据库。水质应急指挥中心既要实现在"大屏"上综合呈现水质监测预警相关数据信息，也要实现扁平化、精准化、高效化的信息共享，提升快速处置联动水平和实战能力，实现"一张图感知、一本账管理"。

3. 应急处置与救援

城市供水排水事故发生后，在应急指挥工作组的直接领导下，应急指挥工作组负责组织实施事故应急、监测、抢险、恢复等方面的工作。根据水质突变事故的严重程度、影响时间及范围、可控性、应急处理方式等，可将水质突变事件或事故相应级别分为四级，分别为一般水质突变事件（Ⅳ级）、较大水质突变事件（Ⅲ级）、重大水质突变事件（Ⅱ级）和特别重大水质突变事件（Ⅰ级）。

应急指挥工作组应根据响应级别启动应急预案，履行应急预案中相应的响应程序，迅速掌握事故发展情况，协调抢险救灾和调查处理等事宜，并及时报告事态趋势及状况。应急指挥工作组应召开小组成员和专家组会议，根据事故应急情况提出城市供水排水应急事故的抢险、抢修等建议方案，讨论应急工作建议，并组织现场工作组赴现场协助、指导应急救援工作。其他各级单位应当按照响应程序规定的动作进行应急处置工作。

4. 事后恢复与重建

水质突发事故的危害和威胁得到控制或者消除后，履行统一领导职责或者组织处置突发事件的应急指挥工作组可以停止执行之前采取的应急处置措施。根据水质突变事件响应级别不同，由应急指挥工作组根据管理权限或者职责划分确认应急响应结束。同时应采取或者继续实施必要措施，包含加强水质监测、水质巡查等，防止水质突变事故造成的次生、衍生事件，或者重新引发社会安全事件。应急响应结束后，水务企业应当清除水质突变事故造成的影响，重新恢复正常生产，恢复到水质突变事故前的状态。

9.3 智慧水质监测与管理平台构建

9.3.1 智慧水质监测与管理平台框架

当今社会科技快速发展，智慧化技术已广泛应用于各个领域，水质监测与管理领域也不例外。在智慧水务高速发展的背景下，智慧水质监测与管理主要基于先进的传感器技术、大数据分析、人工智能和信息系统间的高效交互应用等手段，提升城市供水排水系统实时监测、数据分析、水质闭环管控和应急处置效率，进而实现对水质的有效管控、高效处置和智能决策等目标。智慧水质监测与管理的快速发展使得水处理行业相关人员能够更准确、快速地了解和掌握水体的变化情况，有效地预防和解决水质问题，从而提高水质管理水平。

1. 建设目标

智慧水质监测与管理平台建设的核心目标在于构建高效、智能的水质监测与管控系统，以提升水质底层感知监测效率、改善水质数据分析及比对能力、提高水质闭环管控及应急管理水平为重点，解决传统人工检测效率低、数据分析处理能力不足、应急响应缓慢等问题，全面提高水质监测与管理的实时性、精准度和整体运营效率。

（1）提升水质底层感知监测效率。通过扩展监测范围、增加监测频次和确保数据有效性，实现对供水排水水质的全面、实时把握。借助先进的传感器技术和自动化采集系统，提高监测数据的准确性和及时性，并显著降低人为操作误差，确保水质监测的可靠与高效。

（2）改善水质数据分析和比对能力。通过利用大数据、云计算等先进技术，对海量水质数据进行深度挖掘与多维比对，大幅提升分析精度和应用价值，有助于及时发现水质异常，为水质管理提供科学决策支持，推动水质监测与管理工作向更精细化、智能化的方向发展。

（3）提高水质监测的管理及应急水平。通过构建完善的水质监测管理信息系统，实现实时监测数据的快速响应和有效处置。依托系统自动报警机制，迅速定位水质问题，及时启动应急预案，最大限度减轻水质事件对公众健康和环境的影响。同时，强大的管理系统还能优化资源配置，提高运营效率，全面提升水质监测与管理的服务水平。

2. 建设内容

智慧水质监测与管理平台需要基于目前最新的信息化技术，并兼顾未来技术的发展趋势，以确保体系具备良好的实用性、先进性和可扩展性。该体系主要包含感知层、数据层和应用层，如图 9-2 所示，通过各类水质监测技术、数据处理和分析技术、在线水质监测系统、水质模型、水质管理系统、工单系统等协同作用，实现对水质的实时预警和闭环处置，从而提高水质监测与管理的效率和水平，提升供水安全保障水平，助力水环境长治久清。

感知层是智慧水质监测与管理平台的基础，主要分为实验室自动化检测、在线水质监测两类。其中，实验室自动化检测技术的主要特点是准确性和可靠度高，适用于低频次、高精度要求的水质指标检测，目前正由传统的人工检测逐步向半自动乃至全自动检测趋势发展，通过少人化/无人化自动检测，实现实验室大批量样品的连续检测，节省人力成本，提高检测效率。在线监测技术的主要特点是设备多样化、数据实时性高、覆盖范围广，适用于高频次低精度要求的水质指标监测，包括在线水质仪表、微型水质监

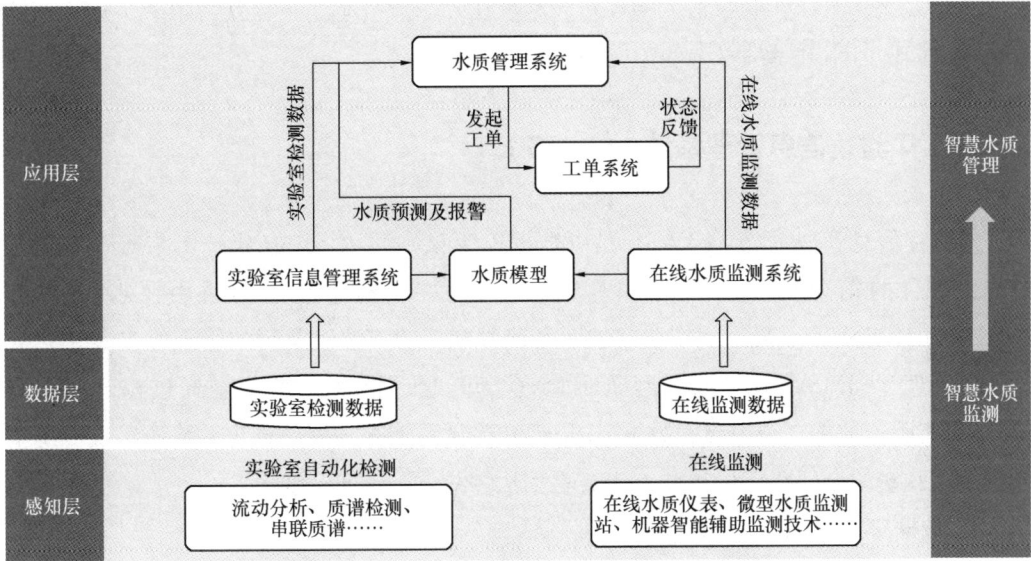

图 9-2 智慧水质监测与管理平台架构图

测站、机器智能辅助监测技术等。实验室自动化检测技术和在线水质监测相辅相成，可满足不同应用场景的需求，并实现相互校准。

数据层是存储和管理水质监测数据的环节。其数据来源包括实验室检测的水质数据，以及由监测设备和传感器实时采集的在线监测数据。

应用层是智慧水质监测与管理平台的核心。智慧水质监测与管理平台通过数据收集、水质模型应用、水质管理系统以及工单系统流转处置等环节，实现水质数据线上监测、关键控制点管控、水质报警闭环处理等智慧化功能，大幅提升水质管理效率。智慧水质监测与管理平台应用层构建内容如下：

（1）数据收集与同步。智慧水质监测与管理平台应用层数据来源主要分为实验室检测和在线仪表采集。在线水质监测系统通过实时监测水质，实现数据的迅速上传和共享。实验室信息管理系统通过确保人工或仪器检测数据精准录入和整理，实现与在线水质监测系统数据同步，从而打造无缝数据流。

（2）水质模型与应用。水质模型主要指运用数学模型和算法对同步的数据进行深入分析，并对水质进行趋势预测与风险识别，即模拟未来水质变化，及时发现潜在风险，为预防性措施提供数据支持。

（3）水质管理系统与关键控制点结合。数据整合和关键控制点管理是指通过接收水质模型数据，与预设的关键控制点数据相结合，实现动态调整与预警机制。

（4）工单系统流转处置。工单系统负责接收水质管理系统生成的工单，按照流程分配给相应处理团队，并全程跟踪处理进度，确保每个工单得到妥善处理，形成问题发现、分配、处理、反馈的闭环。

通过上述一系列环节的紧密配合和高效运作，实现对水质全过程的精准把控，确保水质安全的同时提升管理效率和响应速度。

9.3.2　实验室信息管理系统（LIMS）

实验室信息管理系统（LIMS）是以数据库为核心的，将信息化技术与实验室管理需求相结合的信息化管理工具。以《检测和校准实验室能力的通用要求》GB/T 27025—2019 规范为基础，将实验室的业务流程和一切资源以及行政管理等以数字化方式进行管理。LIMS 利用"互联网＋实验室"和"数据在线"思维，通过构建实验室 LIMS、实验室数据在线中心、数据 BI 呈现和决策系统等多个信息化系统，实现传统水务企业实验室的全面数字化转型，让实验室从"线下"走向"线上"。

1. 数据来源

LIMS 数据主要来源于实验室检测数据和现场检测数据。LIMS 将这些水质数据流转至水质模型以及水质监测与管理系统。

现场检测主要是由化验人员在现场利用快速检测试剂或便携式检测仪器进行检测，其中农药残留、总磷、氨氮、总氮、COD 等指标可利用快速检测试剂进行检测；浊度、总氯/余氯、pH 等指标可分别利用浑浊度仪、总氯余氯仪、pH 便携式检测仪进行检测。

实验室常用的检测技术包括化学分析法、光学分析法、电化学分析法、生物传感器检测法等，主要检测流程包括取样、样品前处理、检测分析、计算结果。随着自动化检测技术的快速发展，实验室正由传统的人工检测逐步向半自动及全自动检测趋势发展，通过少人化/无人化自动检测，实现实验室大批量样品的连续检测和溯源，节省人力成本，提高检测效率。全自动化实验室包括自动分样、自动进样、自动预处理、自动检测、自动校准等功能。

以智能厂级化验室为例，智能厂级化验室融合多项实验室自动化技术，具有检便捷、管规范和云智能三大特征，集全自动检测分析、全过程溯源及全过程质控等功能于一体。同时，智能厂级化验室采用《生活饮用水标准检验方法》GB/T 5750.1—2023～GB/T 5750.13—2023 中推荐的标准方法检测，全自动检测系统遵守实验室 CNAS 认可准则，围绕"人、机、料、法、环"全要素进行控制和标准化管理，实现样品瓶扫码及分拣、信息采集与录入、样品瓶开/关盖、批次分样、样品传输、样品前处理、样品分析、过程质控等全流程自动化，构建无人化水质分析化验室，减低人工检测工作量，提高检测时效性（图 9-3）。

相比全自动化实验室，半自动检测技术在水样分样、预处理、校准等部分环节仍需要人工辅助，常见应用主要包括流动分析技术、全自动固相萃取技术、质谱检测技术、串联质谱技术等。以流动分析技术为例，连续流动化学分析仪可用于对不同水样的连续

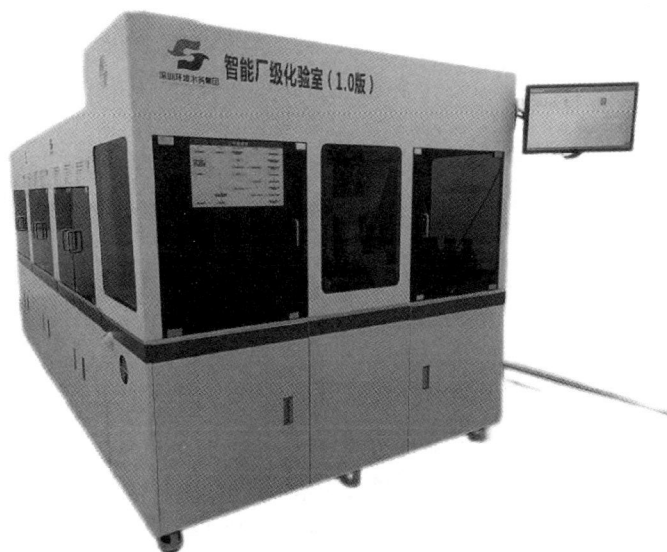

图 9-3　智能厂级化验室

测定，其主要的检测指标为总氮、总磷、亚硝态氮、氨氮、磷酸盐、钾、硼、硅酸盐和氯化物等。与间断分析仪相比，流动分析技术的突出优点在于可以实现样品的在线前处理，特别方便于水中复杂参数的检测。

2. 系统功能

LIMS 主要功能包含水质检测流程管理、质量控制管理、仓库设备管理、人员管理、数据管理等。

（1）水质检测流程。从采样到检测报告，全程线上进行。检测计划线上设定，检测任务系统自动分配，检测人员利用平板、蓝牙打印机和检测设备，实现检测数据上传，检测过程记录无纸化。

（2）质量控制管理。系统全流程记录质量控制过程，系统自动计算质控数据，并判断质控效果，自动汇总和统计并生成质控图。标准曲线及试剂配置纳入系统管理，与检测过程关联，为检测人员提示质控成效。

（3）仓库设备管理。系统可记录包括存放位置、领用记录、校准记录、维修记录、使用记录、操作说明等信息，实现领用人员、校准人员、维修人员、使用人员均留痕，对仓库和设备进行精细化管理。

（4）人员管理。可在系统中对实验室人员的资质证明、检测样品数量、检测任务进展情况、检测工时等进行管理。每周、每月、每年可自动对人员检测工时开展排名统计，促进实验室人员的良性竞争。

（5）数据管理。系统收集检测数据，为其他平台提供数据源，也可在 LIMS 中，利用检测数据开展水质报表分析，为水质检测工作提供决策依据。

9.3.3 在线水质监测系统

在线水质监测系统作为智慧水质监测与管理平台的底层应用系统,其数据来源于海量在线通信(包括4G、WiFi、3G、GPRS等)的水质远传设备,实现水质数据统一采集和管理,同时为各个业务应用系统提供在线水质监测数据,也提供了其他增值功能,如设备管理、链路溯源、状态监测、智能分析等,为各类智慧水务场景赋能。在线水质监测系统主要解决不同场景下的水务设备统一连接、管理及数据融合问题。

与传统实验室检测相比,在线水质监测可以实现水质的实时连续监测和远程监控,达到及时监控水质状况、预警预报水质突变或污染,以及自动处理上传监测数据等目的。常见的供水在线水质监测指标包括浊度、pH、游离氯、总氯、电导率、氨氮、总锰等。排水在线水质监测指标主要包括溶解氧、电导率、化学需氧量、总有机碳、总磷、总氮、硝酸盐、金属离子等。具体监测指标的选择主要根据供水水质特征和污(废)水排放类型,参照国家标准并结合实际需求确定。此外,在线水质监测仪表分析方法的选择,应尽量以国家标准方法为主。

如今,在线水质监测正融合新一代通信技术、高分遥感卫星、人工智能等新载体,不断提高监测设备自动化、智能化水平,打造实时在线环境监控系统,实现全覆盖、高精度、多维度、保安全的水网监测体系。以微型自动水质监测站、机器智能辅助水质监测技术应用(遥感式无人机、全天候无人船等)为代表的智慧水质监测技术应用,提高了水样采集的时效性及代表性,为智慧水质管理提供了丰富的在线水质监测数据。

(1)微型水质自动监测站

微型水质自动监测站(图9-4)具备无人值守、全天候在线、高频率监测,实时预警等特点,一般由监测站房、采水单元、配水及预处理单元、辅助单元、分析测试单元、控制单元和数据采集与传输单元等部分组成。微型水质自动监测站目前主要应用于河流断面、水源水质及污染源水质监测。经比对可知,水质自动监测站和手动分析结果基本一致,满足对检测结果准确度和精密度要求。近几年,利用水质自动监测站实现数据的远程传输,基于GIS实现流域水质自动监测站的布局,构建从监测数据的收集、质量评价到水环境质量数据统计分析等管理功能,对水质监测异常数据进行分析、研判、审核修正和超标报警。

(2)船式全天候水质分层监测装置

全天候水质分层监测装置实现了全天候、高深度、广地域水体水质指标的实时监测。地表水在自然环境和人为调控的双重影响下,监测条件复杂多变。如何在水位消涨、冰封期、大风、洪水等复杂工况影响下保证水质分层监测装置的稳定运行,是实现地表水水质分层信息连续自动监测的关键。以单模船为水质分层监测装置的安装基础,

图 9-4　微型水质自动监测站

利用 4G 通信技术进行通信，使用兼具船锚锚固和沉石锚固特点的新型锚固结构，采用正悬多层传感器实现全天候水质分层监测，并监测装置工作环境信息（图 9-5）。

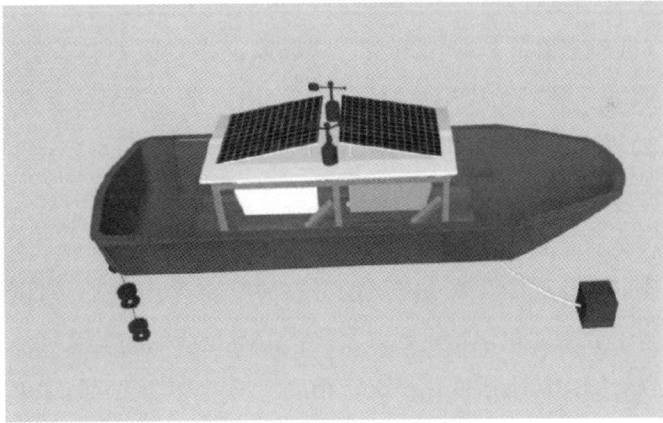

图 9-5　船式全天候水质分层监测装置概念图

（3）无人机遥感多光谱作业技术

无人机遥感多光谱作业技术同样实现了全天候、高深度、广地域水体水质指标的实时监测。在城市生态环境中，水质问题不仅更加突出，在时间和空间上也更加复杂。随着电子和航空通信技术的发展，无人机因具有机动性强、无线可操作性高等优点，成为河流流域取样和水质监测的新兴技术。遥感多光谱水质监测可快速覆盖大面积水域。采用无人机搭载该技术，可有效弥补传统水质监测在空间广度和时间连续性方面的不足（图 9-6）。

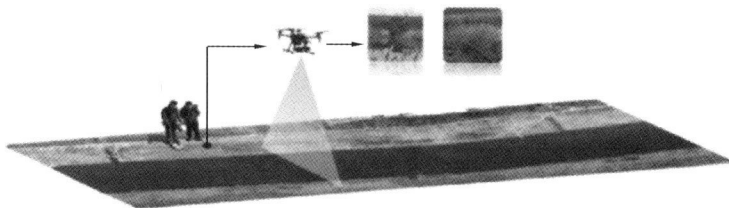

图 9-6　无人机遥感多光谱系统作业三维图

9.3.4　水质模型

水质模型利用在线水质监测系统和 LIMS 上的数据，结合机理/数据模型做进一步的数据分析和挖掘，模拟和预测水体中物理、化学和生物参数的变化，评估水质状况，追踪和控制污染物的传输路径，将水质预测结果及水质报警信息流转至水质管理系统进行处置，有效提升了水质管理效率。

水质模型是一种数学或计算机模型，用来模拟和预测水体中的各种物理、化学和生物过程，以评估水质的变化和影响。它可以帮助水质管理者了解水体中污染物的来源、传输、转化和去除过程，以及这些过程对水质的影响，其模拟对象包括供（污）水厂（站）、供（排）水管网、降雨地表径流以及河湖地表水体等。在供水系统和排水系统中，按水质模型功能及应用领域区分，常用的水质模型主要分为供水管网水质模型、降雨地表径流水质模型、河湖水质模型等，每类模型原理、内容及应用价值具体如下：

（1）供水管网水质模型

模拟管网水质的变化规律和水质参数的分布情况的数学模型，对供水管网中余氯等具有明确反应动力学方程的化学物质，以及仅扩散不反应的物质及水龄等水质参数进行模拟分析，可预测管网中的水质变化情况，帮助管理者及时调整处理工艺，确保供水安全。常见的水质模型有水龄模型、余氯模型、污染物扩散模型、微生物模型、消毒副产物模型以及金属离子释放模型等。

例如，基于供水管网水力模型建立水龄模型，模拟供水路径及水流速度，求得各节点水龄值，提出管网改造或运维建议以减小管网水龄，改善供水管网水质。此外，应用管网水质模型进行管网水质污染溯源，实时模拟管网中的水质情况，预测水质指标的空间（水源、净水厂、管网）变化规律，实现水质风险的预判和快速污染溯源。

（2）降雨地表径流水质模型

模拟降雨径流中的污染物的运移和传递。考虑降雨的产流、水质污染物的输入、沉积、吸附和生物降解等过程，以及地表径流的径流深度、流速和流量等因素，构建降雨地表径流水质模型，包括水平面模型、立体模型、细菌模型和污染物输送模型等。降雨地表径流水质模型在城市雨洪管理、面源污染控制等方面具有显著应用价值。通过模拟降雨径流中的污染物运移和传递过程，该模型能够预测不同降雨条件下地表径流的水质情况，为设计合理的雨水收集、处理和排放系统提供科学依据。同时，降雨地表径流水质模型还能帮助识别主要的污染源和污染路径，为制定针对性的污染控制措施提供有力支持。

（3）河湖水质模型

基于质量守恒原理和反应动力学原理，模拟污染物在水体中的平移、扩散、吸附或沉淀等物理过程，以及降解、衰减和转化等生物化学过程。根据污染物浓度梯度的空间分布，可将水质模型分为零维、一维、二维和三维模型，分别求解对应维数的污染物对流弥散方程。河湖水质模型按物质的输移特性，分为移流模型、扩散模型和移流扩散模型；按水体的时间变化，包括水动力、水质和环境参数等的动态变化，分为动态水质模型和稳态水质模型。常用的动态水质模型包括水动力-水质模型，以及水动力-水质-生态模型等，常用的稳态水质模型包括质量平衡模型和质量平衡-水力模型等。

河湖水质模型可全面评估水体的自净能力、环境容量以及污染风险，为制定合理的水质管理策略、优化污染治理方案以及预测环境政策实施效果提供了强大的技术支撑。同时，河湖水质模型还有助于增进人们对水生态系统内在运行机制的理解，为实现水资源的可持续利用和生态保护奠定坚实基础。

9.3.5　水质管理系统

水质管理系统是智慧水质监测与管理平台的核心应用，该系统集成了在线水质监测系统传输的实时监测数据、LIMS 传输的实验室及现场检测数据，水质模型生成的水质预警及报警信息也会上传至该系统。当水质出现异常时，水质管理系统将发起工单并流转至工单系统。通过水质管理系统，可以实现水质监测与管理相关数据的线上实时监测，并能与实验室及现场检测结果进行比对和分析，从而形成水质管理的闭环控制。此外，该系统还具备对供水排水全流程关键控制点的管控功能，并能对水质异常情况进行报警及闭环处理，有效提升水质管理的智慧化水平。

水质管理系统采用先进的水质管理方法——危害分析与关键控制点（HACCP）体系，并遵循 PDCA 循环法则，以实现智慧水质监测与水质管控的目标。HACCP 体系是预防性的而非反应性的控制危害体系，其质量风险防控原则与自来水生产输送安全、水环境质量达标要求高度契合。该体系首先通过对社会水循环全流程，包括水源、水厂、供水管网、二次供水、用户终端、排水管网、污水处理厂及河道，进行系统性地描述与梳理，识别出各环节存在的风险并评估其风险等级。然后根据风险评估结果，以结果为导向，提取各环节如原水、供水厂、供水管网、二次供水、用户终端、排水管网、污水处理厂及河道的管控参数，建立指标与结果之间的必然联系，形成有效的管控措施，其中包括工程措施和管理措施。其次，对关键控制环节实施监督与监控，例如通过在线监控、巡检、实验室检测等手段，确保各项管控措施能够得到有效落实。最后，通过不断验证与纠偏，形成标准化的管理流程，并利用智慧手段进行流程的固化和闭环管理。

基于上述水质管理方法，水质管理系统具备可操作、可追溯、可复盘等特点，从而使得水质监测与管理工作实现组织化、流程化、规范化，其主要功能包含以下几方面：

（1）数据集成和管理。系统能够集成供水排水全流程水质数据、预警数据和工单管理信息系统的数据，并对其进行管理和存储，实现数据的统一管理，方便后续的分析和应用。

（2）实时监测和分析。系统可以实时监测供水排水全流程的水质数据，并进行实时分析和比对，以便及时发现异常情况。同时，监测结果还可以与预警数据进行对比，以便及早预测和预警水质问题。

（3）关键控制点管控。系统可以对供水排水全流程关键控制点进行全面管控。通过集成关键控制点的数据以及相应的监测数据，系统可以对关键控制点的运行状态进行实时监控和分析，及时采取控制措施，确保水质的安全与达标。

（4）报警和闭环处理。系统可以根据水质数据和预警数据，实现对供水排水全流程水质异常情况的报警处理。当系统检测到水质超过设定的阈值，或关键控制点运行异常时，会触发报警机制并采取相应的闭环处理措施，以便及时解决问题，并防止问题进一步恶化。

（5）应急管理。系统全面覆盖预防、监测、处置与恢复四个方面，从而构建出高效的水质应急管理体系。在预防阶段，系统通过对供水排水全流程的风险识别与评估，以及制定完备的水质突变应急预案，为系统迅速启动应急响应奠定坚实基础。在监测环节，系统不仅实时捕捉水质数据的变化，更结合先进的水质模型进行辅助预测分析，一旦水质报警触发应急条件，系统将立即根据应急预案启动应急响应，确保应急处置的及时性和有效性。同时，系统迅速调配应急监测设备、专业人员及物资，形成强大的应急支援体系。最后，在恢复阶段，系统详尽记录应急处理全程的数据与经验，以供后续深入复盘和总结，不断完善预案，进而提升未来应对类似事件的能力与效率。

综上，通过融合水质监测与管理相关数据，各个信息系统间高效交互应用，实现水质数据线上监测、关键控制点管控、水质报警闭环处理等智慧化功能，大幅提升水质管理效率。

9.4 智慧水质监测与管理典型案例

9.4.1 水质指纹监测溯源技术应用

1. 背景技术

三维荧光光谱是近 30 年逐渐兴起的一种水质分析技术。工业废水、生活污水以及天然水体中含有多种荧光物质，如油脂、腐殖酸、蛋白质、表面活性剂、维生素、酚类等芳香族化合物，其三维荧光光谱会随污染物种类和含量不同而变化，且具有与水样一一对应的特点，故可被称为水质指纹。某研究团队借鉴刑事侦查工作中通过指纹快速查找嫌疑犯的思路，创新性地研发出水质指纹技术，通过比对分析检测到的水质指纹与数据库中污染源的水质指纹，识别出疑似污染源，实现快速的污染溯源。

2. 地表水污染溯源应用

2014 年秋冬时期，连续 3d 从 12 时开始持续 8 个多小时，J 省 PW 运河的水质指纹发生变化，主要是 275nm 和 320nm 的荧光峰位置发生了偏移，出现了位于 270nm 和 350nm 附近的新荧光峰，表明 PW 运河监测断面可能存在污染输入。异常水质指纹比对分析结果显示为"未知污染源"，如图 9-7 所示，无法与数据库中任何污染源完成匹配。

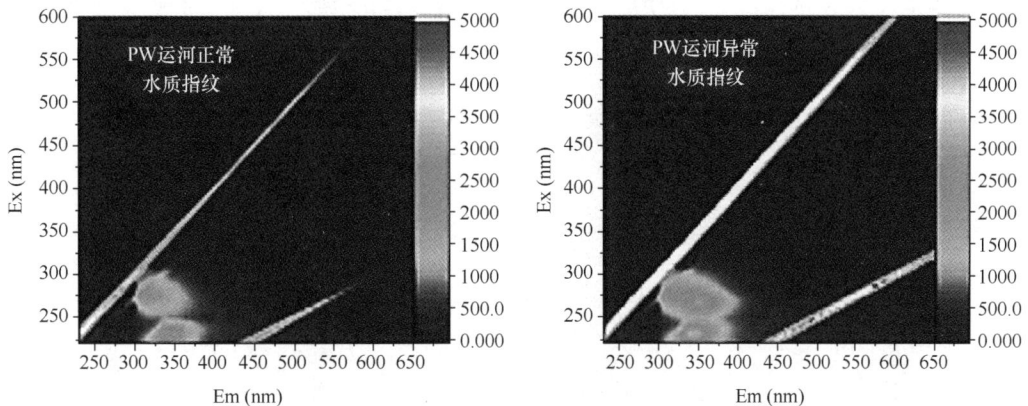

图 9-7　PW 运河正常与异常水质指纹

由于污染源一般是从上游迁移至下游，因此其水质指纹就会留下污染路径。当地监测部门工作人员从发现异常水质指纹的断面开始往上游取 PW 运河水样进行分析排查。如图 9-8 所示，如果上游某断面水质指纹与异常水质指纹相似，表明污染源还在更加上游的位置；如果水质指纹不同，则表明污染源位于该处与下游断面之间，再前往二分位置采集 PW 运河水样检测其水质指纹，并根据二分点位水质指纹比对结果进行相同循环的污染溯源排查。

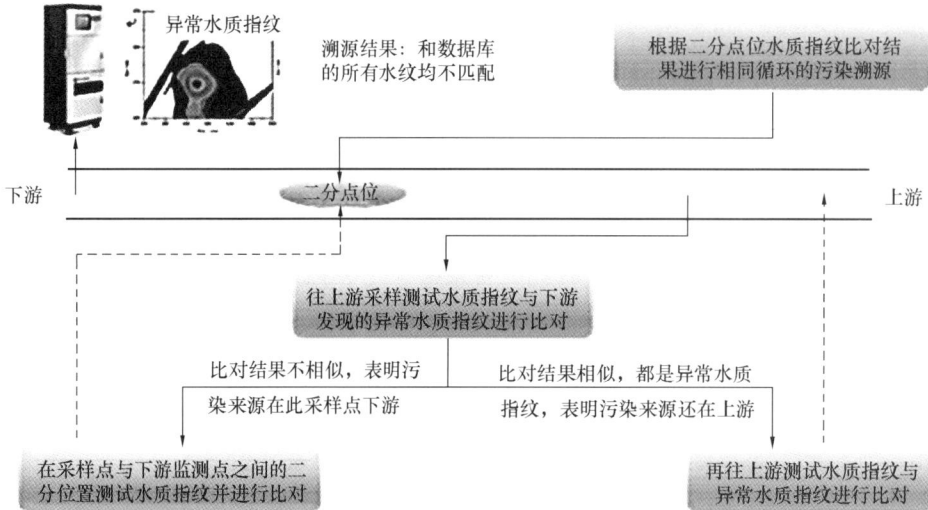

图 9-8　水质指纹污染路径法排查示意图

通过上述方法，当地监测部门工作人员最终锁定了一家化工厂，并在化工厂里发现了一种对位酯（4-硫酸乙酯枫基苯胺）的化工原料，其溶于 PW 运河中的水质指纹与下游断面检测到的异常水质指纹高度相似，如图 9-9 所示，并且水质弱酸性和检测到苯胺类物质的特征也完全符合。监测部门工作人员通过调查了解该化工厂存在冲洗原料桶的废水排入 PW 运河的情况，因此初步判定此次 PW 运河下游断面出现水质异常是由该化工产对位酯导致的。整个污染溯源过程中水质指纹技术发挥了重要的作用。

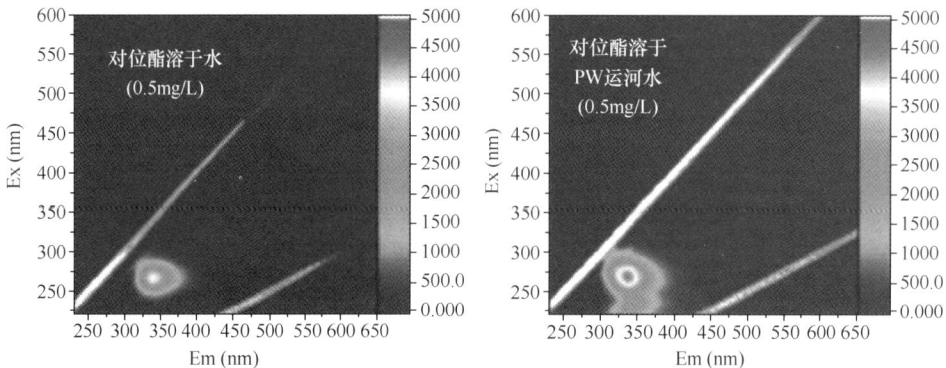

图 9-9　对位酯分别溶解于水和 PW 运河水的水质指纹

3. 地下水污染溯源应用

2017 年 G 省 G 市某地下水点位例行监测发现常规水质参数异常，当地监察监测部门主要的怀疑对象为周边四家制药企业，随后采集制药企业 A、B、C、D 典型的污水，并检测它们与异常地下水的水质指纹。通过相似度分析发现，异常地下水的水质指纹与制药企业 B 的相似度为 69％，而与制药企业 D 的相似度为 96％，如图 9-10 所示，因此初步判断企业 D 具有最大的污染嫌疑。

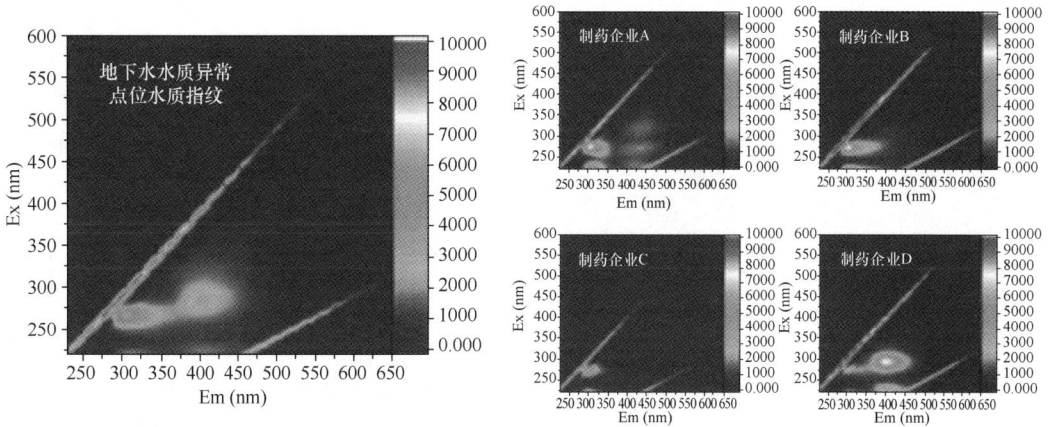

图 9-10　地下水水质异常地位与周围可疑制药企业污水的水质指纹

9.4.2　基于 LIMS 的质量控制应用

1. 背景技术

实验室信息管理系统（LIMS）是将以数据库为核心的信息化技术与实验室管理需求相结合的信息化管理工具。以《检测和校准实验室能力的通用要求》GB/T 27025—2019 规范为基础，将实验室的业务流程和一切资源以及行政管理等以数字化方式进行管理。下文将以 LIMS 中关于质量控制闭环管理的应用为案例进行介绍。

2. 质量控制闭环管理应用

质量控制管理是实验室监测和验证检测结果的手段，是检测过程必不可少的工作环节。质控管理方式有添加加标样、平行样、标准样和暗平行样。传统工作方式是将质控数据记录在原始记录表，通过计算和判断后，再分类汇总至表格，最终人工绘制质量控制图。

通过 LIMS 实行数字化管理后，系统自动计算质量控制数据并判断质量控制效果，把质量控制结果与标准物质、纯水试剂等相关联，从"人、机、料、法、环"5 个角度关联留痕，同时自动汇总所有相关的质量控制数据，自动统计并生成质控图，为质控管理提供判断依据。同时，标准曲线的绘制以及试剂配置也纳入系统管理，标准曲线的绘制与相关项目检测过程相关联，通过系统监督、跟进质量控制措施的实施情况以及检查质控效果，形成质量控制闭环管理。

3. 系统应用成效

基于实验室 LIMS、实验室数据在线中心、数据 BI 呈现和决策系统等多个信息化系统的协同应用，实现实验室管理的数字化转型，可以对影响实验室质量的多种要素，如人员、样品、方法、试剂、仪器、环境等，进行全面控制和管理。具体应用效果如下：

（1）对于管理人员，可以从系统查看每个实验员的检测工时以及对应的检测工作；通过查询功能，可以查看原始记录、设备使用记录、质控数据、库房货物等；可以了解实验室的工作情况，能够实时掌握每个实验员的工作，极大提升了实验室管理的全面性。

（2）对于实验人员，系统自动统计数据和汇总报表，大型仪器自动上传检测数据，减少检测过程各环节的资源浪费和人为误差，提高工作效率和准确性，同时规范了工作流程，提高了实验人员的工作完整性。

（3）LIMS 与实验室数据在线中心、数据 BI 呈现和决策系统对接，使数据在多个平台展示；深度挖潜数据价值，为生产提供决策依据；实现不同系统之间的数据和信息高度共享和融合应用，提高水质数据的利用率。

9.4.3 基于数字技术的可直饮自来水水质管控案例

某供水企业以"龙头水可直饮、服务水平再提升"为目标，结合大数据、人工智能等数字技术，建立了全链条危害分析及关键控制点（HACCP）管控体系和全流程监测措施，实现对水源、供水厂、市政管网、小区管网、二次供水泵房和用户终端的全面数字化管理，有效提升水质管控效率。

1. 数字直饮管控平台管控功能

该企业供水范围覆盖 1843 小区、62 万户、530 万人口，业务涵盖 2 个原水预警站、9 个供水厂、4174km 管网。该企业通过数字直饮管控平台，实现了对全区域、全时段、全要素直饮水运行基础数据的采集，可以清晰地"看见"供水系统的运行状况。同时基于大数据、工作流和 HACCP 体系等应用，对数据进行实时分析研判，形成决策辅助，并触发处置流程、自动派单的智慧解决路径，实现全要素评估、全过程监测、全链条管控、全方位服务、全场景智慧"5 全"管控。

（1）全要素评估

实现从原水、供水厂、市政管网、二次供水泵房、小区管网到用户的数据采集，结合 GIS、水力模型、在线监测、外业系统、线上服务等信息系统，抓取"静态＋动态"数据，利用直饮评估模型，对供水各环节进行全面评估，评估要素包含供水厂是否深度处理、管材、管龄、水龄、爆管、二次供水及投诉等。通过多维度指标建立全要素的数字画像，全方位评估小区自来水状况，并根据不同风险等级制定不同的维护策略，实现分级分类风险管控。例如，优质小区可采用定向优化提升策略，良好小区可采用强化运营管理策略，一般小区可采用列入工程改造计划，系统性解决维护问题。

（2）全过程监测

为了保障龙头水实时达标，主要从两方面开展水质管理工作，一方面建立空间全方位、全频率、全时段的在线水质监测体系，持续监测水质；另一方面对水厂、市政管网、二次供水进出水等水质进行每周检测，对试点小区用户龙头水质进行每日检测。

通过物联网设备的大量接入，对供水系统的水压、流量、水质、液位、供水厂设备状态、二次供水泵房启闭等信息进行 $7 \times 24h$ 实时监测，结合水力模型，对供水管网运行状态进行综合分析，水力模型压力计算到市政直供小区供水系统末梢，模拟供水管网中的水流动态，预测不同节点的流量分布和变化，以确保足够的供水量和避免水质滞留。通过水力模型的水质传输分析，可以评估直饮水管道中的水龄、掺混程度和水质变化情况，以及检测潜在的水质风险，确保直饮水管道的供水质量和稳定性，提供科学依据和决策支持，以提升供水系统的运行效率和水质管理水平。

（3）全链条管控

建立了从水源、供水厂、市政管网到小区管网、二次供水泵房、用户水龙头的全流程 HACCP 管控体系，从生产、输配等各环节对风险进行精准识别与管控。同时，建立了一套预警、纠偏、验证、恢复闭环管理机制，确保小区供水水质。通过运管能力提升、HACCP"全链抓"、HACCP 体系专题推广学习、体系标准化推广，将 HACCP 管理体系复制推广，实现供水排水全链条管控。

（4）全方位服务

通过数字直饮管控平台，可实现小区信息一键查，可查询多维度信息，包括基本信息、工程信息、抄表信息、供水路径、用水分析、投诉信息、工单信息、风险评估、HACCP、三维信息等，以实现对小区信息的全面了解，为每个小区构建专属画像。

（5）全场景智慧

围绕供水全业务链条，打造智慧化的数字场景，实现供水安全和水质优饮保障。例如通过自来水直饮评估模型应用，形成全区供水小区风险管控图，开展分级分类管理；将全链条 HACCP 体系纳入数字直饮平台在线管控，建立一套预警、纠偏、验证、恢复闭环管理机制；融合监测预警系统，实现"一屏管控、一屏公示、一码服务、一键应急"等智慧应用场景。

2. 应用成效

数字化直饮平台的应用实践，实现了供水全流程可视化运营，有效提高了应急事件处置分析决策效率，实现了高度的信息透明度，有效降低了用户投诉量，同时也创造了良好的社会效益。

（1）提高分析决策效率

数字化直饮平台提供了数据分析和预测、实时监控和报警、运行优化和资源配置、智能决策支持，以及故障诊断和快速响应等方面的建议措施，使决策者能够基于准确的数据作出决策，提升应急处置效率和管理水平。数字化直饮平台建设使得投诉分析响应时长由原来的2～3h缩短至10min，分析响应效率提升95％。

（2）信息透明度高，投诉量快速下降

通过用户、物业、社区、街道、供水企业联动，79个供水管家"亮牌、亮证、亮身份"，入驻千余业主群，月均处理用户诉求工单2000余件，响应时长由以前的30min缩短至现在的平均不超过10min，月均对未办理自动扣费的用户主动推送水费预缴信息50000余条，试点小区实现一年零投诉，小区水质实时监测、水价信息公示等变被动服务为主动服务，水质、水费投诉量同比下降50％以上。

（3）社会效益较佳，得到媒体广泛宣传

该地区首个自来水直饮示范小区建成后，已累计接待参观交流30余次，受到当地政府相关部门及街道办、小区业主与物业的高度赞扬，得到了行业内的认可，相关经验亦形成规范在全市推广应用。同时，自来水直饮示范小区也得到了主流媒体的广泛宣传。

参考文献

[1] 王文霞，吕清，顾俊强，等 . 水质指纹技术在水环境污染溯源中的应用[C]//中国环境科学学会 . 2020中国环境科学学会科学技术年会论文集(第三卷).

第 10 章

智慧供水排水营销与服务

10.1 智慧供水营销与客户服务概述

10.1.1 概述

众所周知，供水企业的三大核心业务分别为：自来水的生产、输送、销售和服务。供水营销与客户服务工作的基本特征是统一协调，以销定产，自来水的生产、运输、销售都在一个网络之内，供水设备的维修和检验、自来水的售后服务、水量的分配和增减设置等工作都需要供水企业中的调度部门来统一进行控制和管理。建设智慧营销服务管理平台，意在加强对营销服务的管理，持续提升服务水平，为客户提供更为优质的服务，在兼顾经济效益的同时，也为城镇供水企业赢得良好的社会效益，推动城镇供水企业营销业务升级。

构建智能化城镇供水业务管理系统，提升整体对外服务水平，是社会经济发展对城镇供水企业的必然要求。通过建立智能化城镇供水业务管理系统，改变城镇供水企业普遍存在的业务种类繁杂、工作环节众多、信息交换不畅、监督力度不足的现状，优化城镇供水业务管理过程中各个环节的链接，规范城镇供水业务流程，完善业务基础工作，加强用水管理监督，使城镇供水业务管理始终处于有序、高效的状态，达到信息传递快捷、业务数据共享、管理监督及时的目标。

城镇供水企业应充分借助信息化技术，运用移动互联网、物联网、大数据分析、人工智能等前沿科技成果，在用户管理、水费核算、业务受理、用户服务、内部管理等方面不断提升智能化水平，树立全新的服务理念，以服务价值观为核心，以提升顾客满意度、赢得顾客忠诚、加强企业核心竞争力为导向，让市民满意，为政府分忧，不断促进供水企业发展，适应社会的需求。

10.1.2 供水营销管理

1. 供水营销管理工作的目的和意义

供水营销管理工作是供水企业相关工作人员通过以营业抄表收费为核心的工作内容等的展开，将供水企业供应的自来水进行及时、准确的计量，并按照政府公布的价格及时、准确地计费，然后通过各种灵活高效的收费渠道回收资金的过程。营销管理是供水企业"产、供、销"三大运营板块的重要组成部分，其除了为企业提供赖以生存现金流之外，也是客户服务工作的重要基石，同时，该项工作也能全面地反映供水企业运营管理效率水平。

2. 供水营销工作的范围及流程

供水营销工作（主要针对公司销售自来水）涉及的工作范围包括：开户、用水性质核准、抄表、计费、收费、开票、欠费催缴等活动。

（1）用水核准旨在确定用户的用水性质、用水量，并为客户完成报装工作。

（2）抄表工作主要包括：人工抄表、智能抄表和抄表异常处理等工作。

（3）计费工作主要包括：定时计费、临时计费、汇总计费结果和计费异常处理等工作。

（4）收费工作主要包括银行扣款、人工收费、第三方缴费渠道收费、开票、对账以及票据管理等工作。

（5）欠费处理主要是向欠费用户追缴所欠水费，工作包括欠费催缴、欠费收取、违章处理。

（6）供水营销工作流程/子流程概览（表 10-1）。

供水营销工作流程概览　　　　　　　　　　　　　　　　表 10-1

一级流程	二级流程
流程名称	流程名称
用水核准	个人客户用水报装
	单位客户用水报装
水费收取	抄表计费
	银行扣款
	人工收费
	第三方缴费渠道对账
欠费处理	欠费催交
	欠费收取
	违章处理

3. 供水营销工作的发展历程

第一阶段采用的是最原始的手工抄表方式，抄表员在现场将水表读数手工记录到抄表本中，再将抄表本数据逐条手工录入营收系统。在实际操作中，这种抄表方式由于人工操作，监管上存在一定困难，同时二次录入营收系统较为耗时，出错概率也会增大，导致整个抄表周期较长，准确率不高。这一阶段营销管理工作主要是依靠人的监管，管理手段单一，人力资源消耗大，出现管理漏洞或错失的概率较大，管理效率不高。

第二阶段更新为掌机抄表方式，作为对手工抄表的改进，省去了二次录入营收系统的步骤。但由于技术受限，需要抄表员定期将抄表任务导入掌机并将已完成的抄表任务导入营收系统（若不及时导出，下次抄表将把上次抄表数据覆盖），操作步骤繁琐，存在抄表数据更新不及时的问题。这一阶段的营销管理工作开始利用计算机技术的辅助来开展，例如：大用户水表的波动分析，抄表员工作量化的评估，抄表及时率、准确率的统计考核等的应用都提升了管理效果和管理效率。

第三阶段，随着物联网和移动互联网的普及，以远传智能抄表及手机抄表为代表的新一代抄表方式开始普及。远传智能抄表主要针对智能水表，主要传输方式有两种，一种是通过集中采集设备传输。水表通过有线或短距离无线与集中采集设备相连，集中采集设备定期采集水表数据，通过无线通信技术（如 GPRS、4G 等）传输到营业抄收系统；另外一种是水表通过无线通信技术（如 NB-IoT）直接将现场的数据传回营业抄收系统。

远传智能抄表前期需要较大的成本投入以及一定的实施周期，后期还需要进行维护。因此与之相辅的手机抄表，作为新型抄表工具在此期间得到了蓬勃发展。

采用手机抄表的方式，抄表员仅需在手机上安装抄表软件，连接到营收系统开放的接口，下载已分配好的抄表任务，即可开始抄表。手机抄表相较第二阶段的掌机抄表方案优势在于：

（1）抄表数据与营收系统实时同步，抄表员只需完成每日抄表任务，无需二次录入营收系统，节省时间。

（2）发现故障及时记录上报，方便维修人员及时处理，缩短维修周期，为企业挽回水费损失。

（3）用水量智能提醒，系统自动将本期抄读用水量与该用户历史平均用量对比，自动弹出提醒，方便抄表员核实，减少误抄率，降低稽核人员的工作量。

（4）配合便携式蓝牙打印机，可实现现场收费打票，方便用户的同时也提高了收费人员的效率。

（5）自动保留表盘照片，自动上传 GPS 数据，真实再现抄表路径，防止出现估抄现象。

（6）记录抄表时间，分析抄表频率，合理安排抄表任务。

上述手机抄表优点一方面解决了存在的抄表业务痛点，另一方面也推进整体服务质量的提升，能够很好地满足当前业务及经营管理的需要。

这一阶段的营销管理开始进入智慧营销管理时代，智慧营销管理是一种通过数据和技术推动营销领域的持续发展，提高企业营销效率和市场竞争力，该方式主要基于数字化营销、大数据分析和人工智能等技术和方法实现。以下是智慧营销管理的一些关键特点和方法：

（1）数据驱动：智慧营销管理通过大数据分析和实时数据反馈等方式，为营销决策提供数据支持，以便做出更加准确和有效的商业决策。

（2）个性化营销：智慧营销管理能够通过客户数据分析、营销自动化等方式实现个性化营销，提高客户体验、增加销售额和客户忠诚度。

（3）跨渠道整合：智慧营销管理能够将线上和线下渠道整合起来，融合流量和销售数据，减少冲突，提高资源利用率和效率。

（4）智能决策：智慧营销管理能够利用分析和人工智能技术，帮助企业做出智能决策和调整，提高营销效率和业务价值。

（5）社交化营销：智慧营销管理能够利用社交媒体等方式实现社交化营销，发掘用户社交数据，提高客户忠诚度，增加品牌影响力。

现代企业在全球化、多元化、网络化的环境下，如何通过正确的业务模式、科学的管理模式以及智慧化的技术手段实现高效服务，提高企业竞争力，智慧营销管理就是其中一种重要的管理方式。

供水企业在智慧营销管理的主要应用有两种方式：一种是通过 Quick-BI 来开展大数据分析为营销管理提供智慧决策依据，另一种是通过信息工程师采取人工定制化的方式编程处理特定数据为营销管理提供科学决策依据。

10.1.3　供水排水客户服务

1. 供排水客户服务工作的定义与内涵

客户服务是指企业或组织为满足客户需求，提供满意的产品或服务而采取的一系列行动和措施。它涉及与客户的交流、沟通、支持和处理问题等方面，旨在建立良好的客户关系，提高客户满意度，促进业务增长和持续发展。

对于供水排水运营企业而言，客户服务是指为客户提供饮用水、处理排水以及与客户在新装服务、抄表收费、售后服务、投诉处理等过程中接触的活动。

2. 客户服务工作在供水排水运营中的作用

客户服务在供水排水运营中扮演着重要角色，对于提高供水排水系统的效益和客户满意度发挥重要作用，主要表现在以下方面：

（1）信息传递和沟通：建立客户与企业沟通的渠道，响应客户的需求，倾听客户的意见和建议；客户服务是供水排水运营企业与客户之间的桥梁，能够及时传递重要信息、政策变化和科学用水知识。通过面向客户的宣传、沟通与互动，提升客户"知水、惜水、爱水、节水"的意识，实现供水排水事业的可持续发展。

（2）故障排除和维修：客户服务在故障排除和维修方面发挥着重要作用。当客户遇到供水排水系统的故障或问题时，通过及时响应和专业的技术支持，可以快速解决问题，保证供水排水系统的正常运行和客户的日常供水排水需求。

（3）响应客户需求：客户服务的首要目标是响应客户的需求。通过提供有效的沟通渠道和专业的服务，能够及时解答客户的问题、处理客户的投诉和不满，从而提高客户的满意度。

（4）提升客户体验：良好的客户服务能够提升客户的供水排水体验，通过提供便捷的服务、快速响应客户需求以及解决问题的能力，可以增强客户对供水排水系统的信任度和满意度，并可能带给用户惊喜。

（5）建立良好的品牌形象：供水排水运营企业通过提供优质的客户服务，能够树立良好的品牌形象和口碑。

3. 供水排水客户服务工作的特征

供水排水客户服务的特征包括及时响应、专业技术支持、客户导向、多渠道沟通、持续改进和公平公正，供水排水运营企业应围绕客户服务的特征，制定服务提升举措，持续提升客户体验。

（1）及时响应：供水排水服务是民生基础性服务，需要对客户的问题、投诉或需求做出快速响应，特别是涉及停水、水质和内涝等重要的供水排水服务问题时，如果不能及时响应用户需求，很有可能引发用户强烈不满甚至导致舆情失控，因此，7×24h 的响应十分重要，可以确保客户的问题能够得到及时解决。

（2）专业技术支持：供水排水客户服务需要具备专业的知识和能力，能够针对客户的问题提供准确的解决方案和建议。专业技术支持能够提高故障排除和维修的效率，保证供水排水系统的正常运行。另外，由于供水涉及饮用水安全，对维修的专业性有了更高的要求，专业维修人员应深入了解饮用水处理设备、管道系统等相关技术，从而知道如何正确地检查、维护和修理这些系统，以确保其正常运行并符合卫生标准。

（3）客户导向：供水排水客户服务始终以客户为中心，以满足客户需求为目标。通过了解客户的期望和需求，提供个性化的服务和解决方案。

（4）多渠道沟通：供水排水客户服务需要提供多种便捷的沟通渠道，包括线上服务平台、呼叫中心、营业厅、片区水管家等，方便客户与服务人员进行沟通和交流。而且与其他行业相比，因用户人数众多，而且供水排水在生产生活中非常基础和重要，因此特别需要客服渠道的畅通、便利和高效。

（5）持续改进：供水排水客户服务需要不断进行改进和优化，以适应客户需求的变化和提高服务水平。通过收集客户反馈和评价，及时优化服务策略和流程，这有助于持续提升服务质量。

（6）公平公正：供水排水客户服务需要公平公正对待每一位客户，解决客户的合理诉求。公平公正是建立良好品牌形象和信誉的基础，它能够增强客户对供水排水运营企业的信任和忠诚度。

4. 供水排水客户服务工作的发展情况与趋势

供水排水服务正在经历从传统的固定场所、定时定点业务办理人工模式逐步发展到基于客户体验关系、人工智能加持的智慧服务转型。

供水排水客户服务的初级阶段是实体营业厅、人工抄表，客户需要上门进行缴费、咨询、业务办理等业务。进入互联网时代，供水排水运营企业在城市设立 24h 全天候热线服务，实体营业厅继续保留，为客户提供用水科学知识宣传，供水排水科普体验，大客户、老人群体面对面服务工作。通过数字化转型，水表数据可以远程收集，微信公众号、小程序等技术手段为客户提供了线上便捷服务。通过大客户分类管理、客户画像等数据分析工具，供水排水企业客户服务中心逐步转型为"客户问题解决中心"以及"运营决策辅助中心"，为客户提供更为精准、高效的服务。

10.2 供水排水营销管理与客户服务业务分类

10.2.1 营销管理业务

1. 开户与用户用水性质核准业务

开户与用水性质核准工作旨在确定用户的用水性质以及用水规模，并为客户完成报装工作。其主要的工作内容包括：（1）核准工程师在收到报装预受理信息后与客户取得联系，预约现场踏勘时间，并提醒客户准备好办理材料；（2）核准工程师与客户、施工单位经办人一起踏勘现场的同时，收取客户申请材料，核定客户的用水性质和用水指标，资料齐备且具备通水条件的当场确定用水方案；（3）核准工程师收取客户签订完毕的供用水合同，施工单位经办人根据核准工程师的用水方案制定施工方案并根据方案实施管线施工；（4）抄表管理单位及核准工程师接到验收通知后完成验收通水并做好资料保存及信息录入工作。

2. 抄表收费业务

水费是城镇供水企业的主要收入来源，是城镇供水企业生产运营的基础，营业抄收业务就是对水费从计量到收费的整个过程中相关业务的统称。供水企业的售水过程通常包括以下流程环节：（1）用户信息的建立与管理；（2）汇总待抄表用户信息；（3）抄表；（4）银行扣款或其他多渠道收费；（5）开具发票和收据。

营业抄收业务除了自身有严格的管理要求，同时还需要与业务流上游的用户报装、业务受理以及下游的财务管理等工作保持紧密的沟通联系，符合各方面的规范才能做好营业抄收工作。

抄表及时率、抄表准确率、水费回收率、销售收入预算完成情况、平均售水单价等都是反映营销管理水平的重要业务指标。与之相关联的用户关于抄表收费业务的投诉和财务的合规性审查结果也是从其他角度看待供水企业营销管理能力的重要指标。

3. 水表计量管理业务

（1）计量效率管理

水表计量效率管理的目的是尽可能保障水表长期稳定、高效运行，主要内容包括水表质量管理、动态匹配管理以及故障处置及时性。

1）水表质量管理

水表质量管理主要涉及招购、水表检定以及后续评价。采购决定了是否可以选择到技术指标、商务指标均满足供水企业要求的产品，以及服务和信誉良好的供应商。为此，在采购前，供水企业应组织表务专家团队商定招标范围（包括水表类型、口径等）、明确所需技术指标和商务要求等；在招标采购时，供水企业应对投标人样品进行严格的综合评测，包括示值误差、防护性能、水质影响等。

水表检定通常是指安装前的首次强制检定，是最直接有效的帮助供水企业检查水表质量的手段之一。通过首次强制检定，将示值误差超过允许误差、耐压等级不达标等水表，在投入运行前就将其筛选剔除。后续评价是通过抽取一定数量的在用水表进行复检，去评价不同年限、不同批次等维度下水表的运行状况，及时予以调整，并将不同供应商产品的后续表现情况作为下次招标时的评分依据之一。

2）水表选型动态匹配管理

水表的测量范围由最小流量（Q_1）、分界流量（Q_2）、常用流量（Q_3）、过载流量（Q_4）决定。根据国家法规要求，准确等级为 2 级的水表，其计量低区（$Q_1 \leq Q < Q_2$）的最大允许误差为 $\pm5\%$、计量高区（$Q_2 \leq Q \leq Q_4$）的最大允许误差为 $\pm2\%$。因此，客户的实际用水区间将直接决定对应水表的计量效率（图 10-1）。

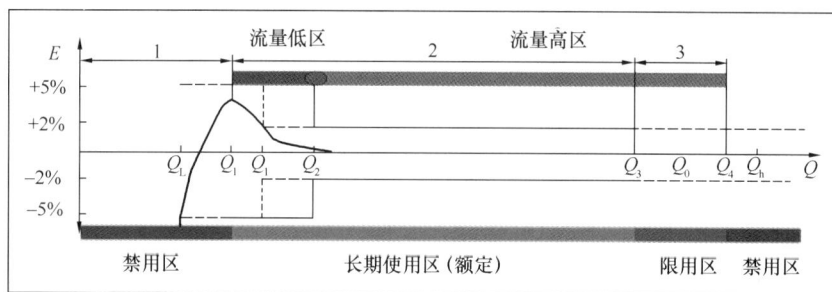

图 10-1 准确度等级 2 级、温度等级 T30 水表测量范围

当客户实际用水流量处于水表最小流量（Q_1）以下时，水表示值误差可能会出现偏负甚至不计量情况；当客户实际用水流量处于最小流量（Q_1）和常用流量（Q_3）之间时，水表的示值误差和运行状态可以得到保证，并且在分界流量（Q_2）至常用流量（Q_3）之间的计量状况最佳；当客户实际用水流量处于常用流量（Q_3）至过载流量（Q_4）之间时，可能导致水表老化加速进而计量效率降低或产生故障；当客户实际用水

流量高于过载流量（Q_4）时，极易造成水表故障进而无法计量情况。因此，只有尽量保证客户实际用水流量处于水表分界流量（Q_2）和常用流量（Q_3）之间时，才会保证水表长期稳定、高效运行。

同时，不同品牌、不同口径、不同型号水表的测量范围不尽相同，例如 Sensus 品牌、WPD 型号，50mm 口径和 80mm 口径水表的测量范围不同（表 10-2）；Sensus 品牌 50mm 口径，WPD 型号和 WSD 型号水表的测量范围不同（表 10-3）。

Sensus 品牌、 WPD 型号、 50mm 和 80mm 口径水表技术参数　　表 10-2

品牌	型号	口径	Q_1	Q_2	Q_3	Q_4
Sensus	WPD	50mm	0.32m³/h	0.51m³/h	63m³/h	78.75m³/h
Sensus	WPD	80mm	0.5m³/h	0.8m³/h	100m³/h	125m³/h

Sensus 品牌、 50mm 口径、 WPD 和 WSD 型号水表技术参数　　表 10-3

品牌	型号	口径	Q_1	Q_2	Q_3	Q_4
Sensus	WPD	50mm	0.32m³/h	0.51m³/h	63m³/h	78.75m³/h
Sensus	WSD	50mm	0.2m³/h	0.32m³/h	40m³/h	50m³/h

更需要注意的是，客户用水特征也并非一成不变。比如在楼盘建设时客户的用水特征是典型的建筑施工用水，而当楼盘建设完成就会转为居民用水、商业用水等，用水特征将发生很大变化。为此，水表的动态匹配管理的目的就是及时为当前客户用水特征匹配恰当的测量范围水表，以保证水表计量效率长期稳定。

3）水表更换和故障处置

通常水表会随着服役年限或使用程度的增长，一定程度上出现计量效率衰减的情况，为减小由此带来的计量损失，供水企业应及时完成到期水表的周期更换，不仅可满足保证水表计量效率，也可保证符合国家对水表周期更换的要求（《饮用冷水水表检定规程》JJG 162—2019 中"7.5 检定周期"）。

故障水表处置包括故障发现和故障处理。通常，供水企业会借助人工抄表机会（每月或每两月）检查现场水表的运行状况，并且根据当期计费水量波动幅度将疑似存在故障的水表进行主动检查。随着智能水表的广泛应用，水表故障的发现时间可以得到大幅度减小，利用智能水表及时抄读（至少1次/d）的特点结合预先设置的水量波动预警规则，及时将疑似故障的水表进行预警，并由供水企业主动到现场检查，以减少不必要的水量损失。

（2）水表全生命周期管理

水表全生命周期管理的本质是可追踪水表每个生命节点状态。所以，为每只水表建立唯一的身份标识尤为重要，可以帮助表务管理人员快速检索和识别目标水表以及实现不同系统之间水表信息交互。

1）唯一的水表表码

为避免水表表码重复，可以制定《水表表码编制规则》来规范不同供应商的水表表码。例如，深圳市水务（集团）有限公司（以下简称深圳水务集团）《水表表码编制规则》规定所使用的水表表码由 14 位数字组成，第 1～2 位为厂商代码、第 3 位为水表分类、第 4～5 位为水表口径分类、第 6～9 位为制造年月、第 10～15 位为出厂序号。

唯一的水表表码可用于水表安装前的身份识别，此时水表尚未与客户关联。因此，在水表检定、入库、出库、调拨等管理环节均可采用水表表码作为身份标识进行流转。

2）唯一的水表编号

唯一的水表编号用于在水表安装后的身份识别，此时水表已与客户关联，为了便于对客户所使用的水表进行管理，通常在客户编号后增加两位数字来代表水表编号。例如水表编号 311002011301 和 311002011302 代表编号为"3110020113"的客户账户下的两只水表，该编号可用于客户信息管理系统、计费系统、智能水表远传系统、工单系统等数据交互时的身份识别。

3）水表全生命周期管理流程

水表全生命周期管理就是利用唯一的水表表码和水表编号，将各业务系统实现关联和数据共享。首先，在水表尚未与客户建立关联之前，水表检定系统通过水表表码将水表基础信息和检定信息共享给水表计量管理系统，计量管理系统通过水表表码进行入库、出库和调拨等管理。其次，在水表与客户建立关联之后，计量管理系统通过水表编码将水表基础信息共享给客户服务管理系统，如果客户水表是智能水表还会通过水表编码将智能水表数据管理平台与客户服务管理系统关联，以共享智能水表远程传输数据。最后，通过计量管理系统来统一维护水表基础信息，并且记录水表各时间节点状态。

（3）智能水表日常管理

智能水表在投入运行后的日常管理，主要是为了及时发现和及时处理智能水表故障，以保障其长期稳定运行。通常，供水企业可以采取定期复核智能水表数据采集准确性、定期统计分析智能水表运行状况和及时处理异常预警等方式进行日常管理。

1）智能水表的定期复核和定期统计分析

供水企业可参考各口径水表在用数量、计量水量等规定现场核查频次，一般建议 DN15～DN25 口径智能水表核查频次不低于每年一次、DN40～DN50 口径智能水表核查频次不低于每半年一次、DN80 及以上口径智能水表核查频次不低于每季度一次。

供水企业可每月对各供应商、各类型智能水表的数据采集准确性和上报成功率进行统计分析，编制月度分析报表。例如，深圳水务集团每月编制的《远传水表计费报告》会统计不同口径范围、不同供应商、不同类型智能水表的数据采集准确率和数据上报成功率，分析造成数据采集不准的原因和上报失败的原因，同时及时将问题反馈给供应商和通信运营商予以解决，以此持续跟踪智能水表的运行状况。

2）智能水表的异常预警

智能水表的异常预警，可以分为设备预警和业务预警两类。其中，设备预警是由智能水表终端产生，例如低电压预警、磁干扰预警、电子模块分离预警等；业务预警是系统平台对智能水表上报数据进行分析后产生的预警，例如离线预警、水量波动异常预警等。供水企业应清晰规定预警处理责任范围、处理时限等内容，来确保各类预警可以得到及时、妥当的处理。

一般建议，与设备相关的预警直接由供应商进行现场处理，例如离线预警、低电压预警、磁干扰预警、电子模块分离预警等，供水企业可以结合外业工单系统将此类预警信息推送至对应的供应商，通过系统还可以考核供应商的处理时间和处理效果。而与水量波动有关的预警信息，首先推送给对应的智能水表管理人员，来分析客户用水状况变化、突发的应急事件等造成的水量异常波动，及时为客户更新恰当的口径和型号的水表等，若是由于水表故障造成的水量异常波动，则再派工作人员到对应的供应商处进行处理。

综上所述，智能水表相比机械水表的日常管理更加强调精细化和协同化，供水企业要为适应智能水表快速广泛的应用，梳理、配置相适宜岗位和人员，以满足智能水表日常管理的需求。

10.2.2　客户服务业务

1. 客户服务业务分类

从业务类型来看，供水排水客户服务主要包括以下内容：

各类供水排水申请业务：包括供水排水报装、更名过户、更改托收银行账号、更改联系方式、核调用水性质和指标、水表口径变更、报停用水、恢复用水、费用减免、管线迁移、水表迁移、水表检定等。

客户咨询与投诉处理：解答客户供水排水相关问题的咨询，处理客户的投诉，确保客户的问题得到及时解决。

故障维修和应急服务：提供故障抢修服务，及时处理漏水、停水、水质异常、排水堵塞、井盖缺损等供水排水问题。同时，提供 24h 的应急服务，确保在紧急情况下能够及时响应客户需求。

抄表计费及水量异常通知：准确抄读客户用水量，计算应交费用，发现用水量异常，及时通知客户。

账单管理和费用收取：提供账单发送和查询、票据下载、费用交纳服务。

服务资讯与宣传：公开服务承诺、供水排水价格标准、业务指南、营业网点、通知公告（含停水公告、水质公告、水压公告等）、常见问题解答、服务动态等服务资讯内容。加强客户宣传与互动，强化客户关系。

其他增值服务：水质检测服务，水表检测服务，供水方案优化服务，全流程"水管家服务"等。

2. 客户服务渠道

客户服务渠道主要包括线上服务、呼叫中心、营业厅和外部政务服务接入平台等，（图 10-2）。

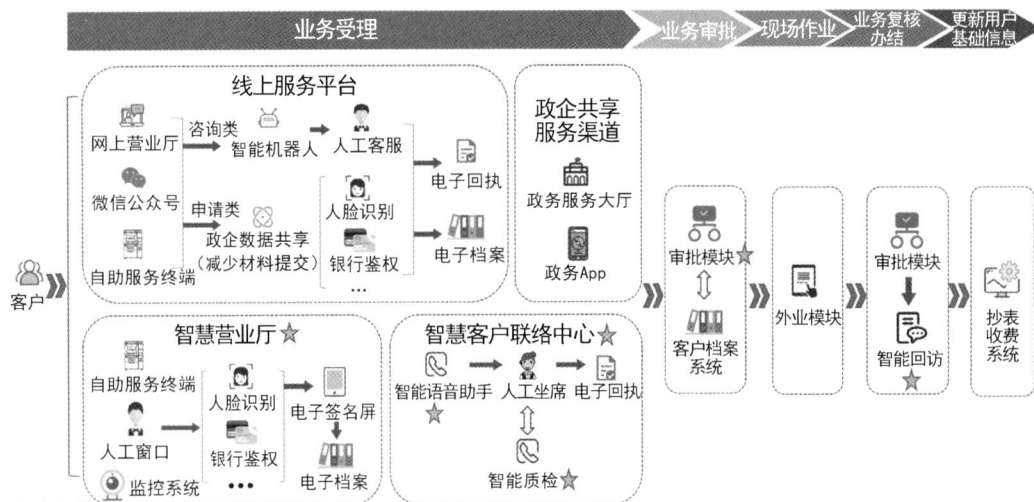

图 10-2　客户服务渠道系统示意图

线上服务平台：通常包括供水排水运营企业的网上营业厅、微信公众号、小程序或移动应用程序等，客户可以在线办理业务、查缴费用、提交服务请求、查询服务进度、报修故障等。同时，供水排水运营企业可通过线上服务平台发布服务资讯信息和公告等。

呼叫中心：主要通过供水排水服务热线为客户提供服务，方便客户通过电话进行供水排水咨询、投诉、报修等。

营业厅：通过合理分布的实体服务网点，为客户提供面对面的业务办理、查缴费用、投诉咨询等服务。

外部政务服务接入平台：包括政府热线、政务服务网站或 App、民生平台、信访平台等，随着系统的联通、信息的共享，这些政务服务平台不再局限于供水排水投诉转派，而是朝着公共服务大平台的方向发展，集成了供水排水业务在内和各类公共服务业务，并要求实现账号单点登录，系统互认，无需客户切换系统时重复登录。

10.2.3　客户服务评价体系

客户评价的目的是为供水排水运营企业的运营管理和客户服务提供可靠的信息资料，主要侧重于供水排水运营企业现在的客户的基本情况，具有专门性、全面性和隐秘性。供水排水运营企业应从多个角度系统了解客户对服务的满意情况，并建立客户服务评价体系。收集评价结果方式包括但不限于通过第三方客户满意度调查、客户满意度回访、营业厅窗口服务评价器及意见收集箱等多种方式对服务的效果进行测评，并结合企业内部绩效考核机制，持续改进服务水平。

1. 客户满意评价指标

客户满意评价指标集中于客户满意度、客户满意率。

（1）满意度和满意率

评价期内的客户对供水排水服务质量、效果的社会评价满意程度，为验证阶段性或单项单次服务成效，并根据评价结果分析不足，促进服务提升，供水排水运营企业应定期开展客户满意度评价，评价形式包含委托第三方专业机构调查、内部工单系统设置并统计等。同时使用"满意度"和"满意率"两个维度反映客户满意情况，评价指标包含客户满意度（百分制）、客户满意率（百分比）。

客户满意度（个体满意程度或个体满意程度的累加）指标受调查问卷设计、受访对象以及计分方法等主观因素影响较大。相对而言，涉及个体满意程度累加的数据统计，以客户满意率（满意客户占比）指标界定广泛，服务水平会更合理。

（2）两个维度算分方法和特点

1）满意度

满意度从赋值量化的角度反映供水排水运营企业服务客户的满意程度，反映客户满意的深度。客户评价以十分制量表为基础，以声称满意度为得分呈现方式。对于个体满意程度的累加赋值方法为：在十分制量表基础上将所有有效分数计算为平均值，然后标准化至百分制，即满意度平均值乘以十。此方法并非十分制量表计分的唯一方法，不同机构、单位使用不同赋值方法，会影响最后满意度得分情况。

2）满意率

满意率从满意客户数量占比的角度反映供水排水运营企业服务客户的满意程度，反映客户满意的广度。受访客户使用十级量表，在 1~10 分范围内对指标进行服务评价，满意率为所有评价客户中宜选择 6~10 分的客户占比。满意率直接体现满意客户的比例，不涉及赋值计算，受计分方法的影响较小。

（3）关于满意度和满意率评价结果不同收集方式的内容及要点

1) 第三方客户满意度调查

供水排水运营企业可聘请专业调查机构开展第三方客户满意度调查。可通过访谈、问卷（电话调查、约定或拦截面访、留置调查、网络调查）、观察或实验等多种形式，调查不同客户群体对供水排水运营企业服务板块（如水质评价和供水排水保障、抄表和缴费服务、业务办理和上门服务、渠道服务、线上服务等）专项服务指标的满意程度。调查按客户群体（居民、单位）对各类指标及总体满意度进行评价。调查居民客户信息包含但不限于基本资料、教育情况、家庭情况、事业情况，调查非居民客户信息包含基本资料、客户的特征、业务状况以及运营现状等，挖掘不同客户群体差异化的服务需求、满意度关键影响因素以及增值服务需求，有利于供水排水运营企业制定更具针对性的改进措施。

2) 客户满意度评价和回访

供水排水运营企业通过对每次客户投诉、报修、业务办理后的客户评价以及回访情况，了解客户对服务结果的满意程度。可通过窗口评价器、电话或短信链接开展服务后评价以及回访，评价及回访内容包括服务的及时性、服务态度、解决方案等满意程度、总体满意程度以及改进意见或建议等。对评价或回访结果"不满意"的业务，详细了解"不满意"的原因，经确认处理方案确有不当之处的服务项目，及时反馈处理单位做进一步跟进处理，并启动纠正预防管理流程，修正管理过程中的薄弱环节。通过客户满意度评价，可以有效测评服务效果及改善情况，统计分析优势与弱势，相对可变因素及不变因素，具体包含竞争优势有哪些、暂时的优势有哪些、暂时的弱势有哪些、难以改变的弱势有哪些，以实现服务驱动运营质量提升。

2. 服务指标

服务指标应包含但不限于服务承诺、到场及时率、处置及时率和来电接通率，指标情况应实现工单化、数字化，减少人工干预，以确保指标结果的真实性。

（1）服务承诺

供水排水运营企业应定期向社会公开当期供水服务承诺及历史供水服务承诺履行情况。承诺内容应包括水质、水压、业务办理、抄收计量、咨询投诉等与客户用水密切相关的内容。

评价服务承诺履行情况的指标为服务承诺达标率，计算公式：

$$服务承诺达标率 = \frac{承诺项目达标数量}{项目发生总数} \times 100\% \qquad (10\text{-}1)$$

承诺达标率参考建议值不低于98%。

（2）到场及时率

到场及时率是指接到报修或投诉后，在承诺的时间内到达现场开展处置工作的业务比例。

$$到场及时率 = \frac{及时到场处理的业务量}{业务总量} \times 100\% \tag{10-2}$$

到场及时率参考建议值不低于 98%。

（3）处置及时率

处置及时率是指接到报修或投诉后，在承诺的时间内处理完毕的业务比例

$$处置及时率 = \frac{及时处置的业务量}{业务总量} \times 100\% \tag{10-3}$$

处置及时率参考建议值不低于 98%。

（4）来电接通率

评价期内供水排水运营企业呼叫中心接通客户来电占总来电的比例，达标率参考建议值不低于 95%。

对外，服务热线是供水排水运营企业最主要、最便捷的服务渠道，是供水排水运营企业与客户沟通联系的主干道。客服热线应根据服务人口数设置多路通信以及语音机器人接入，可同时处理多个来电，为全市客户提供 7×24h 不间断服务。来电接通率应不低于 95%。客服热线受理的业务范围包括供水排水服务咨询、投诉建议、报修报漏、预约上门等服务。对内，服务热线承担部分服务质量监督的作用。

10.3 智慧供水排水营销管理和客户服务平台构建

10.3.1　智慧营销管理和客户服务平台总规划

智慧营销管理和客户服务平台应用层主要建设营业收费系统、业务受理系统、表务管理系统、智能水表系统、工单管理系统、客服热线系统、网上服务系统、智能客服系统八个子系统。应用层具备向上支撑决策层的能力，辅助智慧决策功能。

10.3.2　智慧营业抄收管理系统建设

1. 建设目标

（1）实现业务的驱动。将抄表、收费等业务的制度和流程固化到系统中，提升营收业务的工作质量和效率，更准确、实时地掌握城镇供水企业供水的营业收费情况。

（2）强化抄表管理。结合移动互联网技术、无线通信技术、地理信息技术等，代替原有传统抄表管理模式，通过与营业收费系统接口对接，实现远传智能水表数据回传和

手机抄表，从而实现抄表、水量复核、水费结算的自动计算和实时监控，极大地避免了人为抄表带来的差错，提高了抄表质量，彻底堵住了管理上的漏洞，解决了抄表管理过程中最为关心的抄见率、抄表数据准确性问题，同时也完成了对抄表员的考核管理，极大地方便了抄表管理工作。

（3）支撑外部服务。营业收费系统作为城镇供水企业的核心系统之一，需要与客服热线、工单管理、网上服务、智能客服、业务受理、表务管理、智能水表等系统无缝对接，构建城镇供水企业统一的线上、线下全天候、多渠道、一站式对外服务体系，全面提升百姓办事、缴费的便利性，打通供水服务最后一公里。以缴费为例，系统支持缴费渠道全覆盖（柜台缴费、自助终端缴费、支付宝生活缴费、微信生活缴费、网银系统缴费等），支付方式多元化（现金支付、预存款支付、二维码支付、人脸识别支付、POS机支付、票据支付）。

（4）提高决策水平，优化绩效管理。借助信息化手段，营业收费系统可以对营业收费数据进行综合报表分析和图形化展现，直观形象地展示城镇供水企业总体情况，如销售量、回收率、抄表员绩效、水费应收和实收信息等。强大的统计分析工具，大幅减少了以往人工数据统计分析及报表制作等工作。通过将内部分散的数据进行整合，可以快速对数据进行多维度的深度分析及挖掘，根据环比、同比等各项指标帮助管理层及时准确地掌握企业每日及各时段的营业数据，预测企业未来的发展趋势，为企业科学决策提供数据支持。同时，将员工日常的工作情况量化作为绩效数据，规范企业内部管理，为考评提供数据支持。

（5）建立用户画像，提升用户管理。通过建立完整的用户静态及动态的数据档案，汇集用户基本信息、水表信息、抄表信息、欠费信息、表务工单信息、账务处理信息、退款信息等，并将与用户相关的图片、音频、视频文件等多媒体资料集中存储，全方位多角度展现用户信息。通过数据挖掘关注企业重要用户，提供优质服务；保障弱势群体，体现社会责任；提升服务水平，提高用户满意度。

（6）业务流程化管理，对接工单系统。通过引入流程化的管理模式，将拆换表、异常水量复核等平时需要通过纸质流转、电话跟进的业务流程，集成到信息化系统中，实现电子化信息流转。使各业务部门由以"操作"为中心，变为以"管理"为中心。通过对各部门业务流程的重新梳理及整合，将各个部门串成一个整体，便于统一调度，减少跨部门业务操作过程中信息传递中的缺失和曲解，使企业运作更高效、更科学、更规范。

（7）数据异常监控及预警。传统的城镇供水企业营销管理过程中经常无法及时发现用户的一些用水问题，例如偷、漏水等，从而导致水资源浪费、产销差偏大、企业自身效益损失。通过采用信息化手段，对日常业务操作过程中的数据予以监控，防止出现数据差错现象。同时对于异常数据给出预警，并提供分析数据，对于挖掘数据背后隐藏的真相给予支持。

（8）数据挖掘及二次分析。建立以营业收费业务为主体的数据平台，加强累积历史数据的分析和应用，挖掘数据潜能，为控制产销差、提高水费回收率贡献力量，为领导决策提供完整真实的数据支撑，提高领导决策的准确性。

2. 建设内容

（1）用户管理

以用户为中心进行管理，实现对一般用户和大用户进行管理，主要包括：用户档案管理、用户信息管理、代扣资料管理、混合用水设置、校对表管理等。

（2）抄表开账

以用户为中心进行管理，实现对一般用户和大用户的管理，主要包括：抄收线路管理、抄表方式管理、抄表开账等。

（3）多渠道缴费

（4）账务管理

实现对原始账单进行调整减免等账务处理，以及待处理账务项的管理，业务流程包括坏账报损、调整减免等功能。其中调整减免支持未付账单和已付账单两种类型，对于已付账单处理后将转入待处理账务进行管理。待处理账务的管理包含退款、冲销、转暂收等。

（5）停水和中止供水

城镇供水企业在实际业务开展中，停水或中止供水的情况较多，主要分为计划性停水、临时性停水、故障抢修停水、欠费限水、用户申请中止供水、违章停水、外部异常停水、供水厂停电或设备抢修等情况。在营业收费系统中，主要关注和管控的是欠费限水这一环节，人员依照法律法规及《供用水合同》相关规定，开展停水和中止供水业务。

（6）票据管理

实现对营业收费系统内发票的统一管理与查询。

（7）催收管理

主要实现对催收户和现金户欠费催收的抄收一体化管理，水费回收率应按部门、催收小组及个人进行逐级分解。

（8）收费情况管理

系统可根据各种条件筛选出符合条件的欠费用户信息，分配给相关人员进行处理。同时可在线显示欠费用户的动态缴费信息，并可根据不同用户、各种区域生成多种统计报表。

（9）结算及对账管理

根据系统统计出的各级对账单与各类相关数据进行核对，明确具体收入情况。

（10）查询分析

可以根据此功能查询和分析抄表数据和缴纳的水费数据。

（11）报表管理

根据权限控制可定制各类报表（报表中包含图表），报表类别包括静态报表和动态报表管理两种模式。采用可视化的报表自定义工具，支持即时添加、修改和删除，支持全局共享、局部共享或私有。

（12）指标管理

营业收费相关的 KPI 指标主要用于营业收费系统的日常管理。

10.3.3　业务受理系统建设

通过建设业务受理系统，可以实现城镇供水企业业务办理的在线流转，使业务办理从受理到办结的全过程实现无纸化、电子化流转，可根据实际工作调整报装管理流程，定义好工作流程，确定每个阶段的工作时限、接近到期自动通知方式、延期申请、延期情况说明、阶段完工情况说明等，进一步压缩办理时限；深化专人负责、全流程追踪的服务模式，通过网络流转，减少了各个环节之间资料流转的人工操作，并以流程中的各个步骤的时限完成情况作为绩效考核的依据，满足政府考核要求，强化督促，确保用户用水无忧，实现用户少跑腿，数据多跑腿，提升用户获得感、满意度。

1. 建设目标

（1）业务流程自动化。利用信息化手段，将员工从之前繁重的工作中解放出来，有效提高员工工作效率，降低办公成本和管理成本，提高员工的工作积极性和主动性，同时为城镇供水企业提供即时可靠的数据。系统定义各种业务的流程，明确各个业务步骤之前的业务要求，促使业务规范化。业务接收后，将通过网络流转，减少了各个环节之间资料流转的人工操作，提高工作效率，尤其对需要其他部门处理的工作环节，系统可以大幅度缩短处理时间。

（2）业务流程可配置。系统可以对业务流程的流转进行动态配置，当由于规章制度变化、业务调整等原因发生了业务流程需要变动的情况时，只需要修改对应的配置就能解决流程变动的问题。

（3）业务流程的实时监控。利用图形化的工作流程实时监控功能，随时监控报装工程状态，了解报装流程中出现的问题，及时处理，避免报装周期的延长。系统可以针对流程的各个环节设置工作时限，并能将即将超期的项目进行消息发送。明确各部门及领导在业务受理流程中的责任，根据各种业务的完成情况，可以对各部门的业务工作进行明确的量化，更有助于对部门及普通职工进行业务考评和绩效考核。

（4）电子档案的统一管理。借助高拍仪、手写屏等无纸化办公设备，将用户资料、施工图纸等纸质档案转化为电子档案进行统一管理，方便后期资料查询及档案调用。

（5）业务接收统一对接。建立起系统间上下游数据同步机制，利用智能化辅助业务管理，确保各系统间的数据一致性。与微信、网站等对外平台，营收、表务、客服平台等对内系统实现无缝对接，打通"信息孤岛"。

2. 建设内容

（1）预处理及待处理项目

预处理项目用于对接当前各外部系统受理任务，如市工程建设项目管理系统、网上服务系统等不同途径接收到的任务，经核实与审批后，进入营销业务系统内部流程进行流转；待处理任务用于系统使用中的待办任务提醒，便于业务经办人员进行任务处理。待处理栏目中可清晰显示项目开始时间及待办步骤接收时间，并列出实际处理天数及承诺完成天数，若超期可显示并标注红色进行预警，可提示该项目的办理时限。

（2）业务接收

业务接收模块用于柜台服务人员接待到场用户时开展业务的接收工作，具体包括工程类和服务类，前台服务人员根据用户提供的信息录入基本资料，通过附件上传、高拍仪等工具上传用户资料提交审核，根据不同业务类型，启动不同业务流程。

（3）项目查询与管理

项目查询与管理提供了多维度的报装项目查询功能，支持通过项目编号、用户编号、项目名称、项目步骤等多条件进行项目查询，查询后允许导出清单。项目管理功能支持对项目内容与状态的管理。

针对特殊的业务，可以对项目进行取消、挂起等操作，管理员通过项目管理可以实现项目状态的调整。

（4）业务跟踪

业务跟踪：系统可展示当前平台使用人员有权处理的项目列表，方便使用人员选择相关项目进行项目处理。业务跟踪中可显示服务承诺天数与实际天数，若超期则要求记录下超期原因后才可继续操作。系统使用人员每日主要关注待办事项，同时可查询整个流程各节点的处理情况。

已办事项查询：在业务处理过程中不仅需要对待办事项进行关注，也可能需要关注其他已办结业务流程的历史记录，通过查询功能，可以查看流程的详细步骤，轻松了解全流程。

（5）流程设计

流程节点设计：支持自定义流程部署，通过页面可实现流程节点的变化。方便流程内容的调整。

时限设置：每个流程的步骤可以设置承诺的天数、小时数。可设置是否提醒操作员。

表单设计：针对流程，可以设置步骤的自定义表单，在不经过代码开发的前提下实现表单的设计。

（6）统计报表

统计报表统计各流程进度报表，从项目数量、步骤耗时、办理时限等方面进行具体分析，如停留在设计阶段项目清单、停留在施工阶段项目清单、水表已报验项目统计报表等，且适用于对不同时间段的查询需求，供各业务部门跟踪月度、年度工作完成情况，并通过报表统计分析对重点步骤的时限进行考核，安排后续工作的开展。

10.3.4 表务管理系统建设

表务管理系统主要用于水表的全生命周期管理，以水表流向为线索，有效管理供水企业的水表信息，建立水表管理流水账和水表仓储管理，动态跟踪水表入库、出库、调拨、领用、安装、检定、拆换表、报废等流程过程，贯穿整个生命周期的每个环节。表务管理系统支持水表维修检定处理（首检和周检），以及各种拆换类型（周检、故障、用户申请等）的计划、派工、数据录入等管理。对水表首检率、周检率、故障率能进行有效统计分析。通过表务管理系统，供水企业可以了解每块水表的情况，规避了人为因素造成的企业损失，加强企业资源控制。

通过移动网络和手机 App 技术，实现水表的维修养护和大表巡检管理。通过制定巡检和养护周期计划，及时方便地生成工单信息并推送至处理人，提高维修和巡检工作效率，节省人力成本，避免企业资产流失，最终提升企业的经济效益。

表务管理系统提供一系列对外接口供其他系统使用，可以与业务受理系统结合，即所有申请接水的水表由表务管理系统进行后期管理；可以与营业收费系统结合，即营销过程中涉及的水表拆换，集中由表务管理系统进行拆换工程控制，并将拆换结果反馈到营收系统中。

1. 建设目标

形成水表生命周期记录。系统对每个水表的生命周期都进行了严格的监视，从水表采购、接收、检定、入库、出库、安装、拆回到最终的报废进行全面跟踪，可以快速地获取到当时的信息，保证了每个用户的水表信息清晰可见，每个水表的状态可查。通过规范水表相关工作流程，监管水表使用情况，杜绝水表拆换过程中的人为差错，如监督换表拆表后水表是否回仓库，登记处理一些水表在施工过程中丢失、在用户使用过程中被盗、破坏等情况，更新报废的水表在系统中的状态等。

提供定期换表提醒。超期服役的水表计量不准，将会增加企业的损失。在有限的人力基础上，通过科学的工作安排，制定合理的换表工作计划，有条不紊地将即将到期的水表进行更换，有利于水表的高效运行。

辅助水表仓储数据管理。以建立水表仓储管理体系，实现水表检测数据管理，分析重点水表的实际应用情况，有效管理城镇供水企业的水表信息，动态跟踪水表使用情况。

建立水表维护监控。实现水表档案的维护和水表的日常操作、水表周期检验以及水表库存管理等管理功能，并支持各种拆换类型的生成和数据录入的功能管理。

提供水表质量分析。通过水表的质量分析，对各型号、各口径、各厂商的水表故障情况进行汇总记录及分析，为后期水表的采购提供数据支撑。

实现数据互通与共享。业务系统数据共享，实现和资产管理系统、报装系统、营收系统、工单系统的跨系统数据核对，实现相关数据一致的校验机制。

数据挖掘分析。通过异常换表的监控功能，对异常换表的情况提供预警，为大口径配型提供数据依据。通过规范水表的精细化管理、全生命周期管理，监管水表在各阶段的使用情况。实现水表智能化仓库管理，分析水表库存情况、实际应用情况，有效管理城镇供水企业的水表信息，为管理人员采购水表提供依据。对水表库存、在用、抽检、更换、报废等状态进行有效地统计、分析、查询和导出，对水表实行严格的管理和控制。通过对基础计量水表的全方面管理以避免企业资产流失，最终提升企业的经济效益。

2. 建设内容

（1）水表生命周期管理

功能除包括水表的采购、入库、检定、出库、调拨、退库、报修、报废等操作功能外，还包括和其他业务系统对接的节点监控，如水表安装、水表上线、水表下线等。

（2）水表仓储管理

内容包括库存底量设置、水表库存总览、水表库存分类台账、水表资产统计、超期水表统计、水表报废情况统计等。

（3）精细化盘点

将原有各部分的水表信息进行统一汇总，通过库存查询实现对当前各仓库库存以及已上线水表的全面管理，并可通过明细清单及时掌握仓库内各类型水表具体型号、数量、钢印号、水表状态等基础信息。对错误的水表信息进行及时更正，并记录修改原因。

（4）水表质量与计量效率分析

根据水表首检、故障换表等信息，对不同厂家、型号、口径的水表质量进行对比、分析、评估。结合系统设置的评定管理方案，对水表厂商进行综合评定，为企业的水表选型提供数据依据。使用计量等级高的水表可以提高水表在包括微小流量在内的较大流量范围内的灵敏度和计量能力，从根本上提高水表计量效率。

（5）水表数据分析

数据分析包含水表状态统计表、报废表报表、水表库存预警、在线远传厂家统计报表、水表检定报表、水表超期在库预警单等多张重点关注的统计分析报表，为系统数据分析提供有效支持。

（6）对外接口

表务管理系统提供一系列对外接口供其他系统使用，可以与业务受理系统结合，即所有申请接水的水表由表务管理系统提供或最终并入水表系统进行后期管理；可以与营业收费系统结合，即营销过程中涉及的水表拆换，集中由表务管理系统进行拆换工程控制，并将拆换结果反馈到营收系统中。

10.3.5 智能水表系统建设

与传统水表设备相比，远传智能水表带来的不仅是技术的更新，更是管理方式的变革。智能水表可以通过设置远传采集及发送的频率，调节水表读数时间点，一方面降低抄表员的工作量，另一方面可以更详细更及时了解用户用水量，为分析用户用水特点、降低漏损等提供充足的数据。

智能水表设备类型、传输方式的多样性最终导致不同厂家产品程序间互不相通、互不兼容，以及管理信息和数据信息的分散。因此，需要建设一个统一的智能水表终端数据采集及管理系统，实现对智能远传终端的信息实时采集、终端状态监测、控制指令下发等远程操作，将采集的数据进行及时存储和处理。在此基础上，整合智能水表各类数据形成统一的数据资源为各业务体系提供标准化数据共享服务，从而实现更有针对性、科学性的动态管理，提升智能水表设备的管理效率和服务水平。

1. 建设目标

（1）水表设备统一管理。建立统一智能水表系统，取代各水表厂家采集系统，方便快捷地实现对智能水表的无障碍统一接入，并可快速接入新品牌的智能水表。支持多种设备接入，设备通过平台进行稳定可靠的双向通信。提供 GPRS、3G、4G、NB-IoT、LoRa、WiFi 等不同网络设备接入方案，解决企业异构网络设备接入管理问题。智能水表系统将远传流量计、远传水表、远传抄表设备的数据集中存储，实现远传表具数据的统一采集、统一管理。制定智能水表远传设备的选型规范和通信协议标准，建立准入机制，对数据存储、数据传输等协议进行统一规范，对新采购的远传表具，统一按照该协议接入系统，实现流量数据的统一采集，解决供水企业面临的智能水表种类多样、管理平台分散的问题。

（2）优化抄表工作。通过远传平台直接进行抄表，并与营业收费系统直接对接，实现远传抄表到户，减少人力成本，提高抄表到位率和及时率。

（3）强化水表计量管理。实现远传表具的自动计量、综合用水分析和统计，提供不同时间的数据比对分析，了解用户的整体用水情况。同时，利用远传设备数据分析，可以为漏损管控提供数据，并建立远传水表厂家评价体系。

（4）提升精准服务质量。建立用水量与水表口径对比分析，发现异常问题，如小表大流量、大表小流量等，结合巡检管理，改善表观漏损，降低供水漏耗给企业带来的计量损失，保障售水收入，并通过提高计量的准确度，减少与用户的纠纷，提升服务质量。实现智能水表的异常报警和监控，及时发现存在的异常问题并进行修复，减少城镇供水企业的损失。

（5）提供选型决策支持。可通过对不同品牌型号远传表的故障情况进行统计分析，评估品牌质量，为评价供应商的产品质量提供数据支持。对智能水表系统所采集的水表数据进行整理归纳和标准化处理，提供规范化数据服务。向用户提供数据分析、数据处理和数据可视化展示等功能。

（6）形成数据互通与共享。实现与其他系统的数据共享，包括营业收费系统、生产调度系统、表务管理系统、工单管理系统等，避免"数据孤岛"情况出现。

2. 建设内容

（1）统一远传设备管理

平台从远传设备管理方面，实现了统一标准、统一存储、统一平台的目标。平台向下支持不同厂家、不同型号、不同协议的水表接入进行统一管理。实现包括远传水表的统一数据采集、数据处理、数据存储、数据校验、设备注册、设备管理、设备监控等。

（2）用水异常短信提醒

平台可根据远传水表实时传回的抄表读数与用水情况，分析出相应用户的用水习惯并自动判断是否存在用水异常现象，一旦发现有用水异常用户，它会及时短信提醒用户排查家中用水情况。同时相关人员也可通过平台筛查疑似漏损用户与零用水用户，根据排查情况结合主动服务的方式，降低用户因漏水造成的损失。

（3）设备故障管理

能够实现对各类型故障的统计，故障类别包括数据采集异常、设备破坏异常、电池电压告警等，实现根据区域、水表厂家、口径、水表类型等多维度统计故障水表数量。同时，能够从营业收费系统中，同步获取每个水表的换表时间，以此计算水表的生命周期。若出现在生命周期内的故障换表，也能够进行专项统计，能够针对不同部门、水表厂家、口径等不同维度分析具体故障换表的占比。通过各维度进行水表故障的统计分析，可以方便统计各远传水表厂家的设备故障率，为城镇供水企业远传水表的选型与采购提供参考依据。且通过实现远传水表的实时工作状态传输及管理，以便城镇供水企业及时、高效发现每一块将出现故障的水表并加以修理、更换，从而提高城镇供水企业用户服务的及时性与主动性。

（4）抄表率管理

能够在同一平台上自动汇总各远传水表传回的水量数据，提高远传水表验收工作的效率。平台同样具备从水表厂家维度分析抄表率的功能，可以统计不同远传水表厂家每日的设备抄表率，通过直观比较设备抄表质量，筛选出更具技术实力的远传厂家。

（5）抄表数据管理

能够统计各类型的水表个数，以及各类型水表的分布。同时与营业收费系统对接，同步获取水表详细信息（如：钢印号、用户编号、用户名称、地址、口径、用水性质等信息）。可以查看每个水表的读数、用水量、压力、电池电压、信号质量等数据。在此基础上，设计了用户开账水量与远传水表抄收水量的对比功能，供水企业工作人员能够在统一平台上，通过开账日期，筛选出相应开账日期的远传水表当天的抄表读数，能够直观对比分析开账水量与远传抄收数量的差异，快速定位出偏差较大的远传水表，从而找出修正开账水量的原因。这一功能能够有效提高工作人员在复核远传水表抄表读数上的工作效率，能够快速定位出抄表异常的设备，为企业降低经济损失。同时，通过远传水表的有效管理及推广应用，可以适当减少抄表人员现场抄表的工作量，一定程度上降低企业人力成本的投入。

（6）信号质量管理

能够根据水表上报的信号质量数据，进行信号质量优劣判断。实现根据区域、厂家、运营商等多维度进行设备信号质量分析。该功能能够分析出不同小区各运营商的信号覆盖率，为 NB-IoT 水表的网络选择提供依据。

10.3.6　工单系统建设

1. 建设目标

工单管理系统融合 GIS 技术在空间数据展现与分析上的优势，统一管理各类外勤业务，并以工单为核心，通过工单带回现场作业信息，实现人员工作和工单处置的全过程监控和管理，实时获取作业过程中的工单、人员、调度、问题、绩效评价等数据，使得制定维护周期、考核工作质量、统计资产状态等工作的开展更有成效，实现外勤作业的远程监管和深层应用，提升工作效率及管理质量。工单管理系统包含一套浏览器软件和一套手机 App，其 App 安装在手持移动终端上，通过 4G 网络与应用服务器连接，应用服务与相关业务系统进行数据交互。

2. 建设内容

（1）平台端管理功能

工单管理系统的平台管理主要供管理人员使用，用于查看外勤人员的巡检、工单等过程信息以及常用业务数据的报表统计，其基本功能如下。

信息总览：结合 GIS 地图，按照不同管理区域查看各自辖区的工单处理数据、人员在线情况、车辆在线信息等。

外勤监控：能在地图上查看外勤人员在线信息以及当前在线人员的位置分布；能选中具体人员调阅其历史轨迹，并进行记录回放；可以对上报的问题落点，清晰展示哪类问题更易发生在哪些片区。

任务管理：可按不同条件查询上报问题、计划性任务、计划性维护工单、问题处理工单的记录，并深入详细展现选中记录的详情信息。

绩效管理：按不同层级权限展现各单位的工单完成 KPI 指标；可横向比较同一层级各单位或个人的工作绩效，体现其工作能力及贡献度。

巡查管理：可根据所属单位、时间、巡查人员、巡查类型进行筛选，查看巡查任务列表；可从巡查任务列表进入，查看具体巡查记录的任务详情；可通过巡查小结、上报列表、必达点、轨迹等信息了解和展示巡查任务的完成情况。

统计报表：展示各类业务的工单统计报表及工单量化报表，提高数据统计的效率与准确性，省去人工统计的麻烦。

参数配置：提高系统适配的灵活性，可按需自行设置车辆信息、巡查必打点、巡查对象、工单类型等参数。

（2）移动端 App 管理功能

工单管理系统移动端 App 主要是给外勤人员使用，用于记录巡查、工单处置等过程信息，不同业务角色拥有不同的功能权限，其基本功能如下。

巡查：启动和执行巡查任务，能够进行地图查看、事件上报、轨迹查询等操作；可按日、周、月等不同频度查看巡查次数、巡查里程和上报次数；可按时间查看巡查历史信息；对于负责巡查业务的管理人员，还能查看本组外勤人员的巡查综合信息。

问题上报：在巡查或业务处置遇见异常时上报各类问题，并转为相应业务类型的工单；可查看以往上报各类问题的记录。

计划任务：上报计划性任务的工作完成情况；查看计划性任务的历史完成记录。

工单处理：按所分配角色的权限查看可接收的工单，可以进行接单、回复操作，工单处理完成并销单后自动转入历史工单；可查询处理完成并已销单的历史工单记录；可根据关键字、工单分类、紧急程度等信息查询外勤人员可处理和已处理的所有工单；可对外包单位处理工单的完成质量进行审核，不合格可以退回返工。

报表查看：根据分配权限查看不同层级单位的相关工单指标信息。

管网地图：显示 GIS 地图相关管线、设施等信息，辅助外勤人员完成工单相关业务操作。

在线人员：在地图上显示外勤人员的位置信息；方便不同业务的管理人员查看所管辖队伍外勤人员的在线情况。

10.3.7 客服热线系统建设

客服热线系统,又称为呼叫中心。传统的客户服务热线系统是一个处理大量打入(Inbound)和打出(Outbound)电话并提供业务服务的系统。随着技术的飞速发展,客户服务热线系统也被赋予了新的内涵,成为集现代计算机技术、网络技术、CTI(Computer Telecommunication Integration)技术、多媒体技术以及互联网技术等为一体、综合性的多媒体信息处理及服务平台系统。

1. 建设目标

经过多年来技术上的进步,呼叫中心不仅仅是传统意义上的电话呼叫,还包括了传真、电子邮件、短信以及 Web 上的各种文本、语音和视频的呼叫。同时,为了满足商业及社会应用的需求,现代的呼叫中心不仅仅接受来自中心外部的服务请求,还可以主动对外进行联络以达到其运营目的。所以,现代呼叫中心已经成为经营者与其目标人群之间的一个多媒体互动沟通渠道,是一个为了客户服务、市场营销、技术支持和其他的特定商业活动而接收和发出多媒体呼叫的实体。

2. 建设内容

客户服务热线系统应至少由呼叫模块、工单模块和业务数据支持功能模块组成,主要功能如下:

(1)呼叫模块主要功能

接收客户请求:应具有接收来自电话和多媒体交互等多种渠道的客户请求。处理人员可通过信息登录将数据录入数据库。

信息登录:用户信息登录应包括电话及多媒体信息登录等方式。用户信息应保存在数据库中。

信息处理过程:每一条记录的信息应有唯一标识。记录的信息应至少包括客户号、客服编号和记录时间;生成相关任务还应具备任务单和任务号。标识同关联系统中的客户信息一致。

信息统计与分析:应具有数据信息登记、处理、统计、汇总、存取、分析等功能,且支持提供自定义报表,具备保密功能。

主动呼出服务:可通过电话和多媒体交互等多种方式实现对客户的主动服务。应包括信息回访、信息收集、欠费催缴等主动呼出服务。

服务评价:

应包括通话评价及事件处置后评价。评价数据应能反映客户期望的满意度及服务人员的规范度。

（2）工单模块功能

工单生成：用户受理后，登记用户申请内容，核定和整理用户受理资料，形成工单。

工单派发执行：工单子系统产生的工单应在任务平台上派发执行或通过手持客户端派发执行。工单执行应是闭环流程。

工单信息记录：任务的执行时间，工单执行前、工单执行中、工单执行后的执行内容，相关材料的记录和照片（或视频）。

（3）业务数据支持模块功能

应具备工单查询、数据统计、指标评价、自定义报表、关键信息提醒等功能。

业务数据支持模块的数据至少应包括呼叫、工单等数据，对接其他业务系统关联数据等，如生产调度系统、管网监测信息系统等数据，实现业务数据综合查询和统计。

业务数据综合查询根据热线编号、发生地址、反映形式、反映来源、反映类别和受理单位等查询统计实现。

10.3.8 网上服务系统建设

1. 建设目标

通过建设便捷的网上服务系统，引入创新工具和信息化技术，重构城镇水务企业服务模式，规范业务流程，减少服务触点，服务流程场景化、服务交互智能化，由传统的被动服务，提升为及时、个性化和高效的主动服务。通过服务模式创新，充分满足市民的"互联网＋服务"需求，市民足不出户便能轻松获取各类高效、优质的水务服务，从而提升客户满意度，提升水务企业的客户服务水平，树立水务企业先进的品牌形象。

2. 建设内容

（1）信息发布

支持信息单点采编，多点发布，保证各渠道信息内容的一致性，发布的统一及时性。客户既可自助查询服务信息，又可获取到水务企业主动推送的服务信息，客户获取信息的方式由被动查询提升为主动告知。

（2）线上查缴费及票据服务

客户可输入用户编号或绑定用户编号后，线上查缴费及下载收费凭证或发票，支持月度账单以及年度账单查询、统计。

（3）在线报修及留言

可为客户提供在线报修、报漏、咨询、投诉、建议、活动报名等服务。客户前端提交申请后，后台统一受理，并对接水务企业内部业务系统（如工作流、外勤作业等），直接派单至一线工作人员，快速做出服务响应。

（4）线上业务办理及进度查询

客户可在线办理水务企业全部对外服务业务，并提供办理进度查询及关键服务节点的信息推送服务。线上业务根据办理模式，可分为业务预约和自助办结两类，根据各水务企业业务特点，对现有业务进行线上化改造，业务办理尽量按客户最多跑一次，甚至"零"跑腿的目标设计，需要充分与水务企业客服部门业务人员沟通，做好业务流程设计，在不违背业务原则的基础上，尽可能减少客户填写表单、提交材料，减少业务流程节点，缩短业务办理时长，提升线上渠道业务办理的服务体验。

客户可以通过业务申办编号，在线上服务渠道查询业务办理进度，已登录注册客户可直接查询该账号申请的业务进度，且支持跨渠道业务进度查询。系统还可自动推送业务办理进度关键节点信息给客户，支持短信、微信推送、邮件等形式。

（5）智能客服及在线客服

利用智能化手段，提升服务体验，接入智能客户、在线客服功能。线上渠道为客户提供业务咨询、查询等高频自助服务。客户首先获取智能客服的服务，当智能客服无法解决用户诉求时，可切换至在线人工客服提供服务。

（6）统一业务受理后台

来自不同线上服务渠道的业务申请，接入统一业务受理后台处理，线上渠道运营人员统一登录该平台受理全渠道业务，实现集约化管理。

客户通过各类线上服务渠道提交业务申请后，通过统一的业务受理平台进行业务预审。审核通过后，可直接写入营销系统或进行业务派单至对应业务系统进行业务审批、外勤作业等后续处理；审核不通过，则及时反馈客户原因。可实现对客户提交信息的预览、附件查看，业务办理状态查询、统计，以及客户业务办理进度通知等功能。

为提升业务处理效率，统一业务受理后台需打通营销、审批、工单、外业等内部业务系统，实现业务全流程一体化管控，以实现内部运营人员对业务状态全过程可查可控，以及业务进度对客户公开透明。

10.3.9 智能客服系统建设

1. 建设目标

随着大数据、自然语言处理、机器学习、深度学习等新技术的涌现，人工智能已成为新一轮变革的重要驱动力。智能客服是将人工智能技术与客服行业相结合的产物。引入人工智能技术，应用于水务客服行业，通过智能客服系统代替简易、重复性高的人力工作，以解决不同渠道的服务接触需求，同时，释放人力资源，优化人力结构，让现有人员从事更有价值、更具备技术含量的工作。如通过智能客户机器人自动答复简单重复的客户信息咨询，可有效减少客服人员的重复劳动，使更多精力投入复杂度高的工作中，大大提高客服人员的工作效率。

2. 建设内容

（1）智能语音导航

智能语音导航系统与IVR系统无缝对接，客户打进电话后，不再需要层层按键输入寻找菜单，通过语音直接与机器人交流，可以迅速了解客户来电的意图，引导客户到相应的服务入口。针对业务分类多，IVR菜单设置繁多，播放菜单时间长的场景，可减少客户等待时间。

（2）智能语音机器人

智能语音机器人实现简单业务由机器处理，复杂业务交给人工服务的人机协同模式，具备语音识别能力、语音播报能力和自然语言理解能力。通过语音识别后，将输入信息转换成文字，机器人对文字进行语义理解，结合多轮对话的场景和机器人知识库的知识，并利用语音合成的方式回复给客户。实现自动与来电客户对话服务，处理业务咨询、费用查询、报修等高频业务问题。如客户与机器人交流后，诉求未能有效解决，客户可要求转人工；也可配置坐席，当机器人几次理解不了客户问题时自动转人工。当用户有转人工需求时，机器人与客户进行反问交互确定所需要的人工支持，最终转到具有相应技能的人工坐席，提供人工服务。

（3）智能文本机器人

智能文本机器人与在线人工客服协同工作，通过对接微信、网站、App等多种线上服务渠道，接收的客户请求传送给自然语言理解引擎进行语义分析，判断出提问的意图后在领域知识库中查找最合适的答案并回复客户。当系统无法回复时，可根据某些业务规则判断是否需要转人工，并可以向人工坐席提供参考答案，可为线上客户提供业务咨询、用水费用、账单查询、报修报漏等业务服务。

（4）智能坐席辅助

利用自动语音分析、自然语言理解技术，即时分析用户服务需求要点，实时将客户与坐席对话（如地址、电话）转写为文字显示在业务系统上，并自动协助电话坐席定位客户服务相关的业务知识与流程等，推荐最佳话术，以提高坐席工作效率。当坐席服务过程出现多次违禁语、客户情绪异常时，系统预警提示，或通知他人接听通话等方式介入，避免客户投诉事件发生。

（5）智能语音外呼

自动智能语音外呼，采用不同的外呼场景话术，完成智能交互，并全程记录交互内容，分析客户意图，实现客户意向精准分类和交互数据多维展示。可实现话术标准、应答智能、语音真实、情绪稳定、永不疲倦地提供外呼服务，大大提高外呼数量与效率，并将外呼结果以结构化数据进行反馈，方便人工后续跟进。可极大地减少用于简单重复性的外呼工作的人力成本。可用于回访、问卷调查等外呼场景。

（6）智能录音质检

改人工测听为可视化智能质检分析，大大提高质检工作效率和质检覆盖率。根据业务需求设置考核维度和标准并在考核过程中进行监控和分析，例如服务忌语、敏感词汇等。系统自动对客服与客户的通话内容进行检查，识别通话中的语言不合规、操作不规范、技能不足等问题，自动预警提示客服，并在系统做好记录，定期出具客服语音质检报告，分析提示改善点。此外，还可及时精准地发现和掌握客户关注的热点，跟踪分析特定客户群体的行为，为客户关系维护提供支撑，为进一步完善业务规划提供参考。

10.4 综合建设案例

深圳水务集团从 20 世纪 90 年代末就已开展营销管理及客户服务方面的系统建设，随着企业的业务发展及信息技术的更迭，不少系统已经经过了几次大的升级迭代，陆续建设了营业收费系统、呼叫中心系统、线上用户服务平台、智能水表系统、客服流程系统、外业综合管理系统、智能客服系统。并结合业务场景，打通各系统业务流及数据流，实现了客服营销服务方面的全面数字化管理。

深圳水务集团始终以客户为中心，将数字化技术与客服业务融合，优化流程设计，重构客户服务体系，努力实现"创建优质民生公共服务企业"的目标。通过营销客服管理体系，打造"五心"客户服务，获得用水"四零"服务，全面提升深圳市的水务营商环境。营销客服管理体系主要包括三层：基础数据层、业务应用层、服务渠道层，如图 10-3所示。

基础数据层，获取全渠道服务数据，包括用户数据、水表数据、抄表数据、计费数据等，实现数据层面的互联互通；业务应用层，主要以营业收费系统、线上用户服务平台、呼叫中心系统等业务系统，实现各渠道营销及服务业务的数字化；服务渠道，涵盖了各类线上线下办理业务的渠道。

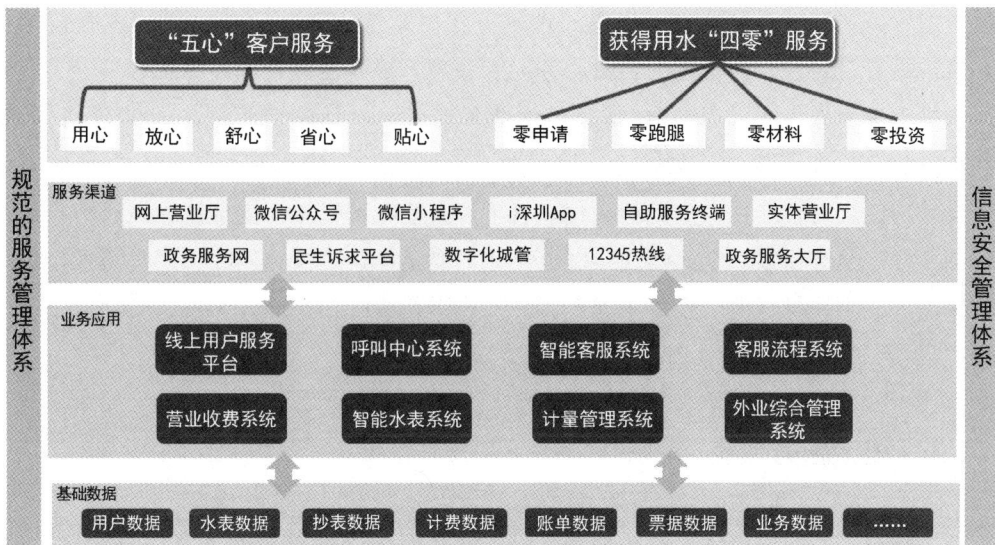

图 10-3　深圳水务集团营销客服管理体系

10.4.1　营业收费系统

深圳水务集团营业收费系统（图 10-4）是一套围绕水务企业发展目标，以客户为中心，利用先进的管理理念和技术手段，以计费引擎、数据分析平台、业务集成开发平台等为基础，包含自来水、污水处理、垃圾处理费代收等各项业务，通过多渠道对客户关系、抄表、计费、收费、票据管理、水表管理等抄表收费及客户服务业务工作进行一体化管理的系统。根据深圳水务集团的组织架构特色，营业收费系统具有跨区域设计，

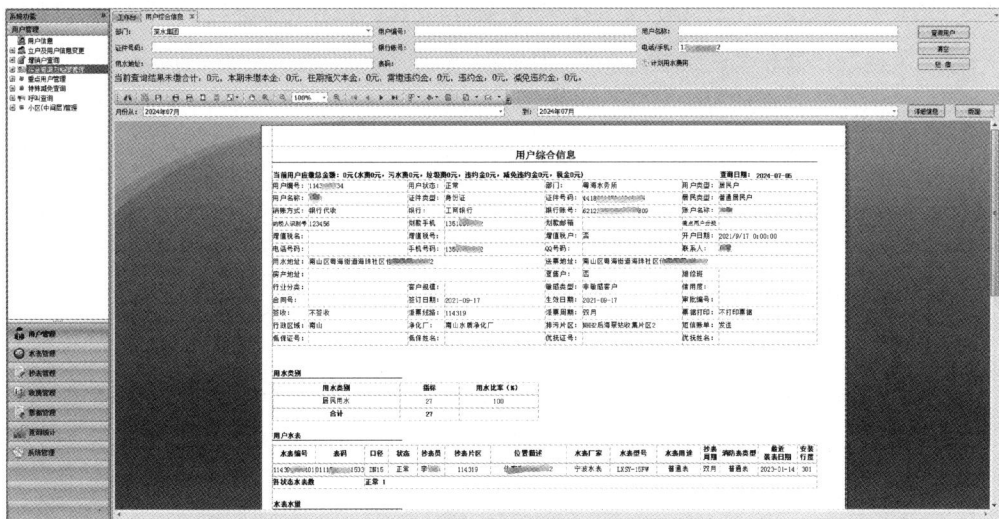

图 10-4　深圳水务集团营业收费管理系统

灵活可配置，拓展性强等特点，支撑深圳水务集团本地 12 家分/子公司的客服营销业务，实现更有针对性、科学性的客服业务动态管理，提升客服管理效率和水平。

根据深圳水务集团下属各分/子公司的业务特色，灵活适应不同的水费价格体系、违约金算法、抄表周期。实现水费、污水费、垃圾费三类费用区分缴费，支持实时划款，支持跨区缴费，支持本金滞纳金分离管理等灵活缴费模式。支持智能表远传自动抄读，减少抄表员工作量。全面实现票据电子化，满足客户多样化的账单票据需求，可根据客户需求，主动推送电子账单票据至客户指定手机或邮箱，提升客户体验，为企业节省票据成本。

10.4.2 线上服务系统

充分满足用户的互联网＋服务需求，对以往传统的水务服务模式进行数字化转型，实现供水服务创新。采用信息化技术使业务流程更加规范，服务流程更加灵活，能有效地提高业务办理效率，为客户提供高效、优质的服务，提高客户满意度。线上服务系统灵活运用大数据、云计算、人工智能、中台架构等技术，全面梳理深圳水务集团现有客户服务业务，整合主流线上服务渠道、优化服务流程，重构面向用户的服务模式和体验，打造水务行业首个支持全业务办理的线上服务平台，实现服务渠道一体化、服务交互智能化、服务管理平台化。前端服务渠道覆盖微信公众号、网上营业厅、微信小程序、i 深圳 App、自助服务终端等；承载深圳水务集团全部供水排水服务，并支持单位及个人客户在线查询缴费、票据下载、供水排水报装、过户等 60 余项业务（图 10-5）。

该平台已经成为深圳水务集团最重要的业务办理和服务渠道，分流线下业务超过97％，关闭线下营业厅超过 50％，助力企业降本增效，服务体验提升。凭借出色的互联网技术架构、智能化交互设计，全渠道的业务统一接入、统一管理模式，简约化的服务体验、最小化的资料填报，高比率的业务分流效果，深圳水务集团线上服务平台荣获2020 年 IDC 中国数字化转型优秀奖，助力深圳市在历年优化营商环境测评中取得优异的成绩。

10.4.3 外业综合管理系统

为规范外勤作业处理过程，实现城市水务管理过程中所有外业工单的一体化管理，深圳水务集团建设了外业综合管理系统，改变以往人员分散、沟通渠道单一、信息滞后、职能部门之间难以协同的局面，构建闭环、完整的外业工作管理体系。平台以工单为核心，通过工单带回的现场信息，制定维护周期、考核工作质量、统计资产损耗等，以提升工作效率及管理质量。外业综合管理系统凭借 GIS 技术在空间数据展现与分析

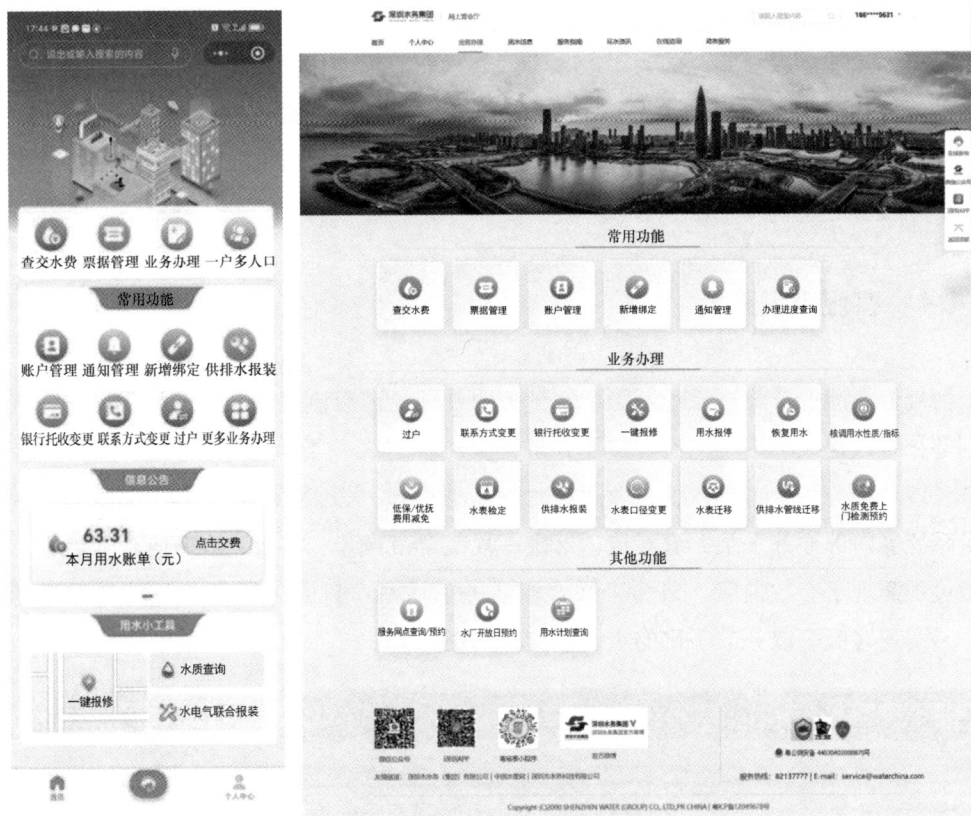

图 10-5　深圳水务集团微信小程序及网上营业厅

上的优势，统一管理各类外勤作业，覆盖供水排水管网设施、工地、水表、在线监测点、智能水表设备、防洪排涝、探漏业务的巡查、维护与维修等工作，包含工单管理、计划制定、工单调度、移动端工单管理子系统、工单统计分析等功能（图 10-6）。

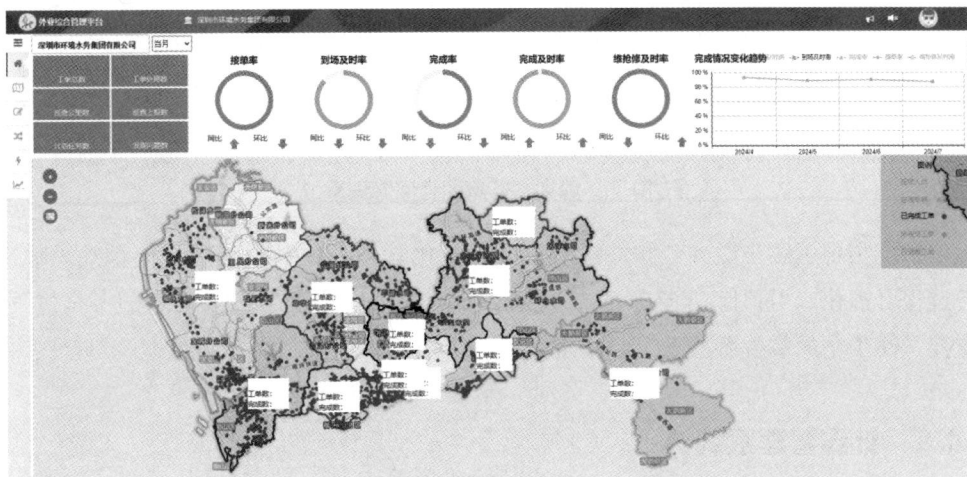

图 10-6　深圳水务集团外业综合管理系统

外业综合管理系统以地理信息为基础、以工单管控为核心、以优化调度为导向、以创新变革促发展、以绩效评估为手段，实现外勤业务集约化管理与优化调度，推进外勤作业的管理精细化、流程规范化、处理高效化。提高外业工作的接单时效性和有效率，到场及时率从上线之初的 50% 左右提升至 99%，完成及时率则由原先的 93% 提升至 98%。

10.4.4 客服流程系统

为规范客服业务管理流程，深圳水务集团开展了客服流程管理系统建设工作，统一规划并分阶段建设了报装类流程、业务审核类流程、表务类流程、服务工单等 20 余类业务。该系统与线上、热线、营业厅等对外服务渠道，以及营业收费系统、外业系统、计量系统等内部业务系统无缝对接，已统一规范全市报装、审批、表务等作业流程，对服务过程实现了有效监管。成为串联客服业务前后端，打通客服全业务链的桥梁和纽带，是实现客服全业务数字化的重要系统（图 10-7）。

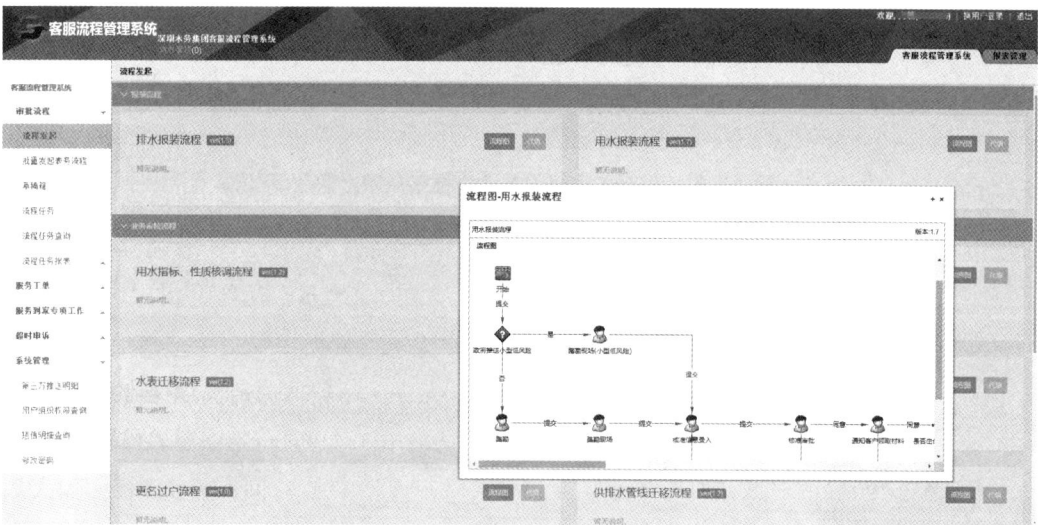

图 10-7 深圳水务集团客服流程系统

该系统实现了客户服务流程的标准化、规范化管理，提升一线员工流程处理效率；服务过程可视化、可追踪，客户可以随时随地查询进度，提升用户体验；服务全过程有效监控，便于全局掌握各服务节点处理进度。

10.4.5 计量管理系统

按照标准化、精细化、科学化的计量工作管理要求，构建计量管理系统，通过一系列数字化管理手段，形成规范、科学的控制程序，包括水表的选型控制、计量性能控制、现场安装控制、过程使用控制、报废处理控制。既可以跟踪追溯每块水表从检定入库到报废的全生命周期使用过程，又可以清晰地记录每块水表在各阶段的状态，实现水表的全生命周期管理（图 10-8）。

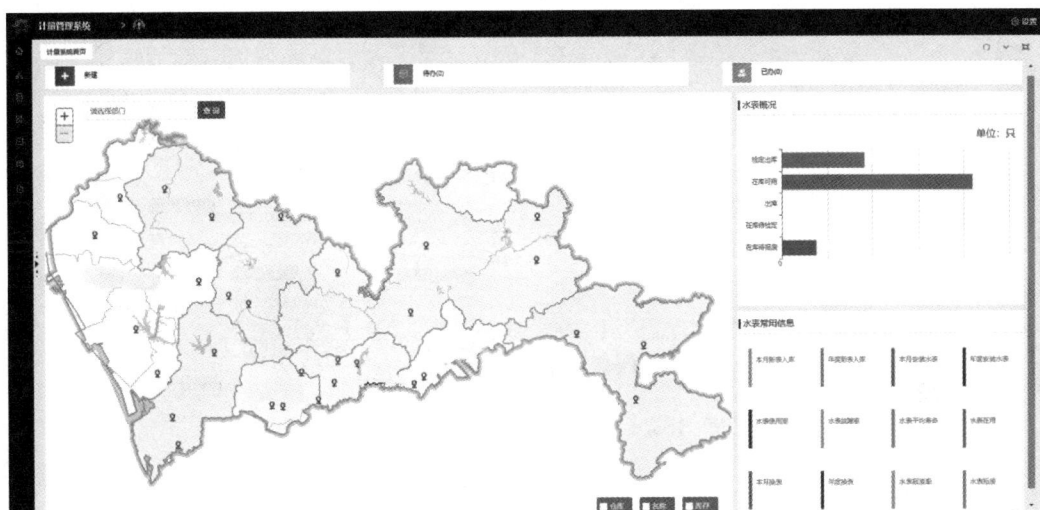

图 10-8　深圳水务集团计量管理系统

该系统贯穿水表全生命周期管理，增强了企业的表务管理能力，提升员工业务水平，提高工作效率。有效实现了水表跟踪监管，并全面、高效、精准管理好水表的使用。

10.4.6　智能水表系统

智能水表管理系统实现了智能水表数据的接入和统一管理，实现了传统人工抄表模式向智能抄表模式的转型，并在未来期望实现远传抄表区域全覆盖，从而重构抄表模式和体验，提高抄收效率、计量准确性、提升客户服务。系统业务主要分为设备运行管理、设备采集通信、计量数据管理三大板块；各类型智能水表按照不同采集周期采集水量数据，准确监控用户用水，从而为漏损、漏水、水量波动分析等问题提供数据支撑（图 10-9）。

10.4.7　呼叫中心系统

深圳水务集团呼叫中心系统是一套以实时电话服务为中心，以客户关系管理（CRM）子系统为基础，集成客户信息、供水服务信息、派单服务、话务操作、客户通

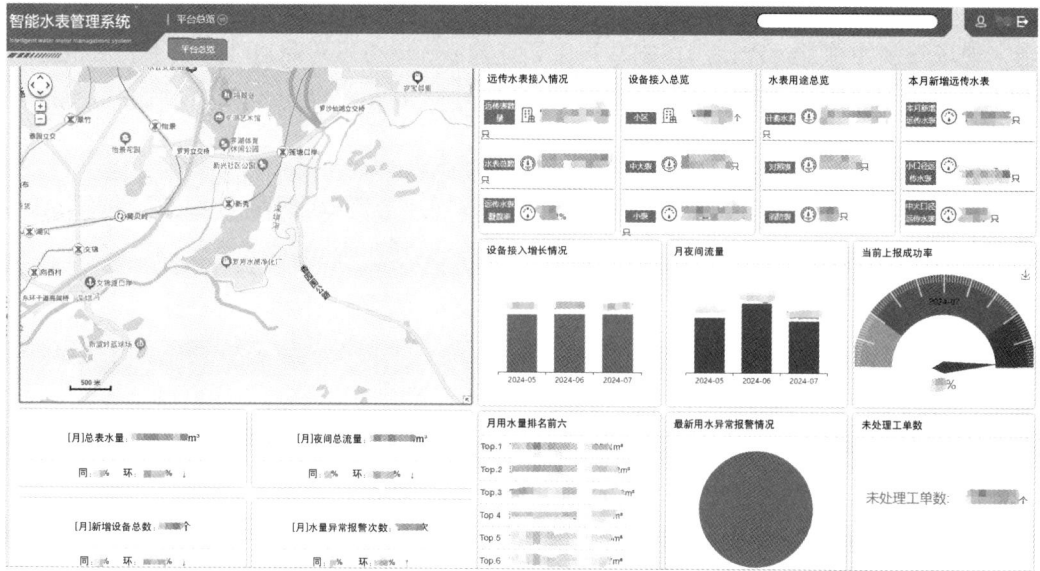

图 10-9　深圳水务集团智能水表系统

知、在线客服、知识库、录音与质检等功能模块的客服坐席代表操作平台。

呼叫中心系统依托先进的分布式电话语音子系统与 IP 数字坐席，保障了热线通话的稳定性与话务管理的可靠性，并提供交互式自助语音服务、语音机器人服务与人工服务三种不同的服务方式，向用户提供停水信息、水费查询、高频业务咨询等服务。为用户提供 $7 \times 24h$ 的人工电话服务与自助服务，是企业与广大客户之间的主要信息沟通桥梁之一。该系统月均呼入约 7.5 万次，总接通率达 99%（图 10-10）。

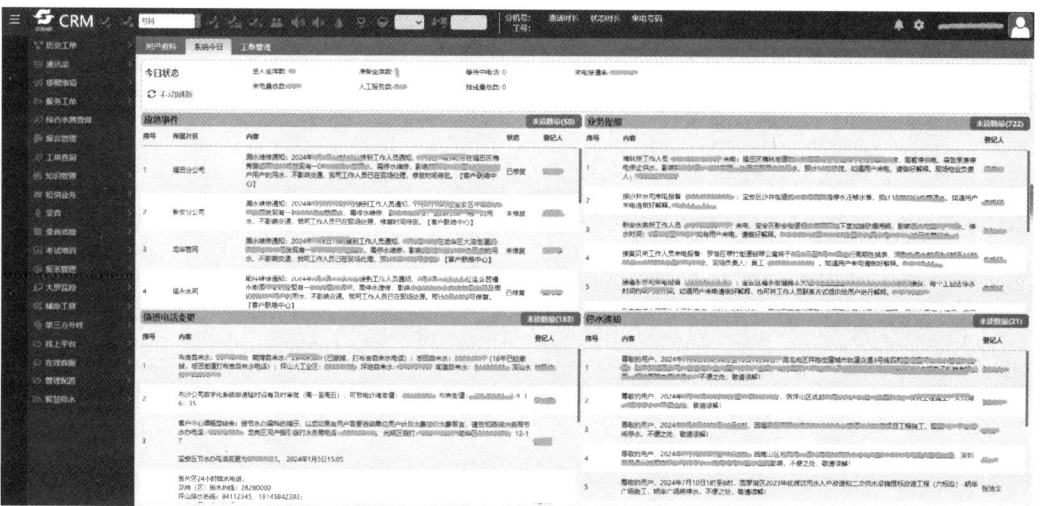

图 10-10　深圳水务集团呼叫中心系统

10.4.8　智能客服系统

以一平台多应用方式，打造可复用的智能客服能力中心，采用先进的深度学习算法，以自然语言语义理解（NLP）、语音分析（ASR）、语音合成（TTS）、业务知识库、上下文理解、多轮对话、意图理解、机器人训练、知识推理、语音训练等模块、功能为基础，为业务应用提供 AI 智能基础能力。AI 智能技术赋能深圳水务集团对外服务，实现人机协同服务，机器人分流简易、高频的客户服务请求，释放人力资源处理复杂度高的业务，提高客服代表的服务效率及客户体验。

智能客服系统主要包括文字机器人、语音机器人、智能坐席辅助等应用模块。文字机器人与线上服务平台/网厅的"在咨询"服务衔接，在人工客服服务之前提供日常咨询、查询服务。语音机器人与热线电话集成，用户拨打热线电话时可以选用语音机器人提供服务。智能坐席辅助模块集成于呼叫中心系统，实时识别用户语音中的业务关键字，辅助填写工单，推送相关知识点（图 10-11）。

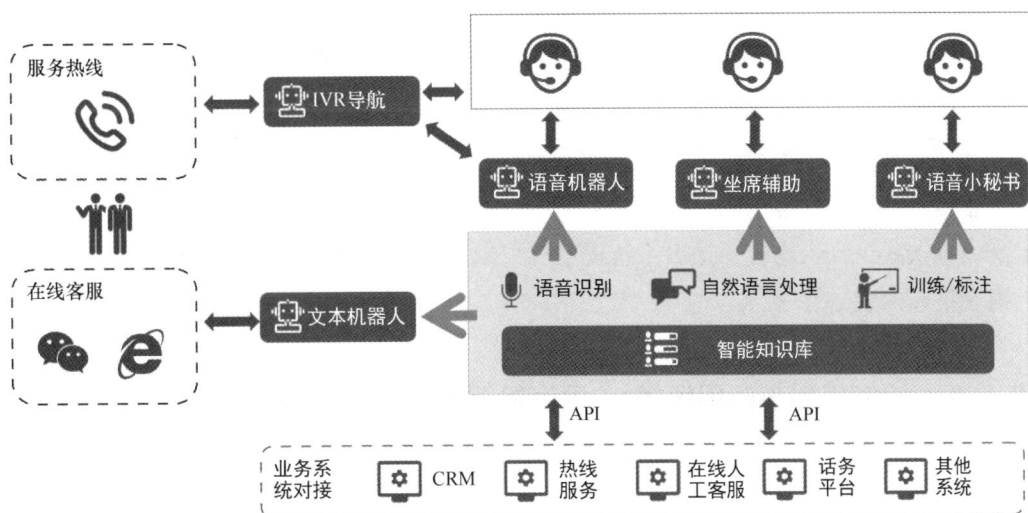

图 10-11　深圳水务集团智能客服系统业务逻辑图

10.5 智慧营销管理和客户服务平台应用案例

10.5.1　数据共享应用场景：电子营业执照一照通办

减证便民的关键是推进公共数据共享，不断打通部门间的"数据孤岛"。此项工作以电子证照建设运用为切入点，旨在加强供水排水运营企业与市场监督管理或大数据管理中心等部门系统的横向联通，构建电子营业执照一照通办服务体系。企业用水或办理其他供水排水业务，供水排水运营企业应运用"电子营业执照"，改变过去反复填写信息和提交各种证件材料的繁琐流程，实现"一部手机、一个身份，复用通行、一照通办"。将"最多跑一次"作为抓手，从公共数据共享切入，不断完善政企联动服务体系，推动更多用水与政务服务事项从"分开办"向"联动办""一并办"转变，从"能办"向"好办""易办"转变，从"最多跑一次"向"一次不用跑"转变。不断拓展电子证照跨部门、跨层级的共享应用，切实解决企业群众办事提交材料、证明多等问题，持续推进高频证照"免提交"、高频事项"免证办理"，同一客户"提供一次"，努力实现让数据多跑路，让群众少跑腿的目标。企业客户线上申请后，核准人员主动与企业经办人联系，全程在线上审核办理。减证便民工作提升了企业群众的获得感和满意度，并逐步推进"无证明城市"建设迭代升级。

10.5.2　流程优化应用场景：　线上一键报修

客户发现供水管道漏水，打开供水排水运营企业线上平台"一键报修"功能，系统自动定位当前位置，并呈现当前定位的地址选项，请客户选择并确认报修地址，客户也可自行定位或在选择的定位地址信息基础上补充录入楼栋号、房号等更详细的信息。地址信息确认后，客户可从故障描述模板中选择报修内容或通过语音转文字功能直接说出报修内容，减少录入内容。最后系统提示客户拍照上传故障现场照片，并留下联系方式后提交报修内容。

10.5.3　智能机器人应用场景：　语音机器人替代人工服务

客户拨打供水排水运营企业服务热线并通过语音菜单选择查询业务时，智能语音机器人首先询问客户需要咨询的业务内容。当客户说出需要"查询水费"关键词时，智能语音机器人进一步询问客户的用户编号、查询年月等信息，客户可按键输入或说出用户编号、查询年月等信息。智能语音机器人根据客户输入或说出的信息，在系统中查询对应的水费信息，并自动语音播报水费关键信息。同时，客户可选择将水费详细信息通过短信发送至指定手机号中。最后智能语音机器人询问客户的问题是否得到解决，如已解决，则请客户对答复内容进行评价并结束服务，如未解决，则转服务人员跟进处理。

10.5.4　智能独居老人用水监控项目

罗湖区与深圳市水务集团政企联合，在全市率先推出"智慧用水监控"项目，通过运用智能水表技术，以科技手段守护长者的安全。在全市率先推出"智慧用水监控"守护独居老人安全。项目创新地应用物联网、人工智能、大数据等技术，在全市率先打造"智慧用水监控"平台，通过监测独居老人用水情况，第一时间识别异常状况并预警社区上门做好守护服务，有效破解独居老人居家养老难题。目前"智慧用水监控"已经在黄贝、翠竹两个街道试点，接下来将惠及罗湖区有需求的独居老人。该项目通过市水务集团智慧载体——"智能水表"实现，该水表创新应用物联网、AI 智能、大数据等新技术，当独居老人出现突发事件导致用水异常时，第一时间给社区发出预警信息，社区主动上门做好守护服务，实现从"接诉即办"到"未诉先办"，为独居老人带来一份"特殊礼物"。项目实施以来，深圳水务集团已多次向罗湖区政府推送用水报警数据，社区网格管理员及时根据相关数据登门拜访核实独居老人生活状况，为预防辖区内独居老人突发意外情况作出了重要贡献。

10.5.5　智能窗口服务管理

使用叫号系统，按序服务。叫号系统基本配置包括取号机、叫号显示屏、叫号播音器及叫号终端。取号机应放在营业厅入口位置；显示屏应设置在客户等候区显眼位置；叫号播音器安装位置及数量以保证客户能够清晰听到播音为宜；叫号终端每个窗口安装一台，安装位置以方便客户代表使用且不影响客户为宜。

使用评价器，实时收集客户评价。客户办理完业务后，对客户代表进行服务质量评价。该评价系统基本配置包括服务器及评价终端，每个窗口均应配备评价器，安装位置以方便客户使用为宜。

使用视频监控、录音系统，管控服务过程，也可作为发生纠纷时的佐证。基本配置包括监控屏、监控摄像头及收音麦。监控屏一般安装在后台管理区，监控摄像头安装位置应保证营业厅办公区监控范围不留死角，鼓励每个窗口配置独立摄像头监控。收音麦每个窗口安装一个，采取隐蔽式安装，安装位置以能够清晰录取客户和客户代表的声音为宜。

使用电子档案系统，实时归集客户档案。基本配置包括高拍仪（或其他类似设备）及配套的档案存储管理系统。每个业务收费窗口应配备一套高拍仪（或其他类似设备），安装位置以方便客户代表使用且不影响客户为宜。

10.5.6 水质信息公开场景： 盐田直饮示范区水质公开小程序

2018 年，盐田区成为国内首个自来水直饮示范区。为了便于市民实时了解自来水水质信息，深圳水务集团为市民提供了水质公开微信小程序及小区 LED 大屏显示。

市民在盐田辖区可通过微信扫码或搜索小程序，随时随地查看所在地实时水质信息，并对水质进行定性评价。还可通过小区内树立的电子显示屏（部分小区试点）随时查看其所在小区实时水质信息。

水质信息实时公开乃国内首创，此做法得到国内专家一致好评。实时了解水质信息，增强了市民直接饮用自来水的信心，获得市民点赞。有利于后续自来水直饮工作在全市推广。